国家出版基金项目
NATIONAL PUBLICATION FOUNDATION

"十二五"国家重点图书出版规划项目

CHINA WETLANDS RESOURCES
Qinghai Volume

中国湿地资源

青海卷

◎ 国家林业局组织编写

中国林業出版社

图书在版编目（CIP）数据

中国湿地资源·青海卷／国家林业局组织编写；郑杰分册主编．－北京：中国林业出版社，2015.12

“十二五”国家重点图书出版规划项目

ISBN 978-7-5038-8316-3

Ⅰ.①中… Ⅱ.①国… ②郑… Ⅲ.①湿地资源－研究－青海省 Ⅳ.①P942.078

中国版本图书馆CIP数据核字（2015）第296578号

总 策 划：金 旻

策划编辑：徐小英

主要编辑：徐小英 刘香瑞 李 伟
何 鹏 于界芬

美术编辑：赵 芳

出版发行 中国林业出版社（100009 北京西城区刘海胡同7号）
http://lycb.forestry.gov.cn
E-mail:forestbook@163.com 电话：(010)83143515、83143543

设计制作 北京天放自动化技术开发公司
北京捷艺轩彩印制版有限公司

印刷装订 北京中科印刷有限公司

版 次 2015年12月第1版

印 次 2015年12月第1次

开 本 787mm×1092mm 1/16

字 数 511千字

印 张 20

定 价 135.00元

中国湿地资源系列图书
编撰工作领导小组

顾　问： 陈宜瑜　李文华　刘兴土

组　长： 张永利

副组长： 马广仁

成　员：（按姓氏笔画排序）

王文宇　王忠武　王海洋　韦纯良　邓乃平　邓三龙
兰宏良　刘建武　刘艳玲　刘新池　李　兴　李三原
李永林　来景刚　吴　亚　张宗启　陆月星　陈则生
陈传进　陈俊光　林云举　呼　群　金　旻　金小麒
周光辉　降　初　孟　沙　侯新华　夏春胜　党晓勇
徐济德　奚克路　阎钢军　程中才　雷桂龙　蔡炳华
樊　辉

中国湿地资源系列图书
编撰工作领导小组办公室

主　任： 马广仁

副主任： 鲍达明　唐小平　熊智平　马洪兵

成　员： 王福田　姬文元　刘　平　闫宏伟　李　忠　田亚玲
王志臣　张阳武　但新球　刘世好　王　侠　徐小英

《中国湿地资源·青海卷》
编写组

主　　编：郑　杰

副 主 编：董得红　董　旭　刘建军

编 著 者：郑　杰　董得红　董　旭　刘建军　赵持云　姚乃鑫

主　　审：唐小平

图片摄影：马建海　董　旭　刘建军　孟延山　赵持云　张　虎

图表制作：孟延山　姚乃鑫　赵持云　汪海蓉　陈静娟　夏　青

编辑整理：马成龙

总 序

湿地是地球表层系统的重要组成部分，是自然界最具生产力的生态系统和人类文明的发祥地之一。在联合国环境规划署（UNEP）委托世界自然保护联盟（IUCN）编制的《世界自然资源保护大纲》中，湿地与森林和海洋一起并称为全球三大生态系统。湿地具有类型多样、分布广泛的特点；湿地更重要的是还具有多种供给、调节、支持与文化服务功能，是人类重要的生存环境和资源资本。湿地与人类生产生活和社会经济发展息息相关。湿地的重要性受到世界各国和国际社会的普遍关注。早在1971 年，国际社会就建立了全球第一个政府间多边环境公约，即《关于特别是作为水禽栖息地的国际重要湿地公约》（简称《湿地公约》）。同时，该公约也是全球最早针对单一生态系统保护的国际公约。1992 年中国加入《湿地公约》，自此我国湿地保护事业进入了新的发展时期。

我国加入《湿地公约》后，在国家林业局设立了专门的湿地保护和履约机构，对内负责组织、协调、指导和监督全国湿地保护工作，对外负责《湿地公约》的履约工作。近年来，中国各级政府在湿地保护方面开展了大量卓有成效的工作，采取了一系列保护和合理利用湿地资源的措施，在湿地保护规划和重点工程建设、财政补贴政策制定实施、法规制度建设、保护体系建设、科研监测、宣传教育和国际合作等方面取得了长足进步。但我国湿地生态系统仍然面临着盲目围垦与改造、污染、水土流失、泥沙淤积、生物资源过度利用等多种因素的破坏和威胁，导致面积减少，生态功能下降，生物多样性丧失。因此，切实保护和合理利用湿地资源，既是保障生态安全和国土安全的当务之急，更是中国实施可持续发展战略势在必行的要务。

开展湿地资源调查，摸清湿地资源家底，把握湿地资源动态，是所有湿地保护工作的基础，也是履行《湿地公约》各项工作的根基。2009 ～ 2013 年，在中央财政的支持下，国家林业局组织开展了第二次全国湿地资源调查工作。在此期间，我有幸作为第二次全国湿地资源调查专家技术委员会的主任委员，和其他专家一起全程参与了此次湿地资源调查的主要技术环节和成果鉴定。

我认为此次调查具有以下几个特点：一是，此次调查的湿地分类、界定标准、调查方法基本与《湿地公约》规定相接轨，使得调查数据符合《湿地公约》的要求，调查成果易于被国际认可，便于国际间的对比和交流。二是，制定了内容全面、方法科学、符合国际标准的统一技术规程《全国湿地资源调查技术规程（试行）》，进行了同标准、同口径的分期分批调查。三是，本次调查利用“3S”技术与现地验证相结合的技术方法，查清了全国范围内（未包括香港、澳门、台湾）8 公顷以上的湿地资源基本情况。四是，湿地调查分为一般调查和重点调查。重点调查包括，国际重要湿地、国家重要湿地、自然保护区（含自然保护小区）和湿地公园内的湿地以及其他特有、分布濒危物种和红树林等具有特殊保护价值的湿地。五是，组织保障有力。国家层面上，成立了第二次全国湿地资源调查领导小组、专家技术委员会、中央技术支撑单位和国家质量检查组；省级层面上，分别成立了湿地调查专职机构，组建了省级专业调查队伍。

需要指出的是，第二次全国湿地资源调查期间，我国湿地保护事业发展迅速。2009 年，中央启动了“湿地生态效益补偿试点”工作；2010 年开始，中央财政设立了湿地保护补助专项资金；2012 年，党的十八大将建设生态文明纳入中国特色社会主义事业“五位一体”总体布局，提出要“扩大森林、湖泊、湿地面积，保护生物多样性”。期间，国家林业局会同相关部门认真实施了《全国湿地保护工程实施规划 (2005 ～ 2010 年)》和《全国湿地保护工程“十二五”实施规划》。2013 年，国家林业局出台的《推进生态文明建设规划纲要》划定了湿地保护红线，到 2020 年中国湿地面积不少于 8 亿亩。2013 年，国家林业局出台了第一部国家层面的湿地保护部门规章《湿地保护管理规定》。应该说，历时 5 年的湿地资源调查与同期湿地保护事业的发展，是休戚相关，相互促进的。

第二次全国湿地资源调查取得了丰硕成果。在全球范围内，我国率先完成了《湿地公约》倡导的国家湿地资源调查，首次科学、系统地查明了《湿地公约》所定义的我国湿地资源情况。建立了完整的全国湿地资源空间数据库和属性数据库，掌握了近 10 年来湿地资源动态变化情况，建立了稳定的湿地资源调查专业队伍和专家团队，形成了较为完整的湿地资源调查监测技术规范，完成了全国湿地资源总报告、分省报告和多个专题报告，编制了系列成果图。调查成果达到国际先进水平。

党的十八大对建设生态文明作出了全面部署，强调把生态文明建设放在突出地位，融入经济建设、政治建设、文化建设、社会建设各方面和全过程。在全国第二次湿地资源调查成果的基础上，系统编著形成了中国湿地资源系列图书，为新时期我国湿地保护事业奠定了坚实基础。希望本系列图书能够为我国湿地工作者在开展湿地研究、保护与合理利用工作时提供参考和借鉴。

中国科学院院士 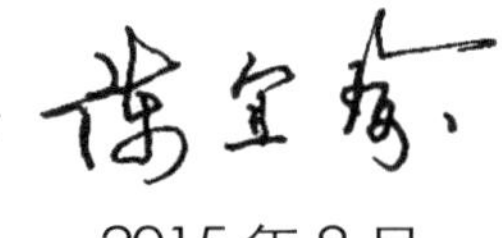

2015 年 9 月

前　言

青海省位于我国西北内陆腹地、青藏高原东北部，是我国的第四大内陆高原省份。其东部与北部同甘肃省相连，东南部和四川省为邻，南部、西南部与西藏自治区毗连，西北部同新疆维吾尔自治区接壤，战略地位非常重要。省域内东西长 1200 公里，南北宽 800 公里，面积 71.74 万平方公里 (2012 年)。

青海高原特殊的地理位置，高海拔的地形和多样的地貌，使其气候、水文、土壤、植被等自然因子为高原湖泊湿地、沼泽和草甸湿地、河流湿地的广泛发育提供了有利的条件，是我国高原湿地资源的主要分布区之一，从南到北的唐古拉山、东昆仑山和阿尔金山 - 祁连山三大山脉奠定了青海高原地形框架，形成了青南高原、柴达木盆地、祁连山地、青海湖盆地和东部黄土丘陵区五个大的地貌单元和地理区域。青南高原孕育着全省面积最大、分布最广的湿地资源，长江、黄河和澜沧江皆发源于此，素有 " 江河源 " 和 " 中华水塔 " 之称。

—

青海省湿地具有海拔高、类型多、分布广、面积大、功能强等特点，全省湿地面积 814.36 万公顷，占全省土地总面积的 11.35%，分 4 类 17 型，其中河流湿地占 10.87%、湖泊湿地占 18.05%、沼泽湿地占 69.32%、人工湿地占 1.75%，全省自然湿地占 98.25%。全省湿地孕育了丰富的动植物资源，其中植物有 46 科 138 属 372 种、动物有 21 目 44 科 202 种。

按照全国第二次湿地资源调查的湿地分类系统，根据《青海省第二次湿地资源调查实施细则》规定，全省湿地资源分布涉及 4 个一级流域、11 个二级流域、18 个三级流域。西北诸河区、西南诸河区、黄河区、长江区分别占全省湿地面积 57.26%、1.73%、17.64%、23.37%。

全省 8 个州（市）43 个县级行政区及唐古拉山以北地区都有湿地分布，海西州、玉树州、果洛州湿地面积分别占全省湿地面积 46.68%、32.35%、9.94%，合计占 88.97%。

全省湿地列入国际重要湿地名录 3 个，列入国家重要湿地名录 11 个，涉及国家级、省级自然保护区 7 个，国家级湿地公园 3 个，省级保护管理重要湿地 8 个，受保护湿地面积 522.48 万公顷，湿地保护率 64.16%。初步建立了以湿地自然保护区为主体，湿地公园和自然保护小区并存，其他保护形式为补充的湿地保护体系。

二

青海省人民政府高度重视第二次湿地资源调查工作。2011 年 1 月成立了以主管副省长为组长，省发改委、财政、林业、国土、水利、农牧、气象等相关厅局分管领导为成员的青海省湿地资源调查工作领导小组及办公室。调查由省林业厅具体负责，相关厅局参与配合；调查技术支撑单位为国家林业局林业调查规划设计院和青海省林业调查规划院；湿地资源调查工作，由省级调查队与各州（市）调查队具体负责完成。

2 月，各州（市）相应成立了湿地资源调查工作领导小组；3 月上旬，依据《全国湿地资源调查技术规程（试行）》和《全国湿地资源调查工作方案》，结合青海省湿地资源分布、类型等特点与实际情况，省湿地资源调查工作小组办公室组织编制了《青海省湿地资源调查工作方案》《青海省湿地资源调查实施细则》，并通过了专家评审；同时，派专人到国家林业局调查规划设计院开展了卫星影像图解译、湿地斑块区划等工作。

4 月上旬，国家林业局湿地监测中心批准《青海省湿地资源调查操作细则》；4 月中旬，全省组建调查队伍 45 个，参与调查人员 387 人。其中，省级调查队 1 个，68 人；市（县、区）级调查队 43 个、可可西里保护区调查队 1 个，共 319 人。5 月上旬，省林业厅邀请国家和省级层面技术专家在西宁对 150 名业务骨干进行了为期 4 天的湿地资源调查技术培训，采取集中授课、分组讨论、提问答疑等形式，对调查体系、遥感判读、数据采集、技术要求等内容进行了强化培训和严格考核，并在青海湖国际重要湿地进行实地实习；5 月中旬，主管副厅长带队赴西藏自治区林业厅考察学习了高原湿地资源调查的经验与技术要求，交换了意见；并就西藏自治区政府实际管辖的唐古拉山以北地区 550 万公顷的调查事宜进行了衔接。

5 月 25 日，在国家林业局湿地保护管理中心的指导下，省湿地资源调查领导小组主持召开了青海省第二次湿地资源调查启动大会，对湿地资源调查工作做出了全面部署。6 月中旬，集中技术人员开展了资料收集，仪器设备购置，外业调查卡片印制，工作底图及相关材料的准备工作；6 月下旬，下发了湿地调查斑块数据、工作底图等指导性资料，湿地资源外业调查全面展开。

经全体调查人员的共同努力，青海省湿地资源调查于 2012 年 6 月完成。7 月，由国家林业局西北林业调查规划设计院对全省的湿地资源调查质量进行了抽查；8 月 2 日，青海省林业厅组织省内相关专家对《青海省湿地资源调查报告》进行评审，并通过专家审查；8 月 24 日，国家林业局第二次全国湿地资源调查领导小组在北京召开专家会，对《青海省湿地资源调查报告》进行了认真审查，该调查成果顺利通过专家评审。2014 年 5 月，在《调查报告》的基础上撰写《中国湿地资源 · 青海卷》。

三

青海省湿地资源调查结果表明：青海湿地资源丰富、类型多样，其特征明显、地域性分布差异性大，生态地位、区位重要。①湿地资源面积大，其总面积为 814.36 万公顷，居全国首位；丰富的湿地资源弥补了区域森林资源相对不足的缺陷，成为保障生态安全和支撑可持续发展的重要战略资源。②湿地类型多样，全省湿地资源类型为 4 类 17 型，主要为河流湿地、湖泊湿地、沼泽湿地等自然湿地和人工湿地等。③湿地动植物资源富集，全省湿地植物有 46 科 138 属 372 种，湿地野生动物 21 目 44 科 202 种，其中：鸟类有 10 目 24 科 119 种，鱼类 3 目 6 科 59 种，两栖类 2 目 5 科 10 种，哺乳类 6 目 9 科 14 种。④湿地资源特征明显，河流湿地以河流为中心，沿河流两侧浅水区或低洼潮湿积水地段呈条带状分布；湖泊湿地以湖泊或浅塘为中心，沿湖滨边缘呈环带状分布；沼泽型湿地在江河源头区主要呈斑块状镶嵌分布；人工库塘和输水河湿地主要在江河干流、一级支流、二级支流分布；人工盐田主要分布在柴达木盆地各盐湖及其湖周。⑤湿地资源呈地域性分布，河流湿地主要分布在玉树州的长江源区和海西州的柴达木盆地，分别占河流湿地面积的 40.46% 和 20.63%；湖泊湿地分布在海西和玉树地区，分别占湖泊湿地面积的 26.58% 和 24.14%；沼泽湿地也分布在海西州和玉树州，分别占沼泽湿地面积的 49.76% 和 27.54%；人工湿地分布在海西州和海南州，分别占人工湿地面积的 63.96% 和 28.19%。全省各行政区湿地资源分布差异性较大，海西州最多，其次为玉树州和果洛州，占全省湿地面积的 81.23%。⑥湿地生态区位重要，列入国际重要湿地名录的湿地有 3 块，列入国家重要湿地名录有 11 块，国家湿地公园 3 个；江河源头的沼泽化草甸湿地和柴达木盆地的内陆盐沼湿地分布面积大而且集中，占湿地面积的 57.11%。

四

青海省林业厅从 2014 年 5 月开始，邀请有关湿地科研院所、调查单位及管理部门的专家学者组成《中国湿地资源 · 青海卷》的编写班子，在总结分析青海省第二次湿地资源调查成果基础上，对青海省的自然地理条件、水气等因子的形成而作用于湿地资源的成因做了粗浅研究，同时侧重于湿地资源的评价与保护。《中国湿地资源 · 青海卷》的编写，参阅了大量文献，并进行了部分补充调查；同时，得到了省内外有关专家的指导与支持。在此需要说明的是，由于此次调查的重点是全省湿地资源现状调查，而对高原湿地的成因及自然地理条件没有开展深入的考察，主要是借鉴以往的研究资料进行分析，因此，很难系统地分析论述，望予以理解。

《中国湿地资源 · 青海卷》分为 8 章 23 节。第一章基本情况，主要论述了青海省的自然概况，分析了其地形地貌、气候与水文情况、动植物资源现状、社会经济状况和调查方法；第二章湿地类型与特点，侧重各湿地型和资源特点与规律分析；

第三章湿地资源分布，重点对区划的湿地区、流域湿地和各行政区湿地的分布和特点分析研究；第四章湿地生物资源，对湿地植物、动物和种类组成与特点进行研究探讨；第五章湿地资源利用，主要对湿地的利用现状和发展前景进行分析，其可持续利用的优势及采取的保障措施；第六章湿地资源评价，分析其受威胁状况、资源变化和原因分析；第七章重要湿地资源，对建设的国际重要湿地、拟建的国家重要湿地和国家湿地公园，涉及湿地型或湿地的自然保护区等作简要论述；第八章湿地保护与管理，分析全省湿地资源保护与管理状况，并就今后湿地保护事业的发展，提出有针对性和建设性的对策。《中国湿地资源·青海卷》的编写中注重了引用资料、调查成果的分析研究，注重各地区湿地资源分布现状、资源优势和管理措施的强化，以及国际重要湿地、湿地公园和潜在的国家重要湿地的建设。

《中国湿地资源·青海卷》是对青海湿地较为系统全面调查研究的成果，其具有较高的学术和应用价值，为全省各级政府湿地保护管理决策、规划编制、法规政策制定、湿地合理利用等提供了科学依据，为科研部门提供基础研究数据，同时也是公众认识和了解湿地，普及湿地知识、传播湿地文化的良好载体。

《中国湿地资源·青海卷》的编写过程中，得到了国家林业局湿地保护管理中心、国家林业局调查规划设计院的指导；青海省水利厅、农牧厅、国土资源厅和环保厅等部门的支持与帮助，各级林业部门的大力配合，使得整个调查工作得以圆满结束、此卷得以完善。尤其是国家林业局的唐小平、鲍达明先生和青海省彭敏、田俊量等先生给予的技术指导和修改意见为该书的完善帮助很大。在此，谨代表编委会向曾参与青海湿地资源调查以及本卷编写与指导的领导和同志们致以诚挚的谢意。

青海省湿地资源保护与管理仍有许多工作需要深入开展，由于我们的认知水平和时间有效的局限，书中不妥之处在所难免，真诚希望专家、学者和同仁批评指正，使其日臻完善。

《中国湿地资源·青海卷》编辑委员会

2014 年 11 月 30 日

目　录

总　序
前　言
第一章　基本情况 …… (1)
第一节　自然概况及行政区划 …… (1)
1　地理位置及行政区划 …… (1)
2　地质地貌 …… (3)
3　气　候 …… (8)
4　水　文 …… (12)
5　土　壤 …… (15)
6　植物和植被 …… (19)
7　野生动物 …… (20)
第二节　社会经济状况 …… (21)
1　人口分布 …… (21)
2　民族构成 …… (23)
3　城镇化 …… (23)
4　经济现状 …… (23)
5　湿地文化 …… (25)
第三节　湿地调查工作概况 …… (25)
1　调查内容与范围 …… (26)
2　内业数据汇总 …… (28)
3　检查评审 …… (28)
第二章　湿地类型 …… (29)
第一节　湿地资源概况 …… (29)
1　河流湿地资源 …… (29)
2　湖泊湿地资源 …… (47)
3　沼泽湿地资源 …… (57)
4　人工湿地资源 …… (61)
第二节　资源特点及规律 …… (65)
1　湿地资源特点 …… (65)
2　湿地资源规律 …… (67)
3　湿地资源的区位 …… (69)
第三章　湿地资源分布 …… (71)
第一节　湿地地理分布 …… (71)

1 湿地区分布 …………………………………………………………………………（71）
2 湿地流域分布 ………………………………………………………………………（80）
第二节 湿地行政区域分布 ……………………………………………………………（100）
1 河流湿地 ……………………………………………………………………………（102）
2 湖泊湿地 ……………………………………………………………………………（104）
3 沼泽湿地 ……………………………………………………………………………（105）
4 人工湿地 ……………………………………………………………………………（107）
第三节 湿地资源分布特点 ……………………………………………………………（109）
1 湿地广布，各类特征明显 …………………………………………………………（109）
2 结构简单，原始功能强大 …………………………………………………………（110）
3 区位重要，突出的地域性特点 ……………………………………………………（110）
4 高原湿地，经济发展保障 …………………………………………………………（111）
5 湿地保护，形式多面积大 …………………………………………………………（111）
第四章 湿地生物资源 ……………………………………………………………（112）
第一节 植物和植被 ……………………………………………………………………（112）
1 湿地植物区系和种类 ………………………………………………………………（112）
2 湿地植物资源 ………………………………………………………………………（115）
3 湿地种子植物区系特点 ……………………………………………………………（118）
4 湿地植被类型分布和特点 …………………………………………………………（119）
第二节 野生动物 ………………………………………………………………………（128）
1 湿地野生动物种类和特点 …………………………………………………………（129）
2 湿地鸟类资源 ………………………………………………………………………（132）
3 湿地鱼类资源 ………………………………………………………………………（138）
4 湿地两栖类资源 ……………………………………………………………………（143）
5 湿地哺乳类资源 ……………………………………………………………………（144）
6 湿地生物资源特征分析 ……………………………………………………………（146）
第五章 湿地资源利用 ……………………………………………………………（149）
第一节 资源利用方式及其利用现状 …………………………………………………（149）
1 湿地资源利用方式 …………………………………………………………………（149）
2 湿地资源利用存在的问题 …………………………………………………………（158）
3 湿地资源利用拟采取的措施 ………………………………………………………（161）
第二节 资源可持续利用前景分析 ……………………………………………………（164）
1 湿地资源利用潜力巨大，极具优势 ………………………………………………（164）
2 湿地资源有效保护，前景广阔 ……………………………………………………（167）
3 实施生态保护治理，资源拓展 ……………………………………………………（168）
第六章 湿地资源评价 ……………………………………………………………（173）
第一节 生态状况及其服务功能评价 …………………………………………………（173）
1 水环境状况评价 ……………………………………………………………………（173）

2 湿地生态状况评价 …………………………………………………………………… (176)
3 湿地生态服务功能评价 ……………………………………………………………… (180)
4 湿地生态存在问题 …………………………………………………………………… (186)
第二节 受威胁状况分析 ……………………………………………………………… (188)
1 湿地受威胁状况 ……………………………………………………………………… (188)
2 湿地演替分析 ………………………………………………………………………… (189)
3 湿地修复建议 ………………………………………………………………………… (190)
第三节 湿地资源变化及原因分析……………………………………………………… (192)
1 湿地资源变化与比较分析 …………………………………………………………… (192)
2 湿地资源空间与垂直变化分析 ……………………………………………………… (196)
3 气候因素影响湿地资源面积变化原因分析 ………………………………………… (197)
第七章 重要湿地资源 ……………………………………………………………… (200)
第一节 国际重要湿地 ……………………………………………………………… (200)
1 青海湖鸟岛国际重要湿地 …………………………………………………………… (200)
2 扎陵湖国际重要湿地 ………………………………………………………………… (203)
3 鄂陵湖国际重要湿地 ………………………………………………………………… (204)
第二节 国家重要湿地 ……………………………………………………………… (206)
1 玛多湖湿地 …………………………………………………………………………… (206)
2 冬给措纳湖湿地 ……………………………………………………………………… (207)
3 黄河源区岗纳格玛错 ………………………………………………………………… (208)
4 依然错湿地 …………………………………………………………………………… (209)
5 多尔改错湿地 ………………………………………………………………………… (211)
6 库赛湖湿地 …………………………………………………………………………… (211)
7 卓乃湖湿地 …………………………………………………………………………… (213)
8 哈拉湖湿地 …………………………………………………………………………… (214)
9 柴达木盆地中的湿地 ………………………………………………………………… (215)
10 尕斯库勒湖湿地 …………………………………………………………………… (216)
11 茶卡盐湖湿地 ……………………………………………………………………… (217)
第三节 涉及湿地的自然保护区………………………………………………………… (218)
1 三江源国家级自然保护区 …………………………………………………………… (218)
2 青海湖国家级自然保护区 …………………………………………………………… (221)
3 隆宝国家级自然保护区 ……………………………………………………………… (222)
4 可可西里国家级自然保护区 ………………………………………………………… (223)
5 大通北川河源区国家级自然保护区 ………………………………………………… (225)
6 可鲁克湖－托素湖省级自然保护区 ………………………………………………… (227)
7 祁连山省级自然保护区 ……………………………………………………………… (229)
第四节 国家湿地公园 ……………………………………………………………… (231)
1 贵德黄河清国家湿地公园 …………………………………………………………… (231)

2 河南洮河源国家湿地公园 …… (232)
3 西宁湟水国家湿地公园 …… (233)
第五节 人工库塘 …… (234)
1 龙羊峡水库 …… (234)
2 拉西瓦水库 …… (235)
3 李家峡水库 …… (236)
4 康杨水库 …… (236)
5 公伯峡水库 …… (238)
6 苏志水库 …… (238)
7 积石峡水库 …… (239)
8 黑泉水库 …… (239)
第八章 湿地保护与管理 …… (241)
第一节 保护管理现状 …… (241)
1 依法保护，实施有效管理 …… (245)
2 体制建设，保障规范运行 …… (246)
3 项目实施，促进湿地发展 …… (247)
4 科学研究，提升建设水准 …… (251)
5 宣传培训，强化责任意识 …… (252)
6 社会参与，营造良好氛围 …… (253)
7 国际湿地，履行职责义务 …… (254)
第二节 存在的制约性问题 …… (255)
1 思想认识缺失 …… (255)
2 保护体制不顺 …… (256)
3 管护队伍滞后 …… (256)
4 科学管理缺位 …… (257)
5 责任协调不力 …… (258)
第三节 资源保护管理对策 …… (258)
1 提高认识，正确处理资源与发展关系 …… (259)
2 强化职能，注重建立保护和协调机制 …… (259)
3 依法管理，完善地方性湿地法制体系 …… (260)
4 科学管理，强化资源综合保护和治理 …… (260)
5 科学发展，注重湿地保护国际化建设 …… (261)
附录1 青海湿地调查区域植物名录 …… (263)
附录2 青海湿地调查区域动物名录 …… (281)
附录3 青海重点调查湿地概况 …… (287)
参考文献 …… (299)
附 件 青海省湿地资源调查主要参加人员 …… (303)
后 记 …… (305)

第一章 基本情况

青海省地域辽阔，在气候、自然、地理和动植物区系等方面呈现高原特点，具有明显生态区位的特殊性和生态系统的完整性。研究资料显示，青藏高原的隆起造就了境内地势高峻，自然景观多样，80%地区为高原山地，平均海拔在4000米以上，青南高原、祁连山地和柴达木盆地构成了全省三大自然区域，形成独特的自然综合体。特有的自然条件、多样的自然景观、原始的生态系统和丰富的物种资源，形成了青海高原现有的六大生态系统，孕育着人类社会发展的基本要素，尤其是长江、黄河、澜沧江和黑河发源于此，被誉为“中华水塔”。

第一节 自然概况及行政区划

从全国地理区划来说，青海省地处我国的中心偏西地带。境内地势呈西高东低，自西向东逐渐下降，构成巨大的三级阶梯状斜面，青海处于高级阶梯上，成为“世界屋脊”之称的青藏高原的一部分。这一自然状况，为青海高原地形地貌的构成、自然生态系统的多样和湿地水资源的发育提供了得天独厚的条件，使其在现今社会经济的发展中成为全社会关注的省份，得到了高度的重视。

1 地理位置及行政区划

青海省地处我国西北部的内陆腹地、位于青藏高原东北部，介于东经89°35′～103°04′，北纬31°39′～39°19′之间，东西长1200公里，南北宽800公里。东部与北部同甘肃省为邻，西北部连接新疆维吾尔自治区，西南与西藏自治区毗连，东南部和四川省接壤，是连接新疆、西藏、甘肃与内陆的纽带，其生态地位极其重要。全省面积71.74万平方公里，为全国国土总面积的7.51%，仅次于新疆、西藏、内蒙古，为我国第四大内陆高原省(2012年)。境内有全国最大的内陆咸水湖——青海湖，由此而得省名“青海”，简称“青”，具有土地大省、人口小省、资源富省、经济弱省的省情特点。

青海省设西宁市、海东市2市和海北藏族自治州、海南藏族自治州、黄南藏族自治州、果洛藏族自治州、玉树藏族自治州、海西蒙古族藏族自治州6个州，有35个县、3个行政委员会、3个县级市和5个市辖区，共46个县级行政单位(表1-1、图1-1)；设30个街道办事处，137个镇，

201 个乡，28 个民族乡，3 个行委；有 4169 个村(牧)民委员会，361 个社区居民委员会，共 4530 个村级单元。

表 1-1 青海省行政区划表(2012 年)

市(自治州)名称	县(市、区、行委)名称
西宁市	城东区、城中区、城西区、城北区、大通回族土族自治县、湟中县、湟源县
海东市	平安县、民和回族土族自治县、乐都区、互助土族自治县、化隆回族自治县、循化撒拉族自治县
海北藏族自治州	门源回族自治县、祁连县、海晏县、刚察县
黄南藏族自治州	同仁县、尖扎县、泽库县、河南蒙古族自治县
海南藏族自治州	共和县、同德县、贵德县、兴海县、贵南县
果洛藏族自治州	玛沁县、班玛县、甘德县、达日县、久治县、玛多县
玉树藏族自治州	玉树县*、杂多县、称多县、治多县、囊谦县、曲麻莱县
海西蒙古族藏族自治州	德令哈市、格尔木市、乌兰县、都兰县、天峻县、大柴旦行委、冷湖行委、茫崖行委

注：下文中，各自治州、自治县都用简称，如“海北藏族自治州”简称“海北州”，“大通回族土族自治县”简称“大通县”。

图 1-1 青海省行政区划图

* 2013 年 7 月，撤消玉树县，设立县级玉树市。本书仍按第二次湿地资源调查时的行政区划，使用“玉树县”。

管辖区域最大的是海西州，面积32.79万平方公里；管辖区域面积最小的是西宁市，面积0.74万平方公里；各市(州)设立情况，见表1-2。

表1-2　全省各市(州)设立情况一览表(2012年)

市(州)名称	管辖面积(万平方公里)	设立县级行政单位(个)	设立街道办事处(个)	设立镇数(个)	设立乡数(个)	设立行委数(个)
西宁市	0.74	7	22	27	23	
海东市	1.30	6		35	59	
海北州	3.34	4		11	19	
海南州	4.34	5		15	21	
黄南州	1.79	4		8	24	
海西州	32.79	8	8	21	14	3
果洛州	7.64	6		8	36	
玉树州	19.80	6		12	33	
合　计	71.74	46	30	137	229	3

2　地质地貌

从我国的总体地貌来看，青海省位于青藏高原东北部，东面同秦岭山地相连，东北面与黄土高原比邻，东南面与横断山脉接壤，西南面与青藏高原腹地的羌塘高原连接，西北面和北面则隔阿尔金山和祁连山同塔里木盆地与河西走廊相望。境内平均海拔4000米以上，是我国大陆上地势最高的一级台阶，其既保存了较完整的地壳厚度，又是一系列巨大山系和辽阔高原面的组合体，也是近300万年大面积强烈隆起的喜马拉雅造山运动的年轻地貌构造单元，直到现在仍继续发育，生态环境较为脆弱，受大气等自然因素的影响，各种自然地理演变过程仍较年轻而不稳定。

青海省境内北向南排列着东西向的阿尔金山－祁连山山系、东昆仑山山系和唐古拉山山系，构成了青海高原的基本地形骨架，形成了西部盆地、东部山地和南部高原3个主要的地貌单元和地理区域；次一级类型分为阿尔金山－祁连山山地、柴达木盆地、共和盆地－青海湖流域、黄土丘陵沟壑区和三江源区。全省地貌受地质构造基础和新构造运动制约，高原差异表现形式为南北高中部低、西部高东部低、东北与西南高西北低的组合，总体看西部起伏较小、东部起伏相对较大，基本格局呈北西西—南东东走向。地貌单元基本上沿纬线方向呈带状展布，表现为东部丘陵、西部盆地、南部高原、北部山地、中部盆地的现状。

全省的地貌地形受各地岩性差异与外营力的耦合作用，使得其类型复杂多样，外营力作用形成的地貌主要有冰川地貌、冰缘地貌、风成与干燥地貌、流水地貌、湖泊地貌、黄土地貌、重力地貌和构造地貌等；地貌形态主要表现有极高山、高山、中山、低山、丘陵和平原等。断块褶皱山地、菱形断陷盆地和地槽隆起断裂高原相间排列，呈“马鞍”状地貌格局，山地约占全省面积的50.9%、盆地占30.1%、河谷占4.7%、戈壁荒漠占4.3%(图1-2至图1-4)。

图 **1-2** 青海省卫星遥感影像图(**2010** 年)

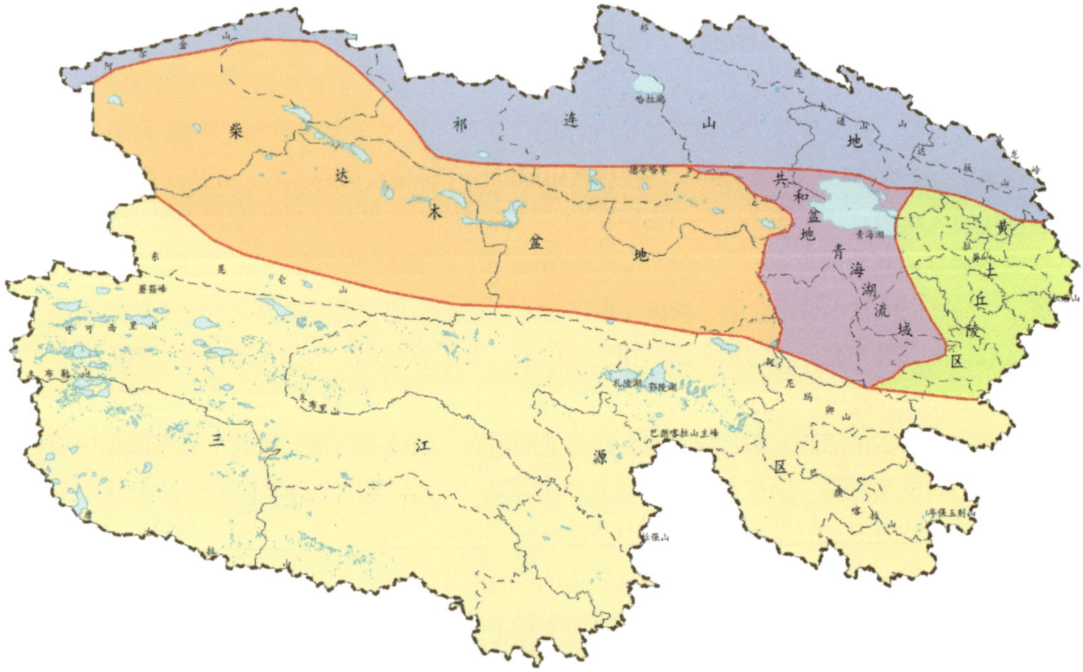

图 **1-3** 青海省地貌区划图

图 **1-4** 青海省地质构造单元图

地质构造是地貌发育的基础，地壳运动造成的大规模褶皱、断裂等主要构造形态以及与之相伴的隆起和凹陷，控制着地貌的主要发展方向和平面格局，大断裂带之间或两组断裂带之间容易形成断陷盆地，呈封闭或半封闭状态，平坦的沉积平原或低洼地带利于地表水的汇集，不利于地表水的排泄，深厚的风化壳阻碍水分下渗，且多有雨水、融水及地下水出露补给盆地，导致形成过湿或积水的地表环境，在长期较稳定的条件下生成沼泽化过程，促使湿地的形成和发育。局部区域积累较厚的泥炭层，新构造运动的下沉区是青海高原湿地的重要分布区。

青海省境内最高海拔为6860米，位于西部布喀达坂峰；最低海拔为1650米，位于东部民和下川口湟水出省口；平均海拔在4000米以上。全省地势自西向东逐渐倾斜，落差达5100米，高程空间分布差异是青海地形的主要特征，大部分地域表现出地貌外营力在水平方向的成片分异规律与垂直方向的成层分异规律相结合机制。

南部多是高寒气候下形成的冰缘地貌和冰川地貌；西北部多为干燥气候下形成的风蚀地貌；东北部以半干旱半湿润气候下形成的流水地貌为主，同时具有青藏高原向黄土高原过渡的黄土高原地貌特征；东部和东南部流水作用强烈，侵蚀和堆积作用活跃，多深谷和峡谷地貌；西部和西南部风力作用明显，多山原、谷地、湖盆和平缓的盆地；山脉众多和盆地广布的地貌特征构成了青海高原湖泊广泛发育的基础，山间谷地和盆地中心湖泊广布，形成湖泊地貌，地貌类型具有明显地域差异的同时，也存在叠加交织的现象。

在青海高原山地，其从山脊至深山河谷，一般为极高山现代冰川作用区、高山冰缘与寒冻作用区、高原面冰缘作用区、流水和湖泊作用区等；流水作用往往在河流谷地形成冲积平原、阶地、台地等地貌，在西部干旱区形成风积、风蚀等地貌。不同海拔高度下主要地貌类型面积统计表明，山地约占全省面积的51.4%、平地占29.8%、丘陵占18.8%（表1-3、图1-5）；海拔3000米以上地域占73.6%，2000米以上地域占99.9%以上。

表 1-3 青海省不同海拔高度下各类地形面积统计

海拔（米）	平地（平方公里）	山地（平方公里）	丘陵（平方公里）	合计（平方公里）	所占比例（%）
1600～2000	375.53	313.89		689.42	0.1
2000～3000	101397.93	60257.71	26948.98	188604.62	26.29
3000～5000	96388.53	291691.32	97836.11	485915.96	67.73
＞5000	6075.70	16766.89	9772.89	32615.48	4.55
水域	9655.04			9655.04	1.35
合计	213892.73	369029.81	134557.98	717480.52	100
所占比例(%)	29.81	51.43	18.75	100	

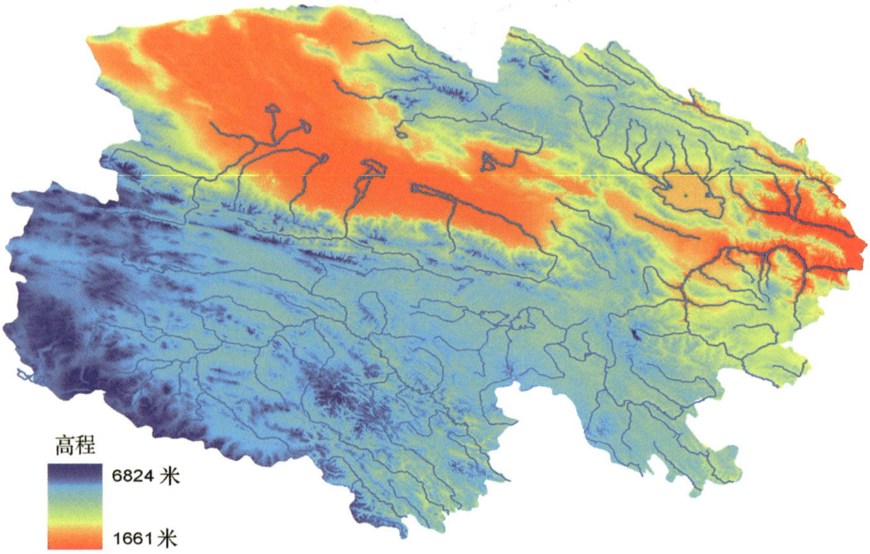

图 1-5 青海省 DEM 数字高程及河流分布

青海省众多山系多呈西北—东南走向，从北向南依次为祁连山、阿尔金山、东昆仑山、唐古拉山，构成了全省地貌的基本骨架，控制着全省生态分布的空间格局，依地质构造演化体系分为 3 大区(图 1-6)。例如东昆仑山由北、中、南 3 列大致平行的东西走向支脉组成，北列为祁漫塔格山、布尔汗布达山；中列为阿尔格山、博尔雷克塔格山、布青山、阿尼玛卿山；南列为可可西里山、巴颜喀拉山。青藏高原面为小起伏高山、高海拔丘陵和宽谷盆地的组合体，小起伏高山和高海拔丘陵为不同时代的地形面，而宽谷盆地主要为第四纪的堆积面，广布松散的沉积物如冰碛物、残积物、坡积物、洪积物、湖积物、冲积物和风积物等，在青藏高原形成过程中，因后期内外营力作用的差异，使高原面有不同程度的变形，整个地势由西北向东南倾斜。

(1)祁连山－阿尔金山系、高山河谷地区主要包括祁连山的大部(除东段南部地区外)和阿尔金山全部。祁连山系由系列大致平行的北西向或北西西向山脉和谷地相间排列而成，地势从东到西逐渐升高，大部分海拔 4000 米，西南部可达 5000 米以上；东段以流水地貌为主、西段以干燥地貌为主，大多数山地和一些大河上游冰缘地貌广布。阿尔金山系由系列雁行状山脉和谷地组

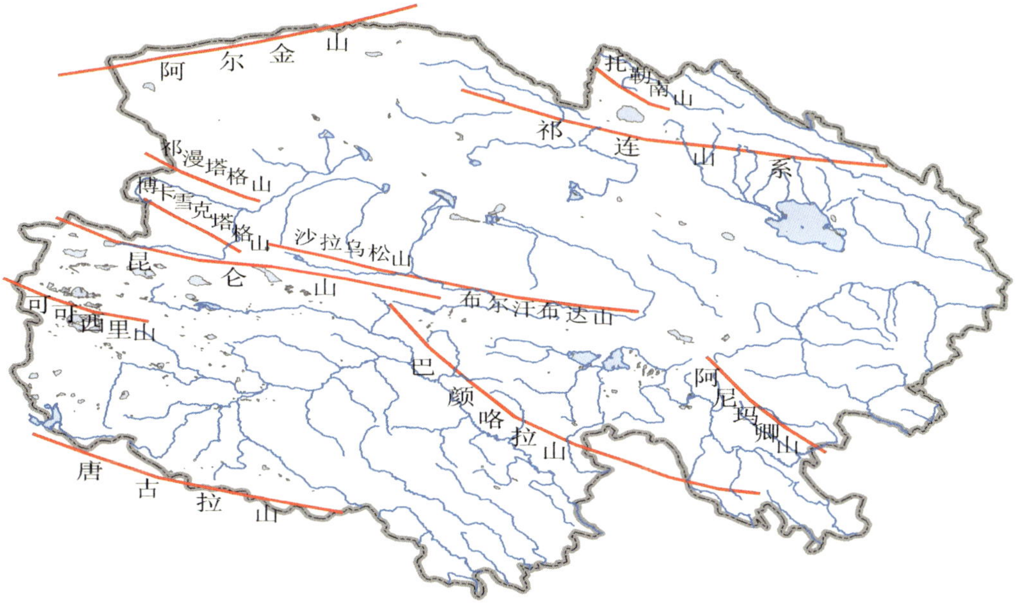

图 **1-6**　青海省山地分布格局图

成，是祁连山系与昆仑山系的联接纽带，干燥剥蚀作用强烈，形成典型的高山荒漠景观。

祁连山地构造单元有祁连山加里东褶裙带、中祁连山前寒武纪褶皱带、南祁连山加里东褶皱带分布，有数条活动的大断层，部分在新构造运动期仍有活动，不仅控制着古牛代的地层沉积，而且制约着新生代的沉积，北北西向、北北东向断层常常被北西西向断层切断，形成断块山和菱形下陷盆地，水平移动为其主要特征。祁连山为现代冰川发育的寒冻风化及冰蚀、侵蚀作用强烈的构造剥蚀山原、山地，山地与河谷盆地相间排列，各山间盆地的主体大多由新近系的陆相红色碎屑岩地层组成。

阿尔金山主体地质基础属塔里木和柴达木地块，具有元古代岩系构成的基底和盖层，基本保持隆起状态，以北东东走向断裂为主。由于其山系深居内陆腹地，具有干燥剥蚀作用强烈的特点，多为典型的高山荒漠自然地貌。

(2)东昆仑山系、柴达木－河湟中海拔盆地区位于祁连山－阿尔金山和昆仑山之间的广大地区，由系列封闭和半封闭断陷盆地组成，为新生代青藏高原隆起的补偿性沉降地带。东昆仑山系呈北西—南东走向，地势自西向东倾斜，海拔6000米以上多为雪峰和冰川，其源于陡峭北坡的河流汇入柴达木盆地内陆水系，而平缓南坡的河流汇入羌塘内陆盆地内陆水系和长江水系及黄河水系。该地区自西向东有柴达木盆地、茶卡盆地、青海湖盆地、共和盆地、西宁盆地、贵德盆地、民和盆地等，其中柴达木盆地东北部由一连串小型山间盆地组成，由边缘至中心依次分为高山或中山—戈壁—丘陵—平原—沼泽—湖泊等景观地。日月山以东的黄河、湟水谷地及西倾山主要是河谷阶地、低山丘陵和中山等地貌，受各构造山地较大断陷带的分布骨架控制，多呈狭长的多字形展布，河谷两侧红色碎屑岩地层之上多为黄土；在河谷底部表层黄土下部为洪积卵砾石层。

柴达木盆地位于海西州境内，被阿尔金山－祁连山和东昆仑山及其支脉所环抱，面积约12万平方公里。其形成于中生代晚期，且随着青藏高原的隆起，在强大的地壳挤压下整体急剧断陷下沉，而形成现在的盆地。盆地地貌是构造断陷内营力和干燥条件下的风力作用的耦合产物，呈西北高、东南低的地形。由此形成了多样的地貌类型，如干燥剥蚀中低山与山间盆地、风成地貌、山麓冲洪积倾斜平原。

共和盆地位于海南州辖区内，地处青海南山和鄂拉山之间，面积5400平方公里。地质构造是祁连山地槽褶皱带和昆仑山地槽褶皱带间前寒武纪稳定地块，海西期和印支期下沉形成中新生代断陷盆地。由于受河流强烈的侵蚀下切作用，形成现今扩展的冲积平原，形成明显的阶梯状地貌，有三级塔拉(指宽浅的洼地或盆地)地形，其地势平坦。

青海湖盆地位于海南与海北州境内，是青海省最大的内陆山间湖盆地，被日月山、橡皮山和青海南山所环抱，其海拔最低处是青海湖，面积2.9万平方公里。其形成于中生代初，且处在一个大向斜构造中，自三叠纪后，堆积了从侏罗纪到古近纪陆相沉积层，处于构造上升剥蚀环境中，喜马拉雅运动加剧了断块升降速度促使盆地形成。青海湖盆地地貌多样，从下至上，依次是水面、湖滨平原、冲积平原、河谷平原、丘陵、低中高山，呈阶梯状。

(3)唐古拉山系、青南高原区包括柴达木盆地、共和盆地以南的高海拔地区，海拔4200米以上。唐古拉山系位于青海西南部，是与西藏自治区的界山，呈北西西—南东东向，系多年冻土发育。特殊的地质构造使得冰川地貌和山原地貌突出，西部主要是江河高原宽谷，中部以河湖和山原为主，东部多峡谷和河谷阶地。

青南高原位于青海的玉树、果洛、黄南、海南州和海西州的唐古拉山镇，面积47万平方公里。其地质构造自北向南由东昆仑山地槽褶皱带、巴颜喀拉印支早期地槽褶皱带、巴塘-结扎印支地槽褶皱带、唐古拉燕山期地槽褶皱带组成，是古地中海构造带的重要部分。在上新世晚期到早更新世喜马拉雅造山运动的强烈隆起中，北部沿昆仑山主脊带的南侧断裂带，南部沿唐古褶皱带的北侧断裂带，差异性整体上升，西部上升幅度大于东部。在大规模上升运动的同时，沿古老断裂带发生区域性断陷，导致不均衡的相对下降，形成许多较大的山原宽谷地，促使沼泽湿地发育。

冰川和冻土地貌是湿地尤其是沼泽湿地形成和发育的有利地貌。大陆冰川退缩后，在原冰川发育区残留一系列冰斗、围谷、槽谷冰蚀和冰积等低洼地貌，在底部堆积了大量冰碛物，由于冻土层形成的区域性隔水层阻碍了冰雪融水的下渗，冻融作用促使地表形成冻融洼地的同时，冰川又以融水补给洼地使地表长期处于稳定积水或土壤过度湿润状态，促使沼泽湿地的成长和发育。

青海省地貌由北至南大致以东昆仑—西秦岭为界，北部表征为山原山地和山间盆地的大型地貌组合特征，由祁连山山原山地与柴达木-共和盆地及河湟谷地2个次一级的地貌单元组成；南部主要由内夹山间谷地的台原山地构成。由东向西分界线大致斜穿祁连山、阿尼玛卿山、巴颜喀拉山的中东段而过，东部地质作用强于西部，流水营力作用占主导，重力营力作用异常活跃，形态上特征为山高谷大，原始高原地貌表部形态不复存在。

3 气 候

青海省地处高原，深居内陆，远离海洋，受西南印度洋暖湿气流影响，在西伯利亚冷空气和东南太平洋季风共同作用下，形成典型的高原大陆性季风气候。主要特点是气温低而日温差大、降水少而集中且分布不均匀、日照时长而蒸发量大且辐射强、冬长夏短且春秋相连、风大且气象灾害多。全省年均气温为 -5.6 ~ 8.9℃，比我国同纬度的东部地区要低 8.0 ~ 20.0℃；具有东部高、南部低、西部高、北部低的特点，东部湟水、黄河谷地的平均海拔在 2500 米以下，年均气温为 3.0 ~ 9.0℃；西北部柴达木、共和盆地的平均海拔在 3000 米左右，年均气温为 2.0 ~ 5.0℃；南部可可西里、东昆仑山、祁连山地的平均海拔在 4700 米以上，占全省面积的 2/3 以上，年均气温为 -6.0 ~ -4.0℃；其他区域年均气温 2.0℃左右；各地最热月平均气温为 5.3 ~ 20.0℃，最冷月为 -17.0 ~ 5.0℃。

全省年均气压大多地区在 650.0 百帕以下，空气密度在 1.0 公斤/立方米左右，低于海平面 30.0%，加剧了大气温度日变化的强度，使得日气温差增大，为 15.0℃左右，比我国同纬度的东部地区要高 2.0 ~ 5.0℃；同时减弱了大气温度年变化的强度，使得年气温差减少，为 23.0℃左右，比我国同纬度的东部地区要低 3.0 ~ 8.0℃。大于等于 10℃有效积温，最高积温为 2914.1℃（循化县），比我国同纬度的东部地区要低 2150℃左右；最低积温为 45.3℃（玛多县）（图 1-7）。春季升温迅速、秋季降温剧烈、夏季温凉、冬季寒冷，没有真正意义的夏季，春季过去就是秋季，冬季漫长，大都在 150 天以上，无霜期最高为 185 天（循化县），许多地区只有几十天，有的地方甚至没有明显的无霜期。

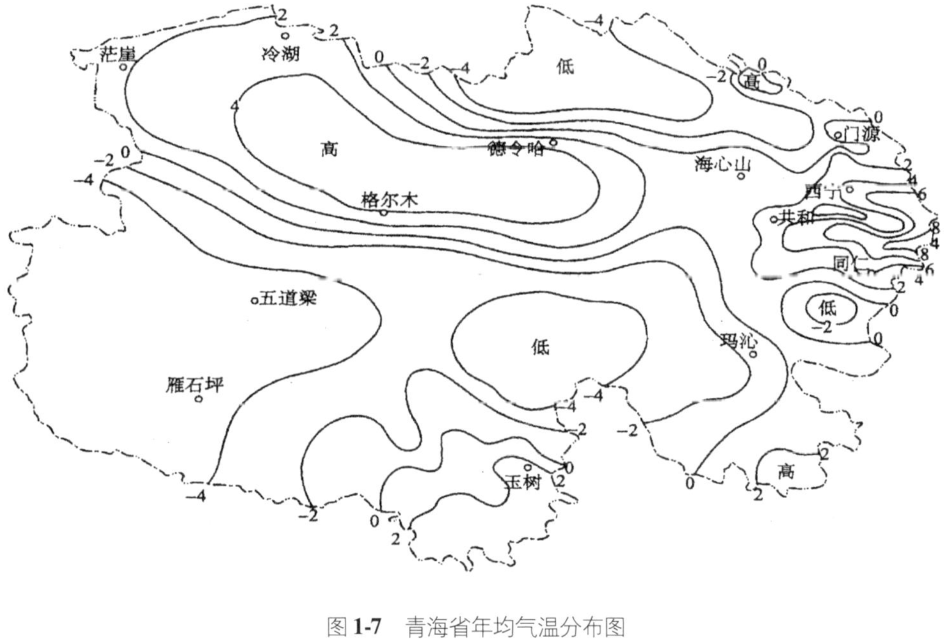

图 **1-7**　青海省年均气温分布图

全省年均降水量为 17.6 ~ 764.5 毫米，大部分地区低于 400.0 毫米，年均蒸发量为 700.0 毫米；降水量分布受季风影响，由东南向西北递减，东部达坂山两侧、拉脊山两侧以及东南部的久治、班玛、囊谦一带降水量超过 600.0 毫米；西部柴达木盆地降水量仅有 25.0 ~ 50.0 毫米，其年蒸发量却在 1000 毫米以上，成为我国最干旱地区之一。全省多雨区只占 1/6（图 1-8）。尽管各地降水量分布不均匀，但是雨季和旱季的分异却非常明显，大部分地区雨季在 5 ~ 9 月之间，降水量占年降水量的 80.0% 以上，降水日数相对较多但降水强度较小，这有利于牧草生长。夜雨量占总降水量的 56.8% 以上，夜雨的出现多与易形成垂直大气环流的地形有关，谷地和盆地夜雨率高、平坦开阔地较少。全省大部分地区年蒸发量高于降水量，一般是年降水多和海拔高的地区年蒸发最小，年降水少和海拔相对较低的地区年蒸发量大。湿润系数基本上与降水量一致，降水量多的地区湿润系数大，降水量少的地区则湿润系数小。

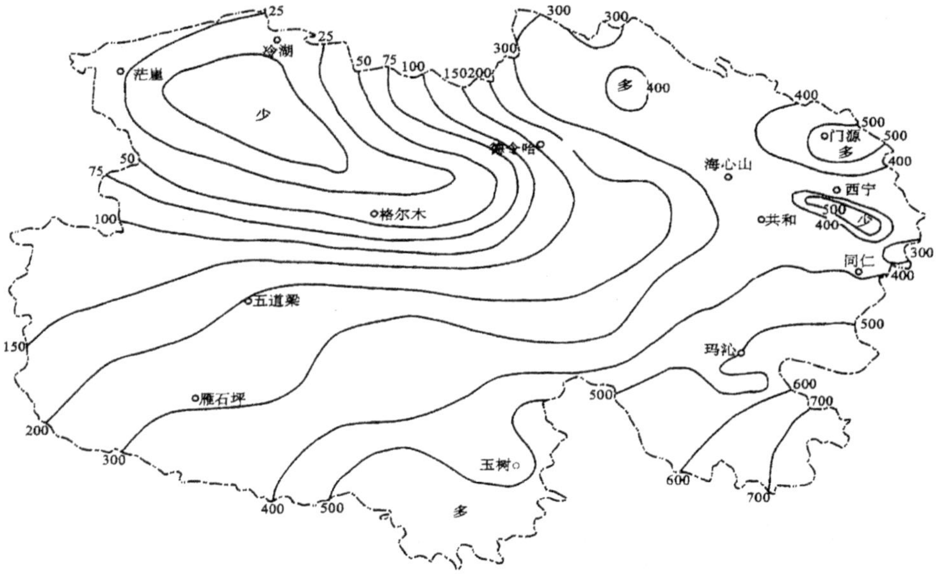

图 **1-8** 青海省年均降雨量分布图

全省光能资源丰富，年均太阳辐射总量在 5862 ~ 7413 千焦/平方米，比我国同纬度的东部地区要高 1600 千焦/平方米，柴达木盆地大多高于 6900 千焦/平方米，年太阳辐射量由东南向西北递增，与日照时数分布相似。海拔低的地区短，被大气层所吸收、反射和散射的部分也较少，因而到达地面的辐射量相对增多；年均日照时数大多地区在 2600 小时以上，比我国同纬度的东部地区多 500 小时，柴达木盆地达到 3500 小时，是青海乃至全国日照最多的地区之一；年均日照率超过 60. 0%，柴达木盆地为 75. 0%（图 1-9）。全省年均风速为 1. 1 ~ 5. 0 米/秒，总体来说，具有西北风大、东南风小、高原多风、盆地少风、山地多风、谷地少风的特点。柴达木盆地中西部、青南高原西部和祁连山地中西部位为 4. 0 米/秒以上，河湟谷地、青南高原东南部大都在 2. 0 米/秒以下；最大风速大多出现在春季(3 ~ 5 月)，年均大风日数为 4. 0 ~ 131. 0 天；以偏西风为主，伴随有山谷风和湖陆风。

全省气象灾害不仅多而且危害程度大，有干旱、冰雹、霜冻、雪灾和大风。其中：干旱频繁且严重，尤其是春旱；降雹次数多、持续时间长，对农牧业危害较重；霜冻严重影响作物的产量和质量，尤其是山区早霜冻。地势高耸、高原面积广阔且空气稀薄、高原季风环流形成及受西北—东南走向山体影响的西北风盛行是青海气候形成的主要因子。水热条件是影响气候的主导因子，按照日均大于或等于 0℃的有效积温和年均湿润系数将全省气候划分为 3 个气候带 9 个气候区，分别为高原温带（Ⅰ），包括半干旱(C)、干旱(D)和极干旱(E)3 个气候区；高原亚寒带（Ⅱ），包括湿润(A)、半湿润(B)、半干旱(C)和干旱(D)4 个气候区；高原寒带(Ⅲ)，包括半干旱(C)和干旱(D)2 个气候区(图 1-10、表 1-4)。以太阳辐射作为主要能量来源的动力和热力作用

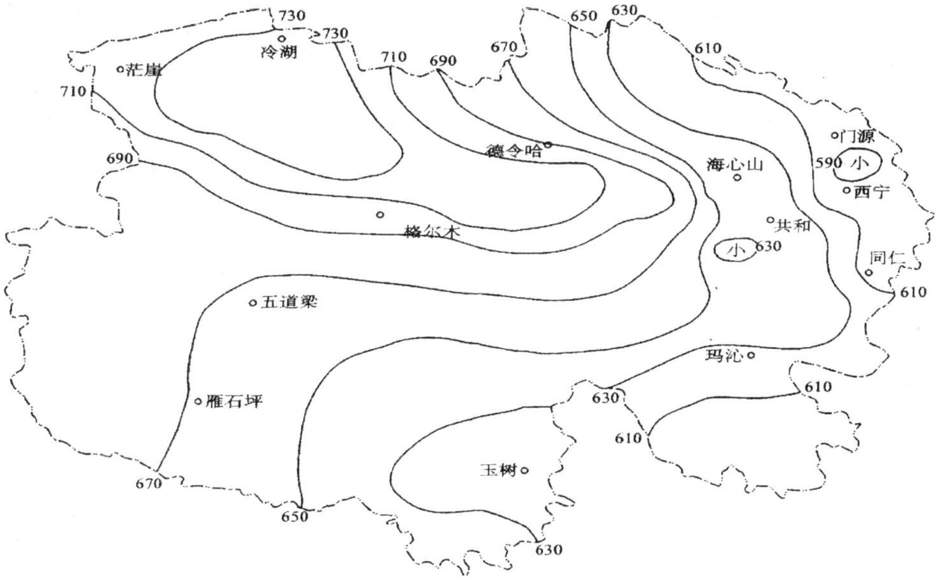

图 **1-9**　青海省年均太阳辐射总量分布图

是形成青藏高原独特高寒气候的主导因子，气候系统与其下垫面植被生态系统的作用是相互的，而冷暖交替、冰期和间冰期的轮回、高原本身隆起与夷平的反复等，成为湿地生态系统不断迁移和演化的重要驱动力。青藏高原是同纬度带中气温平均变率突出的高值区，拥有脆弱而敏感的湿地生态系统，植被地带性宽度较窄，被称为全球的“气象灶”和全球气候变化的驱动机、放大器和预警区。

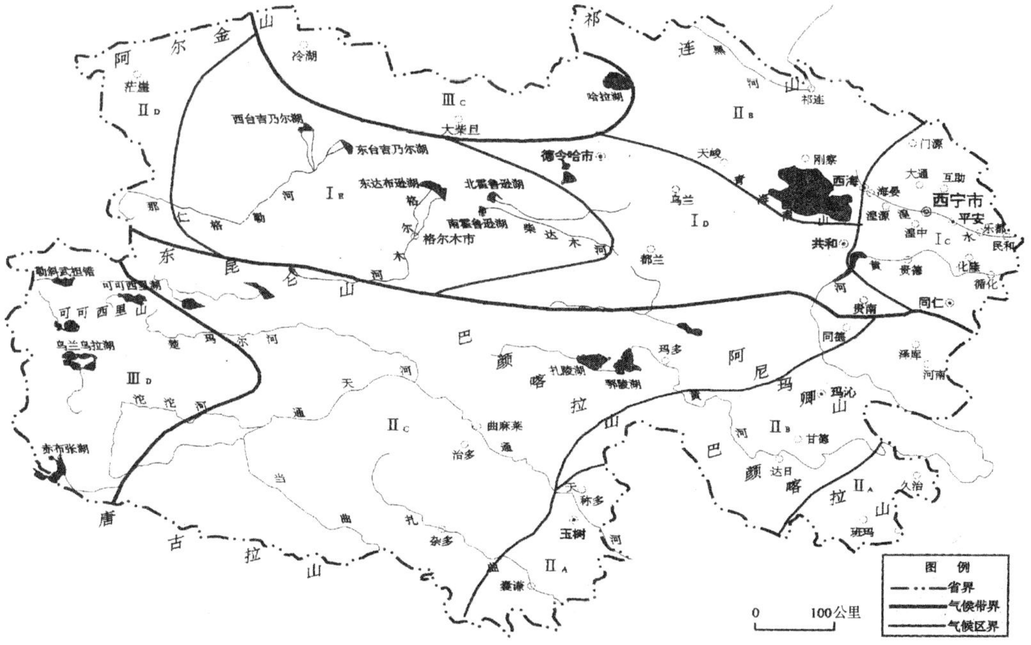

图 **1-10**　青海省气候区划图

表 1-4 青海省气候区划分类表

气候带	指标			气候区	指标		气候区划和范围
	主导	辅助			主导	辅助	
	≥0℃积温(℃)	最暖月均温(℃)	≥0℃日数(天)		年湿润系数	6~8月湿润系数	
高原温带(Ⅰ)	>1500	>12	>195	半干旱(C)	0.50~>0.25	>0.50	I_{C}高原寒温带半干旱气候区 分布在省东部河湟谷地区
				干旱(D)	0.25~>0.15	0.50~>0.20	I_{D}高原寒温带干旱气候区 分布在柴达木盆地东部地区
				极干旱(E)	≤0.15	≤0.20	I_{E}高原温带极干旱气候区 分布在柴达木盆地中、西部区
高原亚寒带(Ⅱ)	500~1500	6~12	120~195	湿润(A)	>0.75	>1.10	II_{A}高原亚寒带温润气候区 分布在青南高原东南部
				半湿润(B)	0.75~>0.50	1.1~>0.70	II_{B}高原亚寒带半温润气候区 分布在果洛、玉树北部，黄南南部、祁连山中部，青海湖盆地
				半干旱(C)	0.50~>0.25	0.7~>0.50	II_{C}高原亚寒带半干旱气候区 分布在青南高原长江、黄河源头
				干旱(D)	0.25~>0.15	0.5~>0.20	II_{D}高原亚寒带干旱气候区 分布在柴达木盆地中西部区
高原寒带(Ⅲ)	<500	<6	<120	半干旱(C)	0.50~>0.25	0.7~0.50	III_{D}高原寒带半干旱气候区 分布在祁连山地西段
				干旱(D)	0.25~>0.15	0.50~>0.20	III_{D}高原寒带干旱气候区 分布在青南高原可可西里地区

4 水 文

青海省分布有众多海拔在4500米以上的极高山山脉，终年积雪、冰川广布。夏季冰雪融水成为众多河流、湖泊、地下水的源泉，为长江、黄河、澜沧江三大河流补给提供了水源。境内有外流水系、又有内陆水系，同时众多湖泊与纵横交错的河流融会贯通，形成了地表丰富的水系资源。

4.1 河流水系

青海境内河流众多，水系发育、干流绵长，可分为长江流域、黄河流域、澜沧江流域和内陆河流域，集水面积在500平方公里以上的河流约有287条(图1-11)。

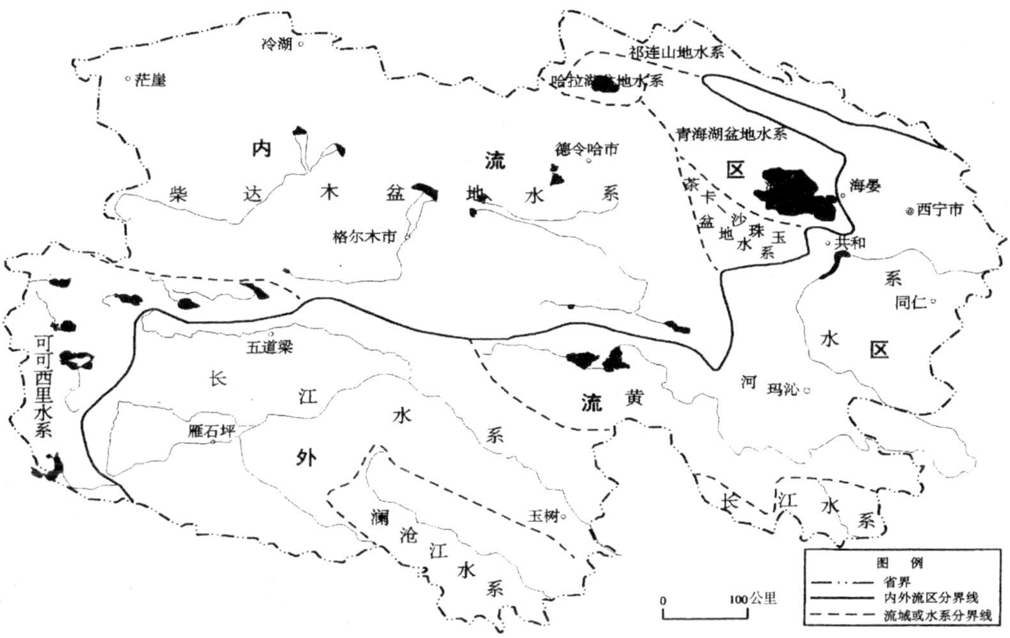

图 **1-11** 青海省水系流域分布图

(1)长江流域。长江是我国第一大河，发源于青海西南部唐古拉山脉中段主峰格拉丹东雪山的西南麓姜根迪如冰川，其正源为沱沱河，源头区海拔 5100 米。青海境内上游干流长 1205.7 公里，落差 2065 米，平均比降 1.7‰，由冰川积雪融水补给，支流众多，广布现代冰川和湖泊沼泽；集水面积在 500 平方公里以上的河流约有 85 条，流域面积 1584.7 万公顷。

长江一级支流雅砻江和二级支流大渡河，分别发源于青海省的称多县、班玛县境内，单独流出省境后，在四川境内注入长江。

(2)黄河流域。黄河是我国第二大河，发源于青海南部的巴颜喀拉山北麓约古宗列盆地西南隅，源头区海拔 4720 米。干流长 1693.8 公里，落差达 2768 米，平均比降 1.6‰，由积雪融水和降雨补给，支流众多，湖泊广布；集水面积在 500 平方公里以上的河流约有 82 条，流域面积 1523.0 万公顷。

(3)澜沧江流域。澜沧江为国际河流，属西南诸河水系。发源于青海省唐古拉山北麓查加日玛山西侧，源头区海拔 5300 米。青海境内干流长 448.0 公里，落差 1553 米，平均比降 3.5‰；集水面积在 500 平方公里以上的河流有 20 条，流域面积 374.8 万公顷。

(4)内流(陆)河流域。为西北诸河水系，青海境内分布在北部和西部，由柴达木盆地、青海湖盆地、哈拉湖盆地、茶卡－沙珠玉盆地、祁连山地及可可西里等大小内陆水系河流组成，多为永久性河流，流域面积 3668.0 万公顷。集水面积在 500 平方公里以上的河流有 91 条，主要河流包括：柴达木盆地水系的那棱格勒河、格尔木河、柴达木河、诺木洪河等；青海湖盆地水系的布哈河、沙柳河、哈尔盖河、倒淌河、黑马河、伊克乌兰河、吉尔孟河等；哈拉湖盆地水系的奥果吐乌兰郭勒河等；茶卡－沙珠玉盆地水系为沙珠玉河、茶卡河、大水河、小察苏河等；祁连山地水系为疏勒河、托勒河、黑河、八宝河及石羊河等；可可西里水系有曾松曲、切尔恰藏布、兰丽河、陷车河、库赛河等。

四大流域内分布的湖泊星罗棋布，主要有祁连山湖群区、柴达木盆地湖群区、长江源头与可可西里湖群区和黄河河源湖群区。祁连山湖群区分布于青海湖、海西州德令哈以北至祁连山党河南山省界范围之间，主要为咸水湖；柴达木盆地湖群区是青海中部盐湖、咸水湖集中分布区；长江源头与可可西里湖群区主要分布在昆仑山和唐古拉山之间，青藏公路以西的波状高原地区；黄河河源湖群区分布在巴颜喀拉山以北玛多县境内，主要为淡水湖(图 1-12)。

图 **1-12** 青海省湖泊分布图

伴随着青藏高原不断隆起、全球气候变化和人为干扰影响，全省湖泊有湖面萎缩、水位下降、湖水盐化、湖底裸露的趋势。柴达木盆地湖泊还存在湖泊迁移现象，如盆地中部湖泊向盆地沉降中心(达布逊湖)迁移、盆地边缘湖泊向内部迁移。柴达木盆地是青海乃至我国盐湖集中分布区，有盐湖和干盐湖 75 个，地表盐类化学沉积面积达 1.56 万平方公里，约占盆地面积的 13.0%，而且盐湖水化学类型复杂多样。

4.2 冰 川

青海省地处青藏高原腹地，海拔高、山脉多、冰川广布，有冰川面积 5281.5 平方公里，约占全国冰川面积的 9.0%，主要分布于昆仑山、祁连山和唐古拉山等山脉，其中昆仑山冰川面积占全省冰川面积的 38.0%，祁连山冰川面积占 24.9%，唐古拉山冰川面积占 24.6%。还有一些零星冰川分布区，面积占 12.5%，如阿尼玛卿山冰川、祖尔肯乌拉山冰川、乌兰乌拉山冰川、年宝玉则冰川等。冰川的储存量及其融水量不仅与冰川面积大小有关，而且与冰川厚度和冰川所在的高度有关。东昆仑山和唐古拉山冰川平均厚度在 100 米左右，祁连山冰川厚 50 米左右且西部比东部厚。

全省冰川储存量约为3987.9亿立方米，占全国冰川储存量的7.8%；多年平均冰川融水量为35.9亿立方米，占全国年均冰川融水量的6.4%。全省冰川融水量占全省年径流量的5.8%，尤其在柴达木盆地内陆区占到20.7%，每年约有4.5亿立方米的冰川融水成为其地表径流的重要补给源。省域内约有13.5亿立方米的冰川融水补给河流、湖泊和地下水。

4.3　地下水

青海省地下水资源较丰富，总量为269.3亿立方米，但分布不均匀。外流水系的水资源量为194.3亿立方米，占72.1%；内流水系的水资源量为75.0亿立方米，占27.9%。外流水系的水资源中，黄河流域比重最大，为90.4亿立方米，占总量的46.5%；其次是长江流域，水资源量为65.8亿立方米，占33.9%；再次是澜沧江流域，为38.1亿立方米，占19.6%。内流水系的水资源中，柴达木盆地水系最多，为38.9亿立方米，占51.8%；祁连山地水系次之，为13.7亿立方米，占18.2%；可可西里水系为9.6亿立方米，占12.8%；青海湖水系为9.5亿立方米，占12.6%；而茶卡－沙珠玉和哈拉湖水系很少，其中茶卡－沙珠玉水系为2.0亿立方米，占2.7%；哈拉湖水系为1.4亿平方米，占1.9%。

4.4　水资源总量

据青海省水利厅2012年统计资料分析，全省水资源总量为629.3亿立方米。黄河流域水资源量为208.4亿立方米，占33.1%；长江流域水资源量为179.4亿立方米，占28.5%(金沙江石鼓以上河段)；澜沧江流域水资源量为108.9亿立方米，占17.3%；内流(陆)河流域水资源量为132.5亿立方米，占21.1%，其中青海湖水系资源量为23.27亿立方米，柴达木盆地为52.70亿立方米。全省水资源分布从东南部向西北部递减，外流区多于内陆区，水资源年际和年内变化较大，易造成干旱和洪涝灾害。全省大部分地区水质良好，但局部水污染严重、水资源环境差。

湿地的存在是以水为前提，水是湿地的重要组成部分，水资源及水平衡不仅影响着湿地的形成和发育，而且控制着湿地的结构和功能。青藏高原丰沛的大气降水、高山冰雪融水、地表水、地下水和作为固体水库的山地冰川、江河源的密集河网、星罗棋布的湖泊群等为高原湿地的发育提供了多重水源的保障。河流、湖泊一般都是从水草丛生开始逐渐演变为沼泽的，在潮湿的湖滩上生长着薹草植物，形成簇生的高大草丘；在朝向湖中心的浅水区(水深20～40厘米)生长着挺水植物；在超过40厘米深的地带内为沉水植物。河流及小溪不断带入泥沙并沉积到湖底，枯死的植物残体和浮游生物也不断沉入湖底进行堆积，在淹水缺氧的寒冷环境中很难腐烂分解，逐年累积而形成泥炭，湖泊也逐渐萎缩，环状植物带向湖心蔓延扩展，最后导致整个湖泊消失，演化为沼泽湿地。

5　土　壤

青海省土壤受地形、气候、植被类型、成土母质及人为耕作等综合因素影响，种类与分布错综复杂，共有22个土类(表1-5)、56个亚类、118个土属、178个土种，具有明显的水平和垂直规律性，大体可划分为四个土壤区。东部栗钙土区即东部黄土高原区，包括祁连山地东部的黄河、湟水谷地以及大通河的门源滩地。其中，川水地区土体较厚，自然土壤主要有灰钙土、栗钙土；在海拔2000～2600米的垂直带谱是浅山地，分布有大面积的淡钙栗土和栗钙土，地力贫瘠，水土流失严重；在海拔2600～3400米的高山带谱是脑山地，位于阳坡有暗钙土，位于阴坡有黑钙土和耕种黑钙土，土体较厚，肥力较高。

表1-5 青海省主要土壤类型、分布及特征

类　型	分　　布	特　　征
高山寒漠土	集中于海西、玉树、海北及果洛各州，唐古拉山、巴颜喀拉山、昆仑山海拔4700～5000米分水岭背部	分布最高，脱离冰川最晚，成土年龄最短，发育弱、土层薄
高山漠土	在青海省见于西北部的阿尔金山西段，海拔3800～4500米的干寒山地	高海拔、干寒、多风、低温下原始荒漠化成土过程，粗骨性强，利用价值低
高山草甸土	在青海省东北部，北纬37°以北的大通河、黑河谷地，高山草甸土分布于海拔3350～3900米；向南的青海东部，北纬36°～37°的湟水谷地，分布于海拔3500～4400米；北纬35°～36°的黄河流域，其下限海拔在3300～3700米；北纬33°～36°及其附近的积石山、巴颜喀拉山等分布地区海拔为3800～4700米；唐古拉山东段北纬32°～33°及其以南地区，其下限海拔高达4100米	发育较年轻，薄层性，粗骨性，B层不明显，表层根系发达
亚高山草甸土	主要分布在高山带下段，森林郁闭线以上区域，在青海北部的祁连山东段，东部农业区的脑山以上地段及东南部河谷地区森林郁闭线以上均有分布	发育较高山草甸土完全
高山草原土	是森林郁闭线以上和无林山原高山带较干旱区域发育的土壤，在青海广泛分布于唐古拉山以北、昆仑山以南的山地及高平原区，柴达木盆地东南高山区及北部高山带	高山草原土的形成过程，以腐殖质积累作用和钙化(碳酸钙积累)作用为主，腐殖质层厚度仅3～15厘米，颜色稍淡，常带黄色或灰色，弱粒状结构
山地草甸土	主要分布于山地寒温针叶林层带高度范围内，如东部农业区海拔2600～3500米，环湖地区3100～3900米；青南高原海拔3400～4300米的低山丘陵的中山部，浑圆山顶以及较高的山前滩地	剖面发育比较完整，呈As—A—BC—C层，因冻融土体呈片状结构，有机质含量高，淋溶作用弱
草甸土	主要分布于青海省海西州、海北州、玉树州和果洛州等地区，主要分布在河流两岸的河漫滩地、湖滨洼地、季节性渍水的洼地或沼泽退化迹地等	(As)—A—Bg—C或A—Ag—C或A—AC型微薄草皮层，腐殖质层和母质层，成土年龄较短，发育弱
潮土	主要分布在黄河及其支流的河漫滩地和一级阶地上，分布范围集中在海东、西宁两地(市)的黄河、湟水河谷及海南、海北、黄南三州的黄河、黑河、浩门河、隆务河流域的河漫滩地	母质为河流洪积冲积物，受地下水、母质、人为耕种、氧化还原作用交替进行，干湿变化形成各种色泽斑纹或铁锰锈斑。经耕种熟化，成为较优土壤
灰褐土	属山地森林土壤，上承高山、亚高山草甸土，下接黑钙土、栗钙土。分布于青海省的中低山地带，主要见于青海省东半部，从南到北都有分布	有机质积累，弱黏化，碳酸钙及其他矿物质的淋溶和沉积，发育较完全，有枯枝落叶层、腐殖质层和淀积层

（续）

类型	分布	特征
黑钙土	东经99°30′以东，北纬34°以北，环湖，海南、海北、黄南三州山体下部，山前冲积、洪积平原，台地，缓坡，滩地及东部农业区脑山	腐殖质积累与钙化明显，腐殖质层深厚、松软，土体中下部多有明显或不太明显的钙积层，假菌丝体、斑点状石灰新生体，AB层间有舌状过渡层
栗钙土	东起民和，西至天峻，南至海南最南端黄河谷地，北至祁连八宝，海拔2100～3500米，广布土之一	草原植被下发育形成，剖面分化明显，白腐殖质和碳酸钙积层组成。在半干旱条件下，淋溶较弱，钙化强
灰钙土	主要分布在西宁市郊、海东、黄南和海南贵德黄河主干流山前阶地、谷地及低山丘陵区。乐都、民和海拔1700～2400米；贵德、化隆、尖扎、平安、西宁海拔2000～2400米	荒漠草原、干旱草原下发育形成，有机质积累少，腐殖质层薄，钙积层不明显，紧实块状结构。在风蚀和水土流失严重的黄河、湟水沿岸形成大片峭壁和陡坡秃岭，黄土层很薄，有的红土裸露
棕钙土	主要分布于柴达木盆地东经96°40′以东(脱土山到怀头他拉一线以东)及共和、兴海西部地区的山间盆地、洪积扇、河流两岸阶地和茶卡盆地。海拔2800～3210米	柴达木盆地东部温带半荒漠条件下形成的地带性土壤。具有明显的荒漠土壤特征：弱腐殖质积累和强钙化过程，并伴有一定的盐分聚积过程，地表常具砾质、沙化和荒漠假结皮。剖面A—B—BC—C
灰棕漠土	东经99°40′以西(柴达木盆地怀头他拉至脱土山以西)，即棕钙土带以西的山前洪积扇、坡积裙、风蚀残丘，洪积扇中上部海拔3600米以下	温带荒漠地区地带性土壤，植被稀疏。剖面发育原始，土壤物质组成近似母质，地表沙砾质化、结皮化，土体普遍积累石膏和易溶盐，或形成盐盘层
灌淤土	在灌溉条件下经过灌淤、耕作、培育而形成的高度熟化的耕作土壤，主要分布在东部农业区，西宁市郊、尖扎、同仁、贵德等老川水地区，小麦主产地	具有一定厚度(湟水灌区老水地达1.5～2米)灌淤熟化层，土层颜色较均一，呈褐色或淡栗色，受灌淤水影响，淋溶过程十分明显
盐土	主要分布在柴达木盆地(98.05%)，果洛玛多及环湖有少量分布	盐土形成主要是积盐过程，剖面分异不明显，无明显发生层次，表层常具有盐霜或盐壳，有机质不明显，呈青灰或灰白色
沼泽土	青海最主要的隐域性土壤，常年或季节性积水的地方均可出现。以玉树、海西、果洛、海北州最多，江河源头集中连片	腐殖质积累和潜育化过程明显，剖面一般分泥炭层(T)和潜育层(G)
泥炭土	主要分布在玉树、果洛和海北州，与沼泽土常呈复合分布，占据更低洼地段，江河源头地区缓坡下部，宽谷地，地表长期积水	主要特征是泥炭层发育深厚，在50～200厘米
风沙土	东到贵南县黄沙头，南到果洛州巴颜喀拉山北麓黄河附近绵沙岭，西至茫崖，北到青海湖北岸。集中在沙珠玉、三塔拉、湖东、木格滩；海北刚察、海晏；果洛玛多、玛沁	在风沙地区成沙性母质上发育成的幼龄土壤，属地带性土壤。通常是由栗钙土、棕钙土、灰棕漠土及高山草原土等土壤地表剥蚀或淹埋，形成风沙土。过牧、乱垦使良田、牧场沙化形成风沙土。发育时间短，不稳定，有机质含量很低，淋溶淀积过程很不明显，土层略分出A—C层

（续）

类　型	分　　　布	特　　　征
新积土	近期内因河流涨水，人工治河造田将土壤搬运堆垫而成，多在河漫滩、低阶地，常和草甸土，潮土、沼泽土相邻或成复区。全省大河流或支流的河漫滩地或阶地多有分布	幼龄隐域性土壤，母质为冲积－洪积物，自身发育不全，土体内呈沉积层理或无层理的堆垫，无发育或层次发育较弱。理化性质因冲积物来源不同，区别较大
石质土	青海分布范围广，但很分散，镶嵌于其他山地土壤类型中，面积不大，处于山区的山脊，山梁、陡坡及刃脊处。在垂直地带中从中低山到高山区均有分布	隐域性土壤，土层较薄，一般均小于20厘米，地表多岩石裸露，粗骨性强，土体内多含石块和碎石。土体发育不全，淋溶和淀积微弱
粗骨土	主要分布在海西州境内的山地，其他州有零星分布	隐域性土壤，在干旱气候条件下，经干燥剥蚀、崩解、重力、风力或水力搬运而成，土龄短，成土作用弱，粗骨性极强，砾石。AC构型，土体极薄

柴达木盆地荒漠土区，怀头他拉至都兰县香日德以东为棕钙土，以西地区为灰棕漠土，南部一带为宽阔的三湖盆地，土壤有盐沼、盐化沼泽土、沼泽盐土、草甸盐土及残积盐土、洪积盐土等，北部和东部均为一连串的山间盆地。整个盆地土壤风蚀极为严重。

青海湖环湖及海南台地黑钙土区，在海拔3400～4300米的垂直带谱上，多是黑钙土和高山草甸土；海拔2800～3400米的滩地、坡地上，为栗钙土和暗栗钙土，土壤肥力较高，土层较薄；河漫滩分布有草甸土及草甸沼泽土。

青南高原高山区，东南部有高山草原土、高山荒漠草原土、沼泽土、高山草甸土、灰褐土等，西部和北部广泛分布有沼泽土。高原湿地土壤是高原湿地植被生长的沃土，也是高原湿地的重要组成部分。高原湿地土壤主要为沼泽土，属于隐域性土壤类型，是在寒冷湿润的环境和沼泽化草甸植被条件下发育而成的土壤。由于高原气候严寒，土壤温度偏低，加上多年冻土层广布，土壤微生物分解酶及其活性部位受到不同程度的抑制，厌氧的强还原环境下极大地限制了营养物质的转化和有机物质的分解，导致高原湿地泥炭化过程缓慢，一般形成半泥炭化而埋藏在土壤表层，仅深层的才会完全变为泥炭，形成湿地碳循环的汇。

根据土壤形成过程的差异性将湿地土壤分为沼泽土和泥炭土2个类型及8个亚类型(表1-6)。其中泥炭土、疏干泥炭土、盐化泥炭土和泥炭沼泽土的土壤剖面均可分为草根层、泥炭层和潜育层3个层次；腐殖质沼泽土和盐化草甸沼泽土剖面可分为草根层、腐殖质层和潜育层3个层次；而腐泥沼泽土、草甸沼泽土分别分为腐泥层和潜育层、草根层和潜育层2个层次。高原湿地土壤具有一定共性特征：母质多为冰碛物、冰水沉积物和冲积洪积物，草根层或泥炭层直接发育在常年积水的潜育层上；土壤冻结时间长，多呈灰白色，以还原作用为主，缺少铁锰锈斑；沼泽土出现盐渍化问题，反映气候有变干的趋势。

表 1-6 青海省高原湿地土壤类型及剖面层次

土壤类型	土壤亚类型	土壤剖面层次
泥炭土	泥炭土	草根层、泥炭层和潜育层
	疏干泥炭土	草根层、泥炭层和潜育层
	盐化泥炭土	草根层、泥炭层和潜育层
沼泽土	泥炭沼泽土	草根层、泥炭层和潜育层
	腐殖质沼泽土	草根层、腐殖质层和潜育层
	腐泥沼泽土	腐泥层和潜育层
	草甸沼泽土	草根层和潜育层
	盐化草甸泥炭土	草根层、腐殖质层和潜育层

青海湿地土壤多呈斑块状零星分布，具有明显的区域性特征，主要分布在海拔 4500 ~ 4800 米的玉树州杂多县、治多县西部的莫云滩和河流两侧，海拔 4500 米以上的果洛州玛多县西部的星星海和扎陵湖、鄂陵湖的南岸，海拔在 4000 米左右的久治县东北部，海拔在 3800 ~ 4500 米的祁连山中段山地上部的河源；多在河曲、古冰蚀谷地底部、湖盆洼地、扇缘洼地、山间碟形洼地和坡麓潜水溢出带分布，成土母质以河湖沉积物居多，并有洪积物、坡积物和冰积物等。由于地形平缓低洼，气候寒湿，地下永久冻土发育构成不透水层，使较多的降水和冰雪融化水汇集于此而难以外泄和下渗，导致土体过湿或在地表形成常年或季节性积水，并使潜水水位抬高。寒湿生境下生长的植被死亡后，在低温和通气不良的情况下，有机残体和死根得不到充分的分解，因而在土层的上部逐渐积累形成较厚的泥炭层和半泥炭化层，下层土壤由于潜水和积水的影响，呈缺氧状态下还原作用旺盛，形成质地稍黏重的灰白色潜育层，所以高原沼泽土的形成过程包括上层土壤的泥炭化过程和下层土壤的潜育化过程，土壤的酸碱度一般呈微酸性至微碱性，泥炭层有机质含量 49.0% 左右。根据泥炭层的厚度可将沼泽土壤分为泥炭沼泽土和高原泥炭土 2 个亚类，泥炭沼泽土地下水位较高(夏季多在 20.0 厘米以内)，泥炭层厚度小于 50.0 厘米；高原泥炭土地下水位一般较低(夏季多在 40.0 厘米左右)，泥炭层厚度大于 50.0 厘米，甚至 100.0 厘米以上。

6 植物和植被

青海省由于受地理位置、气候条件、土壤类型及下垫面等影响，作为生态系统重要生产者的植被区系地域性明显，种类组成的丰富度相对贫乏。以寒温带成分为主，特有属种少，南部以中国—喜马拉雅植物区系为主，具有年轻性；东北部有许多华北区系成分的植物侵入，具有边缘交汇性；西北部保留了亚洲中部植物区系成分，具有古老性，同时植被区系间相互渗透交错。据不完全统计，全省维管束植物约 114 科 577 属 2483 种。其中蕨类植物 8 科 16 属 30 种、裸子植物 5 科 9 属 41 种、被子植物 101 科 552 属 2412 种，与全国相比，科占全国的 32.3%，属占全国的 18.1%，种只占全国的 9.1%，所以青海省植物种类资源相对较少。

青海植被由于地域跨幅较大，自然条件具有明显的地区差异，反应到植被分布上也具有一定的水平和垂直分布规律。植被分布总的趋势是：从东南向西北种类逐渐减少，植被景观也依次相应呈现出森林、草原和荒漠 3 个基本类型。垂直分布由于各山体所处的位置、地貌形态、水热条件等不同，垂直带谱类型也多种多样。随着气候干旱性的增强，越向西垂直结构越简化，各垂直带也逐渐抬高。森林、灌木林主要分为针叶林、阔叶林、灌木林和草原灌木林几类。针叶林主要为寒温性针叶林，有青海云杉、青杆、冷杉、祁连圆柏等；阔叶林全为落叶阔叶林，其建群种主要是桦木科、杨柳科、榆科和壳斗科等一些典型北温带种，以桦木属和杨属分布最为普遍；灌木林组成以柳属、杜鹃花属、锦鸡儿属、绣线菊属为主；草原灌木林主要为短叶锦鸡儿。草原分为温性草原和高寒草原，温性草原分布在海拔 1750～3200 米间，由沙生针茅、冷蒿等组成；高寒草原主要分布在青南高原西部和北部以及祁连山系地区，分布海拔约 3000～4700 米，主要以紫花针茅、扇穗茅、青藏薹草等作为优势种。荒漠、半荒漠景观主要分布驼绒藜、梭梭、合头草、盐爪爪、猪毛菜、柽柳等。全省湿地植物 46 科 138 属 372 种，其中蕨类植物 1 科 2 属 3 种、被子植物 45 科 136 属 369 种。

高原湿地植被受湿地生态环境条件的限制。高原湿地因强烈的寒冻和多年冻土的反复融冻作用，常形成冻胀丘和热融湖塘等地貌，特定的地形条件引起土壤水分过度湿润，形成季节性或常年积水，这些条件是湿地植物涉足的前提。这种生境常常被沼泽化草甸占据，当冻胀丘消融，地面塌陷，受深层冻土的阻隔，消融水不能下渗，在凹地中央汇集，形成热融湖塘，使水生植物侵入并生长发育，形成水生植物群落，水生植被是湿地植被形成的前期阶段，其种类组成中亦有湿地植物的出现，如杉叶藻之类；当热融湖塘深层冻土继续消融时，积水向四周渗透，使湖塘积水减少而退缩，为湿生植物的侵入创造了条件。湿地植物只有在多水的环境中才能生存，它们或植根于泥土之中，或漂浮于水面，草本植物的一岁一枯荣使得高原湿地中的泥炭得以累积增长。湿地植被的演替过程主要有湖泊沼泽化和草甸沼泽化途径，虽然许多湿地种类在世界上广泛分布，但也有许多植物种类深深地打上了地带性植被的烙印，并形成特有种。

7 野生动物

青海省脊椎动物的现代分布，受三大自然区——季风区、蒙新高原、青藏高原的影响，呈非地带性特征。按全国动物地理区划划分，青海的野生动物以古北界青藏区羌塘高原亚区、青海藏南亚区和蒙新区东部草原亚区、西部荒漠亚区为主，有部分华北区黄土高原亚区物种成分，并有少量的东洋界西南区西南山地亚区、喜马拉雅区物种成分分布。据统计，青海省境内分布的野生动物青藏区物种占优势，约40%；蒙新区物种约为25%；西南区物种约15%；其他为华北区物种和广布种。其区系特点呈现地理群落简单，种类分布具有大面积的一致性；生境优势种单一，但种群数量大、分布广，具有青藏高原的特殊性；草原、草甸生境物种资源丰富，森林树栖种类少，具有明显的垂直分布变化和生境的差异。

据统计，青海省有鸟类 292 种，哺乳类 103 种，两栖爬行动物 16 种，鱼类 59 种。属于国家重点保护的野生动物有 74 种，省级保护动物 36 种。青海野生动物生态分布，从东南向西北是由山地森林灌丛草原动物→高地草甸动物→高地寒漠动物→温带荒漠、半荒漠动物群有规律地更替。依据植被、栖息地特点和动物群组成，各类动物分布在 4 个生态地理区域。

7.1 山地森林、草原区域

该区域是指长江、黄河、澜沧江和黑河四大水系的河谷地区，以及柴达木盆地东部林区。动物种类有马麝、白唇鹿、马鹿、猕猴、狼、藏马鸡、蓝马鸡、血雉、雉鹑、环颈雉、石鸡等。由于森林灌丛与高寒草原草甸、湿地、农田镶嵌分布，有一些其他生境类型的动物种渗入。

7.2 山地草甸草原区域

该区域为海拔3800米以上的高原山地区，与山地裸岩相接。栖息的动物群以有蹄类动物藏原羚、野牦牛、岩羊等为主，还有喜马拉雅旱獭、赤狐、藏狐、棕熊、雪豹、淡腹雪鸡、暗腹雪鸡，鹰科、隼科部分猛禽以及黑颈鹤、斑头雁、赤麻鸭等。该区包括大江大河流域区和可可西里地区，有湖泊沼泽和湿草地草原。

7.3 高原山地寒漠区域

该区域为海拔4100米以上的高原山地寒漠区，是寒漠动物群主要的栖息生境，下接草甸草原和荒漠草原。哺乳类主要有藏野驴、野牦牛、藏羚、盘羊等，鸟类有西藏毛腿沙鸡和鹰科鸟类。

7.4 温带荒漠、半荒漠区域

该区域是指柴达木盆地、共和盆地和玛多黄河源区，海拔在2900~4100米之间，分布的动物群种类较少。哺乳类有荒漠猫、鹅喉羚、沙狐、长耳跳鼠和子午沙鼠等；鸟类种类贫乏，常见种有石鸡、岩鸽等。

依赖湿地或与湿地关系密切的动物种占有一定比例。湿地动物是指湿地环境中一切动物的总体，包括湿地中的典型湿地动物，也包括由边缘带渗入到湿地中的草原、林地和农田中的动物。湿地鸟类有黑颈鹤、斑头雁、赤麻鸭、鱼鸥、棕头鸥、[普通]鸬鹚、大天鹅等；湿地哺乳类有斯氏水麝鼩、西藏鼩鼱、水獭等；鱼类种类较丰富，有59种。

第二节 社会经济状况

青海省社会经济状况总体相对落后，但高原生态战略地位极其重要。多民族聚居，自然资源丰富，人口较少，各地区社会经济发展不平衡，西部落后于中东部。

1 人口分布

据青海省2013年统计年鉴资料分析，青海省人口自1860~2012年以来呈持续增长态势。1860年，全省总人口为92.3万人，人口密度为1.29人/平方公里，其中少数民族人口有29.88万人，占总人口的32.37%；1950年，全省总人口为148.50万人，人口密度2.07人/平方公里，少数民族人口51.25万人，占总人口的34.51%；2012年，全省总人口573.17万人，人口密度7.98人/平方公里，少数民族人口269.28万人，占常住人口的46.98%（图1-13）。

1860~1951年间人口缓慢增长，年均增长率为6.84‰，少数民族人口年均增长率为8.03‰；

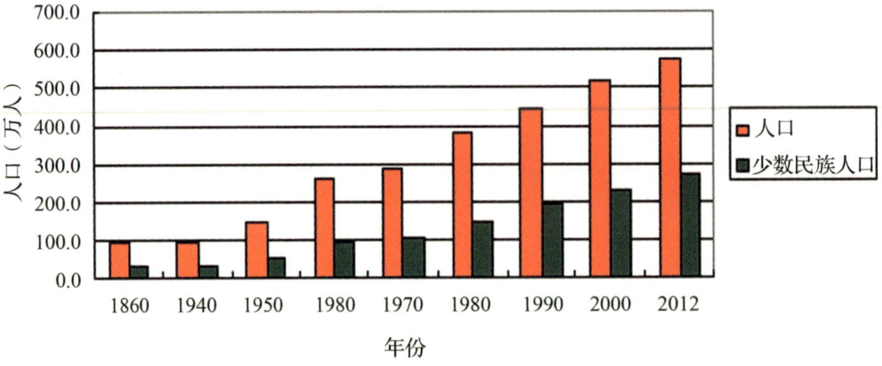

图 **1-13** **1860～2012** 年青海省总人口及少数民族人口数量变化

1952～2012 年间人口增长较快，年均自然增长率为 8.24‰。

2012 年全省总人口 573.17 万人中，男性有 294.95 万人、女性 278.23 万人，男女性别比为 107.40∶100.00。全省 0～14 岁人口占 20.3%，15～64 岁人口占 72.78%，65 岁以上人口占 6.3%，为年轻型步入成年型人口类型。全省城镇人口 271.92 万人，城镇化率为 47.74%；具有小学文化程度人口占 35.27%，具有初中文化程度人口占 25.37%，具有高中或相当于高中文化程度人口占 10.43%，具有大专文化程度及以上人口占 8.62%；全省 15 岁及以上文盲人口占 10.23%。人口密度全省为 7.85 人/平方公里，是同期全国平均水平的 5.72%，地广人稀，部分地区人口密度不到 1.00 人/平方公里。

青海省人口相对集中于自然条件较好的河谷地带和城镇（图 1-14），东部海拔 2500 米以下、面积占全省 3.0% 的狭窄区域内，集中分布着全省 70.1% 的人口。

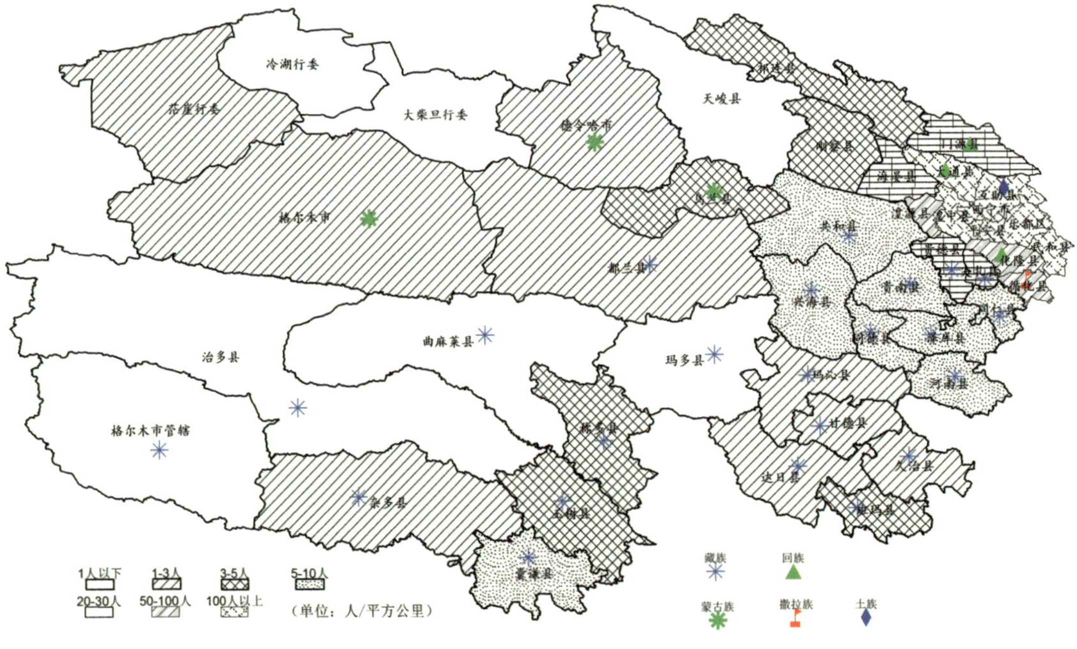

图 **1-14** 青海省人口及民族分布图

全省人口中从业人员 310.86 万人，在岗职工人数 50.31 万人，职工工资每年 46827 元。城镇居民人均年可支配收入 17566.3 元，农村居民人均年纯收入 5364.4 元；城镇居民人均年消费支出 12346.3 元，农村居民人均年消费支出 5338.9 元。

2 民族构成

青海省自古以来就是一个多民族聚居地区，经过历史的沉积和长期的人口迁移流动，形成了以汉族为主体、多民族共同居住的格局。全省共有汉、藏、回、土、撒拉、蒙古族等 40 多个民族，2012 年全省汉族人口占 53.02%，少数民族人口占 46.98%。其中，少数民族人口中以藏族、回族、土族居多，分别占 24.44%、14.83% 和 3.63%（图 1-15）。

全省各族人民在长期的征服自然和改造自然的过程中，相互沟通与融合不断强化，形成了人与自然和谐共处的生产生活方式、民族宗教习惯和丰富多彩的民族文化。

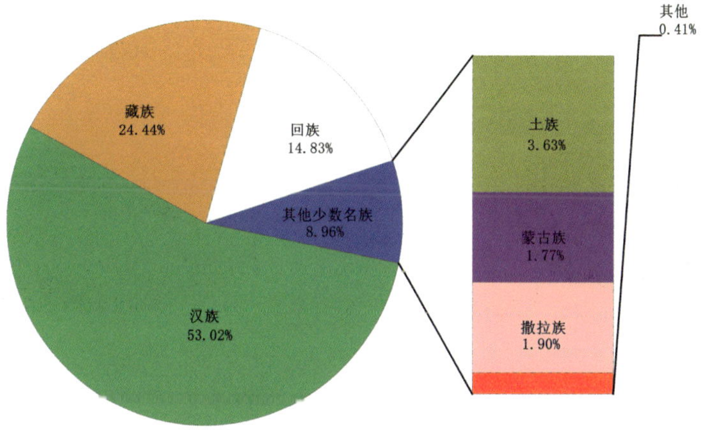

图 1-15 2012 年青海省各民族人口构成

3 城镇化

新中国成立后，随着各级人民政府的建立、人口的快速增长及国民经济的发展，以行政职能为主的城镇建设规模不断扩大。1965 年以后城镇化发展非常迅速，1949 年全省有 20 个城镇，城镇人口 10.20 万人，城镇化率为 6.88%；1965 年全省有 42 个城镇，城镇人口 31.3 万人，城镇化率为 13.58%；2012 年全省有 137 个城镇，城镇人口 271.92 万人，城镇化率为 47.44%。尽管如此，目前全省城镇化水平仍旧较低，城镇体系仍未健全，城镇空间布局与地理位置、交通状况、人口数量、资源分布及经济社会背景等密切相关，总体分布呈大分散小集中、城市少城镇多的倒金字塔格局，大部分城镇间缺乏职能联系、经济功能不突出。东部地区自然条件较好，人类活动历史悠久，农业生产发达，城镇分布集中，面积只占全省的 15.8%，却集中了全省 65.0% 以上的城镇；柴达木盆地和三江源区面积占全省的 84.2%，城镇仅占 25.0%。

4 经济现状

青海省经济发展总量较低，产业发展资源依赖性较强，对外经济协作简单，东部和西部工业产值较高；自实施西部大开发以来，区域经济发展迅速，产业结构尤其是第二产业比重提升加快，第一产业比重持续下降，第三产业相对稳定。1995 年全省国民生产总值为 167.80 亿元，其中第一产业占 23.61%、第二产业占 38.49%、第三产业占 37.90%，人均年产值 3847.11 元；2012 年全省国民生产总值为 1893.54 亿元，其中第一产业占 9.34%、第二产业占 57.69%、第三产业占 32.97%，人均年产值 32878.5 元(图 1-16)。

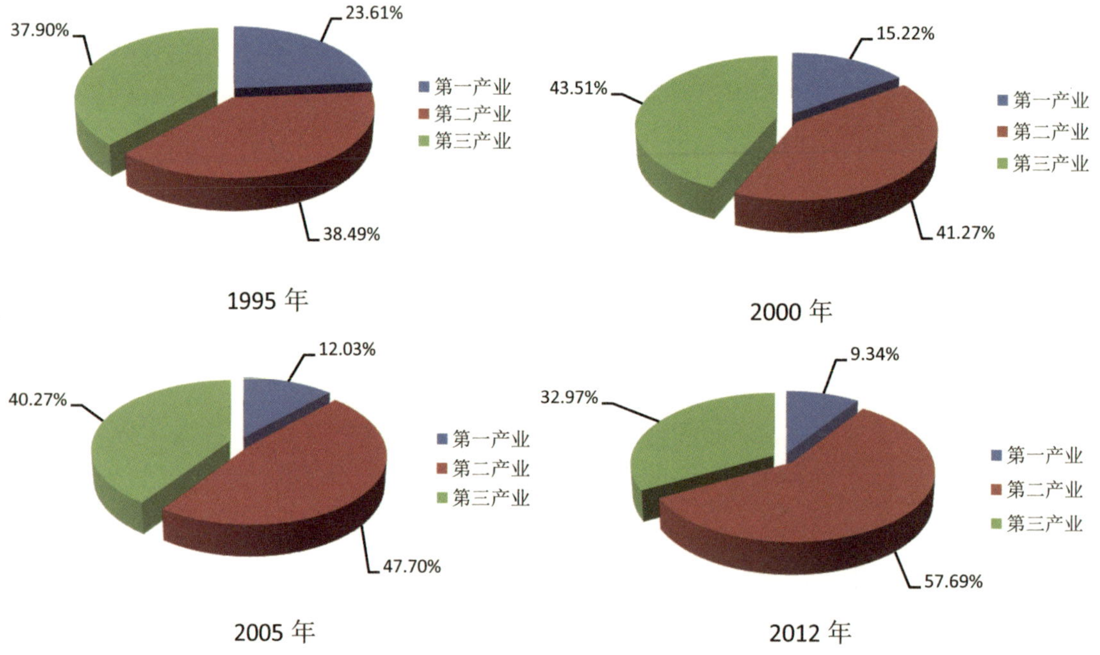

图 **1-16　1995～2012** 年青海省产业结构价值

2012 年全省国民生产总值 1893.54 亿元，比上年增长 13.4%，其中第一产业总值为 176.91 亿元、第二产业总值为 1092.34 亿元、第三产业总值为 624.29 亿元，是近 30 年来增长速度最高的。

工业生产保持增长，全年全省规模以上工业增加值 897.16 亿元，比上年增长 15%。其中：规模以上工业中，非公有工业增加值增长 26.5%。国有企业增长 7.6%，股份制企业增长 17.8%，集体企业增长 9.9%，外商及港澳台投资企业增加值下降 10.2%。

农业发展良好。全省耕地面积 55.09 万公顷，其中灌溉面积 17.72 万公顷。农作物种植结构有所调整，农作物播种总面积比上年减少 0.12 万公顷，油料面积比上年增加 0.26 公顷；蔬菜面积比上年增加 13.7%，蔬菜产量比上年增加 13.1%；优质小麦、马铃薯比重继续提高，油菜全部实现优质化，新增高效农业面积 0.23 万公顷。林牧渔业发展稳定，全省牲畜 1976.8 万头只，肉类产量比上年增长 2.20%，猪牛羊肉产量增长 6.50%，禽蛋产量增长 2.90%，牛奶产量增长 3.70%；水产品产量增长 93.50%(2010 年)。

青海省森林面积有 1120.33 万公顷，森林覆盖率 6.1%；国家重点公益林管护面积 338.96 万公顷，天然林保护面积 367.8 万公顷；自然保护区建设面积达 21.8 万公顷，其中国家级自然保护区 7 处(2012 年)。

5　湿地文化

青海省地处青藏高原，是昆仑山、祁连山、唐古拉山等著名山脉的发轫地，是长江、黄河、澜沧江等大江大河的发源地，水系发育、河网纵横、湖泊众多、冰川广布，是“众山之宗、千湖之地、江河之源”。第四纪构造断裂、冰川地貌发育、河流湖泊星罗棋布、丰沛的冰雪融水、高寒冷湿气候及深厚的冻土层促成了湿地的形成和发育。全省湿地面积814.36万公顷，占全省总面积的11.35%，有4类17型，在8个市(州)、43个县级行政区及唐古拉山以北地区均有分布(2012年)。

水是生命之源，自古以来祖先们逐水而居，湿地是水体和陆地间的过渡地带和重要的自然生态资源，受水陆相互作用，被誉为“生命的摇篮”，是中华民族文明的发祥地之一，既养育了一方百姓又孕育了湿地文化。因此，不同地域民族、历史背景、宗教信仰、风俗习惯的人们聚居在一起，不同的历史文化、宗教文化、民俗文化、传统文化及当代文化等并存共荣、交融传承，构成了绚烂多彩的湿地文化。可以讲，悠悠历史长河，久远而深邃。湿地曾孕育了人类光辉灿烂的古代文明，也是现代生态文明发扬光大的根本保障。湿地文化是青海实施“生态立省”战略、大美青海蓝图和生态文明建设的重要组成部分。

青海黄河文化与昆仑文化同行，农耕文化和牧业文化共荣，中原文化与西域文化并存，佛教和伊斯兰教等宗教文化兼容，历史文化和民俗文化交融，河湟文化和热贡文化相映，红色文化与格萨尔文化同存等多元文化的融合，为青海高原湿地文化增添了深邃的内涵。青海省各族人民创造的灯彩、皮绣、唐卡、堆绣、贤孝、拉伊、敖包、皮影戏、花儿会、那达慕、柳湾彩陶、喇家遗址、马厂遗址、吐蕃墓葬群、中华昆仑神话、阿尼玛卿雪山传说、河湟民族民间故事等物质或非物质文化遗产，以及唐蕃古道、环湖赛、万丈盐桥、青藏铁路等形成了特色的湿地文化长廊，彰显出青海湿地文化悠久的历史传承，释放出青海湿地文化独有的地域魅力。应该讲，青海丰富的地域文化与湿地文化交织，使其在现今经济社会的变革与发展中具有不可替代作用，值得人们探索和研究。

近年来，青海省湿地资源保护得到了国家与地方各级人民政府的关注和重视，尤其是开展了以青海湖、贵德黄河清湿地、三江源区湿地等为主要内容的诗歌节、音乐节和挑战黄河极限、摄影大赛等活动，无不彰显着高原湿地的魅力，使人们和全社会对青海的生态区位和经济社会发展的战略地位有了全新的认知与了解，“中华水塔”和“亚洲水库”的称谓深入民众，青海现已成为有史以来我国经济社会发展的最重要的生态保育区。

第三节
湿地调查工作概况

湿地资源调查是开展其保护与管理工作的重要组成部分，是制定资源可持续发展规划的依据。根据国家林业局关于《全国湿地资源调查技术规程(试行)》的要求，结合青海高原地域辽阔、海拔高，湿地资源丰富的特点，制定了《青海省湿地资源调查实施细则》等技术操作规程，指导全省的调查。此次湿地资源调查，目的是查清青海湿地资源分布现状，建立资源数据库，进行科学地综合评价；研究分析湿地资源保护管理状况，存在的问题，探讨其发展对策；同时，为实施资源的永续利用和管理提供科学决策依据。

1 调查内容与范围

覆盖符合湿地定义的青海省行政区范围内（包括唐古拉山以北地区）的各类型湿地资源，包括面积8公顷（含8公顷）以上的湖泊湿地、沼泽湿地、人工湿地；以及宽度10米、长度5000米以上的河流湿地。此次调查分为一般调查和重点调查。

一般调查：对所有符合调查范围的各湿地斑块的类型、面积等内容进行调查。调查因子包括：湿地斑块序号、湿地斑块名称、所属湿地区名称、湿地区编码、湿地型、湿地面积、湿地分布、所属流域、河流级别、平均海拔、水源补给状况、土地所有权、湿地植被面积、群系名称、优势植物种、湿地斑块区划因子、保护管理状况等15个主要调查项目。

重点调查：除一般调查的因子外，增加了湿地的自然环境要素、湿地水环境要素、湿地野生动物、湿地植物群落、湿地植被、湿地保护和利用状况、湿地受威胁状况等专项调查。①自然环境要素：包括地貌类型、土壤类型、泥炭厚度（沼泽湿地）、年平均气温和变化范围、≥0℃的年均积温、≥10℃的年均积温、年平均降水量和变化范围、年平均蒸发量和变化范围等。②湿地水环境要素：包括湿地水文、地表水和地下水水质的调查。③湿地野生动物：包括水鸟、哺乳类、两栖及爬行动物、鱼类、贝类、虾类的调查。④湿地植物群落：包括湿地乔木层或灌木层、草本、蕨类层或苔藓层群落优势植物的调查。⑤湿地植被：包括湿地植被、植被利用和破坏情况的调查。⑥湿地保护和利用状况：包括湿地保护和管理状况、湿地功能和利用现状、湿地范围内的社会经济状况调查。⑦湿地受威胁状况：包括威胁因子种类及其起始时间、影响面积、已有危害和潜在威胁的调查。

1.1 工作组织

青海省人民政府和省林业厅分别成立青海省湿地资源调查领导小组和工作小组，下设领导小组、工作小组办公室，统一组织全省湿地资源调查工作。确保对调查全过程的领导和调查质量监督，协调各方关系。相关县（市）成立调查领导小组，负责协调当地各方关系，提供当地基础资料，配合调查人员工作。为全省湿地资源调查工作的顺利开展提供了强有力的组织保障。

技术支撑单位是国家林业局调查规划设计院。主要职责：承担青海省湿地调查中的遥感资料处理、区划、判读、面积数据汇总，为青海省湿地调查提供相关的遥感影像数据；指导制订省级调查实施细则和工作方案，审查省级调查实施细则；指导省级调查成果汇总、调查报告编写以及成果审核；指导并参与调查队伍的培训工作；反馈调查过程中有关技术问题，并协助修改完善有关技术规定和标准。

外业调查工作开始前，邀请国家林业局调查规划设计院及省内专家，对省级调查队伍及全省6州2市和43个县级湿地资源调查负责人、技术人员，共150余人进行了为期4天的湿地资源调查技术培训。以省规划院为主，共组建45个调查队伍，参与调查人员387人。由省规划院、省林业工程咨询中心及抽调部分业务骨干人员负责开展全省所有湿地的调查任务。由各县（市、行委）

及保护区相关人员组成，协助省级调查队开展本地调查活动，完成本地湿地相关调查内容，并配合技术支撑单位完成遥感现地判读和验证，及湿地动植物资源调查；负责协调本市、县资料搜集活动，协助省级调查队汇总本市、县调查材料的整理、统计，做好后勤保障工作。

1.2 调查区划

湿地资源调查区划，是按照省→湿地区→湿地斑块进行设计。由于湿地区是由多个湿地斑块组成、具有一定水文联系和生态功能的湿地复合体。在区划湿地区时，充分考虑湿地生态系统的完整性和地貌单元的独立性。根据《全国湿地资源调查技术规程(试行)》要求，结合青海省第一次湿地资源调查成果和湿地资源分布实际，全省区划分为24个湿地区，其中7个是以具有一定的水文联系和生态功能的重要湿地作为单独区划的湿地区；17个是以县为单位区划的零星湿地区。在零星湿地区中，将西宁市的城东、城西、城北和城中4个区作为一个零星湿地区对待。

同时，考虑湿地斑块是其资源调查、统计的基本单位，在湿地斑块区划时，注重了单个湿地面积小于8公顷，但各湿地之间相距小于160米，且湿地型相同的，均划为同一湿地斑块进行调查，但仅统计湿地的面积。

1.3 调查方法

青海省第二次湿地资源调查，采用遥感影像解译和外业调查相结合的手段进行。利用中巴卫星资源(卫星CBERS-CCD)为主要数据源，辅助数据源为中巴环境卫星影像，全省共涉及数据影像86景，获取时间为2009年1月12日至2010年1月5日。通过解译标志库的建立，完成各湿地类的判读；同时，进行面积求算、数据记录和统计，并注重解译精度。

在全面开展外业调查前，注重有关资料收集。①图件资料收集，着重收集各县(市)1:5万地形图、全省遥感影像图(中巴卫星，分辨率19.5米)。对于面积过小的湿地区域，收集分辨率更高的遥感影像图(SPOT5，分辨率2.5米)等。②文字资料收集，包括野生动植物图鉴资料，气候资料，土壤资料，水文资料和青海省水利厅出版的《青海省水功能区划》等；湿地所在地区社会经济状况调查和2012年青海省统计年鉴等。

外业调查工作，由国家林业局调查规划设计院和青海省林业调查规划院具体负责，全省组建外业调查队伍45个，参与人员387人。①一般调查，由国家林业局调查规划设计院负责遥感数据处理、区划与判读，并通过遥感解译获取湿地型、面积、分布(行政区、中心点坐标)、平均海拔等基础信息。青海省林业调查规划院根据提供的湿地斑块图开展野外调查，调查湿地水源补给状况、湿地植被面积、土地所有权、主要优势植物种、保护管理状况等数据，现地验证数据信息。在调查过程中采用遥感影像、地形图、GPS相结合的方法确保湿地斑块位置与面积的准确性。②重点调查，由青海省林业调查规划院、青海省林业工程咨询中心及县市林业局共同完成。调查前，由青海省林业调查规划院根据遥感影像确定重点调查湿地范围界线，建立重点调查湿地界线数据层，提交国家林业局调查规划设计院，国家林业局调查规划设计院将重点调查湿地界线数据层加载到提取的遥感数据信息层后，以1:10万的比例尺成图，作为外业调查图使用。重点开展湿地斑块调查、自然环境要素调查、水环境要素调查、湿地野生动物调查、湿地植物群落和植被调查等，严格按照《青海省湿地资源调查实施细则》等技术操作规程进行。

1.4 调查工作量

本次湿地调查共建立各湿地类型解译标志336个。通过对全省52块重要湿地963个样方调查结果统计，青海省湿地植被共有4个植被型组，9个植被型，127个群系。划分湿地斑块数12178块，其中一般调查斑块数6634块、重点调查斑块数5544块，完成成果1479万条。

2 内业数据汇总

青海省第二次湿地资源调查内业汇总，分为以下几个方面：①湿地类、湿地型和面积汇总，根据遥感解译结果、外业调查成果和相关资料，将各湿地斑块以及属性输入GIS软件的数据库，通过汇总统计，得到各湿地区、湿地类、湿地型等的各种调查因子。②主要自然环境状况汇总，对主要湿地类型的水资源情况进行统计汇总；对重点调查湿地范围内的社会经济状况进行统计汇总(包括各湿地范围内的乡镇名称、面积、人口、人口密度、工业总产值、农业总产值等)；对湿地自然保护区情况进行统计汇总(包括全省湿地自然保护区的名称、面积、保护对象、保护级别、主管部门等)。③湿地动物调查汇总，按水鸟、两栖类、爬行类、哺乳类、鱼类、软体动物分别汇总。④湿地高等植物调查汇总，包括苔藓、蕨类、裸子、被子植物各种的中文名、拉丁名、保护等级、数量状况、主要分布区、小生境等；并对本省的主要湿地植被类型进行统计汇总。

3 检查评审

检查工作由两个层面组成，一是省级调查领导小组办公室检查验收，二是国家技术单位的检查验收。①检查内容，重点检查外业调查与内业处理的工作情况。外业检查是针对重点调查湿地进行，包括外业调查工作量、各因子的调查方法、湿地调查表格填写、调查人员野外工作能力等；内业检查对收集的数据是否准确、可靠，调查表格是否规范，数据处理和汇总、调查报告、图面资料是否符合要求等。②检查数量，省级检查的外业工作量应占全部工作量的5%以上；国家林业局检查，占1%以上；遥感判读样地检查数量，应在图斑总数的10%以上，并针对不同的湿地类、湿地型要求制订不同的图斑判读合格率。对内业工作，实施全面检查，检查重点是样地调查记录，各调查组全面复核情况等。③检查方法，质量检查一般采用抽样调查方法进行，统一按随机方法抽取；不得随意更改，以保证检查对象能客观反映其质量。各项检查都必须作检查记录，进行质量评价；检查工作结束后提交检查报告。外业阶段的检查在外业前、中、后期分别开展，内业工作检查按照内业工作流程分别进行。④验收与质量，评定外业检查内容合格率达85%以上，内业检查内容合格率达95%以上为检查合格。

第二章 湿地类型

根据《全国湿地资源调查技术规程(试行)》调查分析，青海省湿地类型多样，呈现高原特点，分布面积大。尤其是境内的长江、黄河、澜沧江源头区和黑河区的河流湿地、湖泊湿地和冰川资源丰富，柴达木盆地的盐沼湿地广布，在我国极具特色。第二次全省湿地资源调查结果显示，青海有各类湿地资源 4 类 17 型，其中：河流湿地有 3 型，湖泊湿地有 4 型，沼泽湿地有 6 型，人工湿地有 4 型。还有大面积的现代冰川和雪山。

第一节 湿地资源概况

湿地是指天然或人工、长久或暂时性沼泽地、湿原、泥炭地或水域地带，带有或静止或流动、或为淡水、半咸水、咸水水体者，包括低潮时水深不超过 6 米的海域。湿地是重要的自然生态系统和自然资源，具有巨大的经济、生态和社会效益，是实现可持续发展的重要基础。

青海省湿地资源类型，除海洋湿地、稻田湿地、红树林湿地类型外，基本都具有，且突出高原特点。境内沼泽湿地分布面积最大，次之是湖泊湿地、河流湿地，湿地资源的 98% 是自然湿地，原始而功能强大，在我国具有重要的生态区位与社会价值。此次调查，基本查清了全省各类湿地类型的资源状况，范围、面积、分布特点和湿地植物、动物物种等情况，为科学有效地保护与管理提供必要的条件与支撑。

青海省湿地类型主要有河流湿地、湖泊湿地、沼泽湿地和人工湿地(图 2-1)。天然湿地包括河流湿地、湖泊湿地、沼泽湿地 3 类 13 型，人工湿地包括库塘、输水河、水产养殖场、盐田 1 类 4 型。

据青海省第二次湿地资源调查数据分析(图 2-2)，青海省湿地总面积为 814.36 万公顷，其中，河流湿地面积 88.53 万公顷，占湿地总面积的 10.87%；湖泊湿地面积 147.03 万公顷，占湿地总面积的 18.05%；沼泽湿地面积有 564.54 万公顷，占湿地总面积的 69.33%；人工湿地面积有 14.26 万公顷，占湿地总面积的 1.75%。

1 河流湿地资源

河流湿地是指河道宽度在 10 米以上、长度在 5000 米以上的河流，包括永久性河流、季节性

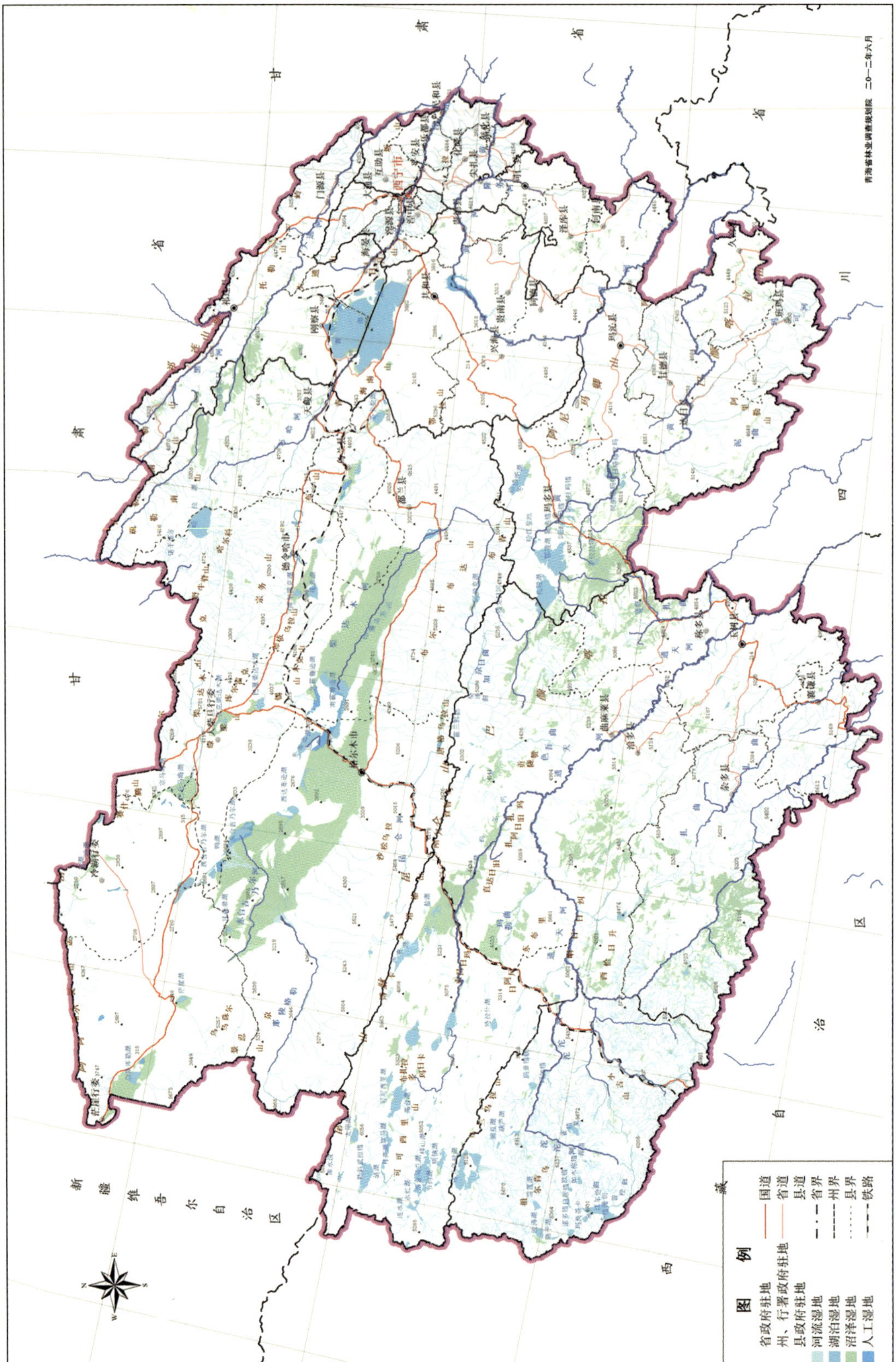

图2-1 青海省各类湿地分布图

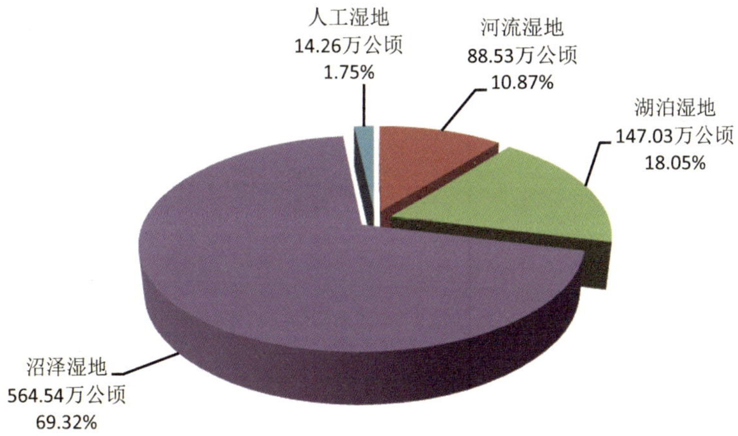

图 **2-2**　青海省各湿地类面积比例示意图

河流和洪泛平原湿地等。

1.1　河流湿地型及面积

青海省河流湿地资源面积为 88.53 万公顷，其占全省湿地资源总面积的 10.87%。河流宽度在 10 米以上、长度 5000 米以上的河流有 4915 条，洪泛平原湿地有 896 块。青海河流湿地资源各湿地型比例如图 2-3。

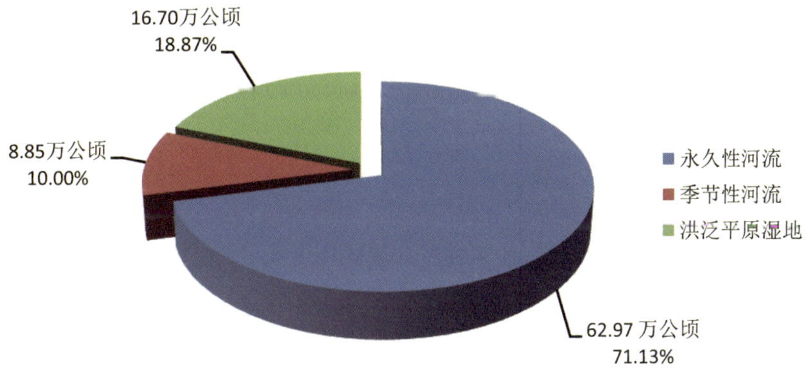

图 **2-3**　青海省各河流湿地型比例示意图

(1)永久性河流湿地。永久性河流湿地指常年有河水径流的河，仅包括河床部分(图 2-4)。全省永久性河流湿地资源面积有 62.97 万公顷，占河流湿地总面积的 71.13%。

(2)季节性河流湿地。季节性河流湿地指一年中只有季节性(雨季)或间歇性有水径流的河(图 2-5)。全省季节性河流湿地资源面积为 8.85 万公顷，占河流湿地总面积的 10.00%。

(3)洪泛平原湿地。洪泛平原湿地指在丰水季节由洪水泛滥的河滩、河心洲、河谷、季节性泛滥的草地以及保持了常年或季节性被水浸润的内陆三角洲(图 2-6)。全省洪泛平原湿地资源面有 16.70 万公顷，占河流湿地总面积的 18.87%。

图 **2-4** 永久性河流——黄河

图 **2-5** 季节性河流——鱼卡河支流

图 **2-6** 洪泛平原——黄河

1.2 主要河流湿地资源

青海省境内的河流湿地资源非常丰富，长江、黄河、澜沧江干流和黑河流域以及内陆河广布，长度在20公里以上的河流有百余条，均为永久性河流(表2-1)。

表2-1 青海主要河流湿地资源一览表

河流名称	湿地面积(公顷)	省域内河长(公里)	平均海拔(米)	年径流量(亿立方米)	年均降水量(毫米)	年均流量(立方米/秒)	涉及县域	备注(水系)
黑河	1624.71	233.7	2999	23.00	350.0	57.10	祁连县	祁连山
八宝河	858.46	104.1	3273	6.31			祁连县	黑河一级支流
托莱河	1708.76	110.8	3503				祁连县	祁连山
疏勒河	7932.83	222.6	3902	12.40			天峻县	祁连山
布哈河	10386.54	286.0	3520	13.30	500.0		天峻县、刚察县等	青海湖
峻河	143.95	125.0	3320		500.0		天峻县	布哈河一级支流
吉尔孟河	926.37	112.0	3215		500.0		刚察县、海晏县	布哈河一级支流
泉吉河	361.59	65.0	3211	0.24	500.0	0.75	刚察县	青海湖
沙柳河	1135.91	106.0	3670	2.33	500.0	7.37	刚察县	青海湖
哈尔盖河	2866.37	110.0	3260	1.38	500.0	4.38	刚察县、海晏县	青海湖
甘子河	612.47	47.4	3265		400.0	0.60	海晏县	青海湖
黑马河	120.72	20.0	3690	0.11	400.0	0.35	共和县	青海湖
倒淌河	148.15	60.0	3990	0.17		0.10	共和县	青海湖
沙珠玉河	1014.60	190.0	2800	1.10		1.79	共和县	茶卡沙珠玉河
伊和苏力郭勒	928.60	51.0	4424	0.20	150.0		德令哈市	柴达木盆地
都兰河	663.45	83.1	3728	0.33	237.0	1.04	天峻县、乌兰县	柴达木盆地
查查河	880.10	124.0	3531				乌兰县、都兰县	柴达木盆地
诺木洪河	1221.33	165.0	2960	1.94	56.3	4.82	都兰县	柴达木盆地
香日德河	7836.07	256.0	3100	4.10	248.6	13.00	玛多县、都兰县等	柴达木盆地
察汗乌苏河	2730.67	152.0	3300	2.86	188.8	4.39	都兰县	香日德河一级支流
夏日哈河	1199.65	80.0	3940	0.39	200.0	1.23	都兰县	香日德河二级支流
巴音郭勒河	1236.67	308.0	3262	4.23	244.0	10.20	德令哈市	柴达木盆地
塔塔棱河	589.21	215.0	3864	2.07	100.5	3.68	乌兰县、德令哈市等	柴达木盆地
哈尔腾河	2400.00	340.0	4060	3.27	113.0	10.38	德令哈市、大柴旦行委等	柴达木盆地
铁木里克河	48.50	42.0	2930		40.0	3.28	茫崖行委	柴达木盆地

（续）

河流名称	湿地面积（公顷）	省域内河长（公里）	平均海拔（米）	年径流量（亿立方米）	年均降水量（毫米）	年均流量（立方米/秒）	涉及县域	备注(水系)
鱼卡河	1985.73	175.4	3257	2.09	54.6	2.88	大柴旦行委	柴达木盆地
那陵格勒河	58188.61	439.5	3012	10.70	80.0	33.80	格尔木市、大柴旦行委	柴达木盆地
格尔木河	2755.78	378.5	2748	7.55	155.0	23.90	格尔木市	柴达木盆地
柴达木河	7836.10	250.0	3100				都兰县	柴达木盆地
红水河	11199.40	220.0	3678				曲麻莱县、格尔木市	那棱格勒河一级支流
乌图美仁河	336.80	190.0	3115				格尔木市	柴达木盆地
曾松曲	17.60	97.0	5100	2.20	300.0		治多县	可可西里
切尔恰藏布	84.23	64.0	4600	1.20	300.0		格尔木市	可可西里
跑牛河	749.34	90.0	4900	0.60	200.0	1.70	治多县	可可西里
库赛河	2409.80	192.0	4558				治多县	可可西里
扎曲	8639.38	448.0	4205	43.52	500.0	138.00	杂多县、囊谦县	澜沧江流域
吉曲	3182.54	253.0	4354	36.90	500.0	117.00	杂多县、囊谦县	澜沧江一级支流
巴曲	1062.92	126.0	4253	4.45	533.0	14.10	囊谦县	澜沧江二级支流
子曲	3031.67	276.2	4232	120.00	450.0	63.40	杂多县、囊谦县等	澜沧江一级支流
色曲	415.60	80.0	4358				囊谦县	澜沧江一级支流
黄河	159000.00	1693.8	3750	156.00	406.6	495.00		黄河流域
扎曲	924.35	64.0	4400	0.44	350.0	1.39	曲麻莱县	黄河一级支流
卡日曲	2088.10	144.0	4432	2.00	350.0		曲麻莱县	黄河一级支流
多曲	926.75	160.0	4457		400.0	11.10	称多县、玛多县	黄河一级支流
勒那曲	804.21	95.3	4296	0.75	350.0	2.39	玛多县	黄河一级支流
多钦安科朗河	830.54	61.6	4840	0.72	300.0	2.27	玛多县	黄河一级支流
热曲	1085.70	191.0	4437	6.60	450.0	20.90	玛多县	黄河一级支流
东曲	925.04	77.0	4500	1.00	300.0		玛多县、玛沁县	黄河一级支流
优尔曲	411.93	82.0	4438	2.66	470.0	8.43	玛多县、玛沁县	黄河一级支流
柯曲	865.30	100.0	4310	4.29	500.0	13.60	达日县	黄河一级支流
达日河	412.29	120.0	4312	7.60	500.0		班玛县、达日县	黄河一级支流
吉迈曲	565.90	101.0	3972	4.20	500.0	14.30	达日县	黄河一级支流
西科曲	1644.90	139.0	4410	5.30	500.0		玛沁县、甘德县	黄河一级支流
东科曲	1698.60	155.0	4067	6.90	500.0		甘德县	黄河一级支流

（续）

河流名称	湿地面积（公顷）	省域内河长（公里）	平均海拔（米）	年径流量（亿立方米）	年均降水量（毫米）	年均流量（立方米/秒）	涉及县域	备注（水系）
章安河	220.40	70.0	3784	2.21	500.0	7.00	久治县	黄河一级支流
哈曲	317.30	75.0	3854	3.50	600.0		久治县	黄河一级支流
泽曲	1599.50	233.0	3450	7.70	500.0	24.24	河南县、泽库县	黄河一级支流
切木曲	479.80	151.0	4091	8.33	500.0	26.40	玛沁县、同德县	黄河一级支流
巴沟	972.00	142.0	3602	3.87	500.0	8.51	同德县、泽库县	黄河一级支流
曲什安河	1477.80	202.0	4033	8.16	500.0	25.16	玛沁县、兴海县	黄河一级支流
大河坝河	657.90	165.0	3750	5.67	450.0	9.35	兴海县	黄河一级支流
芒拉河	1087.60	143.0	3180	1.49			贵南县	黄河一级支流
沙沟	552.60	91.0	2700	0.37	300.0	1.17	贵南县	黄河一级支流
恰卜恰河	168.13	71.0	3880	0.41	320.0	1.29	共和县	黄河一级支流
热水沟	42.93	42.0	2463	0.13	300.0	0.40	贵南县、贵德县	黄河一级支流
西沟	883.40	95.0	3750	1.30	300.0	4.11	泽库县、贵南县等	黄河一级支流
东沟	417.10	69.0	2500	1.73	300.0	5.50	贵德县	黄河一级支流
隆务河	1152.56	157.0	2560	13.30	430.0	20.90	尖扎县、同仁县等	黄河一级支流
湟水河	1659.48	336.0	2447	21.50	437.0	68.20	海晏县、湟源县等	黄河一级支流
巴燕沟	26.46	50.0	3140	1.44		4.56	化隆县	黄河一级支流
街子河	79.54	33.0	2904	0.27		0.87	循化县	黄河一级支流
清水河	93.36	51.0	3236	1.04		3.30	循化县	黄河一级支流
洮河	588.18	94.0	3500	3.75	575.0	11.90	河南县	黄河一级支流
达那曲	512.45	49.0	3650	1.96	475.0	6.22	同仁县	黄河一级支流
哈勒景河	234.90	48.0	3500	0.79	500.0	2.49	海晏县	黄河二级支流
药水河	101.57	52.0	3400	0.88	450.0	2.80	湟源县	黄河二级支流
西纳川	27.61	82.0	3100	1.54	525.0	4.87	海晏县、湟中县	黄河二级支流
甘河	76.72	41.0	3320	0.25	600.0		湟中县	黄河二级支流
双龙河	30.38	43.0	3150	0.24	600.0		湟中县、西宁市	黄河二级支流
北川河	180.90	154.0	2724	9.79	470.0	27.00	大通县、西宁市	黄河二级支流
南川河	55.38	49.0	3100	0.60	510.0	2.00	湟中县、西宁市	黄河二级支流
沙塘川河	7.56	72.0	2550	2.62	450.0	3.69	互助县、西宁市	黄河二级支流
大通河	7089.57	454.0	3150	28.50	469.3	90.40	刚察县、祁连县等	黄河二级支流
黑林河	436.99	58.0	4240				大通县	黄河三级支流
东峡河	67.59	45.0	4136				大通县	黄河三级支流

（续）

河流名称	湿地面积（公顷）	省域内河长（公里）	平均海拔（米）	年径流量（亿立方米）	年均降水量（毫米）	年均流量（立方米/秒）	涉及县域	备注（水系）
长江	80415.31	1205.7	4300	130.00	500.0	410.00		长江流域
沱沱河	20698.60	370.0	4930	9.18		29.10	格尔木市	长江流域
扎木曲	3107.40	120.0	4650				格尔木市	长江一级支流
当曲	7911.53	352.0	4611	46.06		146.00	格尔木市、杂多县等	长江一级支流
布曲	1384.31	235.0	4895	21.00		66.00	格尔木市	长江一级支流
通天河	49455.90	813.0	4413	130.00	347.9	413.00	曲麻莱县、治多县等	长江流域
然池曲	3338.80	112.0	4704	1.29	400.0	1.10	治多县	长江一级支流
莫曲	6614.01	164.0	4475	11.70	420.0	37.00	杂多县、治多县	长江一级支流
牙哥曲	3288.94	112.0	4468	3.00		4.73	治多县	长江一级支流
北麓河	8109.30	206.0	4587	3.98		12.60	治多县、曲麻莱县	长江一级支流
科欠曲	5743.40	156.0	4356	3.55		11.26	治多县	长江一级支流
楚玛尔河	24604.21	515.0	4690	10.39	250.0	32.95	治多县、曲麻莱县	长江一级支流
色吾曲	1761.00	159.0	4375	3.20		10.50	曲麻莱县	长江一级支流
登艾龙曲	723.72	103.0	4650	4.51	500.0	14.30	玉树县、治多县	长江一级支流
德曲	950.67	143.2	4400	5.30		16.77	曲麻莱县、称多县	长江一级支流
细曲	946.96	75.0	4350	2.65	491.7	8.40	称多县	长江一级支流
叶曲	1442.99	157.0	4220	6.61		21.00	玉树县	长江一级支流
宁恰曲	2725.90	175.0	4355	8.50		27.00	治多县	长江一级支流
巴塘河	695.40	92.0	3864	10.40		26.80	玉树县	长江一级支流
扎曲	2101.80	199.0	4442	6.65	500.0		称多县	长江一级支流
勒池曲	1826.65	50.0	4432				格尔木市	长江一级支流
尕尔曲	1730.80	167.0	4500	7.60		24.10	格尔木市	长江二级支流
昂日曲	3532.30	110.0	4400				曲麻莱县	长江二级支流
多彩曲	1074.40	85.0	4450				治多县	长江二级支流
扎日尕那曲	2439.70	70.0	4500	5.34			治多县、曲麻莱县	长江一级支流
曲科河	854.20	146.0	4300				达日县	长江二级支流
玛可河	973.20	210.0	3574	19.00	762.2	60.30	班玛县、久治县	长江二级支流
马儿曲	363.00	110.0	3500				达日县、班玛县	长江二级支流
多可河	731.55	153.0	4565				班玛县	长江三级支流

主要河流按流域、水系，现分述如下：

1.2.1 内陆河流域

内陆河流域主要有黑河、八宝河、托勒河、疏勒河、布哈河、沙柳河、都兰河、巴音郭勒河、库赛河等35条河流。

(1)黑河属祁连山水系，位于祁连县。发源于祁连山北麓中断祁连县白沙沟铁里干山，流经祁连山自然保护区黄藏寺－芒扎保护分区，于黄藏寺与八宝河交汇折向北在夹道沟以西流入甘肃省，呈西北至东南流向。在省域内的干流长233.7公里，湿地面积1624.71公顷，平均海拔2999米，年径流量23亿立方米，有35条支流河。该河发源于青海省，流经甘肃省河西走廊，后入内蒙古自治区的居延海。

(2)八宝河为黑河的一级支流，位于祁连县。发源于俄博滩东的锦阳岭，在祁连县黄藏寺流入黑河，呈东南至西北流向。流域内河长104.1公里，湿地面积858.46公顷，平均海拔3273米，年径流量6.31亿立方米，有12条支流河。

(3)托莱河属祁连山水系，位于祁连县。其发源于托来山和托来南山相交会的纳尕尔当地区上铁目勒沟，流经祁连山自然保护区三河源保护分区，在塘池煤矿以西流入甘肃省境内，改称北大河，呈东南至西北流向。区域内河流长110.8公里，湿地面积1708.76公顷，平均海拔3503米，有22条支流河。

(4)疏勒河为内陆河疏勒河流域属祁连山水系，位于天峻县。发源于祁连山脉西段托来山与疏勒南山之间，于疏勒南山北麓花儿地以西流入青海省境内，流经祁连山自然保护区三河源保护分区，呈西北至东南流向。流域内河长222.6公里，湿地面积7932.83公顷，平均海拔3902米，有50条支流河。

(5)布哈河为青海湖水系的内流河，位于天峻县、刚察县和海晏县。发源于天峻县疏勒南山曼滩日更峰北麓岗格尔雪合力雪山，流经刚察县和海晏县，最后在刚察县泉吉祥乡流入青海湖，是青海湖主要的水源补给河流，呈西北至东南流向。流域内河长286公里，湿地面积10386.54公顷，平均海拔3520米，有55条支流河。

(6)峻河为青海湖水系的内流河，位于天峻县。发源于大通山的草芒东山和日尼黑山，是布哈河的一级支流，河长125公里，宽23米，湿地面积143.95公顷。其河中下游分两支，左支流较大为干流，右支较小称夏日哈河；源头多沼泽，河源海拔4696米，河口海拔3273米，有支流河5条。

(7)吉尔孟河为青海湖水系的内流河，位于刚察县、海晏县。发源于扎尕日登，是布哈河的支流，流入青海湖，呈北南流向。流域内河长112公里，湿地面积926.37公顷，平均海拔3215米，有5条支流河。

(8)泉吉河为青海湖水系的内流河，位于刚察县。发源于恰豁洛夯果，是青海湖主要水源补给河流，呈北南流向。流域内河长65公里，湿地面积361.59公顷，平均海拔3211米，有支流河6条；主要补给为降水。

(9)沙柳河又称伊克乌兰河，为青海湖水系的内流河，位于刚察县。发源于大通山可可赛尼，是青海湖的主要水源补给河流，呈北南流向。流域内河长106公里，湿地面积1135.91公顷，平均海拔3670米，有支流河35条。

(10)哈尔盖河又称哈什克河，为青海湖水系的内流河，位于刚察县、海晏县。发源于大通山赞宝化久西南麓，是青海湖主要水源补给河流，呈北南流向。流域内河流长 110 公里，湿地面积 2866.37 公顷，平均海拔 3260 米，有支流河 28 条。

(11)甘子河为青海湖水系的内流河，位于海晏县。发源于阿尼窝若，是青海湖主要水源补给河流，呈东北至西南流向。流域内河长 47.4 公里，湿地面积 612.47 公顷，平均海拔 3265 米，有支流河 6 条。

(12)黑马河为青海湖水系的内流河，位于共和县。发源于橡皮山东南的亚勒岗，是青海湖的主要补给河流，呈西南至东北流向。流域内河流长 20 公里，湿地面积 120.72 公顷。河源海拔 4477 米，河口海拔 3195 米，有支流河 2 条；主要补给为降水。

(13)倒淌河为青海湖水系的内流河，位于共和县。发源于野牛山西，呈西东流向，是青海湖的主要补给河。流域内河流长 60 公里，湿地面积 148.15 公顷；河源海拔 4782 米，干流河水流入洱海，部分水通过沼泽湿地和地下水汇入青海湖。

(14)沙珠玉河为青海湖水系的内流河，位于共和县。发源于鄂拉山，呈西东流向。区域内河流长 190 公里，湿地面积 1014.6 公顷；河源海拔 5236 米，河口海拔 2862 米；有大小支流 4 条。

(15)伊和苏力郭勒为柴达木盆地的内陆河流，属哈拉湖水系，位于德令哈市西侧。发源于巴音泽尔肯达坂山，呈西北至东南流向。流域内河流长 51 公里，湿地面积 928.6 公顷；源头海拔 4771 米，河口海拔 4077 米；主要补给为降水，有支流河 4 条。

(16)都兰河为柴达木盆地的内陆河流，属都兰湖水系，位于天峻县和乌兰县。发源于天峻县阿汉大里山，呈西北至东南流向，河源海拔 4520 米，河口海拔 2937 米；流域内河长 83.1 公里，河宽 10 ~20 米，湿地面积 663.45 公顷；主要以降水补给，有大小支流 4 条。

(17)查查河为柴达木盆地的内陆河流，位于乌兰县和都兰县。发源于乌兰县查查香卡，流至都兰县东部，呈西北至东南流向。流域内河流长 124 公里，湿地面积 880.1 公顷，平均海拔 3531 米，有支流河 10 条。

(18)诺木洪河为柴达木盆地的内陆河流，属南霍布逊湖水系，位于都兰县。发源于布尔汗布达山海德乌拉西侧，呈西向东流向。流域内河长 165 公里，湿地面积 1221.33 公顷，平均海拔 2960 米，有支流河 18 条。

(19)香日德河为柴达木盆地的内陆河流，属北霍布逊湖水系，位于玛多县、都兰县和大柴旦行委。发源于阿尼玛卿山的长石头山，呈东南至西北流向。流域内河长 256 公里，湿地面积 7836.07 公顷，河源海拔 4846 米；流入冬给措纳湖，后转向西流，与最大的支流乌兰乌苏河汇合后称香日德河；在小柴旦称柴达木河，最后汇入北霍布逊湖；有支流河 40 余条。

(20)察汗乌苏河为柴达木盆地的内陆河流，属北霍布逊湖水系，位于都兰县，是香日德河的一级支流。发源于鄂拉山西南的约尔根涌，呈北向南流向。流域内河长 152 公里，湿地面积 2730.67 公顷，河源海拔 5090 米，河口海拔 3180 米，有大小支流河 10 余条；主要补给为降水。

(21)夏日哈河为柴达木盆地的内陆河流，属北霍布逊湖水系，位于都兰县。发源于哈次谱山西侧，呈东南向西北流向，是香日德河的二级支流。流域内河长 80 公里，湿地面积 1199.65 公顷，河源海拔 4720 米，有支流河 10 余条；主要补给为降水和地下水。

(22)巴音郭勒河为柴达木盆地的内陆河流，属可鲁克湖水系，位于德令哈市。发源于北部的巴拉哈牙麻托西北，呈北向南流向，流入可鲁克湖。流域内河长 308 公里，湿地面积 1236.67 公顷，河源海拔 4820 米，河口海拔 2816 米，有大小支流河 53 条；主要补给为地下水和冰雪融水。

(23)塔塔梭河为柴达木盆地的内陆河流，属小柴旦湖水系，位于乌兰县、德令哈市和大柴旦行委。发源于乌兰县西北部的伊克坂，呈西北向东南流向，最后流入小柴旦湖。流域内河长215公里，湿地面积589.21公顷，河源海拔4600米，河口海拔3172米，有大小支流河20余条；主要补给为冰雪融水和地下水。

(24)哈尔腾河为柴达木盆地的内陆河流，属苏干湖水系，位于德令哈市、大柴旦行委、冷湖行委。发源于喀克图蒙克山的果青克尔班夏哈尔格冰川，呈东南至西北流向，最后流入苏干湖。流域内河长340公里，湿地面积2400公顷，河源海拔5320米，河口海拔2800米，有支流河20余条，如野马河、阿力亚、克什塔斯乌增等河流；主要补给为冰川融水和地下水。

(25)铁木里克河为柴达木盆地的内陆河流，属尕斯库勒湖水系，位于茫崖行委。发源于新疆维吾尔自治区，呈西北至东南流向，在新青两省(区)交界处汇合潜入戈壁滩，形成大面积沼泽湿地，最后注入尕斯库勒湖。流域内河长310公里，青海省境内河长42公里，湿地面积48.5公顷，河口海拔2854米；主要补给为地下水；是尕斯库勒湖主要的入湖河流。

(26)鱼卡河为柴达木盆地的内陆河流，位于大柴旦行委。发源于吐尔根达坂山南麓，在吐尔根达坂山与柴达木山之间，呈西南流向，下游转向西北流入马海湖。省域内河流长175.4公里，湿地面积1985.73公顷，平均海拔3257米，有13条支流。

(27)那陵格勒河为柴达木盆地的内陆河流，属东台吉乃尔湖水系，位于格尔木市和大柴旦行委。发源于东昆仑山脉阿尔格山的雪莲山，呈西南至东北流向。流域内河长439.5公里，湿地面积58188.61公顷，河源海拔5598米，河口海拔2942米，有支流河23条，如楚拉克阿干河、德拉托郭勒、额尔滚赛埃图、克其克孜苏河、可可陶德腊乌、尖山曲、黄土梁河、红土岭河、圆头山河、浑德伦河等支流；主要补给为降水和地下水；最后汇入大柴旦行委的东台吉乃尔湖和格尔木市的西台吉乃尔湖。

(28)格尔木河为柴达木盆地的内陆河流，属达布逊湖水系，柴达木盆地的第二大河，位于格尔木市。发源于昆仑山脉博卡雷克塔格山的刚欠查鲁马，呈西向东流向，源头为冰川。流域内河长378.5公里，湿地面积为2755.78公顷；河源海拔5292米，河口海拔2810米，汇口以下有泉水群和多个湖泊。河流出山后，穿过格尔木市，经过沼泽湿地，最后流入达布逊湖。有大小支流河20余条；主要补给为冰川融水和地下水。

(29)柴达木河为柴达木盆地的内陆河流，位于都兰县。上游源头为察尔汗盐湖，自西向东流至香加南山折向南，流至步青山折向西至亚门乌拉。流域内河长250公里，湿地面积7836.1公顷，平均海拔3100米，有支流河41条。

(30)红水河为那陵格勒河主要支流，为柴达木盆地内陆河流，位于曲麻莱县和格尔木市。发源于曲麻莱县布喀达坂峰以南，向东流经圆头山西部进入格尔木市，向北汇入那陵格勒河，呈西南至东北流向。省域内河流长220余公里，湿地面积11199.4公顷，平均海拔3678米，有支流河10条。

(31)乌图美仁河为柴达木盆地的内陆河流，位于格尔木市。发源于开木棋西部，流入涩聂湖，呈西南至东北流向。省域内河流长190公里，湿地面积336.8公顷，平均海拔3115米，有支流河7条。

(32)曾松曲为可可西里水系，内陆河流，位于治多县。发源于格拉丹东雪山群西南坡，呈东北向西南流向。流域内河长97公里，湿地面积17.6公顷，河源海拔6100米，平均海拔5100米，有支流河 3 条；主要补给为冰川融水。

(33)切尔恰藏布为可可西里水系，内陆河流，位于格尔木市。发源于尕恰迪如岗雪山群西坡，呈东南向西北流向。流域内河长 64 公里，湿地面积 84.23 公顷，平均海拔 4600 米，有支流河 8 条；主要补给为冰川融水和降水。

(34)跑牛河为可可西里水系，内陆河流，位于治多县。发源于青藏两省(区)分界线处的雪山冰川南侧，呈西北向东南流向。流域内河长 90 公里，湿地面积 749.34 公顷，河源海拔 5720 米，平均海拔 4900 米，河水流入乌兰乌拉湖。有较大的支流河 2 条；主要补给为降水和冰雪融水。

(35)库赛河为可可西里水系，内陆河流，位于治多县。发源于昆仑山五雪峰的南坡雪山，呈西北向东南流向。流域内河长 192 公里，湿地面积为 2409.8 公顷，河源海拔 5577 米，河口海拔 4470 米，最后流入库赛湖；有支流河 4 条，多为季节性河流；主要补给为降水和冰川融水。

1.2.2 澜沧江流域

澜沧江流域主要河流有扎曲、吉曲、巴曲、子曲、色曲等 5 条河流。

(36)扎曲为澜沧江干流在青海境内的名称，位于杂多县和囊谦县。发源于杂多县境内的唐古拉山北麓查加日玛的西侧，向东南流入囊谦县，在西藏自治区昌都县附近与昂曲汇合后称澜沧江，呈西北至东南流向。省域内河流长 448 公里，湿地面积 8639.38 公顷，平均海拔 4205 米；上游有支流河 106 条，其中有 17 条支流河汇入扎曲；16 条支流河入西藏自治区后汇入扎曲；主要补给水为降水和冰雪融水。

(37)吉曲为澜沧江扎曲的一级支流，位于杂多县和囊谦县。发源于杂多县唐古拉山北麓瓦尔公冰川，呈西北至东南流向。其河流向东南流入囊谦县，在囊谦县多热卡流入西藏自治区，在西藏昌都县附近汇入扎曲；省域内河流长 253 公里，湿地面积 3182.54 公顷，平均海拔 4354 米，有支流河 50 余条。

(38)巴曲为澜沧江流域的二级支流，位于囊谦县。发源于囊谦县西北部腾日涌，呈西北至东南流向。从囊谦县的江给流入西藏自治区，在西藏境内汇入昂曲，省域内河流长 126 公里，湿地面积 1062.92 公顷，平均海拔 4253 米，有支流河 8 条。

(39)子曲为澜沧江上游一级支流，位于杂多县、玉树县、囊谦县。发源于杂多县东北部日阿瓜东山东麓，呈西北至东南流向；在杂多县食宿站流入玉树县，向西南于隆亚达流入囊谦县，于玉树县流入西藏自治区，在西藏境内汇入扎曲。省域内河流长 276.2 公里，湿地面积 3031.67 公顷，平均海拔 4232 米，有支流河 23 条。

(40)色曲为澜沧江上游一级支流，位于囊谦县。发源于吉曲乡热机以西，向北流至革付日玛镇安折向东南流入西藏自治区，在西藏自治区汇入澜沧江。省域内河流长 80 余公里，湿地面积 415.6 公顷，平均海拔 4358 米，有支流河 3 条。

1.2.3 黄河上游流域

黄河上游流域主要河流有卡日曲、多曲、东科曲、西科曲、隆务河、湟水河、洮河、北川河、大通河等 45 条河。

(41)黄河在青海省境内的干流，其上游位于玉树州。发源于青海省曲麻莱县巴颜喀拉山脉北麓约古宗列盆地的玛曲西部诺依贡玛，向东流入玛多县扎陵湖和鄂陵湖，向西南流经玛沁县、达日县、甘德县、久治县，从久治县流入四川省境内；再向西北流入省域内的河南县，经同德县、兴海县折向东经贵南县、贵德县、尖扎县、化隆县、循化县，最后从民和县流入甘肃省境内。黄河干流全长5464公里，在青海省域内的干流河长1693.8公里，面积15.9万公顷。黄河是中国的第二大河，流经青海、四川、甘肃、宁夏、内蒙古、陕西、山西、河南、山东九省区，入渤海。

(42)扎曲为黄河一级支流，又称扎日曲，位于曲麻莱县。发源于巴颜喀拉山的毛啃岗西北麓，向东汇入黄河，呈西东流向。流域内河长64公里，湿地面积924.35公顷，河源海拔4752米，平均海拔4400米，有大小支流河7条；主要补给水为降水。

(43)卡日曲为黄河一级支流，位于曲麻莱县境内。发源于巴颜喀拉山的毛啃岗西北麓，呈东北向西南流向，河源海拔4862米，河口海拔4304米。流域内河流长144公里，湿地面积2088.1公顷，有大小支流河20余条；主要补给为降水。

(44)多曲为黄河一级支流，位于称多县和玛多县。发源于诺夫日窝钦山北麓，与支流贝敏曲汇合后折向北流，在扎陵湖与鄂陵湖之间的茶木措附近汇入黄河，呈西南至东北流向。流域内河流长160公里，湿地面积926.75公顷，平均海拔4457米，有支流河22条；主要补给为降水和地下水。

(45)勒那曲为黄河的一级支流，位于玛多县。发源于巴颜喀拉山主峰勒那冬则，在扎陵湖与鄂陵湖之间汇入黄河，呈南北流向。流域内河流长95.3公里，湿地面积804.21公顷，河源海拔5048米，河口海拔4272米，有支流河2条；主要补给水为降水。

(46)多钦安科郎河为黄河一级支流，又称斗格涌，位于玛多县境内。发源于长石山南麓，呈东向西流向，河源海拔4840米，河口海拔4203米。流域内河流长61.6公里，湿地面积830.54公顷，有支流河7条；主要补给水为降水。

(47)热曲为黄河的一级支流，位于青海省玛多县。发源于巴颜喀拉山口东南，呈西南至东北流向，河源海拔5019米，河口海拔4198米。流域内河流长191公里，湿地面积1085.7公顷，有支流河5条；主要补给水为降水。

(48)东曲为黄河一级支流，位于玛多县和玛沁县境内。发源于阿尼玛卿山西南的窝老顶，呈西南向东北流向，河源海拔4150米，河口海拔4169米。流域内河流长77公里，湿地面积925.04公顷，有支流河3条；主要补给水为降水。

(49)优尔曲为黄河一级支流，位于玛多县和玛沁县。发源于玛积雪山以北山脉，呈西北至东南流向，河源海拔4920米，河口海拔4146米。流域内河流长82公里，湿地面积411.93公顷，平均海拔4438米，有支流河6条；主要补给水为降水。

(50)柯曲为黄河的一级支流，又称科曲，位于达日县。发源于巴颜喀拉山东段，呈西南至东北流向，河源海拔5260米，河口海拔4090米。流域内河流长100公里，湿地面积865.3公顷，平均海拔4310米，有支流河5条。

(51)达日河为黄河一级支流，又称达日勒曲，位于达日县、班玛县。发源于巴颜喀拉山须仑沟北麓，呈南北流向，河源海拔4616米，河口海拔3975米。流域内河流长120余公里，湿地面积412.29公顷，有支流河16条；主要补给水为降水。

(52)吉迈曲为黄河一级支流，位于达日县。发源于德昂乡尕柯西南处蒙巴特，呈东南至西北流向，河源海拔4520米，河口海拔3944米。流域内河流长101公里，湿地面积565.9公顷，有支流河8条；主要补给水为降水。

(53)西科曲为黄河一级支流，位于玛沁县和甘德县。发源于玛沁县西南的吾和玛，呈西北至东南流向，河源海拔5418米，河口海拔3822米。流域内河流长139公里，湿地面积1644.9公顷，有支流河 15 条；补给水以降水为主。

(54)东科曲为黄河一级支流，位于甘德县。发源于西北部的伊里布卡，呈西北至东南流向，河源海拔 5097 米，河口海拔 3702 米。流域内的河流长 155 公里，湿地面积 1698.6 公顷，有支流河 28 条；主要补给水为降水。

(55)章安河为黄河一级支流，位于久治县。发源于果洛山玛后尕玛河源的德合塔夏隆，呈南北流向，河源海拔 4614 米，河口海拔 3651 米。流域内河流长 70 公里，湿地面积 220.4 公顷，有支流河 2 条；补给水以降水为主。

(56)哈曲为黄河一级支流，位于久治县。发源于年保玉则以东，呈西南至东北流向，河源海拔 4360 米，河口海拔 3548 米。流域内河流长 75 公里，湿地面积 317.3 公顷，有支流河 3 条；主要补给水为降水。

(57)泽曲为黄河一级支流，位于泽库县和河南县。发源于西倾山北麓苏乎德日山，呈东北至西南流向，河源海拔 4320 米，河口海拔 3293 米。流域内河流长 233 公里，湿地面积 1599.5 公顷，有支流河 14 条；主要补给水为降水。

(58)切木曲为黄河一级支流，位于玛沁县和同德县。发源于玛积雪山南麓吾和玛，呈西东流向，河源海拔 5384 米，河口海拔 2910 米。流域内河流长 151 公里，湿地面积 479.8 公顷，有支流河 30 余条；主要补给水为降水和雪山融水。

(59)巴沟为黄河一级支流，位于泽库县和同德县。发源于泽库县夏德日山以西，呈东西流向，河源海拔 4045 米，河口海拔 2733 米。流域内河流长 142 公里，湿地面积 972.0 公顷，有支流河 20 余条；主要补给水为降水。

(60)曲什安河为黄河一级支流，位于玛沁县和兴海县。发源于阿尼玛卿山玛积雪山西南麓的果尕日昂秀，呈西南至东北流向，河源海拔 5146 米，河口海拔 2717 米。流域内河流长 202 公里，湿地面积 1477.8 公顷，有支流河 21 条；主要补给水为降水。

(61)大河坝河为黄河一级支流，位于兴海县。发源于虽根尔岗西北，呈西北向东南流向，河源海拔 5208 米，河口海拔 3266 米。流域内河流长 165 公里，面积 657.9 公顷，有支流河 40 余条；主要补给水为降水。

(62)芒拉河为黄河一级支流，位于贵南县。发源于贵南县东南部与泽库县交界处的甘强，呈东南向西北流向，河源海拔 4600 米，河口海拔 2556 米，向西北穿贵南县汇入黄河。流域内河流长 143 公里，湿地面积 1087.6 公顷，有较大的支流河 4 条，如赛恰曲、哈拉河、塔秀河、曲卜藏沟；主要补给水为降水和地下水。

(63)沙沟为黄河一级支流，位于贵南县。发源于擦钦尼哈峰，呈东南向西北流向，河源海拔 4160 米，河口海拔 2463 米，向西北流至德芒折向北，最后汇入黄河。流域内河流长 91 公里，湿地面积 552.6 公顷，有支流河 2 条，多为季节性河流；主要补给水为降水和泉水。

(64)恰卜恰河为黄河一级支流，位于共和县境。发源于共和县北部的达西尔岗，呈东南流向，河源海拔 3882 米，河口海拔 2480 米。流域内河流长 71 公里，湿地面积 168.13 公顷，较大支流河有东巴河、梅多龙哇和依格日沟 3 条；主要补给水为降水和泉水。

(65)热水沟为黄河一级支流，位于贵南县、贵德县境内。发源于贵南县西山之北，呈东北流向，经巴多、多哇、热贡、马申、热光、扎仓后，至贵德黄河大桥以西注入黄河；河源海拔 4000 米，河口海拔 2202 米。流域内河流长 42 公里，流域面积 3.58 万公顷，湿地面积 42.93 公顷，有支流河5条；主要补给水为降水和泉水。

(66)西沟为黄河一级支流，位于泽库县、贵南县和贵德县。发源于泽库县马日根雪山南坡，呈南北流向，河源海拔4340米，河口海拔2201米。流域内河流长95公里，湿地面积883.4公顷，有支流河2条；主要补给水为降水和泉水。

(67)东沟为黄河一级支流，位于贵德县，发源于贵德县南部夏曲恰岗东南部地区，呈南北流向，向北汇入黄河。流域内河流长69公里，湿地面积417.1公顷，有支流河4条；主要补给水为降水和泉水。

(68)隆务河为黄河一级支流，又称隆务格曲，意为“九条溪流汇合的河”，位于泽库县、同仁县、尖扎县。发源于泽库县的夏德日山，呈东南流向，河源海拔4482米，河口海拔1948米。流域内河流长157公里，湿地面积1152.56公顷，有支流河9条；主要补给水为降水和地下水。

(69)湟水河为黄河一级支流，位于海晏县、湟源县、湟中县，西宁市、互助县、平安县、乐都区、民和县。发源于海晏县包呼图山，流经巴燕峡、湟源峡，穿过西宁市，沿互助县与平安县交界处向东流，在民和县享堂镇与大通河汇合后流入甘肃省入黄河，呈西北至东南流向，河源海拔4395米，河口海拔1565米。省域内河流长336公里，湿地面积1659.48公顷，有支流河100余条，其中较大的支流河11条；主要补给水为降水。

(70)巴燕沟为黄河一级支流，位于化隆县境内。发源于巴燕镇以北的马阴山南侧，呈东南流向，河源海拔4400米，河口海拔1884米。流域内河流长50公里，湿地面积26.46公顷，有支流河5条；主要补给水为降水。

(71)街子河为黄河一级支流，位于循化县境内。发源于循化县与同仁县交界处的冬瓦夏尔，呈东北流向，河源海拔3944米，河口海拔1864米。流域内河流长33公里，湿地面积79.54公顷，有支流河6条；主要补给水为降水。

(72)清水河为黄河一级支流，位于循化县。发源于达里加山北的达里加错天池西，呈东北流向，河源海拔4636米，河口海拔1836米。流域内河流长51公里，湿地面积93.36公顷，有大小支流20余条；主要补给水为降水。

(73)洮河为黄河一级支流，位于河南县。发源于西倾山脉东麓等支龙山，呈西向东流向，入刘家峡水库；河源海拔4280米，河口海拔3285米。流域内河流长94公里，湿地面积558.18公顷，有支流河6条；主要补给水为降水。

(74)达那曲为黄河一级支流，位于同仁县。发源于同仁县境南缘的达布热卡，呈南向北流向，河源海拔4236米，河道海拔3090米。省流域内河流长49公里，湿地面积512.45公顷，面积较大支流河有其雄河、哲尕隆洼、温库河、夏热斯和亚尔加隆瓦等7条；主要补给水为降水。

(75)哈勒景河为黄河二级支流(湟水河支流)，位于海晏县境内。发源于北部肯特达坂山南麓的也俄日阿尼哈，呈东南流向，河源海拔4380米，河口海拔2991米。流域内河流长48公里，湿地面积234.9公顷，有支流河3条；主要补给水为降水。

(76)药水河为黄河二级支流(湟水河支流)，位于湟源县境内。发源于青阳山，呈东南向西北流向，河源海拔4302米，河口海拔2621米。流域内河流长52公里，湿地面积101.57公顷，较大支流河有大石头水、大茶石浪水、小茶石浪水、高陵河和白水河等6条；主要补给水为降水。

(77)西纳川为黄河二级支流(湟水河支流)，位于海晏县、湟中县。发源于海晏县东部红山掌，呈西北向东南流向，河源海拔4039米，河口海拔1686米。流域内河流长82公里，湿地面积

27.61 公顷，有支流河 2 条；主要补给水为降水。

(78)甘河为黄河二级支流(湟水河支流)，位于湟中县境内。发源于青阳山，呈西南向东北流向，河源海拔 4302 米，河口海拔 2340 米。流域内河流长 41 公里，湿地面积 76.72 公顷，有支流河 2 条；主要补给水为降水和地下水。

(79)双龙河为黄河二级支流(湟水河支流)，位于湟中县、西宁市。发源于娘娘山天心掌西北，呈西北向东南流向，河源海拔 4000 米，河口海拔 2300 米。流域内河流长 43 公里，湿地面积 30.38 公顷，有较大支流河 3 条；主要补给水为降水。

(80)北川河为黄河二级支流(湟水河支流)，位于大通县、西宁市。发源于大通县西北达坂山南麓的开甫托脑中山，呈西北向东南流向，河源海拔 4487 米，河口海拔 2232 米；河源上段称宝库河，干流称北川河。流域内河流长 154 公里，湿地面积 180.9 公顷，有大小支流河 100 余条；主要补给水为降水。

(81)南川河为湟水河支流，黄河二级支流，位于湟中县和西宁市境内。发源于湟中县南部拉脊山口西北 1 公里处，河源海拔 3991 米。干流自西南向东北，经总寨乡进入西宁市境内，于市区长江路湟水河大桥以上汇入湟水河。河长 49 公里，湿地面积 55.38 公顷。河口海拔 2225 米，河宽 30 米左右。较大支流有硖门峡沟、平坝沟、洪崖沟等；主要补给水为降水。

(82)沙塘川河为黄河二级支流(湟水河支流)，位于互助县和西宁市。发源于互助县北部达坂山南麓尕俄博山东北侧，呈北向南流向，河源海拔 3960 米，河口海拔 2175 米。流域内河流长 72 公里，湿地面积 7.56 公顷，有大小支流河 7 条；主要补给水为降水。

(83)大通河为黄河二级支流(湟水河支流)，位于天峻县、刚察县、祁连县、海晏县、门源县、互助县、乐都区、民和县。发源于天峻县托莱南山的日哇阿日南侧，呈西北向东南流向，河源海拔 4812 米，河口海拔 1727 米。进入祁连县和刚察县交界处称默勒河，以下始称大通河。省域内河流长 454 公里，湿地面积 7089.57 公顷，较大支流河有莫日曲、克克赛河、萨拉沟、永安河、老虎沟和左左拉水等；主要补给水为降水。

(84)黑林河为黄河三级支流(北川河支流)，位于大通县。发源于达坂山南麓哈尔金大垭豁以东，呈西北向东南流向，河源海拔 4240 米，河口海拔 2512 米。流域内河流长 58 公里，湿地面积 436.99 公顷，有大小支流河 5 条；主要补给水为降水。

(85)东峡河为黄河三级支流(北川河支流)，位于大通县。发源于达坂山的俄博山，呈东北向西南流向，河源海拔 4136 米，河口海拔 2439 米。流域内河流长 45 公里，湿地面积 67.59 公顷，有支流河 1 条；主要补给水为降水。

1.2.4 长江上游流域

长江上游流域主要河流有沱沱河、楚玛尔河、当曲、通天河、巴塘河、扎曲、玛可河等 30 条河。

(86)长江在青海省境内的干流，位于玉树州。发源于唐古拉山脉主峰格拉丹东雪山西南侧姜根迪如冰川，与南源当曲汇合后称通天河，继而与楚玛尔河相汇，东南流至玉树县纳巴塘河后称金沙江，在四川省宜宾岷江汇入后始称长江。河源海拔 5400 米，出省界处河道海拔 3335 米。青海省境内的干流河长 1205.7 公里，湿地面积 80415.31 公顷，有大小支流河百余条；流域内有大面积的沼泽湿地；主要补给水为降水和冰川融水。

长江是中国的第一大河，世界第三长河。干流经青海、西藏、四川、云南、湖北、湖南、江西、安徽、江苏、上海等10省(自治区、直辖市)，最后由上海注入东海，全长6300余公里。

(87)沱沱河长江上游干流段，为源头区的正源，位于唐古拉山以北格尔木市。发源于唐古拉山脉主峰格拉丹东雪山主峰西南侧的姜根迪如雪峰，呈南北流向，省域内河流长370余公里，湿地面积20698.6公顷，平均海拔4930米，有支流河115条；主要补给水为降水和冰川融水。

(88)扎木曲为沱沱河一级支流，位于格尔木市(唐古拉山镇)。发源于唐古拉山以北地区望牲山以东，呈西北至东南流向。省域内河流长120余公里，湿地面积3107.4公顷，平均海拔4650米，有支流河11条；主要补给水为降水和冰川融水。

(89)当曲为长江一级支流，位于杂多县、格尔木市和治多县。发源于唐古拉山东段霞舍日阿巴山东麓，向西北汇入沱沱河，呈东南至西北流向。省域内河流长352公里，湿地面积7911.53公顷，平均海拔4611米，有支流河200余条，较大的支流河有撒当曲、吾钦曲、加勒曲、擦吾曲、果曲、鄂阿玛纳草、玛日阿达州曲、庭曲、布曲、鄂阿西贡卡曲等；主要补给水为降水、泉水和冰川融水。

(90)布曲为长江一级支流，位于格尔木市(唐古拉山镇)境内。发源于唐古拉山脉的门走甲日雪山冰川，河源海拔5830米，河口海拔4499米。流域内河流长235公里，湿地面积1384.31公顷，有较大支流河那诺曲、尕尔曲、加茸曲、冬曲等；主要补给水为降水和冰川融水。

(91)通天河为长江干流上游段，位于治多县、曲麻莱县、称多县和玉树县。干流河呈西东流向，上游河段海拔4470米，下游河段海拔3530米。省域内河流长813公里，湿地面积49455.9公顷，一级支流河有50余条，其中较大支流有莫曲、牙哥曲、科欠曲、宁恰曲、登艾龙曲、叶曲、巴塘河、然池曲、冬布里曲、北麓河、色吾曲、德曲、细曲、歇武曲等；主要补给水为降水和冰川融水。

(92)然池曲为长江一级支流(又称日阿尺曲)，位于治多县境内。发源于日阿尺山，呈西北至东南流向，河源海拔5080米，河口海拔4440米。流域内河流长112公里，湿地面积3338.8公顷，有支流河5条；主要补给水为降水和冰川融水。

(93)莫曲为长江一级支流，位于杂多县和治多县。发源于杂多县西北部的扎那日根山，呈南北流向，河源海拔5550米，河口海拔4391米。流域内河流长164公里，湿地面积6614.01公顷，有支流河50条，较大支流有鄂涌曲、鄂曲、巴子曲和君曲等；主要补给水为冰川融水和降水。

(94)牙哥曲为长江一级支流，位于治多县。发源于治多县、杂多县两县交界处的荣卡曲莫及山，呈东南至西北流向，河源海拔5517米，河口海拔4344米。流域内河流长112公里，湿地面积3288.94公顷，有支流河17条；主要补给水为降水。

(95)北麓河为长江一级支流(又称勒玛曲)，位于治多县和曲麻莱县。发源于治多县西部苟鲁山克错东北的勒迟嘛久玛山，呈西东流向，河源海拔5081米，河口海拔4325米。流域内河流长206公里，湿地面积8109.3公顷，有支流河38条，较大支流有扎秀尕尔曲、白日曲、白日巴玛曲、白日窝玛曲等；主要补给水为降水。

(96)科欠曲为长江一级支流，位于治多县。发源于兴赛莫谷雪山，呈南北流向，河源海拔5587米，河口海拔4275米。流域内河流长156公里，湿地面积5743.4公顷，有支流河27条；主要补给水为降水和冰雪融水。

(97)楚玛尔河为长江一级支流(又称曲麻莱河)，位于治多县和曲麻莱县。发源于昆仑山南支的可可西里山黑脊山南麓，呈西东流向，河源海拔4920米，河口海拔4216米。其流经多尔改错湖，在曲麻莱县以西的楚拉地区汇入通天河。流域内河流长515公里，湿地面积24604.21公顷，有支流河80余条，较大支流有乌石曲、托日阿扎加曲、婆饶丛切曲、直达峡木窝、巴拉大才曲、阿青岗欠陇巴、拉日曲、干乃尼哇、扎日尕那曲、牙扎曲等；主要补给水为冰雪融水和降水。

(98)色吾曲为长江一级支流，位于曲麻莱县。发源于巴颜喀拉山南麓齐峡札贡山，呈东西流向。源头与黄河上源约古宗列曲、卡日曲等仅一山之隔，向西纳最大支流昂日曲后汇入通天河，河源海拔5002米，河口海拔4153米。流域内河流长159公里，湿地面积1761公顷，有支流河37条，其中较大支流有仙陇仁保、龙玛陇、加巧曲、普通曲和孔阿陇窝玛等；主要补给水为降水。

(99)登艾龙曲为长江一级支流，位于玉树县、治多县境内。发源于玉树县和杂多县交界处，呈东南流向，河源海拔5282米，河口海拔3996米，入通天河。流域内河流长103公里，流域面积20.26万公顷，湿地面积723.72公顷，有支流河20余条；主要补给水为降水和冰雪融水。

(100)德曲为长江一级支流(意为"矿物河")，位于曲麻莱县和称多县。发源于曲麻莱县着格那青山，呈西北至东南流向，河源海拔5000米，平均海拔4400米。省域内河流长143.2公里，流域面积42.31万公顷，湿地面积950.67公顷，有支流河22条，较大支流河有解吾曲和布曲；主要补给水为降水。

(101)细曲为长江一级支流，位于称多县境内。发源于称多县西部的石块地，呈东向西流向，河源海拔5034米，河口海拔3781米。流域内河流长75公里，湿地面积946.96公顷，有支流河10余条；主要补给水为降水。

(102)叶曲为长江一级支流(又称益曲)，位于玉树县。发源于沙俄茶交以北沼泽地，呈西南至东北流向，河源海拔4932米，河口海拔3739米。流域内河流长157公里，湿地面积1442.99公顷，有较大的支流河8条；主要补给水为降水。

(103)宁恰曲为长江一级支流(又称聂恰曲)，位于治多县。发源于治多、杂多两县交界处的卖少色勒哦雪山，呈北向东南流向，河源海拔5634米，河口海拔4052米。流域内河流长175公里，湿地面积2725.9公顷，有支流河27条；主要补给水为降水、地下水和冰雪融水。

(104)巴塘河为长江一级支流(又称札曲)，位于玉树县。发源于格拉山北日阿如东塞，呈东南至西北流向，河源海拔5122米，河口海拔3530米。流域内河流长92公里，湿地面积695.4公顷，有支流河9条；主要补给水为降水。

(105)扎曲为长江一级支流(雅砻江上游)，位于称多县境内。发源于巴颜喀拉山南的查佛让冷拉，呈东南流向，河源海拔5070米，河上游称清水河，下游为扎曲，流入四川省后称雅砻江。流域内河流长199公里，湿地面积2101.80公顷，有支流河1条；主要补给水为降水。

(106)勒池曲为长江一级支流，位于格尔木市。发源于白日杂加，呈西北至西南流向，向西南汇入通天河。省域内河流长50余公里，湿地面积1826.65公顷，平均海拔4432米，有支流河12条；主要补给水为降水。

(107)尕尔曲为长江二级支流(当曲支流)，位于格尔木市。发源于唐古拉山脉主峰格拉丹东雪山以北，呈西东流向，向西汇入当曲。流域内河流长167公里，湿地面积1730.8公顷，平均海拔4500米，有支流河200余条；主要补给水为降水和冰川融水。

(108)昂日曲为长江二级支流，位于曲麻莱县。发源于多尔改错湖以南，后汇入通天河。流域内河流长110余公里，湿地面积3532.3公顷，平均海拔4400米，有支流河19条；主要补给水为降水。

(109)多彩曲为长江二级支流，位于治多县。发源于科欠曲上游以东地区，向东汇入宁恰曲。流域内河流长85公里，湿地面积1074.4公顷，平均海拔4450米，有15条支流；主要补给水为降水和冰雪融水。

(110)扎日尕那曲为长江二级支流，位于治多县和曲麻莱县。发源于昆仑山以南曲麻莱境内，向南汇入楚玛尔河，呈北南流向。省域内河流长70余公里，湿地面积2439.7公顷，平均海拔4500米，有5条支流；主要补给水为降水。

(111)曲科河为长江二级支流，位于达日县。发源于巴颜喀拉山南麓，北源称泥曲(泥柯河)，流入四川省色达县境；南流经道孚县至雅江县以北27公里处汇入雅砻江，呈西北至东南流向。省域内河流长146余公里，湿地面积854.2公顷，平均海拔4300米，有支流河10条；主要补给水为降水。

(112)玛可河为长江二级支流(岷江水系一级支流)，位于久治县、班玛县。发源于巴颜喀拉山南麓，呈西北向东南流向，河源海拔4708米，省界处海拔3200米。流域内河流长210公里，湿地面积973.2公顷。流经玛可河、多贡麻、莫巴、江日堂、班前、灯塔等乡，在格日则入四川省，有大小支流河30余条，较大河流有俄曲、马尔曲、克克河、隆喀河、多柯河等；主要补给水为降水。

(113)马儿曲为长江二级支流，位于达日县和班玛县。发源于达日县莫坝东山以南，呈西北至东南流向，向东南流入班玛县后汇入大渡河。流域内河流长110余公里，湿地面积363.0公顷，平均海拔3500米，有支流河5条；主要补给水为降水。

(114)多可河为长江三级支流(大渡河支流)，位于班玛县。发源于班玛县西部诺依贡玛，呈西北至东南流向，河源海拔4565米。省域内河流长153公里，湿地面积731.55公顷，有支流河9条，较大的支流河为夏河；主要补给水为降水。

2 湖泊湿地资源

湖泊湿地是由地面上大小形状不一、充满水体的天然洼地组成的湿地，包括各种天然湖、池、荡、漾、泡、海、错、淀、洼、潭、泊等各种水体。湖泊湿地分为永久性淡水湖(图2-7)、季节性淡水湖、永久性咸水湖(图2-8)、季节性咸水湖等类型。

2.1 湖泊湿地型及面积

青海省省域内湖泊众多，有湖泊1980多个，其中：淡水湖泊1690个，咸水湖泊291个。湖泊湿地资源面积为147.03万公顷，占全省湿地资源面积的18.08%。其中：永久性淡水湖有33.36万公顷，永久性咸水湖111.89万公顷；季节性淡水湖0.14万公顷，季节性咸水湖1.64万公顷。永久性淡水湖主要集中分布在玛多县境内，季节性淡水湖主要集中分布在唐古拉山以北地区，永久性咸水湖主要集中分布在海西州境内和治多县境内，季节性咸水湖主要集中分布在都兰县境内。青海省湖泊各湿地型比例，如图2-9。

图 **2-7** 永久性淡水湖——年保湖

图 **2-8** 永久性咸水湖——托素湖

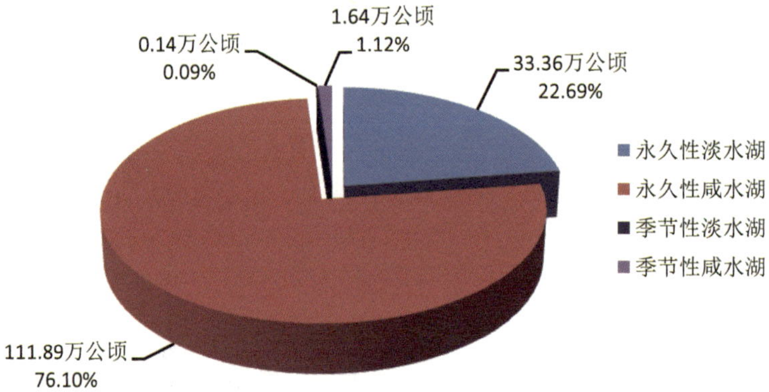

图 **2-9** 青海省湖泊湿地各湿地型面积比例示意图

2.2 主要湖泊湿地资源

青海省境内分布的湖泊湿地多呈现高原特点，星罗棋布，面积在100公顷以上的湖泊有近百个(表2-2)。

表2-2　青海省主要湖泊湿地资源一览表

湖泊名称	湖泊湿地类型	湖泊面积（公顷）	湖水位高（米）	水深（米）	涉及县域	备　注
青海湖	永久性咸水湖	427341.94	3195	29.7	刚察县、共和县、海晏县	青海湖水系
茶卡盐湖	永久性咸水湖	10635.08	3062	1.0	乌兰县	柴达木水系
哈拉湖	永久性咸水湖	60204.68	4075	27.4	德令哈市	哈拉湖水系
都兰湖	永久性咸水湖	4581.78	2940		乌兰县	柴达木水系
尕海	永久性咸水湖	3271.26	2857	5.0	德令哈市	柴达木水系
可鲁克湖	永久性淡水湖	5524.55	2817	4.0	德令哈市	柴达木水系
托素湖	永久性咸水湖	14315.51	2828		德令哈市	柴达木水系
北霍布逊湖	永久性咸水湖	9003.10	2682		都兰县	柴达木水系
察尔汗盐湖	永久性咸水湖	39430.53	2686		都兰县、格尔木市	柴达木水系
南霍布逊湖	永久性咸水湖	3284.43	2687		都兰县	柴达木水系
冬给措纳湖	永久性淡水湖	23587.43	4429		玛多县	柴达木水系
小柴旦湖	永久性咸水湖	8414.97	3176	3.5	大柴旦行委	柴达木水系
大柴旦湖	永久性咸水湖	4036.70	3155		大柴旦行委	柴达木水系
马海湖	永久性咸水湖	783.59	2750	0.2～0.5	冷湖行委	柴达木水系
苏干湖	永久性咸水湖	3888.20	2807	3.3	冷湖行委	柴达木水系
尕斯库勒湖	永久性咸水湖	12450.68	2857	0.6	茫崖行委	柴达木水系
达布逊湖	永久性咸水湖	34596.93	2682		格尔木市	柴达木水系
涩聂湖	永久性咸水湖	9164.17	2682		格尔木市	柴达木水系
东台吉乃尔湖	永久性咸水湖	27909.67	2692		格尔木市、大柴旦行委	柴达木水系
西台吉乃尔湖	永久性咸水湖	40735.32	2687		格尔木市、大柴旦行委等	柴达木水系
野牛沟瑶池	永久性淡水湖	3896.43	4447		格尔木市	柴达木水系
柯柯盐湖	永久性咸水湖	1110.00	2953		乌兰县	柴达木水系
柴凯盐湖	永久性咸水湖	586.91	2943		乌兰县	柴达木水系
甘森泉湖	永久性咸水湖	1489.51	2830		格尔木市	柴达木水系
阿拉克湖	永久性淡水湖	3596.97	4103		都兰县	柴达木水系
太阳湖	永久性淡水湖	10175.20	3205	43.0	治多县	柴达木水系
马鞍湖	永久性淡水湖	1833.03	4826		治多县	可可西里水系

（续）

湖泊名称	湖泊湿地类型	湖泊面积（公顷）	湖水位高（米）	水深（米）	涉及县域	备注
高台湖	永久性淡水湖	1084.52	5020	15.0	治多县	可可西里水系
库水浣	永久性淡水湖	3834.73	5007	12.2	治多县	可可西里水系
可可西里湖	永久性咸水湖	33029.18	4558		治多县	可可西里水系
盐湖	永久性咸水湖	5120.86	4444		治多县	可可西里水系
明镜湖	永久性咸水湖	10232.52	4802		治多县	可可西里水系
涟湖	永久性咸水湖	4401.93	4914		治多县	可可西里水系
西金乌兰湖	永久性咸水湖	41786.41	4777		治多县	可可西里水系
节约湖	永久性咸水湖	1760.62	4836		治多县	可可西里水系
勒斜武担湖	永久性咸水湖	25669.65	4875		治多县	可可西里水系
卓乃湖	永久性咸水湖	26678.62	4758		治多县	可可西里水系
库赛湖	永久性咸水湖	28343.79	4480		治多县	可可西里水系
饮马湖	永久性咸水湖	10844.02	4920		治多县	可可西里水系
海丁诺尔湖	永久性咸水湖	4091.81	4472		治多县	可可西里水系
可考湖	永久性咸水湖	6386.59	4900		治多县	可可西里水系
月亮湖	永久性咸水湖	3077.69	4914		治多县	可可西里水系
永红湖	永久性咸水湖	9269.34	4777		治多县	可可西里水系
波涛湖	永久性淡水湖	6842.19	4988		格尔木市	可可西里水系
燕子湖	永久性淡水湖	1508.17	4973	5.5	格尔木市	可可西里水系
雪莲湖	永久性淡水湖	5475.62	5275	30.0	格尔木市	可可西里水系
日居错	永久性淡水湖	2709.56	4956	10.2	格尔木市	可可西里水系
赤布张错	永久性咸水湖	29977.17	4935		格尔木市	可可西里水系
劳日特错	永久性咸水湖	4425.87	4954		格尔木市	可可西里水系
加木称错	永久性咸水湖	3277.70	5000		格尔木市	可可西里水系
乌兰乌拉湖	永久性咸水湖	59386.69	4903	6.9	格尔木市	可可西里水系
章江头木错	永久性淡水湖	2000.00	4396		格尔木市	可可西里水系
玛巧错	永久性咸水湖	2838.78	4940		格尔木市	可可西里水系
欧错	永久性咸水湖	1820.09	5062		格尔木市	可可西里水系
鄂陵湖	永久性淡水湖	64015.75	4264	17.6	玛多县	黄河流域
扎陵湖	永久性淡水湖	52935.22	4457	8.9	玛多县	黄河流域
岗纳格玛措	永久性淡水湖	3576.81	4365	15.0	玛多县	黄河流域
日格措	永久性淡水湖	1630.58	4337	5.7	玛多县	黄河流域
龙热措	永久性淡水湖	1533.43	4415		玛多县	黄河流域
阿涌贡玛措	永久性淡水湖	2873.44	4452	9.5	玛多县	黄河流域
阿涌哇玛措	永久性淡水湖	2519.42	4425	10.6	玛多县	黄河流域

（续）

湖泊名称	湖泊湿地类型	湖泊面积（公顷）	湖水位高（米）	水深（米）	涉及县域	备 注
阿涌尕玛措	永久性淡水湖	2073.65	4436	11.3	玛多县	黄河流域
尕拉拉措	永久性淡水湖	2303.38	4463	12.8	玛多县	黄河流域
冬草阿隆湖	永久性淡水湖	1153.73	4357	3.9	玛多县	黄河流域
苦海	永久性咸水湖	4708.06	4323		玛多县、兴海县	黄河流域
寇查错	永久性淡水湖	1840.30	4530		称多县	黄河流域
孟达天池	永久性淡水湖	21.27	2500		循化县	黄河流域
葫芦湖	永久性淡水湖	3474.25	4788	19.8	格尔木市	长江流域
豌豆湖	永久性淡水湖	1901.68	4854	14.8	格尔木市	长江流域
玛章错钦	永久性淡水湖	6613.28	4675	8.1	格尔木市	长江流域
错阿日玛	永久性淡水湖	1254.08	4649	4.0	格尔木市	长江流域
当拉错纳玛	永久性淡水湖	649.91	4890		格尔木市	长江流域
雀莫错	永久性咸水湖	8863.66	4922		格尔木市	长江流域
尼日阿错改	永久性淡水湖	3496.75	4706	22.6	杂多县	长江流域
改西错尺涌	永久性淡水湖	4651.46	4459		治多县	长江流域
雅西北	永久性淡水湖	1548.69	4533		治多县	长江流域
雅西南	永久性淡水湖	1251.74	4497		治多县	长江流域
多尔改错	永久性咸水湖	21042.85	4693		治多县	长江流域
错达日玛	永久性咸水湖	9380.00	4788		治多县	长江流域
苟鲁山克错	永久性咸水湖	6974.14	4811		治多县	长江流域
苟鲁错	永久性咸水湖	3078.12	4667		治多县	长江流域
移山湖	永久性咸水湖	2673.21	4850		治多县	长江流域
错砍巴昂日东	永久性淡水湖	1983.18	4574		曲麻莱县	长江流域
隆宝湖	永久性淡水湖	1535.92	4219		玉树县	长江流域
野马川湖	永久性淡水湖	804.23	4443		治多县	长江流域
年吉错	永久性淡水湖	2191.53	4431	44.9	玉树县	澜沧江流域
白马海	永久性淡水湖	192.90	4215		玉树县	澜沧江流域

青海省各流域主要湖泊湿地按地区水系，分述如下：

2.2.1 柴达木盆地区的湖泊

柴达木盆地区的湖泊主要有哈拉湖、可鲁克湖、托素湖、都兰湖等24个湖泊。

（1）哈拉湖分布在柴达木盆地，是青海省第二大湖泊（又称黑海），位于德令哈市境内。湖泊类型为永久性咸水湖，面积6.02万公顷，湖水位高4075米，平均水深27.4米，主要水源补给为北部祁连山的雪山融水。

（2）茶卡盐湖分布在柴达木盆地，为青海省的食用盐基地，位于乌兰县境内。湖泊类型为永久性咸水湖，面积1.06万公顷，湖水位高3062米，水深1米。盐湖的边缘呈放射状展布的茶卡河、莫河、小察汗乌苏河等河水直接入湖，并且在湖区东部泉水发育，以地下水的形式补给茶卡盐湖湖盆。

(3)都兰湖分布在柴达木盆地，位于乌兰县境内。湖泊类型为永久性咸水湖，面积0.46万公顷，湖水位高2940米。

(4)尕海分布在柴达木盆地东部，位于德令哈市境内。湖泊类型为永久性咸水湖，面积0.33万公顷，湖水位高2857米，水深5米，主要水源补给为巴音郭勒河。

(5)可鲁克湖分布在柴达木盆地东部，位于德令哈市境内。湖泊类型为永久性淡水湖，面积0.55万公顷，湖水位高2817米，水深4米，主要水源补给为巴音郭勒河。可鲁克湖是一个外泄湖，从南面的低洼处，流入连通河注入托素湖，两湖合称“连湖”，又称“情人湖”。

(6)托素湖分布在柴达木盆地东部，位于德令哈市境内。湖泊类型为永久性咸水湖，面积1.43万公顷，湖水位高2828米，主要水源补给来自可鲁克湖。

(7)北霍布逊湖分布于柴达木盆地东部，位于都兰县境内。湖泊类型为永久性咸水湖，面积0.9万公顷，湖水位高2682米，主要水源补给来自察尔汗盐湖。

(8)察尔汗盐湖分布于柴达木盆地东部，位于都兰县和格尔木市境内。湖泊类型为永久性咸水湖，面积3.94万公顷，湖水位高2686米，主要水源补给为南部的格尔木河。

(9)南霍布逊湖分布于柴达木盆地东部，位于都兰县境内。湖泊类型为永久性咸水湖，面积0.33万公顷，湖水位高2687米，主要水源补给来自察尔汗盐湖。

(10)冬给措纳湖分布于柴达木盆地东部，位于玛多县境内。湖泊类型为永久性淡水湖，面积2.36万公顷，湖水位高4429米，主要水源补给为雪山融水。

(11)小柴旦湖分布于柴达木盆地西部，位于大柴旦行委境内。湖泊类型为永久性咸水湖，面积0.84万公顷，湖水位高3176米，主要水源补给为东北部的塔塔棱河。

(12)大柴旦湖又称伊克柴达木湖，分布于柴达木盆地西部，位于大柴旦行委境内。湖泊类型为永久性咸水湖，面积0.40万公顷，湖水位高3155米。湖水体积12.59亿立方米，湖水的深度和面积随年份和季节的变化而变化。

(13)马海湖分布于柴达木盆地西部，位于冷湖行委境内。湖泊湿地类型为永久性咸水湖，面积783.59公顷，湖水位高2750米，水深0.2~0.5米，主要水源补给为鱼卡河。

(14)苏干湖分布于柴达木盆地西部，位于冷湖行委境内。湖泊类型为永久性咸水湖，面积0.39万公顷，湖水位高2807米，水深3.3米。

(15)尕斯库勒湖分布于柴达木盆地西部，位于茫崖行委境内。湖泊类型为永久性咸水湖，面积1.25万公顷，湖水位高2857米，水深约0.6米，主要水源补给为库木库勒盆地的阿拉尔河和铁木里克河。

(16)达不逊湖分布于柴达木盆地西部，位于格尔木市境内。湖泊湿地类型为永久性咸水湖，面积3.46万公顷，湖水位高2682米，主要水源补给为南部的格尔木河。

(17)涩聂湖分布于柴达木盆地西部，位于格尔木市境内。湖泊类型为永久性咸水湖，面积0.92万公顷，湖水位高2682米，主要水源补给为南部的河流。

(18)东台吉乃尔湖分布于柴达木盆地西部，位于格尔木市和大柴旦行委境内。湖泊类型为永久性咸水湖，面积2.79万公顷，湖水位高2692米。主要水源补给为南部的那陵格勒河。

(19)西台吉乃尔湖分布于柴达木盆地西部，位于格尔木市、大柴旦行委、冷湖行委、茫崖行委境内。湖泊类型为永久性咸水湖，面积4.07万公顷，湖水位高2687米，主要水源补给为南部的那陵格勒河。

(20)野牛沟瑶池又称"西王母瑶池"，分布于柴达木盆地，位于格尔木市境内。湖泊类型为永久性淡水湖，面积0.39万公顷，湖水位高4447米，主要水源补给为格尔木河上游源头。

(21)柯柯盐湖分布在柴达木盆地，位于乌兰县境内。湖泊类型为永久性咸水湖，面积0.11万公顷，湖水位高2953米，主要水源补给为周围河流。

(22)柴凯盐湖分布在柴达木盆地，位于乌兰县境内。湖泊类型为永久性咸水湖，面积586.91公顷，湖水位高2943米，主要水源补给为周围河流。

(23)甘森泉湖分布在柴达木盆地，位于格尔木市境内。湖泊类型为永久性咸水湖，面积0.15万公顷，湖水位高2830米，主要水源补给为地下水。

(24)阿拉克湖分布在柴达木盆地，位于都兰县境内。湖泊类型为永久性淡水湖，面积0.36万公顷，湖水位高4103米，主要水源补给为周围河流。

2.2.2 羌塘高原区主要湖泊

羌塘高原区主要湖泊包括太阳湖、马鞍湖、可可西里湖、盐湖、卓乃湖、库赛湖、西金乌兰湖、海丁诺尔湖、乌兰乌拉湖等29个湖泊，其中盐湖有20个。

(25)太阳湖分布于可可西里地区，位于治多县境内，由布喀达坂峰与马兰山之间断陷盆地形成。湖泊类型为永久性淡水湖，其面积1.02万公顷，湖水位高3205米，水深43米。主要水源补给来自布喀达坂峰冰川、马兰山冰川、巍雪山雪山融水形成的太东河、太西河等数十条河供给。

(26)马鞍湖分布于羌塘高原区，位于可可西里自然保护区内。湖泊类型为永久性淡水湖，面积0.18万公顷，湖水位高4826米，主要水源补给为北部的河流。

(27)高台湖分布于羌塘高原区，位于可可西里自然保护区内。湖泊类型为永久性淡水湖，面积0.11万公顷，湖水位高5020米，水深15米，主要水源补给为东南部的雪山融水和西部的河流。

(28)库水浣分布于羌塘高原区内陆河流域，位于可可西里自然保护区内。湖泊类型为永久性淡水湖，面积0.38万公顷，湖水位高5007米，水深12.2米，主要水源补给为北部的雪山融水。

(29)可可西里湖分布于羌塘高原区内，位于可可西里自然保护区五道梁乡西部。湖泊类型为永久性咸水湖，面积3.30万公顷，湖水位高4558米，主要水源补给为雪山融水和西部的饮马湖。

(30)盐湖分布于羌塘高原区内陆河流域，位于可可西里自然保护区境内，湖泊类型为永久性咸水湖，面积0.51万公顷，湖水位高4444米，主要水源补给为雪山融水。

(31)明镜湖分布于羌塘高原区内，位于可可西里自然保护区内。湖泊类型为永久性咸水湖，面积1.02万公顷，湖水位高4802米，主要水源补给为雪山融水和东南部的河流。

(32)涟湖分布于羌塘高原区内，位于可可西里自然保护区内，与月亮湖相连。湖泊类型为永久性咸水湖，面积0.44万公顷，湖水位高4914米，主要水源补给为雪山融水和西北部的河流，湖水从东北部流入月亮湖。

(33)西金乌兰湖分布于羌塘高原区内，位于可可西里自然保护区内。湖泊类型为永久性咸水湖，面积4.18万公顷，湖水位高4777米，主要水源补给为雪山融水和西部永红湖。

(34)节约湖分布于羌塘高原区内陆河流域，位于可可西里自然保护区内。湖泊类型为永久性咸水湖，面积0.18万公顷，湖水位高4836米，主要水源补给为雪山融水。

(35)勒斜武旦担湖分布于羌塘高原区内，位于可可西里自然保护区内。湖泊类型为永久性咸水湖，面积2.57万公顷，湖水位高4875米，主要水源补给为雪山融水和西部的河流。

(36)卓乃湖分布于羌塘高原区内，位于可可西里自然保护区内。湖泊类型为永久性咸水湖，面积2.67万公顷，湖水位高4758米，主要水源补给为雪山融水和西部的河流，湖水从东部流出，汇入库赛河，流入库赛湖。

(37)库赛湖分布于羌塘高原区内，位于可可西里自然保护区内。湖泊类型为永久性咸水湖，面积2.83万公顷，湖水位高4480米，主要水源补给为雪山融水和西部的库赛湖。

(38)饮马湖分布于羌塘高原区内，位于可可西里自然保护区内。湖泊类型为永久性咸水湖，面积1.08万公顷，湖水位高4920米，主要水源补给为雪山融水和北部的河流，湖水从东部流出，汇入可可西里湖。

(39)海丁诺尔湖分布于羌塘高原区内陆河流域，位于可可西里自然保护区内。湖泊类型为永久性咸水湖，面积0.41万公顷，湖水位高4472米，主要水源补给为雪山融水和西部的海丁河。

(40)可考湖分布于羌塘高原区内，位于可可西里自然保护区内。湖泊类型为永久性咸水湖，面积0.64万公顷，湖水位高4900米，主要水源补给为雪山融水。

(41)月亮湖分布于羌塘高原区内陆河流域，位于可可西里自然保护区内。湖泊类型为永久性咸水湖，面积0.31万公顷，湖水位高4914米，主要水源补给为涟湖和雪山融水。

(42)永红湖分布于羌塘高原区内，位于可可西里自然保护区内，与西金乌兰湖相连。湖泊类型为永久性咸水湖，面积0.93万公顷，湖水位高4777米，主要水源补给为雪山融水和西北及西南部的河流。

(43)波涛湖分布于羌塘高原区内，位于唐古拉山以北地区格尔木市境内。湖泊类型为永久性淡水湖，面积0.68万公顷，湖水位高4988米，水深50米，主要水源补给为北部河流。

(44)燕子湖分布于羌塘高原区内，位于唐古拉山以北地区格尔木市境内。湖泊类型为永久性淡水湖，面积0.15万公顷，湖水位高4973米，水深5.5米，主要水源补给为南部河流。

(45)雪莲湖分布于羌塘高原区内，位于唐古拉山以北地区格尔木市境内。湖泊类型为永久性淡水湖，面积0.55万公顷，湖水位高5275米，水深30米，主要水源补给为东北部河流。

(46)日居错分布于羌塘高原区内，位于唐古拉山以北地区格尔木市境内。湖泊类型为永久性淡水湖，面积0.27万公顷，湖水位高4956米，水深10.2米，主要水源补给为东北部河流。

(47)赤布张错分布于羌塘高原区内，位于唐古拉山以北地区格尔木市境内。湖泊类型为永久性咸水湖，面积3.0万公顷，湖水位高4935米，主要水源补给为东北部河流。

(48)劳日特错分布于羌塘高原区内，位于唐古拉山以北地区格尔木市境内。湖泊类型为永久性咸水湖，面积0.44万公顷，湖水位高4954米，主要水源补给为西南及东北部河流。

(49)加木称错分布于羌塘高原区内，位于唐古拉山以北地区格尔木市境内。湖泊类型为永久性咸水湖，面积0.33万公顷，湖水位高5000米，主要水源补给为雪山融水和周围河流。

(50)乌兰乌拉湖分布于羌塘高原区内，位于唐古拉山以北地区格尔木市境内。湖泊类型为永久性咸水湖，面积5.94万公顷，湖水位高4903米，主要水源补给为雪山融水和南部河流。

(51)章江头木错分布在可可西里地区，位于唐古拉山以北地区。湖泊类型为永久性淡水湖，面积0.20万公顷，湖水位高4396米，主要水源补给为周围河流。

(52)玛巧错分布在可可西里地区，位于唐古拉山以北地区。湖泊类型为永久性咸水湖，面积0.28万公顷，湖水位高4940米，主要水源补给为周围河流。

(53)欧错分布在可可西里地区，位于唐古拉山以北地区。湖泊类型为永久性咸水湖，面积0.18万公顷，湖水位高5062米，主要水源补给为周围河流。

2.2.3 黄河流域

黄河流域主要有鄂陵湖、扎陵湖、岗纳格玛措、日格措、阿涌贡玛措、冬草阿隆湖和孟达天池等13个湖泊。

(54)鄂陵湖分布在黄河源区，位于玛多县境内。湖泊类型为永久性淡水湖，面积6.40万公顷，湖水位高4264米，水深17.6米，主要水源补给为从扎陵湖流出的黄河。

(55)扎陵湖分布在黄河源区，位于玛多县境内。湖泊类型为永久性淡水湖，面积5.29万公顷，湖水位高4457米，水深8.9米，主要水源补给为黄河源头约古宗列曲。

(56)岗纳格玛措分布在黄河源区，位于玛多县境内。湖泊类型为永久性淡水湖，面积0.36万公顷，湖水位高4365米，水深15米，主要水源补给为雪山融水和周围河流。

(57)日格措分布在黄河源区，位于玛多县境内。湖泊类型为永久性淡水湖，面积0.16万公顷，湖水位高4337米，水深5.7米，主要水源补给为雪山融水和周围河流。

(58)龙热措分布在黄河源区，位于玛多县境内。湖泊类型为永久性淡水湖，面积0.15万公顷，湖水位高4415米，主要水源补给为雪山融水和周围河流。

(59)阿涌贡玛措分布在黄河源区，位于玛多县境内。湖泊类型为永久性淡水湖，面积0.29万公顷，湖水位高4452米，水深9.5米，主要水源补给为雪山融水和周围河流。

(60)阿涌哇玛措分布在黄河源区，位于玛多县境内。湖泊类型为永久性淡水湖，面积0.25万公顷，湖水位高4425米，水深10.6米，主要水源补给为雪山融水和周围河流。

(61)阿涌尕玛措分布在黄河源区，位于玛多县境内。湖泊类型为永久性淡水湖，面积0.21万公顷，湖水位高4436米，水深11.3米，主要水源补给为雪山融水和周围河流。

(62)尕拉拉措分布在黄河源区，位于玛多县境内。湖泊类型为永久性淡水湖，面积0.23万公顷，湖水位高4463米，水深12.8米，主要水源补给为雪山融水和周围河流。

(63)冬草阿隆湖分布在黄河源区，位于玛多县境内。湖泊类型为永久性淡水湖，面积0.12万公顷，湖水位高4357米，水深3.9米，主要水源补给为雪山融水和周围河流。

(64)孟达天池分布于黄河出省区，位于循化县境内。湖泊类型为永久性淡水湖，面积21.27公顷，湖水位高2500米。

(65)苦海分布在黄河源区，位于玛多县和兴海县境内。湖泊类型为永久性咸水湖，面积0.47万公顷，湖水位高4323米，主要水源补给为周围河流。

(66)寇查错分布在黄河源区，位于称多县境内。湖泊类型为永久性淡水湖，面积0.18万公顷，湖水位高4530米，主要水源补给为周围河流。

(67)孟达天池，分布在黄河龙羊峡至兰州区间，位于循化县境内。湖泊类型为永久性淡水湖，面积21.27公顷，湖水位高2500米，主要水源补给为降水和地下水。

2.2.4 长江流域

长江流域主要有葫芦湖、玛章错钦、错阿日玛、当拉错纳玛、尼日阿错改、苟鲁山克错、移山湖和隆宝湖等18个湖泊。

(68)葫芦湖分布在长江上游的通天河流域，位于格尔木市境内。湖泊类型为永久性淡水湖，面积0.35万公顷，湖水位高4788米，水深19.8米，主要水源补给为雪山融水和北部河流。

(69)豌豆湖分布在长江上游的通天河流域，位于格尔木市境内。湖泊类型为永久性淡水湖，面积0.19万公顷，湖水位高4854米，水深14.8米，主要水源补给为雪山融水。

(70)玛章错钦分布在长江上游的通天河流域，位于格尔木市境内。湖泊类型为永久性淡水湖，面积0.66万公顷，湖水位高4675米，水深8.1米，主要水源补给为雪山融水和西北部河流。

(71)错阿日玛分布在长江上游的通天河流域，位于格尔木市境内。湖泊类型为永久性淡水湖，面积0.13万公顷，湖水位高4649米，水深4米，主要水源补给为雪山融水和西南部河流。

(72)当拉错纳玛分布在长江上游的通天河流域，位于格尔木市境内。湖泊类型为永久性淡水湖，面积649.91万公顷，湖水位高4890米，主要水源补给为雪山融水和西南部河流。

(73)雀莫错分布在长江源区的通天河流域，位于格尔木市境内。湖泊类型为永久性咸水湖，面积0.89万公顷，湖水位高4922米，主要水源补给为雪山融水。

(74)尼日阿错改分布在长江源区的通天河流域，位于杂多县境内。湖泊类型为永久性淡水湖，面积0.35万公顷，湖水位高4706米，主要水源补给为雪山融水和周围河流。

(75)改西错尺涌分布在长江源区的通天河流域，位于治多县境内。湖泊类型为永久性淡水湖，面积0.47万公顷，湖水位高4459米，主要水源补给为南部的河流。

(76)雅西北分布在长江源区的通天河流域，位于治多县境内。湖泊类型为永久性淡水湖，面积0.15万公顷，湖水位高4533米，主要水源补给为雪山融水。

(77)雅西南分布在长江源区的通天河流域，位于治多县境内。湖泊类型为永久性淡水湖，面积0.13万公顷，湖水位高4497米，主要水源补给为雪山融水。

(78)多尔改错分布在长江源区的通天河流域，位于可可西里自然保护区内。湖泊类型为永久性咸水湖，面积2.10万公顷，湖水位高4693米，主要水源补给为西南部的楚玛尔河。

(79)错达日玛分布在长江源区的通天河流域，位于可可西里自然保护区内。湖泊类型为永久性咸水湖，面积0.94万公顷，湖水位高4788米，主要水源补给为东部的河流。

(80)苟鲁山克错分布在长江源区的通天河流域，位于可可西里自然保护区内。湖泊类型为永久性咸水湖，面积0.70万公顷，湖水位高4811米，主要水源补给为西南部的河流。

(81)苟鲁错分布在长江源区的通天河流域，位于可可西里自然保护区内。湖泊类型为永久性咸水湖，面积0.31万公顷，湖水位高4667米，主要水源补给为雪山融水和周围河流。

(82)移山湖分布在长江源区的通天河流域，位于可可西里自然保护区内。湖泊类型为永久性咸水湖，面积0.27万公顷，湖水位高4850米，主要水源补给为雪山融水。

(83)错砍巴昂日东分布在长江源区的通天河流域，位于曲麻莱县境内。湖泊类型为永久性淡水湖，面积0.2万公顷，湖水位高4574米，主要水源补给为雪山融水。

(84)隆宝湖分布在长江源区的通天河流域，位于玉树县隆宝自然保护区内。湖泊类型为永久性淡水湖，面积0.15万公顷，湖水位高4219米，主要水源补给为雪山融水。

(85)野马川湖分布在长江源区，位于治多县境内。湖泊类型为永久性淡水湖，面积804.23公顷，湖水位高4443米，主要水源补给为周围河流。

2.2.5 澜沧江流域

澜沧江流域主要有年吉错、白马海等2个湖泊。

(86)年吉错分布在澜沧江上游，位于玉树县境内隆宝湖的西南部。湖泊类型为永久性淡水湖，面积0.22万公顷，湖水位高4431米，水深44.9米，主要水源补给为雪山融水。

(87)白马海分布在澜沧江源区，位于玉树县境内。湖泊类型为永久性淡水湖，面积192.9公顷，湖水位高4215米，主要水源补给为周围河流。

2.2.6 青海湖流域

青海湖流域主要有青海湖。

(88)青海湖又名"措温布"，意为"青色的海"，是中国最大的内陆高原湖泊，也是中国最大的微咸水湖。由祁连山的大通山、日月山与青海南山之间的断层陷落形成，位于刚察县、海晏县、共和县境内。湖泊类型为永久性咸水湖，面积42.73万公顷，湖水位高3195米，水深29.7米，主要水源补给为北部河流。

3 沼泽湿地资源

沼泽湿地是指由水和水生、沼生的湿地植被为优势种组成的群落类型，在青海有6种类型，即草本沼泽(图2-10、图2-11)、灌丛沼泽、内陆盐沼(图2-12)、沼泽化草甸(图2-13)、地热湿地和淡水泉/绿洲湿地(图2-14)。

图**2-10** 草本沼泽——三江源地区草本沼泽

图 **2-11** 草本沼泽——可鲁克湖沼泽

图 **2-12** 内陆盐沼——诺木洪盐沼

图 **2-13** 沼泽化草甸——三江源地区高寒草甸

图 **2-14**　淡水泉/绿洲湿地——柴达木盆地淡水泉湿地

3.1　沼泽湿地型及面积

青海省沼泽湿地资源总面积为 564.54 万公顷，占全省湿地总面积的 69.32%，其中：草本沼泽湿地面积有 27.19 万公顷，占沼泽湿地资源总面积的 4.82%；灌丛沼泽湿地面积 633.51 公顷，占沼泽湿地资源总面积的 0.01%；内陆盐沼湿地面积 224.54 万公顷，占沼泽湿地资源总面积的 39.77%；沼泽化草甸湿地面积 312.74 万公顷，占沼泽湿地资源总面积的 55.40%；地热湿地面积 8.33 公顷，占沼泽湿地资源总面积的 0.0001%；淡水泉、绿洲湿地面积 48.77 公顷，占沼泽湿地资源总面积的 0.0009%。青海省沼泽湿地型及面积比例，如图 2-15。

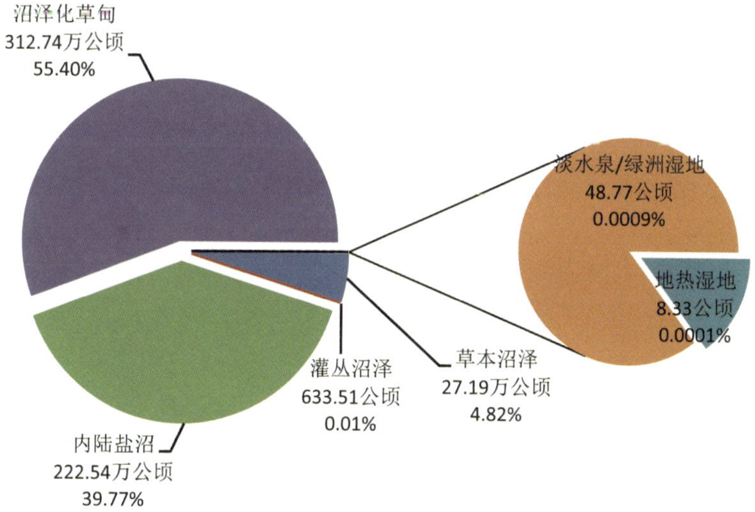

图 **2-15**　青海省沼泽湿地各湿地型及面积比例示意图

3.2　主要沼泽湿地资源

青海省境内各流域的沼泽湿地面积较大，大部分沼泽湿地广布在海拔 3500 米左右的山地、台地和山间盆地间，在省域内的青南地区较为集中分布；柴达木盆地的盐沼面积居首位。据调查统计，全省沼泽湿地资源面积在30000公顷以上的区域有14处(表2-3)。

表2-3 青海省主要沼泽湿地资源一览表

沼泽名称	湿地类型	面积（公顷）	斑块个数	最大斑块面积（公顷）	最小斑块面积（公顷）	优势植物	平均海拔（米）	所属县域	备 注
疏勒河上游沼泽	沼泽化草甸	68835.75	44	12179.79	9.56	西藏嵩草	4040	天峻县	祁连山水系
青海湖北部沼泽	沼泽化草甸	102811.30	153	7278.84	13.49	西藏嵩草	3807	天峻县、刚察县	青海湖水系
诺木洪盐沼	内陆盐沼	844368.37	48	305253.95	9.74	芦苇	2838	乌兰县、都兰县	柴达木盆地水系
格尔木北部盐沼	内陆盐沼	1315755.00	33	557320.30	115.79	芦苇	2839	格尔木市	柴达木盆地水系
马海盐沼	内陆盐沼	69540.32	5	40594.27	435.31	芦苇	2791	大柴旦行委、冷湖行委	柴达木盆地水系
唐古拉山以北沼泽	沼泽化草甸	389701.21	52	97242.34	26.30	西藏嵩草	4930	格尔木市(唐古拉山镇)	可可西里水系、长江水系
治多县北部沼泽	沼泽化草甸	65487.28	40	9447.09	45.34	紫花针茅	4747	治多县	可可西里水系
黄河源头沼泽	沼泽化草甸	689239.50	292	209957.10	8.22	西藏嵩草	4622	曲麻莱县、称多县、玛多县、达日县	黄河流域
洮河上游沼泽	沼泽化草甸	49364.29	163	3790.81	8.27	西藏嵩草	3209	河南县、泽库县	黄河流域
大通河上游沼泽	沼泽化草甸	157324.50	84	24345.46	21.41	矮生嵩草	3816	天峻县、祁连县、刚察县	黄河流域
莫云滩沼泽	沼泽化草甸	64172.97	32	13749.24	56.19	西藏嵩草	4640	杂多县	澜沧江流域
当曲沼泽	沼泽化草甸	382797.60	669	62431.43	10.37	西藏嵩草	4919	杂多县	长江流域
索加曲麻河沼泽	沼泽化草甸	692159.10	267	64471.11	14.94	西藏嵩草	4597	治多县、曲麻莱县	长江流域
称多县西部沼泽	沼泽化草甸	79831.73	56	14965.43	38.23	西藏嵩草	4518	称多县	长江流域

(1)疏勒河上游沼泽：分布在疏勒河流域，位于天峻县境内。主要湿地类型为沼泽化草甸，湿地资源面积6.88万公顷，区划有44个斑块，最大斑块面积1.22万公顷，最小斑块面积9.56公顷。主要优势植物为西藏嵩草，平均海拔为4040米。

(2)青海湖北部沼泽：分布在青海湖流域，位于天峻县和刚察县境内。主要湿地类型为沼泽化草甸，湿地资源面积10.28万公顷，区划有153个斑块，最大斑块面积0.73万公顷，最小斑块面积13.49公顷。主要优势植物为西藏嵩草，平均海拔为3807米。

(3)诺木洪盐沼：分布在柴达木盆地东部流域，位于乌兰县和都兰县境内。主要湿地类型为内陆盐沼，湿地资源面积84.44万公顷，区划有48个斑块，最大斑块面积30.53万公顷，最小斑块面积9.74公顷。主要优势植物为芦苇，平均海拔为2838米。

(4)格尔木北部盐沼：分布在柴达木盆地西部流域，位于格尔木市境内。主要湿地类型为内陆盐沼，湿地资源面积131.58万公顷，区划有33个斑块，最大斑块面积55.73万公顷，最小斑块面积 115.79 公顷。主要优势植物为芦苇，平均海拔为 2839 米。

(5)马海盐沼：分布在柴达木盆地西部流域，位于大柴旦行委和冷湖行委境内。主要湿地类型为内陆盐沼，湿地资源面积 6.95 万公顷，区划有 5 个斑块，最大斑块面积 4.06 万公顷，最小斑块面积 435.31 公顷。主要优势植物为芦苇，平均海拔为 2791 米。

(6)唐古拉山以北沼泽：分布在通天河流域，位于格尔木市境内。主要湿地类型为沼泽化草甸，湿地资源面积 38.97 万公顷，区划有 52 个斑块，最大斑块面积 9.72 万公顷，最小斑块面积 26.3 公顷。主要优势植物为西藏嵩草，平均海拔为 4930 米。

(7)治多县北部地沼泽：分布在羌塘高原区内陆河流域，位于治多县境内。主要湿地类型为沼泽化草甸，湿地资源面积 6.55 万公顷，区划有 40 个斑块，最大斑块面积 0.94 万公顷，最小斑块面积 45.34 公顷。主要优势植物为紫花针茅，平均海拔为 4747 米。

(8)黄河源头沼泽：分布在黄河上游至玛曲流域，位于曲麻莱县、称多县、玛多县、达日县境内。主要湿地类型为沼泽化草甸，湿地资源面积 68.92 万公顷，区划有 292 个斑块，最大斑块面积 21 万公顷，最小斑块面积 8.22 公顷。主要优势植物为西藏嵩草，平均海拔为 4622 米。

(9)洮河上游沼泽：分布在黄河区上游流域，位于河南县和泽库县境内。主要湿地类型为沼泽化草甸，湿地资源面积 4.94 万公顷，区划有 163 个斑块，最大斑块面积 0.38 万公顷，最小斑块面积 8.27 公顷。主要优势植物为西藏嵩草，平均海拔为 3209 米。

(10)大通河上游沼泽：分布在省域内的黄河中下游流域，位于天峻县、祁连县、刚察县境内。主要湿地类型为沼泽化草甸，湿地资源面积 15.73 万公顷，区划有 84 个斑块，最大斑块面积 2.43 万公顷，最小斑块面积 21.41 公顷。主要优势植物为矮生嵩草，平均海拔为 3816 米。

(11)莫云滩沼泽：分布在澜沧江流域，位于杂多县境内。主要湿地类型为沼泽化草甸，湿地资源面积 6.42 万公顷，区划有 32 个斑块，最大斑块面积 1.37 万公顷，最小斑块面积 56.19 公顷。主要优势植物为西藏嵩草，平均海拔为 4640 米。

(12)当曲沼泽：分布在长江上游的通天河流域，位于杂多县境内。主要湿地类型为沼泽化草甸，湿地资源面积 38.28 万公顷，区划有 669 个斑块，最大斑块面积 6.24 万公顷，最小斑块面积 10.37 公顷。主要优势植物为西藏嵩草，平均海拔为 4919 米。

(13)索加曲麻河沼泽：分布在长江上游的通天河流域，位于治多县和曲麻莱县境内。主要湿地类型为沼泽化草甸，湿地资源面积 69.22 万公顷，区划有 267 个斑块，最大斑块面积万 6.45 万公顷，最小斑块面积 14.94 公顷。主要优势植物为西藏嵩草，平均海拔为 4597 米。

(14)称多县西部地区沼泽：分布在长江区的雅砻江流域，位于称多县境内。主要湿地类型为沼泽化草甸，湿地资源面积 7.98 万公顷，区划有 56 个斑块，最大斑块面积 1.50 万公顷，最小斑块面积 38.23 公顷。主要优势植物为西藏嵩草，平均海拔为 4518 米。

4 人工湿地资源

人工湿地是指由人为作用而形成的湿地，包括人工库塘(图 2-16、图 2-17)、输水河、水产养殖场和盐田(图 2-18)4 种湿地类型。

图 **2-16** 人工库塘——南门峡水库

图 **2-17** 人工库塘——李家峡水库

图 **2-18** 盐田湿地——海西盐田

4.1　人工湿地型及面积

青海人工湿地面积 14.26 万公顷，占全省湿地资源总面积的 1.75%。其中：库塘湿地面积 5.58 万公顷，占人工湿地资源面积的 39.12%；输水河面积 0.038 万公顷，占人工湿地资源面积的 0.26%；水产养殖场面积 12.23 公顷，占人工湿地资源面积的 0.01%；盐田面积 8.64 万公顷，占人工湿地资源面积的 60.61%。人工湿地中主要以盐田和库塘湿地为主，水产养殖场面积最小。青海人工湿地各湿地型及面积比例，如图 2-19。

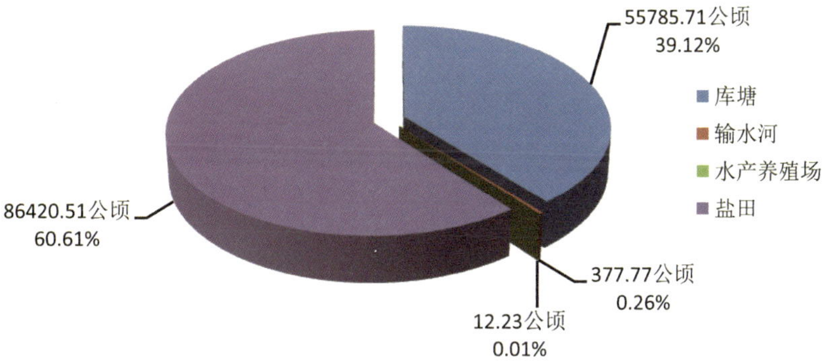

图 **2-18**　青海省人工湿地资源面积比例示意图

4.2　主要人工湿地资源

青海人工湿地主要以库塘、盐田为主，尤其是水库的比重较大，进入 21 世纪新建的大型水电站水库有近十余座（表 2-4）。

表 2-4　青海省各流域主要人工湿地资源一览表（100 公顷以上）

一级流域	二级流域	三级流域	人工湿地名称	湿地类型	面积（公顷）	县域名称
西北诸河区	柴达木盆地	合　计			88806.71	
		柴达木盆地东部	小　计		27019.21	
			俄什加水库	库塘	124.91	共和县
			茶卡盐田	盐田	1078.48	乌兰县
			乌兰盐田	盐田	7784.64	乌兰县
			黑石山水库	库塘	219.38	德令哈市
			一棵树盐田	盐田	109.34	德令哈市
			察尔汗东部盐田	盐田	6748.14	都兰县
			察尔汗盐田	盐田	10954.32	都兰县
		柴达木盆地西部	小　计		61787.5	
			察尔汗盐田	盐田	29619.52	都兰县、格尔木市
			东台吉乃湖盐田	盐田	10010.61	格尔木市
			温泉水库	库塘	3568.89	格尔木市
			乃吉里水库	库塘	138.45	格尔木市
			大柴旦湖盐田	盐田	1118.56	大柴旦行委
			西台吉乃湖盐田	盐田	5451.03	大柴旦行委

（续）

一级流域	二级流域	三级流域	人工湿地名称	湿地类型	面积(公顷)	县域名称
西北诸河区	柴达木盆地	柴达木盆地西部	大盐滩盐田	盐田	2701.14	冷湖行委
			马海盐田	盐田	3376.51	冷湖行委
			大王滩盐田	盐田	2901.12	茫崖行委
			尕斯库勒湖东盐田	盐田	2901.67	茫崖行委
黄河区	合　计				49223.28	
	龙羊峡以上	河源至玛曲	小　计		40454.37	
		玛曲至龙羊峡	鄂陵湖水库	库塘	1618.7	玛多县
			龙羊峡水库	库塘	38835.67	共和县、贵南县
	龙羊峡至兰州	合　计			8768.91	
		龙羊峡至兰州干流区间	小　计		7885.44	
			拉西瓦水库	库塘	706.22	贵德县、贵南县
			三江源以下黄河干流水库	库塘	415.86	贵德县、贵南县
			公伯峡水库	库塘	2342.44	尖扎县、化隆县、循化县
			积石峡水库	库塘	308.19	循化县
			康杨水库	库塘	636.27	循化县、尖扎县
			李家峡水库	库塘	2888.50	化隆县、尖扎县
			苏志水库	库塘	587.96	化隆县、循化县
		湟水	小　计		883.47	
			黑泉水库	库塘	467.47	大通县
			东大滩水库	库塘	313.78	海晏县
			南门峡水库	库塘	102.22	互助县
总　计					138029.99	

西北诸河区面积大于100公顷的人工湿地全部分布在柴达木盆地，主要湿地类型为2类2型，即库塘和盐田，面积8.88万公顷，其中，库塘0.41万公顷，盐田8.47万公顷。

柴达木盆地东部流域有库塘2座，面积为344.29公顷。分别是位于共和县的俄什加水库，面积124.91公顷；位于德令哈市的黑石山水库，面积219.38公顷。盐田有5个，面积为2.67万公顷。分别是乌兰县的茶卡盐田，面积0.11万公顷；乌兰盐田，面积0.78万公顷；都兰县的察尔汗东部盐田，面积0.67万公顷；察尔汗盐田，面积1.10万公顷；德令哈市的一棵树盐田，面积109.34公顷。

柴达木盆地西部有库塘2座，面积0.37万公顷。分别是位于格尔木市的温泉水库，面积0.36万公顷；乃吉里水库，面积138.45公顷。盐田有8个，面积5.81万公顷。分别是位于格尔木市的察尔汗盐田，面积2.96万公顷；东台吉乃湖盐田，面积1.00万公顷；大柴旦湖盐田，面积0.11万公顷；西台吉乃湖盐田，面积0.55万公顷；冷湖的大盐滩盐田，面积0.27万公顷；马海盐田，面积0.34万公顷；茫崖的大王滩盐田，面积0.29万公顷；尕斯库勒湖东盐田，面积0.29万公顷。

黄河区面积大于100公顷的人工湿地主要分布在龙羊峡以上的河源区、龙羊峡至兰州干流区间流域和湟水流域。主要湿地类型为1类1型，即库塘，面积4.92万公顷。

龙羊峡以上有2座库塘，面积4.04万公顷。分别是位于玛多县的鄂陵湖水库，面积0.16万公顷；位于共和县和贵南县的龙羊峡水库，面积3.88万公顷。

龙羊峡至兰州有10座库塘，面积0.88万公顷。其中，龙羊峡至兰州干流区间流域有7座库塘，面积0.79万公顷。分别是位于贵德县和贵南县的拉西瓦水库，面积706.22公顷；黄河干流水库，面积415.86公顷；位于尖扎县、化隆县、循化县的公伯峡水库，面积0.23万公顷；位于循化县的积石峡水库，面积308.19公顷；位于循化县和尖扎县的康杨水库，面积636.27公顷；位于化隆县和尖扎县的李家峡水库，面积0.29万公顷；位于化隆县和循化县的苏志水库，面积587.96公顷。湟水流域有3座库塘，面积883.47公顷，分别是位于大通县的黑泉水库，面积467.47公顷；位于海晏县的东大滩水库，面积313.78公顷；位于互助县的南门峡水库，面积102.22公顷。

第二节 资源特点及规律

青海省地处青藏高原东北部，国土面积居全国第四位，是我国长江、黄河和澜沧江的发源地，素有"江河源"之称。由于其整体地势呈南北高中间低、西高东低的特点，西北部为青南高原、中部为柴达木盆地、东北部为祁连山地。境内气候属高原大陆性气候，具有寒冷、干旱、多风等特征，年平均气温为－5.6～8.9℃，年降水量由东南向西北逐渐递减，并具有明显的区域分异。

青南高原地势高亢，高山与宽谷相间，地形相对平缓，地表切割较弱，源头水系发育，为江河源区湖泊和沼泽湿地的发育奠定了重要基础。祁连山地的河流源头区以及湖盆周围，亦是沼泽湿地集中分布的重要区域。柴达木盆地是一个封闭型内陆盆地，低洼地带为河水汇集及湖泊的集中分布区；江河源区寒冷的冰缘气候条件是湿地广泛发育的重要因素之一。江河源区地处高寒地带，多年冻土广泛发育，大量的冰川雨雪积水在低洼地区滞水产生高寒地区独特的高寒湿地景观类型，形成冻胀草丘和热融湖塘洼地。

特殊的地理位置决定了青海高原湿地类型多样，有高原湖泊湿地、沼泽及沼泽化草甸湿地和河流湿地，广布于青藏高原面上，是我国和世界上影响力最大的生态调节区，也是我国湿地海拔最高、分布最集中的地区。湿地资源丰富而特点鲜明，地理景观与生态系统类型极其丰富，青海高原湿地备受世界的关注。

1 湿地资源特点

青海省湿地资源的特点极具高原特色，尤其是柴达木盆地的盐沼资源丰富，面积大，有220多万公顷，这是本次调查的一大优势资源，在我国位居第一。此外，还有富集的湖泊湿地、河流湿地资源等，其孕育的湿地生物物种资源也非常富有，且呈现青藏高原特点。

1.1 类型多样，面积大而集中

青海省第二次湿地资源调查，在《全国湿地资源调查技术规程(试行)》划分的5类34型湿地中，青海省域内分布有河流湿地、湖泊湿地、沼泽湿地和人工湿地4大类湿地，并有永久性河流湿地、永久性淡水湖、草本沼泽、盐沼、人工库塘等17个湿地型，湿地类型多样，呈高原特性。尤其是盐沼湿地分布面积居全国第一，极具特色。

(1)河流湿地广布。以河流为中心，沿河流两侧浅水区或低洼潮湿积水地段的条带状分布，在河流水流速度缓慢以及河床为淤泥地段，这一湿地类型的分布更为明显。构成该格局的系列条带状湿地植物群落类型依次为河流中心的沉水植物群落、河流两侧的挺水植物群落以及河流两边滩地的沼泽草甸。河流湿地型的分布可随着河流两侧地貌及滩地积水的差异，在河流两侧边缘呈不规则扩展。

(2)湖泊湿地集中。以湖泊或浅塘为中心，沿湖滨边缘的环带状分布，这是由湖泊的特点所决定的，受湖泊或湖塘水位变化波动的影响，在湖泊边缘的浅水区至湖滨地带往往生长一些沉水或挺水植物群落类型，如篦齿眼子菜群落等，形成明显的环带状特征。这一湿地类型多位于潜水溢出带，有时表现为以河流入湖口为中心，呈扇形展开的形式。受湖泊水文特征及其地形地貌等因素的影响，湖滨湿地带宽幅度有所差异，可形成环湖地区的间断分布。

(3)沼泽湿地面积大。河流源头高海拔地区或高原平缓滩地的沼泽湿地，主要呈斑块状镶嵌分布于江河源头区，地势高亢、气候寒冷，土层下部常有多年冻土层或季节性冻土层，降水和冰雪融水在平缓滩地产生滞水，不断发生沼泽化过程，草本植物残体难以完全分解，在土壤中形成厚度不均的泥炭层或具潜育层。由于融冻作用常常形成半圆形的冻胀草丘，丘间洼地常积水，也常形成形态大小各异的热融湖塘。以嵩草群落和薹草群落为典型代表的沼泽湿地在广阔的江河源区呈斑块状镶嵌分布，构成江河源区沼泽湿地独特的景观生态类型。在荒漠区柴达木盆地分布的盐沼湿地不仅面积大、极具特色，且形成独特的湿地景观，孕育着高原荒漠区特有的物种多样性。

(4)人工库塘较集中。人工库塘湿地主要在江河干流、一级支流、二级支流区域分布，较为集中。省域内的人工库塘多是大中型水电站蓄水库和水库建设所形成，面积较大；盐田主要集中在柴达木盆地的各盐湖及其湖周，有茶卡盐湖、柯柯盐湖等。

1.2 湿地物种，独特的基因库

由于该地区独特的自然条件，同时伴随着环境的变迁，这里既保留了古老的物种，又产生了许多新的种属，使该地区成为现代物种分化和分布的中心，孕育了地球上独特的生物区系，具有生态环境的多样性、物种的多样性、基因和遗传的多样性。据资料，青海高原湿地区域内分布栖息的哺乳类有14种，其中小型食草动物和有蹄类动物种群存量较大；鸟类有119种，其中雁鸭类和猛禽类种群数量较多；两栖爬行类有10种，大多数为特有种；鱼类有59种，其中1/3以上为中国特有种。该区域有近万种昆虫和菌类。青海高原湿地植物物种有372种；高寒草甸、高寒沼泽化草甸为中国特有。这些都具有极大的经济价值和科学研究意义。

1.3 库塘盐田，发展区域经济

青海省人工库塘湿地以水库为主，本次调查全省有8公顷以上的库塘湿地91座，面积5.58万公顷。水库数量以黄河流域占绝大多数，这与其地理位置和气候、水文条件相一致。青海省的农业区主要分布于黄河流域，而黄河流域由于降水量少、河流洪枯水量悬殊、泥沙含量大，其水库的主要用途除蓄洪、灌溉、提供水源、水产养殖外，主要用于发电。此外，人工盐田开发也已具规模，柴达木盆地的盐化工业发展迅猛，达8.64万公顷，主要集中分布在格尔木市和乌兰县。其中格尔木市察尔汗盐田面积最大，为2.96万公顷。乌兰县茶卡盐田面积为0.1万公顷。盐产品已达20余种，年产值145亿元人民币(2011年)。

1.4 碳源富集，稳定高原气候

青海高原的沼泽草甸分布在海拔4000米以上的高原面上，不仅面积大、分布广，而且极具特点。尤其是其泥炭储藏量高，是非常重要的碳源富集库，储藏在不同湿地类型中碳约占地球陆地碳总量的1%，是大气重要的碳汇，对减少大气CO_2等温室气体浓度、降低温室效益、稳定气候具有重要作用。研究表明，温度增加可能产生的呼吸作用强度远远高于光合作用强度，当湿地水位持续下降而积水变干后或泥炭沼泽受到破坏以及人为开发，泥炭将不断被分解，产生大量CO_2释放到大气中去，将影响全球气候环境的稳定。

青海沼泽湿地面积有564.54万公顷，约占湿地资源总面积的69.32%。其很大程度缓解了因过度放牧、气候干化和土地荒漠化等因素造成的环境恶化进程，抑制着区域内环境的退化，为高原生态系统和气候稳定起着重要作用。

2 湿地资源规律

青海是我国高原湿地的主要分布区之一，从南到北的唐古拉山、东昆仑山和阿尔金山－祁连山三大山脉构成了青海高原地形的基本框架格局，形成了青南高原、柴达木盆地和祁连山地三个大的地貌单元和自然地理区域。青海高原特殊的地质、地形和气候、植被为高原湖泊湿地、沼泽和草甸湿地、河流湿地的广泛发育提供了有利的条件。青南高原分布和孕育着全省面积最大、最丰富的湿地资源。长江、澜沧江、黄河皆发源于此。另外，在西部一些小型内流河的末端形成了星罗棋布的高原湖泊群，大江、大河及湖泊在此区域形成了一个壮观的水系局面；以柴达木为主的青中盆地主要分布着青海的内陆水系，该区域也是青海内陆盐沼、盐湖、咸水湖湿地类型相对集中分布的地带；青海北部的祁连山系山高、谷深、水系较为发育，其间有一定数量的外流水系和内陆水系，是黑河、石羊河、党河、疏勒河和大通河的发源地。

2.1 河流湿地

青海省境内的水系发育十分富集，河流纵横。河流湿地主要分布于三大自然区域，分别是北纬36°以南的青南地区、柴达木盆地和青海湖区域及北部祁连山区域。这些河流的水源主要是降雨和周围雪山融水，大部分是永久性河流。

内陆流域有柴达木水系、青海湖水系、茶卡－沙珠玉水系、哈拉湖水系、祁连山水系、可可西里水系、内陆流域总面积3744.86万公顷，占全省总面积的52%。这些内陆水系由大小153条河流组成，多为永久性河流。水源主要有降水和冰川融水补给。比较大的河流有格尔木河、柴达木河、诺木洪河、察汗乌苏、沙柳河、巴音河、鱼卡河、布哈河、哈尔盖河、倒淌河、黑马河、大水河、黑河、托赖河、疏勒河等。

境内外流区流域总面积为3485.23万公顷，占全省土地总面积的48%。分属黄河、长江、澜沧江三大流域。其中：长江流域总面积为1585.83万公顷，占全省土地面积的21.93%，省境内干流长1109.83公里，约占干流总长的17%，主要水系有通天河水系、雅砻江水系、大渡河水系；澜沧江流域面积为374.21万公顷，省境内干流长448.0公里，较大支流有吉曲、子曲等，流域面积占全省土地面积的5.2%；黄河流域面积为1525.19万公顷，占全省土地面积的21.2%，黄河在青海境内干流长1983.0公里，占黄河干流总长的36.6%，其中：较大的支流有达日河、东科曲、西科曲、章安河、曲什安河、巴沟、大河坝河、隆务河、湟水河等河流。

2.2 湖泊湿地

青海是全国多湖省区，湖泊湿地主要分布在四大自然区内：北部及东北部祁连山区域，大致在青海湖、德令哈以北至祁连山党河南山省界范围之间，主要为咸水湖。柴达木盆地区域，是青海中部盐湖、咸水湖集中分布的地区。长江源、可可西里区域，主要分布在昆仑山和唐古拉山之间，青藏公路以西的波状高原地区。黄河源区域，主要分布在巴颜喀拉山以北玛多县境内，主要为淡水湖。

境内面积大于50公顷以上的天然湖泊共计530个，面积144.03公顷，主要有永久性淡水湖、永久性咸水湖、季节性淡水湖、季节性咸水湖4型。其中面积大于100公顷的永久性淡水湖212个，面积29.44万公顷，比较著名的湖泊有扎陵湖、鄂陵湖、可鲁克湖、岗纳格玛错等；面积大于100公顷的永久性咸水湖103个，面积111.37万公顷，较大的湖泊有青海湖、哈拉湖、茶卡盐湖、达布逊湖、东西台吉乃尔湖、南北霍布逊湖、苏干湖、都兰湖、托素湖、尕海、尕斯库勒湖、柯柯盐湖等，其中青海湖是我国最大的内陆咸水湖，也是全国最大的湖泊，面积为43.4万公顷。

2.3 沼泽湿地

青海的沼泽湿地主要是高寒沼泽化草甸和内陆盐沼。高寒沼泽化草甸主要分布在东经92°～95°之间的通天河以南地区，多由唐古拉山脉顶峰的冰雪融水和降水提供补给，沼泽湿地间分布有众多细小的山间溪流。省域东北部的天峻县境内分布着较大面积的湿地；另外，在全省较大的湖泊湿地周围也有零星片状分布的不连续小块沼泽湿地；内陆盐沼主要分布在柴达木盆地，是我国盐沼分布面积最大的地区，面积达200多万公顷。

盐沼湿地具有3个特征：水、盐和植被。青海柴达木盆地的内陆盐沼湿地植被盖度确定在30%以上，调查统计的结果显示其分布的面积不仅大，且较为集中，在荒漠区呈现的生态特性突出，具有重要的生态和社会价值。

按照中国植被分类系统，青海的沼泽化草甸主要是西藏嵩草沼泽草甸和藏北嵩草沼泽草甸，其次为圆囊薹草沼泽化草甸和芦苇沼泽。著名的沼泽有当曲沼泽、黄河源头沼泽、青海湖北部沼泽等。

2.4　人工湿地

青海省人工湿地以黄河干流及一、二级支流上的水库为主，其次为东部农业区的小型水库、池塘及人工湖泊。面积在 1.0 万公顷以上的只有龙羊峡水库 1 处，另有李家峡、公伯峡等 20 余处的中型水库。这些人工库塘，在省域经济社会的发展中发挥着重要的促进作用，尤其是大中型水库的建设，支持着我国水电和能源事业的发展。

青海省湿地资源特点突出，其规律是由低海拔向高海拔逐渐递增，河流、湖泊在青南地区、可可西里地区集中分布，约占其总面积的 51.15%。特别是可可西里地区大于 100 公顷的湖泊有 107 个，大于 1500 公顷的大中型湖泊有 35 个之多，面积 38.22 万公顷。在这一区域内呈现着典型的高寒草原生态系统和多样的自然景观，既有高寒草甸、高寒草原、高寒荒漠草原组成的水平地带系列，又有冰雪带等垂直带系列；还有许多奇特的自然景观，如格拉丹东、布喀达坂峰等冰川雪峰等。在黄河干流龙羊峡至玛多河段，有人工水库多处，形成的库区湖面较大，极具特色。因此，在青海省境内的湿地资源是有规律的更替，随海拔升高、地形地貌的变化而呈大面积的分布，且集中。

青海独特的地理环境，使得江河自然地势落差较大，水能资源蕴藏丰富。现已在黄河干流和支流隆务河、大通河、湟水河，以及内陆河格尔木河、黑河等流域开发水电资源。由于黄河干流在境内的自然落差有 2915 米，河道平均比降 1.47‰，出省段河道年均流量 737 立方米/秒，水能蕴藏量 1970.35 万千瓦。黄河干流已建大小水电站 31 座，其中：一级支流的湟水河建水电站 6 座，湟源峡建水电站 7 座；黄河二级支流大通河建水电站 19 座。由此可见，库塘湿地主要分布在黄河干流或落差较大、流量较高的支流河段。输水河主要分布在农业种植发达的区域，其中海东市分布最多。这些人工库塘，在省域经济社会的发展中发挥着重要的促进作用，尤其是大中型水库的建设和盐田开采，支持着我国水电能源和矿产资源开发事业的发展。

3　湿地资源的区位

青海省湿地资源呈垂直和空间分布的特征明显，几个流域源区的沼泽、湖泊湿地分布集中，特别是源头区域有大面积的沼泽湿地和湖泊湿地，主要有当曲源头沼泽、约古宗列沼泽草甸、可可西里地区湖泊湿地群以及扎陵湖－鄂陵湖湖泊湿地。此外，在省域东北部还有青海湖湿地，这些湿地各具特点，在全国具有重要的地位。

(1)当曲源头沼泽湿地：当曲沼泽化草甸是分布在澜沧江源头吉曲河的一级支流和当曲源头的湿地，面积达 38.28 万公顷。当曲源头是三江源区冰川雪山的主要分布区，雪山连绵，冰川广布，山下地形平缓，易积水成湖或水泊。它的形成主要是土壤缺氧条件造成的，地表常年过湿，是草甸形成沼泽的必备条件。当曲源头的年平均降水量达 645 毫米，由于地表过湿，大量的植物残体得不到充分分解，残留在土壤中。植物残体和腐殖质阻塞了土壤孔隙，当地平均海拔 4760 米，高寒缺氧的环境和土壤中植物残体的积累使土壤中形成泥炭层。禾本科植物逐渐被密丛型薹草所代替，于是出现了大面积的沼泽化草甸，为江河源头孕育了重要的水资源。

(2)可可西里地区湖泊湿地群：可可西里地处青藏高原腹地，地势高亢，北缘为青海的最高峰昆仑山布喀达坂峰(海拔6860米)，南北边缘为唐古拉山和昆仑山脉的一部分，中部地形较平缓。周边的布喀达坂峰、马拉山、格拉丹东等有现代冰川发育，冰川雪山面积达19.5平方公里，属极大型冰川。山地间为宽阔的谷盆地带，形成许多大的湖盆，如太阳湖、可考湖、可可西里湖、饮马湖等，长江源头楚玛尔河、沱沱河发源于可可西里。从19世纪末到20世纪初以来，全球气候开始转暖，冰川出现持续的退缩现象。近百年来，可可西里地区马兰山冰帽南坡冰川前端退缩量为45~60米左右，而从1970年以来的40多年间，马兰山冰川的退缩量为30~50米。并且越靠近冰川，新鲁冰碛垄的宽度在逐渐变宽的特点，说明冰川退缩幅度有加剧的趋势，它将会对高原脆弱的生态环境和生态系统造成很大影响。

(3)约古宗列沼泽草甸湿地：约古宗列是黄河的发源地，是一个东西长约40公里、南北宽约60公里的椭圆形盆地，周围山岭环绕。约古宗列盆地及黄河源区的海拔在4500米左右。山势和缓，山前遍布大小沼泽和湖泊，盆地内有100多个小水泊，境内沼泽发育，湖泊密布；河道曲折、支流众多，河宽水浅，流速缓慢，因而形成大片沼泽草滩和众多的水泊。约古宗列曲是黄河上源的干流，发源于巴颜喀拉山脉卡日扎穷山北麓的约古宗列西南，源头分水岭为玛曲曲果日。

(4)扎陵湖－鄂陵湖湖泊湿地：扎陵湖和鄂陵湖位于黄河源头的玛多县境内，距玛多县城约40多公里，是黄河源头两个最大的高原淡水湖泊，素有“黄河源头姊妹湖”之称。黄河从巴颜喀拉山北麓的卡日曲和约古宗列曲发源后，经星星海和玛曲河首先注入扎陵湖。黄河自扎陵湖流出，在巴颜郎玛山南面，进入一条300米宽的很长的河谷，河水在这里散乱地分成多股水道，从西南方向流入鄂陵湖。扎陵湖和鄂陵湖属构造湖，鄂陵湖出水口是黄河源区地下水排泄基准面，对黄河源区径流量有调蓄作用。

(5)青海湖湖泊湿地：青海湖是中国最大的内陆咸水湖。青海湖的构造断陷湖，湖盆边缘多以断裂与周围山相接。距今200万~20万年前成湖初期，形成初期原是一个大淡水湖泊，与黄河水系相通，那时气候温和多雨，湖水通过东南部的倒淌河泄入黄河，是一个外流湖。至13万年前，由于新构造运动，周围山地强烈隆起，从上新世末，湖东部的日月山、野牛山迅速上升隆起，使原来注入黄河的倒淌河被堵塞，迫使它由东向西流入青海湖，出现了尕海、耳海，后又分离出海晏湖、沙岛湖等子湖。由于外泄通道堵塞，青海湖遂演变成了闭塞湖。加上气候变干，青海湖也由淡水湖逐渐变成咸水湖。

上述几块湿地均位于江河源头区，其形成与地形地貌构造和海拔、气候、植被等自然因子关系密切，且各具特点。①地形地貌构成独特，均为高海拔山间盆地，山体环绕，山峰有冰川分布，溪流、河道广布；②气候呈高原特点，降雪、降雨集中，气候寒冷，蒸发量相对较小，固体水源丰富；③植被呈高寒草甸群系，主要优势种类有嵩草、薹草等多年生草本植物，具有良好的水源涵养作用；④湿地动物多样，适宜高原、高寒的动物有野牦牛、藏野驴、藏羚、藏原羚、白唇鹿、黑颈鹤、大天鹅、斑头雁、[普通]鸬鹚、赤麻鸭等，鱼类有高原鳅、裸鲤等；⑤湿地资源面积较大，在全国极具代表性，其不仅是源头区域的重要湿地区，生物多样性丰富，而且对各流域的水资源、植被发育和区域经济发展起着调节与促进作用。

第三章
湿地资源分布

青海省湿地资源分布以其分布的不同地理单元和特有的高原湿地类型而呈现独特的高原特点，本章重点突出湿地区分布、流域分布、行政区域分布，将湿地资源分布区划分解到各流域和各地区，并对湿地资源分布特点进行分析。

第一节
湿地地理分布

青海省 814.36 万公顷的湿地资源地理分布主要包括湿地区分布和流域分布。其中：湿地分布涉及 7 个单独湿地区和 17 个零星湿地区。另外涉及包括西北诸河区、西南诸河区、长江区、黄河区的 4 个一级流域、11 个二级流域和 18 个三级流域。

1　湿地区分布

依据《青海省第二次湿地资源调查实施细则》规范要求，全省湿地资源调查划分为 24 个湿地区，其中：单独区划湿地区 7 个，主要是指三江源(包括长江、黄河、澜沧江上游的湿地区)、青海湖、祁连山、可可西里和柴达木盆地的湿地资源集中分布地区；零星区划湿地区 17 个，是指不涵盖在上述分布的湿地区，主要在西宁与海东市、海南州和海北州的县辖区内分布的湿地。

青海省单独区划湿地区有 7 个，其湿地资源面积为 789.18 万公顷，占全省湿地资源总面积的 96.91%。其中：河流湿地资源面积 82.88 万公顷，湖泊湿地资源面积 146.96 万公顷，沼泽湿地资源面积 549.99 万公顷，人工湿地资源面积 9.36 万公顷。

单独区划湿地区中的柴达木盆地湿区面积最大，其湿地总面积为 318.31 万公顷，其中：河流湿地为 18.26 万公顷，湖泊湿地为 26.79 万公顷，沼泽湿地为 264.14 万公顷，人工湿地 9.12 万公顷；长江上游湿地区的湿地面积次之，总面积为 202.85 万公顷，其中：河流湿地 35.82 万公顷，湖泊湿地 21.36 万公顷，沼泽湿地 145.68 万公顷；而澜沧江上游湿地区的湿地面积最小，其湿地总面积为 11.20 万公顷，主要是沼泽湿地。各湿地区湿地面积对比如图 3-1；各湿地区的湿地类及面积统计见表 3-1。

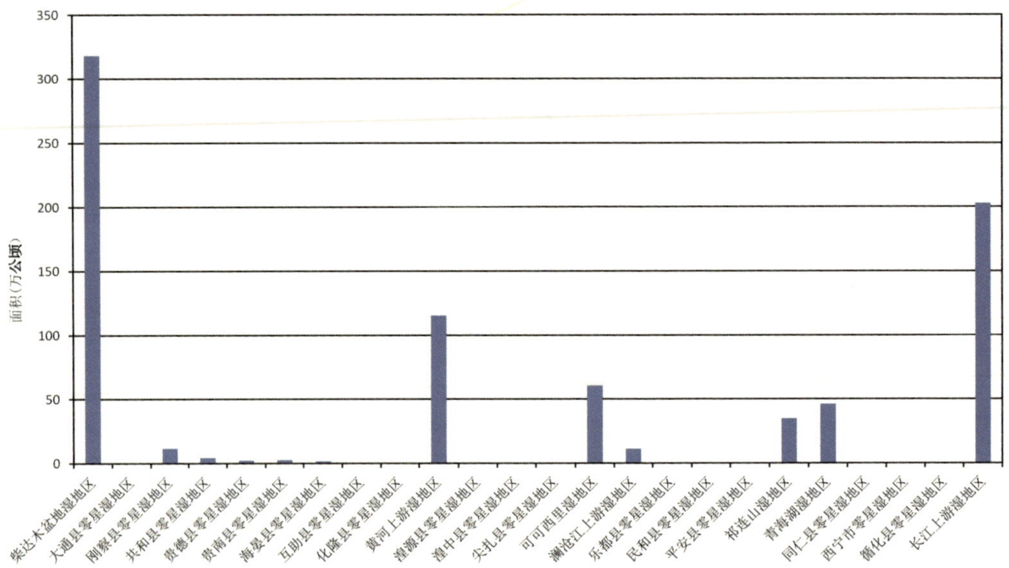

图 **3-1** 青海省各湿地区湿地面积对比图

表 3-1 青海省各湿地区湿地类型及面积统计表

湿地类 / 湿地区		合计		河流湿地		湖泊湿地		沼泽湿地		人工湿地	
		面积（公顷）	个数	面积（公顷）	个数	面积（公顷）	个数	面积（公顷）	个数	面积（公顷）	个数
单独区划的湿地区		**7891797.04**	**11116**	**828786.11**	**5148**	**1469557.51**	**1974**	**5499870.60**	**3873**	**93582.82**	**121**
三江源湿地区	长江上游湿地区	2028541.19	5338	358173.65	2255	213560.95	962	1456806.59	2121		
	黄河上游湿地区	1154162.69	2134	101176.21	910	186125.95	399	864919.40	816	1941.13	9
	澜沧江上游湿地区	111959.07	428	26475.24	308	79.77	5	85404.06	115		
青海湖湿地区		461128.92	198	4095.26	83	435561.78	25	21346.57	59	125.31	31
祁连山湿地区		347776.71	916	57415.02	587	62309.46	23	227723.12	297	329.11	9
柴达木盆地湿地区		3183118.01	1345	182550.65	783	267941.05	100	2641439.04	390	91187.27	72
可可西里湿地区		605110.45	758	98900.08	223	303978.55	460	202231.82	75		
零星湿地区		**251765.15**	**1061**	**56470.66**	**663**	**744.71**	**7**	**145536.38**	**301**	**49013.40**	**90**
西宁地区零星湿地区		6166.03	166	4210.58	128			1038.09	23	917.36	15
西宁市零星湿地区		385.86	19	317.50	14					68.36	5
大通县零星湿地区		3003.25	56	2305.44	50			181.19	2	516.62	4
湟中县零星湿地区		1536.43	64	1175.35	56			28.70	2	332.38	6
湟源县零星湿地区		1240.49	27	412.29	8			828.20	19		
海东市零星湿地区		11921.10	198	6038.26	141	21.27	1	662.54	14	5199.03	42
平安县零星湿地区		383.14	12	333.62	8					49.52	4
民和县零星湿地区		1251.09	28	1132.14	21					118.95	7
乐都区零星湿地区		930.88	27	853.62	23					77.26	4
互助县零星湿地区		2488.71	51	1858.30	34			375.69	7	254.72	10
化隆县零星湿地区		4520.50	38	917.88	28					3602.62	10
循化县零星湿地区		2346.78	42	942.70	27	21.27	1	286.85	7	1095.96	7
海北州零星湿地区		132828.15	409	29050.36	252	26.80	2	103338.36	138	412.63	17

（续）

湿地区＼湿地类	合计		河流湿地		湖泊湿地		沼泽湿地		人工湿地	
	面积(公顷)	个数	面积(公顷)	个数	面积(公顷)	个数	面积(公顷)	个数	面积(公顷)	个数
海晏县零星湿地区	15911.33	121	7405.47	60			8151.57	58	354.29	3
刚察县零星湿地区	116916.82	288	21644.89	192	26.80	2	95186.79	80	58.34	14
黄南州零星湿地区	8741.52	50	2109.16	24			4192.65	21	2439.71	5
同仁县零星湿地区	4876.83	25	1741.94	13			3134.89	12		
尖扎县零星湿地区	3864.69	25	367.22	11			1057.76	9	2439.71	5
海南州零星湿地区	92108.35	238	15062.30	118	696.64	4	36304.74	105	40044.67	11
共和县零星湿地区	43782.81	100	7149.51	44	696.64	4	15963.18	47	19973.48	5
贵德县零星湿地区	22309.23	90	5420.42	48			16327.93	40	560.88	2
贵南县零星湿地区	26016.31	48	2492.37	26			4013.63	18	19510.31	4
合　计	8143562.19	12178	885256.77	5812	1470302.22	1981	5645406.98	4174	142596.22	211

青海省零星湿地区有 17 个，其湿地资源面积为 25.18 万公顷，占全省湿地资源面积的 3.09%。其中：河流湿地面积 5.65 万公顷，湖泊湿地面积 744.71 公顷，沼泽湿地面积 14.55 万公顷，人工湿地资源面积 4.90 万公顷。

全省零星湿地区中，湿地资源排在前三位的是刚察县零星湿地区，有 11.69 万公顷，占全省湿地资源总面积的 1.43%；共和县零星湿地区，有 4.38 万公顷，占全省湿地资源总面积的 0.54%；贵南县零星湿地区，有 2.60 万公顷，占全省湿地资源总面积的 0.32%。

1.1　河流湿地

河流湿地涉及全部区划的湿地区，其中：单独湿地区 7 个，零星湿地区 17 个。包括永久性河流、季节性河流、洪泛平原等湿地型。各湿地区河流湿地资源面积对比如图 3-2；各湿地区河流湿地资源统计见表 3-2。

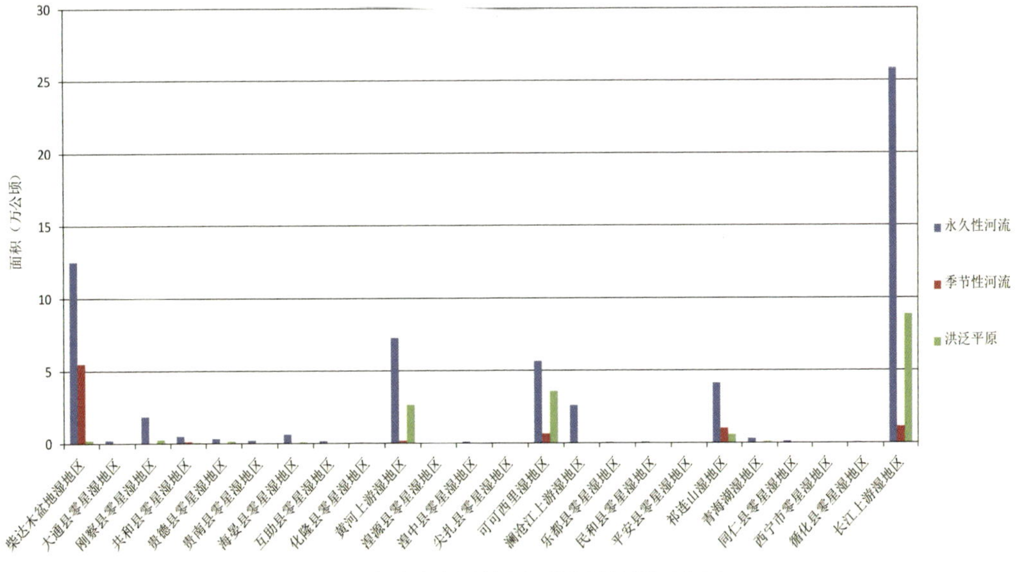

图 3-2　青海省各湿地区河流湿地面积对比图

表 3-2 青海省各湿地区河流湿地资源统计表

湿地区 \ 湿地型		合计		永久性河流		季节性河流		洪泛平原湿地	
		面积(公顷)	个数	面积(公顷)	个数	面积(公顷)	个数	面积(公顷)	个数
单独区划的湿地区		**828786.11**	**5148**	**583612.52**	**2673**	**84907.98**	**1732**	**160265.61**	**743**
三江源湿地区	长江上游湿地区	358173.65	2255	258431.71	1393	11178.68	674	88563.26	188
	黄河上游湿地区	101176.21	910	72691.04	519	1861.01	51	26624.16	340
	澜沧江上游湿地区	26475.24	308	26129.75	297	86.03	8	259.46	3
青海湖湿地区		4095.26	83	3116.10	55			979.16	28
祁连山湿地区		57415.02	587	41320.83	218	10175.45	210	5918.74	159
柴达木盆地湿地区		182550.65	783	125404.43	97	55043.92	677	2102.30	9
可可西里湿地区		98900.08	223	56518.66	95	6562.89	112	35818.53	16
零星湿地区		**56470.66**	**663**	**46054.01**	**409**	**3636.76**	**101**	**6779.89**	**153**
西宁地区零星湿地区		4210.58	128	3995.76	111	89.42	13	125.40	4
西宁市零星湿地区		317.50	14	252.20	3	65.30	11		
大通县零星湿地区		2305.44	50	2173.74	46	16.78	1	114.92	3
湟中县零星湿地区		1175.35	56	1168.01	55	7.34	1		
湟源县零星湿地区		412.29	8	401.81	7			10.48	1
海东市零星湿地区		6038.26	141	4600.99	69	1368.98	66	68.29	6
平安县零星湿地区		333.62	8	333.62	8				
民和县零星湿地区		1132.14	21	816.69	7	312.39	13	3.06	1
乐都区零星湿地区		853.62	23	581.63	6	239.32	15	32.67	2
互助县零星湿地区		1858.30	34	1726.83	24	131.47	10		
化隆县零星湿地区		917.88	28	537.63	13	371.13	14	9.12	1
循化县零星湿地区		942.70	27	604.59	11	314.67	14	23.44	2
海北州零星湿地区		29050.36	252	25147.62	144	292.86	8	3609.88	100
海晏县零星湿地区		7405.47	60	6460.06	38	6.26	1	939.15	21
刚察县零星湿地区		21644.89	192	18687.56	106	286.60	7	2670.73	79
黄南州零星湿地区		2109.16	24	1507.10	17	283.04	5	319.02	2
同仁县零星湿地区		1741.94	13	1302.38	10	120.54	1	319.02	2
尖扎县零星湿地区		367.22	11	204.72	7	162.50	4		
海南州零星湿地区		15062.30	118	10802.54	68	1602.46	9	2657.30	41
共和县零星湿地区		7149.51	44	5234.15	25	1256.77	4	658.59	15
贵德县零星湿地区		5420.42	48	3476.44	28	345.69	5	1598.29	15
贵南县零星湿地区		2492.37	26	2091.95	15			400.42	11
合计		885256.77	5812	629666.53	3083	88544.74	1833	167045.50	896

1.1.1 单独区划湿地区的河流湿地

涉及长江上游湿地区、黄河上游湿地区、澜沧江上游湿地区、青海湖湿地区、祁连山湿地区、柴达木盆地湿地区和可可西里湿地区。河流湿地资源面积为 82.88 万公顷，其中：永久性河流湿地面积 58.36 万公顷，季节性河流湿地面积 8.49 万公顷，洪泛平原湿地面积 16.03 万公顷。

在单独区划湿地区中，河流湿地资源面积最大的为长江上游湿地区，湿地资源面积 35.82 万公顷，占全省河流湿地资源面积的 40.46%；其次，为柴达木盆地湿地区，湿地资源面积 18.26 万公顷，占全省河流湿地资源面积的 20.63%；再次，为黄河上游湿地区，湿地资源面积 10.12 万公顷，占全省河流湿地资源面积的 11.43%。

1.1.2 零星湿地区的河流湿地

青海省零星湿地区涉及的河流湿地资源面积为 5.65 万公顷，其中：永久性河流湿地面积

4. 61 万公顷，季节性河流湿地面积 0. 36 万公顷，洪泛平原湿地面积 0. 68 万公顷。

在零星湿地区中，河流湿地资源面积最大的为刚察县零星湿地区，湿地资源面积 2. 16 万公顷，占全省河流湿地资源面积的 2. 44%；其次，海晏县零星湿地区，湿地资源面积 0. 74 万公顷，占全省河流湿地资源面积的 0. 84%；再次，共和县零星湿地区，湿地资源面积 0. 71 万公顷，占全省河流湿地资源面积的 0. 8%。

1. 2　湖泊湿地

湖泊湿地资源分布涉及 10 个湿地区，其中：单独区划湿地区 7 个，零星湿地区 3 个。包括永久性淡水湖、永久性咸水湖、季节性淡水湖、季节性咸水湖等 4 个湿地型。青海省各湿地区湖泊湿地资源统计见表 3-3；各湿地区湖泊湿地资源面积对比如图 3-3。

表 3-3　青海省各湿地区湖泊湿地资源统计表

湿地类／湿地区		合　计		永久性淡水湖		永久性咸水湖		季节性淡水湖		季节性咸水湖	
		面积(公顷)	个数	面积(公顷)	个数	面积(公顷)	个数	面积(公顷)	个数	面积(公顷)	个数
单独区划的湿地区		1469557. 51	1974	333168. 77	1631	1118918. 59	276	1350. 61	53	16119. 54	14
三江源湿地区	长江上游湿地区	213560. 95	962	90627. 11	773	122001. 25	144	932. 59	45		
	黄河上游湿地区	186125. 95	399	180524. 43	390	5536. 80	6	64. 72	3		
	澜沧江上游湿地区	79. 77	5	79. 77	5						
青海湖湿地区		435561. 78	25	1053. 08	12	434341. 16	10	167. 54	3		
祁连山湿地区		62309. 46	23	2051. 15	21	60258. 31	2				
柴达木盆地湿地区		267941. 05	100	17510. 35	44	234125. 40	40	185. 76	2	16119. 54	14
可可西里湿地区		303978. 55	460	41322. 88	386	262655. 67	74				
零星湿地区		744. 71	7	393. 69	5			23. 54	1	327. 48	1
循化县零星湿地区		21. 27	1	21. 27	1						
刚察县零星湿地区		26. 80	2	26. 80	2						
共和县零星湿地区		696. 64	4	345. 62	2			23. 54	1	327. 48	1
合　计		1470302. 22	1981	333562. 46	1636	1118918. 59	276	1374. 15	54	16 447. 02	15

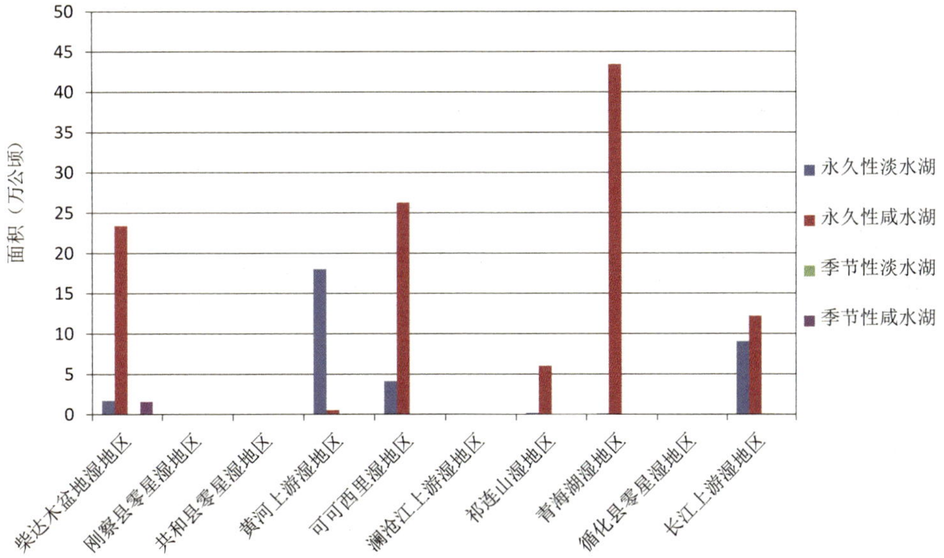

图 3-3　各湿地区湖泊湿地资源面积对比图

1.2.1 单独区划湿地区

涉及长江上游、黄河上游和澜沧江上游湿地区，以及青海湖湿地区、祁连山湿地区、柴达木盆地湿地区、可可西里湿地区。单独区划湿地区的湖泊湿地资源面积为146.96万公顷，其中：永久性淡水湖湿地面积33.32万公顷，永久性咸水湖湿地面积111.89万公顷，季节性淡水湖湿地面积0.14万公顷，季节性咸水湖湿地面积1.61万公顷。

该区划调查的湿地区中，湖泊湿地资源面积最大的为青海湖湿地区，面积为43.56万公顷，占全省湖泊湿地面积的29.63%；其次，可可西里湿地区，面积30.40万公顷，占全省湖泊湿地面积的20.68%；再次，柴达木盆地湿地区，面积26.79万公顷，占全省湖泊湿地资源面积的18.22%。

1.2.2 零星湿地区

涉及循化县、刚察县和共和县的零星湿地区。该区湖泊湿地面积为744.71公顷，占全省湖泊湿地资源面积的0.05%。其中：永久性淡水湖面积393.69公顷，季节性淡水湖面积23.54公顷，季节性咸水湖面积327.48公顷。

1.3 沼泽湿地

沼泽湿地资源分布涉及19个湿地区，其中：单独区划湿地区7个，零星湿地区12个。青海省各湿地区沼泽湿地型及面积对比如图3-4；各湿地区沼泽湿地资源统计见表3-4。

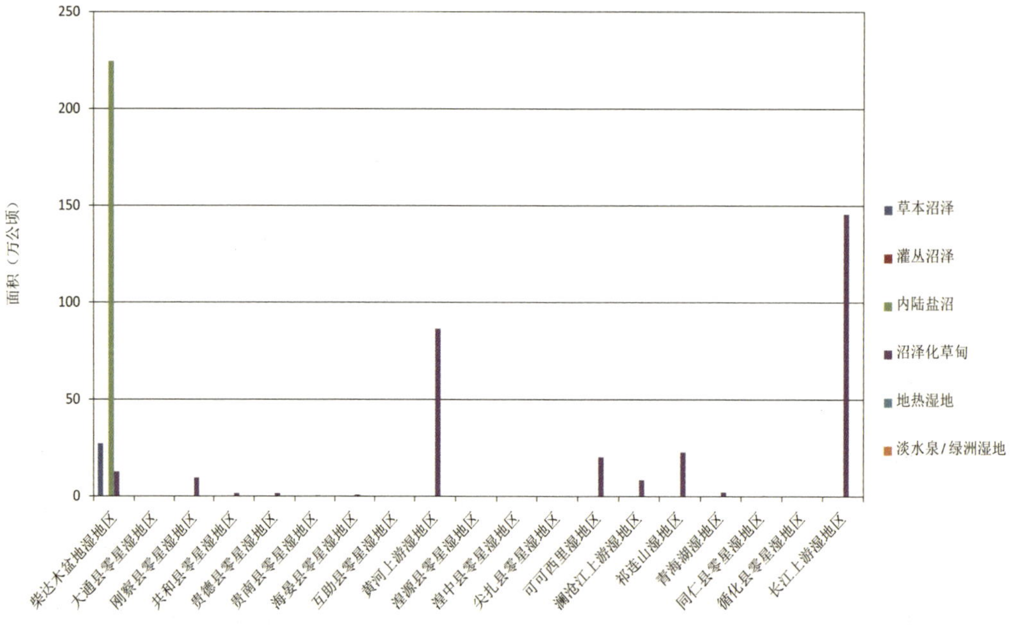

图**3-4** 各湿地区沼泽湿地资源面积对比图

1.3.1 单独区划湿地区

涉及长江上游、黄河上游和澜沧江上游湿地区、青海湖湿地区、祁连山湿地区、柴达木盆地湿地区、可可西里湿地区等7个湿地区划区。单独区划湿地区的沼泽湿地资源面积549.99万公顷，占全省沼泽湿地资源面积的97.42%，其中：草本沼泽湿地资源面积27.13万公顷，灌丛沼泽

表 3-4 青海省各湿地区沼泽湿地资源统计表

湿地区＼湿地型	合计		草本沼泽		灌丛沼泽		内陆盐沼		沼泽化草甸		地热湿地		淡水泉/绿洲湿地	
	面积(公顷)	个数	面积(公顷)	个数	面积(公顷)	个数	面积(公顷)	个数	面积(公顷)	个数	面积(公顷)	个数	面积(公顷)	个数
单独区划的湿地区	**5499870.60**	**3873**	**271307.50**	**82**	**30.71**	**2**	**2245015.20**	**94**	**2983493.42**	**3694**			**23.73**	**1**
三江源湿地区 长江上游湿地区	1456806.59	2121	45.32	2					1456761.27	2119				
三江源湿地区 黄河上游湿地区	864919.40	816			30.71	2			864888.69	814				
三江源湿地区 澜沧江上游湿地区	85404.06	115	939.72	1					84464.34	114				
青海湖湿地区	21346.57	59							21346.57	59				
祁连山湿地区	227723.12	297							227723.12	297				
柴达木盆地湿地区	2641439.04	390	270322.48	79			2245015.22	94	126077.61	216			23.73	1
可可西里湿地区	202231.82	75							202231.82	75				
零星湿地区	**145536.38**	**301**	**571.94**	**11**	**602.80**	**9**	**422.30**	**1**	**143905.97**	**278**	**8.33**	**1**	**25.04**	**1**
西宁地区零星湿地区	1038.09	23	12.49	1					1017.27	21	8.33	1		
大通县零星湿地区	181.19	2							181.19	2				
湟中县零星湿地区	28.70	2							20.37	1	8.33	1		
湟源县零星湿地区	828.20	19	12.49	1					815.71	18				
海东市零星湿地区	662.54	14							637.50	13			25.04	1
互助县零星湿地区	375.69	7							375.69	7				
循化县零星湿地区	286.85	7							261.81	6			25.04	1
海北州零星湿地区	103338.36	138			249.37	2			103088.99	136				
海晏县零星湿地区	8151.57	58			249.37	2			7902.20	56				
刚察县零星湿地区	95186.79	80							95186.79	80				
黄南州零星湿地区	4192.65	21							4192.65	21				
同仁县零星湿地区	3134.89	12							3134.89	12				
尖扎县零星湿地区	1057.76	9							1057.76	9				
海南州零星湿地区	36304.74	105	559.45	10	353.43	7	422.30	1	34969.56	87				
共和县零星湿地区	15963.18	47			34.80	1	422.30	1	15506.08	45				
贵德县零星湿地区	16327.93	40	559.45	10	297.81	5			15470.67	25				
南县零星湿地区	4013.63	18			20.82	1			3992.81	17				
合　计	5645406.98	4174	271879.46	93	633.51	11	2245437.52	95	3127399.39	3972	8.33	1	48.77	2

湿地资源面积30.71公顷，内陆盐沼湿地资源面积224.50万公顷，沼泽化草甸湿地资源面积298.35万公顷，淡水泉/绿洲湿地资源面积23.73公顷。

在单独区划调查的湿地区中，沼泽湿地资源面积最大区为柴达木盆地湿地区，湿地面积为264.14万公顷，占全省沼泽湿地资源面积的46.79%；其次，长江上游湿地区，湿地面积为145.68万公顷，占全省沼泽湿地资源面积的25.81%；再次，黄河上游湿地区，湿地面积为86.49万公顷，占全省沼泽湿地资源面积的15.32%。

1.3.2 零星湿地区

涉及大通县、湟中县、湟源县、互助县、循化县、海晏县、刚察县、同仁县、尖扎县、共和县、贵德县、贵南县等县域内的零星湿地区。零星湿地区的沼泽湿地资源面积14.55万公顷，占全省沼泽湿地资源面积的2.58%，其中：草本沼泽湿地面积571.94公顷，灌丛沼泽湿地面积602.80公顷；内陆盐沼湿地面积422.30公顷，沼泽化草甸湿地面积14.39万公顷，地热湿地面积8.33公顷，淡水泉绿洲湿地面积25.04公顷。

在零星湿地区中，刚察县零星湿地区的沼泽湿地资源面积最大，其次是贵德县零星湿地区，共和县零星湿地区居第三。

1.4 人工湿地

人工湿地资源分布涉及19个湿地区，其中：单独区划湿地区4个，零星湿地区15个。其中：湿地资源面积最大的是柴达木湿地区，人工湿地面积9.12万公顷，占全省人工湿地资源面积的63.96%；其次，是共和县零星湿地区，人工湿地面积2.00万公顷，占全省人工湿地资源面积的14.03%；再次，是贵南县零星湿地区，人工湿地面积1.95万公顷，占全省人工湿地资源面积的13.67%。青海各湿地区人工湿地型及面积对比如图3-5；各湿地区人工湿地资源统计见表3-5。

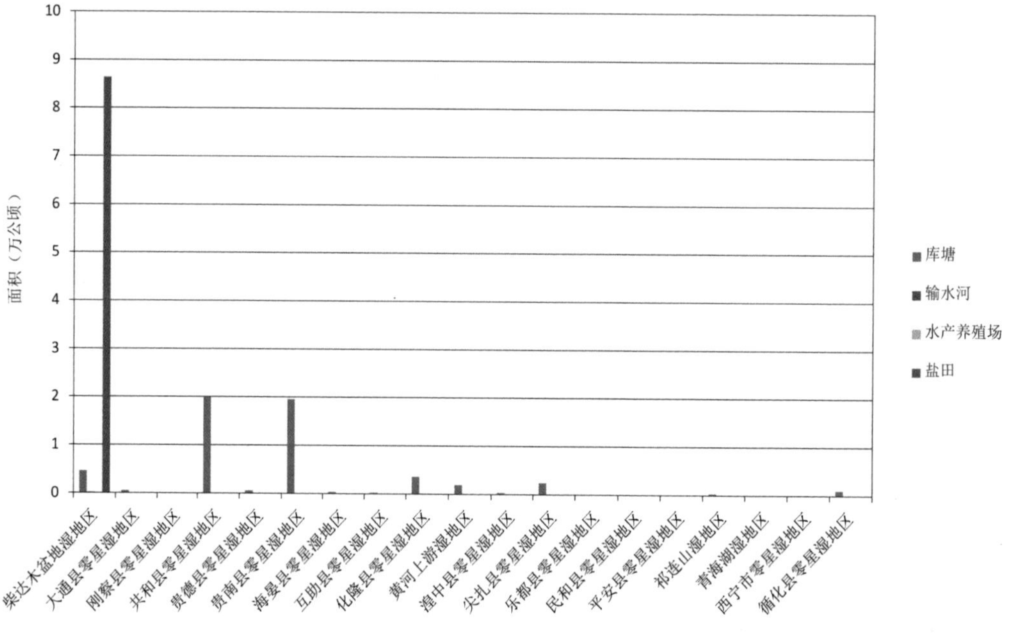

图3-5 各湿地区人工湿地资源面积对比图

表 3-5 青海省各湿地区人工湿地资源统计表

湿地类 / 湿地区	合 计		库 塘		输水河		水产养殖场		盐田	
	面积(公顷)	个数	面积(公顷)	个数	面积(公顷)	个数	面积(公顷)	个数	面积(公顷)	个数
单独区划的湿地区	**93582.82**	**121**	**6882.40**	**35**	**279.91**	**61**			**86420.51**	**25**
黄河上游湿地区	1941.13	9	1941.13	9						
青海湖湿地区	125.31	31	9.25	1	116.06	30				
祁连山湿地区	329.11	9	329.11	9						
柴达木盆地湿地区	91187.27	72	4602.91	16	163.85	31			86420.51	25
零星湿地区	**49013.40**	**90**	**48903.31**	**71**	**97.86**	**18**	**12.23**	**1**		
西宁地区零星湿地区	917.36	15	905.73	14	11.63	1				
西宁市零星湿地区	68.36	5	56.73	4	11.63	1				
大通县零星湿地区	516.62	4	516.62	4						
湟中县零星湿地区	332.38	6	332.38	6						
海东市零星湿地区	5199.03	42	5158.91	38	27.89	3	12.23	1		
平安县零星湿地区	49.52	4	49.52	4						
民和区零星湿地区	118.95	7	91.25	4	15.47	2	12.23	1		
乐都县零星湿地区	77.26	4	77.26	4						
互助县零星湿地区	254.72	10	254.72	10						
化隆县零星湿地区	3602.62	10	3602.62	10						
循化县零星湿地区	1095.96	7	1083.54	6	12.42	1				
海北州零星湿地区	412.63	17	354.29	3	58.34	14				
海晏县零星湿地区	354.29	3	354.29	3						
刚察县零星湿地区	58.34	14			58.34	14				
黄南州零星湿地区	2439.71	5	2439.71	5						
尖扎县零星湿地区	2439.71	5	2439.71	5						
海南州零星湿地区	40044.67	11	40044.67	11						
共和县零星湿地区	19973.48	5	19973.48	5						
贵德县零星湿地区	560.88	2	560.88	2						
贵南县零星湿地区	19510.31	4	19510.31	4						
合 计	142596.22	211	55785.71	106	377.77	79	12.23	1	86420.51	25

1.4.1 单独区划湿地区

涉及黄河上游区、青海湖区、祁连山区、柴达木盆地区等湿地区。该区人工湿地面积 9.36 万公顷，占全省人工湿地资源面积的 65.64%，其中：库塘湿地面积 0.69 万公顷，输水河湿地面积 279.91 公顷，盐田湿地面积 8.64 万公顷。

在单独区划湿地区中，柴达木盆地湿地区人工湿地面积最大，占全省人工湿地资源面积的 63.96%。

1.4.2 零星湿地区

涉及西宁市、大通县、湟中县、平安县、民和县、乐都区、互助县、化隆县、循化县、海晏县、刚察县、尖扎县、共和县、贵德县、贵南县等湿地区。该区人工湿地资源面积为 4.90 万公顷，占全省人工湿地资源面积的 34.36%，其中：库塘湿地面积 4.89 万公顷，输水河湿地面积

97.86 公顷，水产养殖场湿地面积 12.23 万公顷。

在零星湿地分布区中，共和县零星湿地区人工湿地资源面积最大，占全省人工湿地资源面积的 14.03%。

2 湿地流域分布

青海省分属长江流域、黄河流域、澜沧江流域(西南诸河区)和内陆河流域(西北诸河区)等 4 大流域。其中南部和东部为外流水系，是长江、黄河、澜沧江三大江河的源头，降水相对较多，水系发育，河网密集，流程长，大小湖泊星罗棋布，素有“中华水塔”和“江河源”之美誉。内陆河流域位于省境西部东起日月山南至鄂拉山、昆仑山西至可可西里盆地，北至阿尔金山、祁连山，气候干旱少雨，河流小而分散，流程短。内陆河流域由于自成体系，又可分为柴达木、青海湖、哈拉湖、茶卡－沙珠玉、祁连山地、可可西里等六个水系。

根据水利部全国流域分类区划原则和青海省各湿地区的实际分布情况，全省涉及一级流域内的主要干流河有 32 条，湖泊有 56 个，包括西北诸河、澜沧江、黄河、长江等干流河；二级流域内的主要支流河有 60 条，湖泊有 29 个，涵盖祁连山上游地区的黑河、疏勒河，青海湖水系，柴达木盆地和羌塘高原区的内外流河，以及黄河、长江、澜沧江在青海省内河段的支流河；三级流域内的主要支流河有 17 条，涵盖各河流在青海境内的主要二级支流；还涉及各流域内的沼泽湿地和人工库塘。各流域湿地型及面积统计见表 3-6，其中：在青海省分布的西北诸河区湿地资源，占 57.26%；而分布在西南诸河区的湿地资源占 1.73%；黄河区占 17.64%，长江区占 23.37%。全省流域分布如图 3-6；各流域湿地资源构成比例如图 3-7。

表 3-6 青海省各流域湿地类型及面积统计表

一级流域			二级流域		三级流域	其他	合 计（公顷）	河流湿地（公顷）	湖泊湿地（公顷）	沼泽湿地（公顷）	人工湿地（公顷）
区域	水系	干流	区域	一级支流	二级支流						
西北诸河区	祁连山水系	疏勒河	河西走廊内陆河				7932.83	7932.83			
		黑河					1624.71	1624.71			
		托莱河					1708.76	1708.76			
				八宝河			858.46	858.46			
						其他	129392.18	17225.19	139.60	112027.39	
		小 计					141516.94	29349.95	139.60	112027.39	
	青海湖水系	布哈河	青海湖				437728.48	10386.54	427341.94		
		泉吉河					361.59	361.59			
		沙柳河					1135.91	1135.91			
		哈尔盖河					2866.37	2866.37			
		甘子河					612.47	612.47			
		黑马河					156.82	156.82			
		倒淌河					132.12	132.12			
				峻河			143.95	143.95			
				吉尔孟河			926.37	926.37			
						其他	288112.18	32117.83	81412.65	173006.23	1575.47
		小 计					732176.26	48839.97	508754.59	173006.23	1575.47

（续）

一级流域			二级流域		三级流域	其他	合　计（公顷）	河流湿地（公顷）	湖泊湿地（公顷）	沼泽湿地（公顷）	人工湿地（公顷）
区域	水系	干流	区域	一级支流	二级支流						
西北诸河区	柴达木盆地水系	香日德河	柴达木盆地				7836.07	7836.07			
		诺木洪河					1221.33	1221.33			
		巴音郭勒河					1236.67	1236.67			
		鱼卡河					1985.73	1985.73			
		那陵郭勒河					58188.61	58188.61			
		格尔木河					2755.78	2755.78			
				察汗乌苏河			2252.06	2252.06			
					夏日哈河		1199.65	1199.65			
						其他	3087083.56	111536	304710.49	2580782.36	90054.71
		小　计					3163759.46	188211.9	304710.49	2580782.36	90054.71
	可可西里水系	库赛河	羌塘高原区内陆河				30753.64	2409.85	28343.79		
		曾松曲					17.60	17.60			
		跑牛河					174.06	174.06			
		切尔恰藏布					84.23	84.23			
						其他	594518.58	65429.32	329905.97	199183.29	
		小　计					625548.11	68115.06	358249.76	199183.29	
西南诸河区	澜沧江干流		澜沧江				8639.38	8639.38			
				吉曲			3182.54	3182.54			
				子曲			3031.67	3031.67			
					巴曲		1062.92	1062.92			
						其他	124829.56	22663.53	2621.09	99544.94	
			小　计				140746.07	38580.04	2621.09	99544.94	
黄河区	黄河干流		龙羊峡以上段				159320.15	42369.18	116950.97		
				多曲			926.75	926.75			
				勒那曲			804.21	804.21			
				优尔曲			411.93	411.93			
				达日河			412.29	412.29			
			至兰州段	隆务河			1152.56	1152.56			
				街子河			79.54	79.54			
				清水河			93.36	93.36			
				湟水河			1659.48	1659.48			
				洮河			558.18	558.18			
					药水河		101.57	101.57			
					南川河		55.38	55.38			
					沙塘川		7.56	7.56			
					大通河		7089.57	7089.57			
						其他	1263796.17	95555.99	39541.36	1077732.78	50966.04
			小　计				1436468.70	151277.55	156492.33	1077732.78	50966.04

（续）

一级流域			二级流域		三级流域	其他	合 计（公顷）	河流湿地（公顷）	湖泊湿地（公顷）	沼泽湿地（公顷）	人工湿地（公顷）
区域	水系	干流	区域	一级支流	二级支流						
长江区		长江干流					80415.31	80415.31			
				布曲			1384.31	1384.31			
				莫曲			6614.10	6614.10			
				牙哥曲			3288.94	3288.94			
				扎日尕那曲			2439.69	2439.69			
				色吾曲			1761.00	1761.00			
				细曲			946.96	946.96			
				当曲			7911.53	7911.53			
				楚玛尔河			24604.21	24604.21			
					昂日曲		3532.30	3532.30			
					玛可河		973.20	973.20			
						其他	1769475.10	227010.75	139334.36	1403129.99	
			小 计				1903346.65	360882.30	139334.36	1403129.99	
总 计							8143562.19	885256.77	1470302.22	5645406.98	142596.22

一级流域湿地资源包括祁连山水系、青海湖水系、柴达木盆地和羌塘高原的内陆河、澜沧江、黄河和长江上游流域，其涵盖了全省各个县域的湿地资源。流域内的河流湿地资源为88.53万公顷，湖泊湿地资源147.03万公顷，沼泽湿地资源564.54万公顷，人工湿地资源14.26万公顷。

(1)西北诸河区包括祁连山水系、青海湖水系、柴达木盆地和可可西里地区的内陆河。流域内湿地资源面积为466.30万公顷，其中沼泽湿地面积比重最大，占区域湿地面积的65.73%，主要以内陆盐沼和沼泽化草甸为主。其涉及祁连县、门源县、刚察县、海晏县、天峻县、共和县、乌兰县、德令哈市、格尔木市、都兰县、大柴旦行委、冷湖行委、茫崖行委、治多县、玛多县等17个县(市)。

河流湿地主要有黑河、疏勒河；布哈河、沙柳河、甘子河、伊克乌兰河、黑马河、倒淌河；都兰河、巴音河、哈尔腾河、鱼卡河、日哈河、察汗乌苏河、香日德河、洪水河、诺木洪河、大格勒河、格尔木河、乌图美仁河、那棱格勒河等；湖泊湿地主要有青海湖、可鲁克湖、托素湖、哈拉湖、都兰湖、茶卡盐湖、柯柯盐湖、察尔汗盐湖、大柴旦湖、小柴旦湖、东台吉乃湖、西台吉乃湖；尕斯库勒湖、太阳湖、卓乃湖、可可西里湖、库赛湖、乌兰乌拉湖等。

(2)西南诸河区包括澜沧江上游流域。青海境内的干流河段长448.0公里。流域内的湿地资源面积为14.07万公顷。湿地资源比较丰富，属于青海湿地最为集中分布的地区之一，主要以沼泽湿地为主，其占该流域区湿地资源面积的70.72%。涉及囊谦县、玉树县、杂多县(部分)。

河流湿地主要有扎曲、子曲、吉曲、色曲等；湖泊湿地有白马海、错江克等。

(3)黄河区流域内湿地资源面积为143.65万公顷。其涉及久治县、班玛县(部分)、达日县、玛多县、甘德县、玛沁县、同德县、兴海县、贵南县、贵德县、共和县(部分)、同仁县、尖扎县、河南县、泽库县、平安县、乐都区、互助县、民和县、化隆县、循化县、西宁市、大通县、

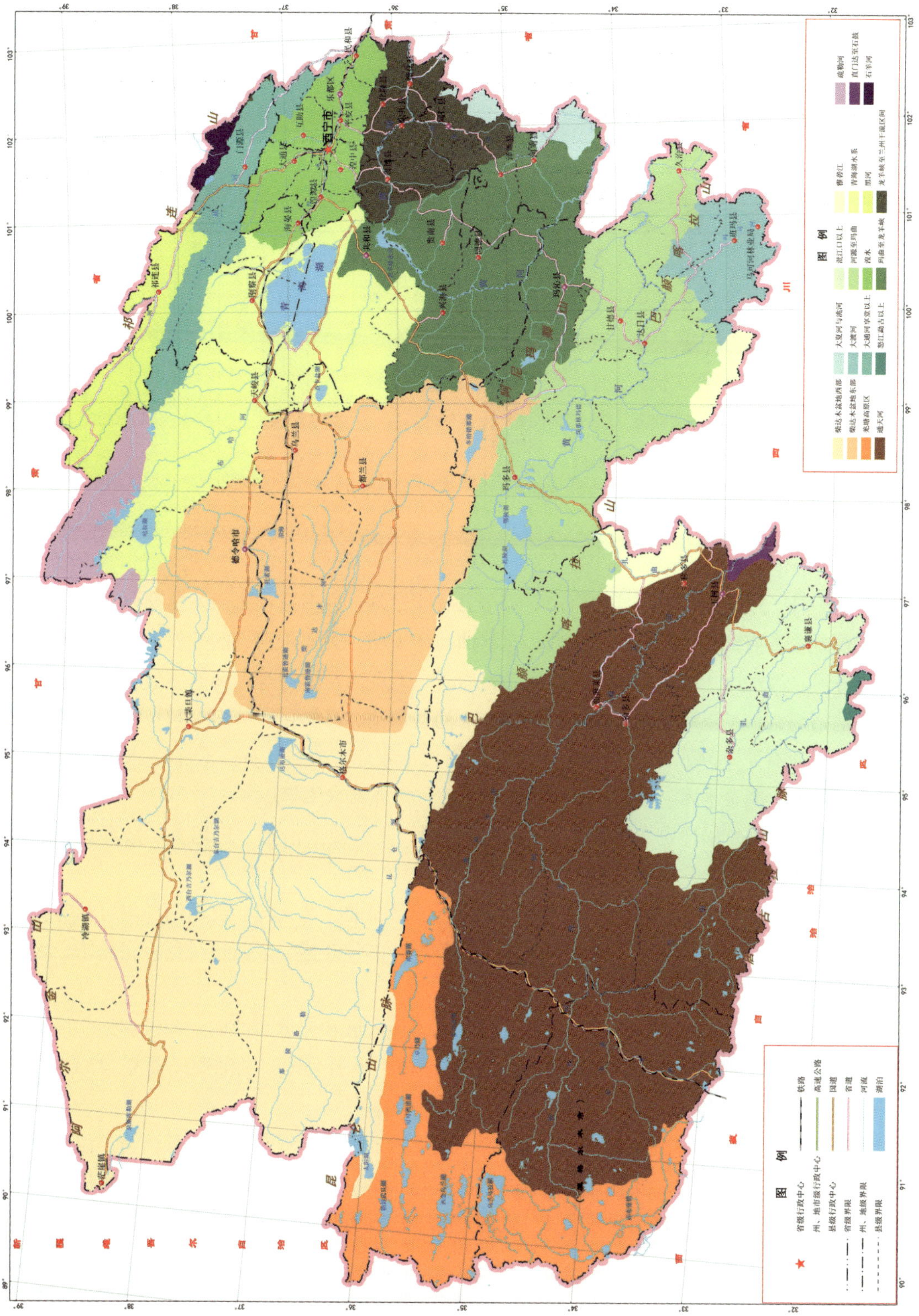

图 3-6　青海省流域分布图

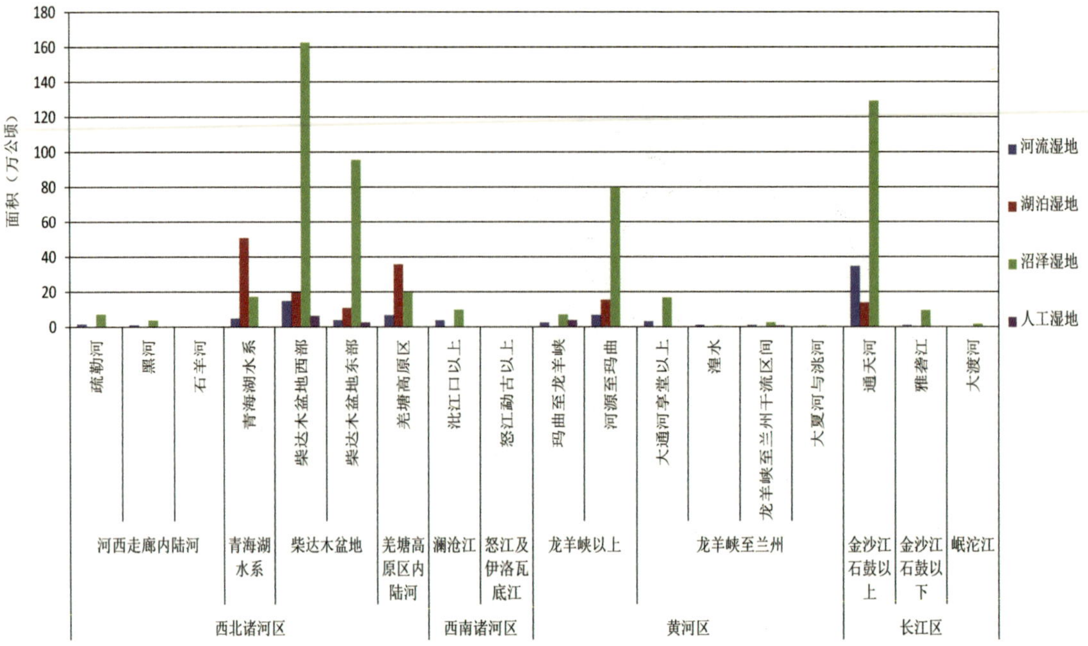

图 **3-7** 青海各流域湿地资源面积对比图

湟源县、湟中县、祁连县、门源县(部分)、海晏县、刚察县、称多县、曲麻莱县等县(市)。

河流湿地主要有约古宗列曲、卡日曲、东科曲、切木曲、大河坝河、曲什安河、芒拉河、巴沟河、隆务河、湟水河、西纳川河、北川河、大通河、大夏河及洮河等；湖泊湿地有扎陵湖、鄂陵湖、岗纳格玛错、星星海、年宝湖、龙热错、阿涌吾玛错、日格错、苦海、尕拉拉错、孟达天池等；人工湿地有龙羊峡水库、李家峡水库、直岗拉卡水库、康杨水库、公伯峡水库、苏志水库、积石峡水库、黑泉水库、盘道水库、南门峡水库、雪龙滩水库等。

(4)长江区流域内湿地资源面积为 190. 33 万公顷。其涉及久治县、班玛县、杂多县、治多县、曲麻莱县、玉树县、称多县、格尔木市、达日县等县(市)。

河流湿地主要有当曲、沱沱河、布曲、楚玛尔河、牙哥曲、通天河、巴塘河、玛可河等；湖泊有尼日阿错改、错阿日玛、隆宝湖、年吉错、葫芦湖、多尔改错、改西错尺涌、雀莫错、太阳湖、雪莲湖、波涛湖等。

二级流域包括祁连山水系、青海湖水系、柴达木盆地流域和羌塘高原内陆河流湿地，以及澜沧江、黄河和长江上游的支流河。流域内河流湿地资源 88. 56 万公顷，湖泊湿地资源 147. 01 万公顷，沼泽湿地资源 553. 36 万公顷，人工湿地资源 9. 17 万公顷。

青海三级流域包括祁连山水系、青海湖水系、柴达木盆地和羌塘高原区内外流河，以及澜沧江、黄河、长江上游流域的二级河流。流域内河流湿地资源 88. 53 万公顷，湖泊湿地资源 147. 03 万公顷，沼泽湿地资源 564. 54 万公顷，人工湿地资源 14. 26 万公顷。

2. 1 河流湿地

青海省境内的河流湿地涉及一级流域内主要的干流河有 34 条，二级流域内主要的一级支流河有 60 条，三级流域内主要的二级支流河有 17 条。包括永久性河流、季节性河流、洪泛平原等 3 个湿地型。各流域河流湿地资源对比如图 3-8；各流域河流湿地资源统计见表 3-7。

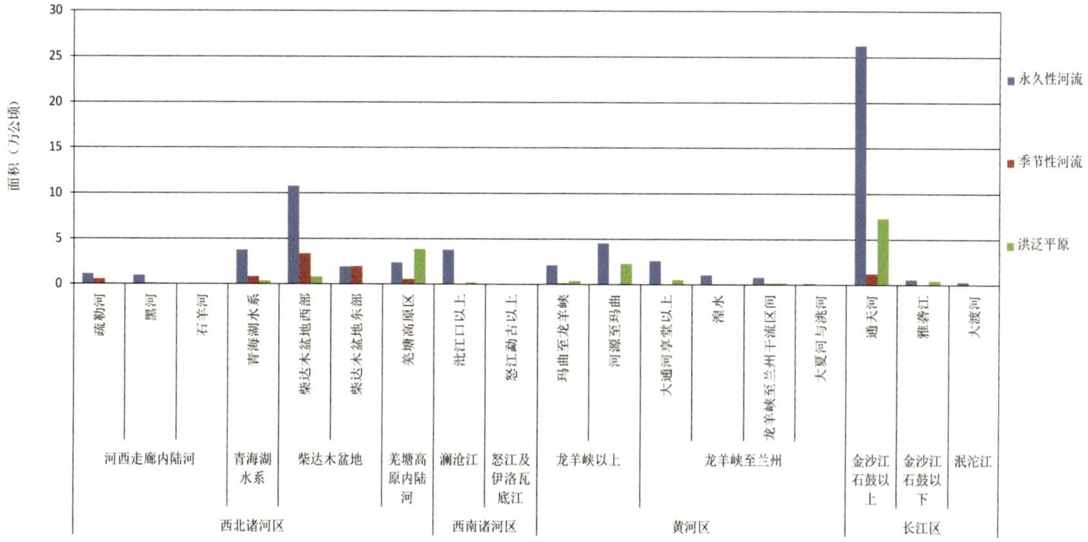

图 **3-8**　青海省各流域河流湿地面积对比图

表 3-7　青海省各流域河流湿地资源统计表

一级流域			二级流域		三级流域	其他	合　计（公顷）	永久性河流（公顷）	季节性河流（公顷）	洪泛平原（公顷）
区域名称	水系	干流区域	区域名称	一级支流	二级支流					
西北诸河区	祁连山水系	疏勒河	河西走廊内陆河				7932.83	7932.83		
		黑河					1624.71	1624.71		
		托莱河					1708.76	1708.76		
				八宝河			858.46	858.46		
						其他	17225.19	9134.41	6523.10	1567.68
		小　计					29349.95	21259.17	6523.10	1567.68
	青海湖水系	布哈河	青海湖水系				10386.54	10386.54		
		泉吉河					361.59	361.59		
		沙柳河					1135.91	1135.91		
		哈尔盖河					2866.37	2866.37		
		甘子河					612.47	612.47		
		黑马河					156.82	156.82		
		倒淌河					132.12	132.12		
				峻河			143.95	143.95		
				吉尔孟河			926.37	926.37		
						其他	32117.83	20511.68	8089.03	3517.12
		小　计					48839.97	37233.82	8089.03	3517.12

（续）

一级流域			二级流域		三级流域	其他	合 计（公顷）	永久性河流（公顷）	季节性河流（公顷）	洪泛平原（公顷）
区域名称	水系	干流区域	区域名称	一级支流	二级支流					
西北诸河区	柴达木盆地水系	香日德河	柴达木盆地				7836.07	7836.07		
		诺木洪河					1221.33	1221.33		
		巴音郭勒河					1236.67	1236.67		
		鱼卡河					1985.73	1985.73		
		那陵郭勒河					58188.61	58188.61		
		格尔木河					2755.78	2755.78		
				察汗乌苏河			2252.06	2252.06		
					夏日哈河		1199.65	1199.65		
						其他	111536.00	50138.59	52682.35	8715.06
		小 计					188211.9	126814.49	52682.35	8715.06
	可可西里水系	库赛河	羌塘高原区内陆河				2409.85	2409.85		
		曾松曲					17.60	17.60		
		跑牛河					174.06	174.06		
		切尔恰藏布					84.23	84.23		
						其他	65429.32	21101.41	5450.49	38877.42
		小 计					68115.06	23787.15	5450.49	38877.42
西南诸河区	澜沧江干流		澜沧江				8639.38	8639.38		
				吉曲			3182.54	3182.54		
				子曲			3031.67	3031.67		
					巴曲		1062.92	1062.92		
						其他	22663.53	20754.64	86.03	1822.86
	小 计						38580.04	36671.15	86.03	1822.86
黄河区	黄河干流		龙羊峡以上				42369.18	42369.18		
				多曲			926.75	926.75		
				勒那曲			804.21	804.21		
				优尔曲			411.93	411.93		
				达日河			412.29	412.29		
			龙羊峡至兰州	隆务河			1152.56	1152.56		
				街子河			79.54	79.54		
				清水河			93.36	93.36		
				湟水河			1659.48	1659.48		
				洮河			558.18	558.18		
					药水河		101.57	101.57		
					南川河		55.38	55.38		
					沙塘川		7.56	7.56		
					大通河		7089.57	7089.57		
						其他	95555.99	56929.12	3707.14	34919.73
	小 计						151277.55	112650.68	3707.14	34919.73

（续）

一级流域			二级流域		三级流域	其他	合　计（公顷）	永久性河流（公顷）	季节性河流（公顷）	洪泛平原（公顷）
区域名称	水系	干流区域	区域名称	一级支流	二级支流					
长江区	长江干流						80415.31	80415.31		
				布曲			1384.31	1384.31		
				莫曲			6614.10	6614.10		
				牙哥曲			3288.94	3288.94		
				扎日尕那曲			2439.69	2439.69		
				色吾曲			1761.00	1761.00		
				细曲			946.96	946.96		
				当曲			7911.53	7911.53		
				楚玛尔河			24604.21	24604.21		
					昂日曲		3532.30	3532.30		
					玛可河		973.20	973.20		
						其他	227010.75	137378.52	12006.60	77625.63
	小　计						360882.30	271250.07	12006.60	77625.63
总　计							885256.77	629666.53	88544.74	167045.50

河流湿地资源涉及西北诸河区、西南诸河区、黄河区和长江区流域内的干流河，其涵盖了全省各个县域的河流湿地资源。主要有长江、黄河、澜沧江、黑河、疏勒河、布哈河、沙柳河、沙珠玉河、都兰河、诺木洪河、香日德河、格尔木河，以及可可西里地区的内陆河；流域内的主要干流河有 34 条。一级流域、二级流域、三级流域主要河流湿地资源统计，分别见表 3-8 至表 3-10。

表 3-8　一级流域主要河流湿地资源一览表

河流名称	河流类型	省域内河长（公里）	平均海拔（米）	年径流量（亿立方米）	年均降水量（毫米）	年均流量（立方米/秒）	涉及县域	备　注
黑河	永久性河流	233.7	2999	23.00	350.0	57.10	祁连县	祁连山水系
托莱河	永久性河流	110.8	3503				祁连县	祁连山水系
疏勒河	永久性河流	222.6	3902	12.40			天峻县	祁连山水系
布哈河	永久性河流	286.0	3520	13.30	500.0		天峻县、刚察县等	青海湖水系
泉吉河	永久性河流	65.0	3211	0.24	500.0	0.75	刚察县	青海湖水系
沙柳河	永久性河流	106.0	3670	2.33	500.0	7.37	刚察县	青海湖水系
哈尔盖河	永久性河流	110.0	3260	1.38	500.0	4.38	刚察县、海晏县	青海湖水系
甘子河	永久性河流	47.4	3265		400.0	0.60	海晏县	青海湖水系
黑马河	永久性河流	20.0	3690	0.11	400.0	0.35	共和县	青海湖水系
倒淌河	永久性河流	60.0	3990	0.17		0.10	共和县	青海湖水系
沙珠玉河	永久性河流	190.0	2800	1.10		1.79	共和县	茶卡沙珠玉河水系
伊和苏力郭勒	永久性河流	51.0	4424	0.20	150.0		德令哈市	柴达木盆地水系

（续）

河流名称	河流类型	省域内河长(公里)	平均海拔(米)	年径流量(亿立方米)	年均降水量(毫米)	年均流量(立方米/秒)	涉及县域	备 注
都兰河	永久性河流	83.1	3728	0.33	237.0	1.04	天峻县、乌兰县	柴达木盆地水系
查查河	永久性河流	124.0	3531				乌兰县、都兰县	柴达木盆地水系
诺木洪河	永久性河流	165.0	2960	1.94	56.3	4.82	都兰县	柴达木盆地水系
香日德河	永久性河流	256.0	3100	4.10	248.6	13.00	玛多县、都兰县等	柴达木盆地水系
巴音郭勒河	永久性河流	308.0	3262	4.23	244.0	10.20	德令哈市	柴达木盆地水系
塔塔棱河	永久性河流	215.0	3864	2.07	100.5	3.68	乌兰县、德令哈市等	柴达木盆地水系
哈尔腾河	永久性河流	340.0	4060	3.27	113.0	10.38	德令哈市、大柴旦行委等	柴达木盆地水系
铁木里克河	永久性河流	42.0	2930		40.0	3.28	茫崖行委	柴达木盆地水系
鱼卡河	永久性河流	175.4	3257	2.09	54.6	2.88	大柴旦行委	柴达木盆地水系
那陵格勒河	永久性河流	439.5	3012	10.70	80.0	33.80	格尔木市	柴达木盆地水系
格尔木河	永久性河流	378.5	2748	7.55	155.0	23.90	格尔木市	柴达木盆地水系
柴达木河	永久性河流	250.0	3100				都兰县	柴达木盆地水系
乌图美仁河	永久性河流	190.0	3115				格尔木市	柴达木盆地水系
曾松曲	永久性河流	97.0	5100	2.20	300.0		格尔木市(唐古拉山镇)	可可西里水系
切尔恰藏布	永久性河流	64.0	4600	1.20	300.0		格尔木市(唐古拉山镇)	可可西里水系
跑牛河	永久性河流	90.0	4900	0.60	200.0	1.70	治多县	可可西里水系
库赛河	永久性河流	192.0	4558				治多县	可可西里水系
扎曲	永久性河流	448.0	4205	43.52	500.0	138.00	杂多县、囊谦县	澜沧江流域
黄河	永久性河流	1693.8	3750	156.00	406.6	495.00		黄河流域
长江	永久性河流	1205.7	4300	130.00	500.0	410.00		长江流域
沱沱河	永久性河流	370.0	4930	9.18		29.10	格尔木市(唐古拉山镇)	长江流域
通天河	永久性河流	813.0	4413	130.00	347.9	413.00	曲麻莱县、治多县等	长江流域

表 3-9 二级流域主要河流湿地资源一览表

湿地名称	湿地类型	省域内河长(公里)	平均海拔(米)	年径流量(亿立方米)	年均降水量(毫米)	年均流量(立方米/秒)	涉及县域	备 注
八宝河	永久性河流	104.1	3273	6.31			祁连县	黑河一级
峻河	永久性河流	125.0	3320		500.0		天峻县	布哈河一级
吉尔孟河	永久性河流	112.0	3215		500.0		天峻县	布哈河一级
察汗乌苏河	永久性河流	152.0	3300	2.86	188.8	4.39	都兰县	香日德河一级
红水河	永久性河流	220.0	3678				格尔木市(唐古拉山镇)	那棱格勒河一级
吉曲	永久性河流	253.0	4354	36.90	500.0	117.00	杂多县、囊谦县	澜沧江一级
子曲	永久性河流	276.2	4232	120.00	450.0	63.40	杂多县、囊谦县等	澜沧江一级

（续）

湿地名称	湿地类型	省域内河长（公里）	平均海拔（米）	年径流量（亿立方米）	年均降水量（毫米）	年均流量（立方米/秒）	涉及县域	备 注
色曲	永久性河流	80.0	4358				囊谦县	澜沧江一级
扎曲	永久性河流	64.0	4400	0.44	350.0	1.39	曲麻莱县	黄河一级
卡日曲	永久性河流	144.0	4432	2.00	350.0		曲麻莱县	黄河一级
多曲	永久性河流	160.0	4457		400.0	11.10	称多县、玛多县	黄河一级
勒那曲	永久性河流	95.3	4296	0.75	350.0	2.39	玛多县	黄河一级
多钦安科朗河	永久性河流	61.6	4840	0.72	300.0	2.27	玛多县	黄河一级
热曲	永久性河流	191.0	4437	6.60	450.0	20.90	玛多县	黄河一级
东曲	永久性河流	77.0	4500	1.00	300.0		玛多县、玛沁县	黄河一级
优尔曲	永久性河流	82.0	4438	2.66	470.0	8.43	玛多县、玛沁县	黄河一级
柯曲	永久性河流	100.0	4310	4.29	500.0	13.60	达日县	黄河一级
达日河	永久性河流	120.0	4312	7.60	500.0		班玛县、达日县	黄河一级
吉迈曲	永久性河流	101.0	3972	4.20	500.0	14.30	达日县	黄河一级
西科曲	永久性河流	139.0	4410	5.30	500.0		玛沁县、甘德县	黄河一级
东科曲	永久性河流	155.0	4067	6.90	500.0		甘德县	黄河一级
章安河	永久性河流	70.0	3784	2.21	500.0	7.00	久治县	黄河一级
哈曲	永久性河流	75.0	3854	3.50	600.0		久治县	黄河一级
泽曲	永久性河流	233.0	3450	7.70	500.0	24.24	河南县、泽库县	黄河一级
切木曲	永久性河流	151.0	4091	8.33	500.0	26.40	玛沁县、同德县	黄河一级
巴沟	永久性河流	142.0	3602	3.87	500.0	8.51	同德县、泽库县	黄河一级
曲什安河	永久性河流	202.0	4033	8.16	500.0	25.16	玛沁县、兴海县	黄河一级
大河坝河	永久性河流	165.0	3750	5.67	450.0	9.35	兴海县	黄河一级
芒拉河	永久性河流	143.0	3180	1.49			贵南县	黄河一级
恰卜恰河	永久性河流	71.0	3880	0.41	320.0	1.29	共和县	黄河一级
沙沟	永久性河流	91.0	2700	0.37	300.0	1.17	贵南县	黄河一级
热水沟	永久性河流	42.0	2463	0.13	300.0	0.40	贵南县、贵德县	黄河一级
西沟	永久性河流	95.0	3750	1.30	300.0	4.11	泽库县、贵南县等	黄河一级
东沟	永久性河流	69.0	2500	1.73	300.0	5.50	贵德县	黄河一级
隆务河	永久性河流	157.0	2560	13.30	430.0	20.90	尖扎县、同仁县等	黄河一级
巴燕沟	永久性河流	50.0	3140	1.44		4.56	化隆县	黄河一级
街子河	永久性河流	33.0	2904	0.27		0.87	循化县	黄河一级
清水河	永久性河流	51.0	3236	1.04		3.30	循化县	黄河一级
湟水河	永久性河流	336.0	2447	21.50	437.0	68.20	海晏县、湟源县等	黄河一级
洮河	永久性河流	94.0	3500	3.75	575.0	11.90	河南县	黄河一级
达那曲	永久性河流	49.0	3650	1.96	475.0	6.22	同仁县	黄河一级

（续）

湿地名称	湿地类型	省域内河长（公里）	平均海拔（米）	年径流量（亿立方米）	年均降水量（毫米）	年均流量（立方米/秒）	涉及县域	备 注
布曲	永久性河流	235.0	4895	21.00		66.00	格尔木市(唐古拉山镇)	长江一级
扎木曲	永久性河流	120.0	4650				格尔木市(唐古拉山镇)	长江一级
然池曲	永久性河流	112.0	4704	1.29	400.0	1.10	治多县	长江一级
莫曲	永久性河流	164.0	4475	11.70	420.0	37.00	杂多县、治多县	长江一级
牙哥曲	永久性河流	112.0	4468	3.00		4.73	治多县	长江一级
北麓河	永久性河流	206.0	4587	3.98		12.60	曲麻莱县	长江一级
科欠曲	永久性河流	156.0	4356	3.55		11.26	治多县	长江一级
扎日尕那曲	永久性河流	70.0	4500	5.34			治多县、曲麻莱县	长江一级
色吾曲	永久性河流	159.0	4375	3.20		10.50	曲麻莱县	长江一级
宁恰曲	永久性河流	175.0	4355	8.50		27.00	治多县	长江一级
登艾龙曲	永久性河流	103.0	4650	4.51	500.0	14.30	玉树县、治多县	长江一级
德曲	永久性河流	143.2	4400	5.30		16.77	曲麻莱县、称多县	长江一级
细曲	永久性河流	75.0	4350	2.65	491.7	8.40	称多县	长江一级
叶曲	永久性河流	157.0	4220	6.61		21.00	玉树县	长江一级
巴塘河	永久性河流	92.0	3864	10.40		26.80	玉树县	长江一级
扎曲	永久性河流	199.0	4442	6.65	500.0		称多县	长江一级
当曲	永久性河流	352.0	4611	46.06		146.00	格尔木市(唐古拉山镇)、杂多县等	长江一级
楚玛尔河	永久性河流	515.0	4690	10.39	250.0	32.95	治多县、曲麻莱县	长江一级
勒池曲	永久性河流	50.0	4432				格尔木市(唐古拉山镇)	长江一级

表 3-10 三级流域主要河流湿地资源一览表

湿地名称	湿地类型	省域内河长（公里）	平均海拔（米）	年径流量（亿立方米）	年均降水量（毫米）	年均流量（立方米/秒）	涉及县域	备 注
夏日哈河	永久性河流	80.0	3940	0.39	200.0	1.23	都兰县	香日德河二级
巴曲	永久性河流	126.0	4253	4.45	533.0	14.10	囊谦县	澜沧江二级
哈勒景河	永久性河流	48.0	3500	0.79	500.0	2.49	海晏县	黄河二级
药水河	永久性河流	52.0	3400	0.88	450.0	2.80	湟源县	黄河二级
西纳川	永久性河流	82.0	3100	1.54	525.0	4.87	海晏县、湟中县	黄河二级
甘河	永久性河流	41.0	3320	0.25	600.0		湟中县	黄河二级
双龙河	永久性河流	43.0	3150	0.24	600.0		湟中县、西宁市	黄河二级

（续）

湿地名称	湿地类型	省域内河长（公里）	平均海拔（米）	年径流量（亿立方米）	年均降水量（毫米）	年均流量（立方米/秒）	涉及县域	备 注
北川河	永久性河流	154.0	2724	9.79	470.0	27.00	大通县、西宁市	黄河二级
南川河	永久性河流	49.0	3100	0.60	510.0	2.00	湟中县、西宁市	黄河二级
沙塘川	永久性河流	72.0	2550	2.62	450.0	3.69	互助县、西宁市	黄河二级
大通河	永久性河流	454.0	3150	28.50	469.3	90.40	刚察县、祁连县等	黄河二级
尕尔曲	永久性河流	167.0	4500	7.60		24.10	格尔木市(唐古拉山镇)	长江二级
昂日曲	永久性河流	110.0	4398				曲麻莱县	长江二级
多彩曲	永久性河流	85.0	4450				治多县	长江二级
曲科河	永久性河流	146.0	4300				达日县	长江二级
玛可河	永久性河流	210.0	3574	19.00	762.2	60.30	班玛县、久治县	长江二级
马儿曲	永久性河流	110.0	3500				达日县、班玛县	长江二级

2.2 湖泊湿地

青海省湖泊湿地分布于一级流域，二级流域，三级流域区内，包括永久性淡水湖、永久性咸水湖、季节性淡水湖、季节性咸水湖等湿地型。青海省各流域湖泊湿地型及面积对比如图 3-9；各流域湖泊湿地资源统计见表 3-11。

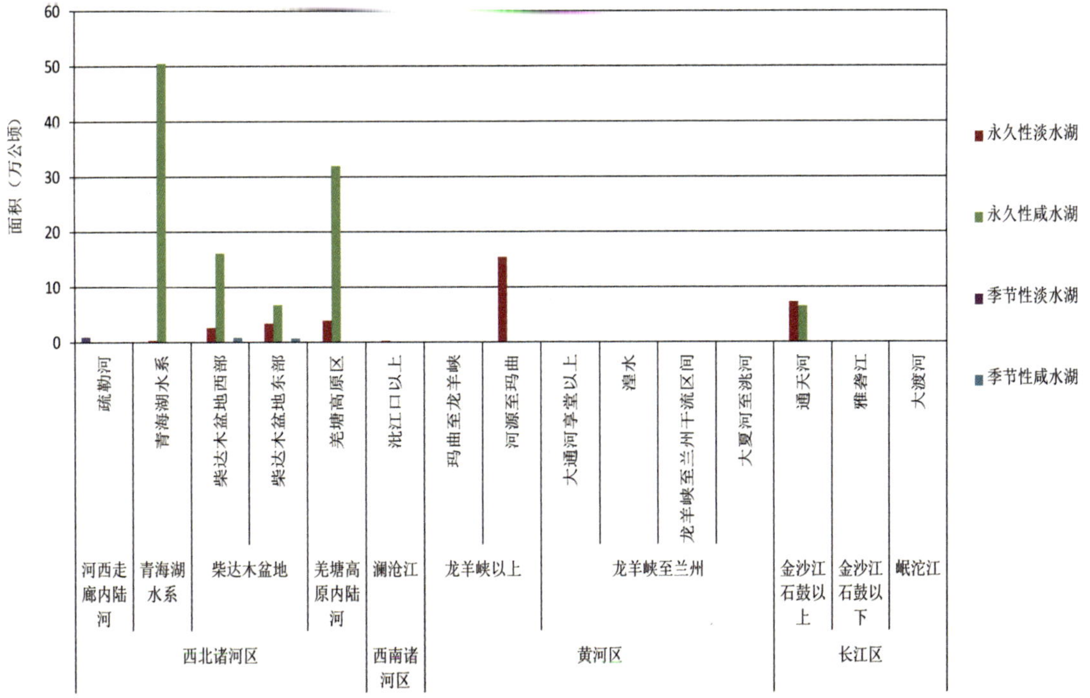

图 3-9 青海省各流域湖泊湿地资源面积对比图

表 3-11 青海省各流域湖泊湿地资源统计表

流 域	水 系	湖泊名称	合 计（公顷）	永久性淡水湖（公顷）	永久性咸淡水湖（公顷）	季节性淡水湖（公顷）	季节性咸水湖（公顷）
西北诸河区	青海湖水系	青海湖	427341.94		427341.94		
		哈拉湖	60204.68		60204.68		
		其他	21207.97	3001.48	17687.93	191.08	327.48
		小 计	508754.59	3001.48	505234.55	191.08	327.48
	柴达木水系	都兰湖	4581.78		4581.78		
		茶卡盐湖	10635.08		10635.08		
		柯柯盐湖	1110.00		1110.00		
		尕海	3271.26		3271.26		
		可鲁克湖	5524.55	5524.55			
		托素湖	14315.51		14315.51		
		北霍布逊湖	9003.10		9003.10		
		察尔汗盐湖	39430.53		39430.53		
		南霍布逊湖	3284.43		3284.43		
		小柴旦湖	8414.97		8414.97		
		大柴旦湖	4036.70		4036.70		
		苏干湖	3888.20		3888.20		
		尕斯库勒湖	12450.68		12450.68		
		甘森泉湖	1489.51		1489.51		
		阿拉克湖	3596.97	3596.97			
		达布逊湖	34596.93		34596.93		
		涩聂湖	9164.17		9164.17		
		东台吉乃尔湖	27909.67		27909.67		
		西台吉乃尔湖	40735.32		40735.32		
		野牛沟瑶池	3896.43	3896.43			
		太阳湖	10175.20	10175.20			
		冬给措纳湖	23587.43	23587.43			
		其他	29612.07	13042.08	264.69	185.76	16119.54
		小 计	304710.49	59822.66	228582.53	185.76	16119.54
	可可西里水系	马鞍湖	1833.03	1833.03			
		高台湖	1084.52	1084.52			
		库水浣	3834.73	3834.73			
		可可西里湖	33029.18		33029.18		
		盐湖	5120.86		5120.86		
		明镜湖	10232.52		10232.52		
		涟湖	4401.93		4401.93		
		西金乌兰湖	41786.41		41786.41		
		节约湖	1760.62		1760.62		
		勒斜武担湖	25669.65		25669.65		
		卓乃湖	26678.62		26678.62		
		库赛湖	28343.79		28343.79		

（续）

流　域	水　系	湖泊名称	合　计（公顷）	永久性淡水湖（公顷）	永久性咸淡水湖（公顷）	季节性淡水湖（公顷）	季节性咸水湖（公顷）
	可可西里水系	饮马湖	10844.02		10844.02		
		海丁诺尔湖	4091.81		4091.81		
		可考湖	6386.59		6386.59		
		月亮湖	3077.69		3077.69		
		永红湖	9269.34		9269.34		
		波涛湖	6842.19	6842.19			
		燕子湖	1508.17	1508.17			
		雪莲湖	5475.62	5475.62			
		日居错	2709.56	2709.56			
		赤布张错	29977.17		29977.17		
		劳日特错	4425.87		4425.87		
		加木称错	3277.70		3277.70		
		乌兰乌拉湖	59386.69		59386.69		
		章江头木错	2000.00	2000.00			
		玛巧错	2838.78		2838.78		
		欧错	1820.09		1820.09		
		其他	20542.61	13554.60	6988.01		
		小　计	358249.76	38842.42	319407.34		
	祁连山水系	其他	139.60	139.60			
	合　计		1171854.44	101806.16	1053224.42	376.84	16447.02
澜沧江流域	澜沧江	年吉错	2191.53	2191.53			
		白马海	192.90	192.90			
		其他	236.66	236.66			
		小　计	2621.09	2621.09			
黄河流域	黄河	鄂陵湖	64015.75	64015.75			
		扎陵湖	52935.22	52935.22			
		岗纳格玛措	3576.81	3576.81			
		日格措	1630.58	1630.58			
		龙热措	1533.43	1533.43			
		阿涌贡玛措	2873.44	2873.44			
		阿涌哇玛措	2519.42	2519.42			
		阿涌尕玛措	2073.65	2073.65			
		苦海	4708.06		4708.06		
		尕拉拉措	2303.38	2303.38			
		冬草阿隆湖	1153.73	1153.73			
		寇查错	1840.30	1840.30			
		孟达天池	21.27	21.27			
		其他	15307.29	14446.12	780.29	80.88	
		小　计	156492.33	150923.10	5488.35	80.88	

（续）

流 域	水 系	湖泊名称	合 计（公顷）	永久性淡水湖（公顷）	永久性咸淡水湖（公顷）	季节性淡水湖（公顷）	季节性咸水湖（公顷）
长江流域	长江	葫芦湖	3474.25	3474.25			
		豌豆湖(莞豆湖)	1901.68	1901.68			
		玛章错钦	6613.28	6613.28			
		错阿日玛	1254.08	1254.08			
		当拉错纳玛	649.91	649.91			
		雀莫错	8863.66		8863.66		
		尼日阿错改	3496.75	3496.75			
		改西错尺涌	4651.46	4651.46			
		雅西北	1548.69	1548.69			
		雅西南	1251.74	1251.74			
		野马川湖	804.23	804.23			
		多尔改错	21042.85		21042.85		
		错达日玛	9380.00		9380.00		
		苟鲁山克错	6974.14		6974.14		
		苟鲁错	3078.12		3078.12		
		移山湖	2673.21		2673.21		
		错砍巴昂日东	1983.18	1983.18			
		隆宝湖	1535.92	1535.92			
		其他	58157.21	44338.88	12901.90	916.43	
		小 计	139334.36	73504.05	64913.88	916.43	
总 计			1470302.22	328854.4	1123626.65	1374.15	16447.02

全省湖泊湿地资源分布涉及西北诸河区、西南诸河区、黄河区和长江区等流域，涵盖了省域内的各个县域。一级流域、二级流域湖泊湿地资源统计见表3-12、表3-13。

表3-12 一级流域主要湖泊湿地资源一览表

湖泊名称	湖泊湿地类型	湖泊面积（公顷）	湖水位高（米）	水深（米）	涉及县域	备 注
青海湖	永久性咸水湖	427341.94	3195	17.9	刚察县、共和县、海晏县	青海湖水系
哈拉湖	永久性咸水湖	60204.68	4075	27.4	德令哈市	哈拉湖水系
都兰湖	永久性咸水湖	4581.78	2940		乌兰县	柴达木水系
茶卡盐湖	永久性咸水湖	10635.08	3062	1.0	乌兰县	柴达木水系
柯柯盐湖	永久性咸水湖	1110.00	2953		乌兰县	柴达木水系
尕海	永久性咸水湖	3271.26	2857	5.0	德令哈市	柴达木水系
可鲁克湖	永久性淡水湖	5524.55	2817	4.0	德令哈市	柴达木水系
托素湖	永久性咸水湖	14315.51	2828		德令哈市	柴达木水系
柴凯盐湖	永久性咸水湖	586.91	2943		乌兰县	柴达木水系
北霍布逊湖	永久性咸水湖	9003.10	2682		都兰县	柴达木水系
察尔汗盐湖	永久性咸水湖	39430.53	2686		都兰县、格尔木市	柴达木水系
南霍布逊湖	永久性咸水湖	3284.43	2687		都兰县	柴达木水系

（续）

湖泊名称	湖泊湿地类型	湖泊面积（公顷）	湖水位高（米）	水深（米）	涉及县域	备　注
小柴旦湖	永久性咸水湖	8414.97	3176	3.5	大柴旦行委	柴达木水系
大柴旦湖	永久性咸水湖	4036.70	3155		大柴旦行委	柴达木水系
马海湖	永久性咸水湖	783.59	2750	0.2～0.5	冷湖行委	柴达木水系
苏干湖	永久性咸水湖	3888.20	2807	3.3	冷湖行委	柴达木水系
尕斯库勒湖	永久性咸水湖	12450.68	2857	0.6	茫崖行委	柴达木水系
甘森泉湖	永久性咸水湖	1489.51	2830		格尔木市	柴达木水系
阿拉克湖	永久性淡水湖	3596.97	4103		都兰县	柴达木水系
达布逊湖	永久性咸水湖	34596.93	2682		格尔木市	柴达木水系
涩聂湖	永久性咸水湖	9164.17	2682		格尔木市	柴达木水系
东台吉乃尔湖	永久性咸水湖	27909.67	2692		格尔木市、大柴旦行委	柴达木水系
西台吉乃尔湖	永久性咸水湖	40735.32	2687		格尔木市、大柴旦行委等	柴达木水系
野牛沟瑶池	永久性淡水湖	3896.43	4447		格尔木市	柴达木水系
太阳湖	永久性淡水湖	10175.20	3205	43.0	治多县	柴达木水系
马鞍湖	永久性淡水湖	1833.03	4826		治多县	可可西里水系
高台湖	永久性淡水湖	1084.52	5020	15.0	治多县	可可西里水系
库水浣	永久性淡水湖	3834.73	5007	12.2	治多县	可可西里水系
可可西里湖	永久性咸水湖	33029.18	4558		治多县	可可西里水系
盐湖	永久性咸水湖	5120.86	4444		治多县	可可西里水系
明镜湖	永久性咸水湖	10232.52	4802		治多县	可可西里水系
涟湖	永久性咸水湖	4401.93	4914		治多县	可可西里水系
西金乌兰湖	永久性咸水湖	41786.41	4777	4.7	治多县	可可西里水系
节约湖	永久性咸水湖	1760.62	4836		治多县	可可西里水系
勒斜武担湖	永久性咸水湖	25669.65	4875		治多县	可可西里水系
卓乃湖	永久性咸水湖	26678.62	4758		治多县	可可西里水系
库赛湖	永久性咸水湖	28343.79	4480		治多县	可可西里水系
饮马湖	永久性咸水湖	10844.02	4920		治多县	可可西里水系
海丁诺尔湖	永久性咸水湖	4091.81	4472		治多县	可可西里水系
可考湖	永久性咸水湖	6386.59	4900		治多县	可可西里水系
月亮湖	永久性咸水湖	3077.69	4914		治多县	可可西里水系
永红湖	永久性咸水湖	9269.34	4777		治多县	可可西里水系
波涛湖	永久性淡水湖	6842.19	4988		格尔木市（唐古拉山镇）	可可西里水系
燕子湖	永久性淡水湖	1508.17	4973	5.5	格尔木市（唐古拉山镇）	可可西里水系
雪莲湖	永久性淡水湖	5475.62	5275	30.0	格尔木市（唐古拉山镇）	可可西里水系
日居错	永久性淡水湖	2709.56	4956	10.2	格尔木市（唐古拉山镇）	可可西里水系
赤布张错	永久性咸水湖	29977.17	4935		格尔木市（唐古拉山镇）	可可西里水系
劳日特错	永久性咸水湖	4425.87	4954		格尔木市（唐古拉山镇）	可可西里水系
加木称错	永久性咸水湖	3277.70	5000		格尔木市（唐古拉山镇）	可可西里水系
乌兰乌拉湖	永久性咸水湖	59386.69	4903	6.9	格尔木市（唐古拉山镇）	可可西里水系
章江头木错	永久性淡水湖	2000.00	4396		格尔木市（唐古拉山镇）	可可西里水系

（续）

湖泊名称	湖泊湿地类型	湖泊面积（公顷）	湖水位高	水深（米）	涉及县域	备 注
玛巧错	永久性咸水湖	2838.78	4940		格尔木市(唐古拉山镇)	可可西里水系
欧错	永久性咸水湖	1820.09	5062		格尔木市(唐古拉山镇)	可可西里水系
年吉错	永久性淡水湖	2191.53	4431	44.9	玉树县	澜沧江流域
鄂陵湖	永久性淡水湖	64015.75	4264	17.6	玛多县	黄河流域
扎陵湖	永久性淡水湖	52935.22	4457	8.9	玛多县	黄河流域

表 3-13 二级流域主要湖泊湿地资源一览表

湖泊名称	湖泊湿地类型	湖泊面积（公顷）	湖水位高（米）	水深（米）	涉及县域	备 注
冬给措纳湖	永久性淡水湖	23587.43	4429.00		玛多县	柴达木水系
岗纳格玛措	永久性淡水湖	3576.81	4365.00	15.00	玛多县	黄河流域
日格措	永久性淡水湖	1630.58	4337.00	5.70	玛多县	黄河流域
龙热措	永久性淡水湖	1533.43	4415.00		玛多县	黄河流域
阿涌贡玛措	永久性淡水湖	2873.44	4452.00	9.50	玛多县	黄河流域
阿涌哇玛措	永久性淡水湖	2519.42	4425.00	10.60	玛多县	黄河流域
阿涌尕玛措	永久性淡水湖	2073.65	4436.00	11.30	玛多县	黄河流域
苦海	永久性咸水湖	4708.06	4323.00		玛多县、兴海县	黄河流域
尕拉拉措	永久性淡水湖	2303.38	4463.00	12.80	玛多县	黄河流域
冬草阿隆湖	永久性淡水湖	1153.73	4357.00	3.90	玛多县	黄河流域
寇查错	永久性淡水湖	1840.30	4530.00		称多县	黄河流域
孟达天池	永久性淡水湖	21.27	2500.00		循化县	黄河流域
白马海	永久性淡水湖	192.90	4215.00		玉树县	澜沧江流域
葫芦湖	永久性淡水湖	3474.25	4788.00	19.80	格尔木市(唐古拉山镇)	长江流域
豌豆湖	永久性淡水湖	1901.68	4854.00	14.80	格尔木市(唐古拉山镇)	长江流域
玛章错钦	永久性淡水湖	6613.28	4675.00	8.10	格尔木市(唐古拉山镇)	长江流域
错阿日玛	永久性淡水湖	1254.08	4649.00	4.00	格尔木市(唐古拉山镇)	长江流域
当拉错纳玛	永久性淡水湖	649.91	4890.00		格尔木市(唐古拉山镇)	长江流域
雀莫错	永久性咸水湖	8863.66	4922.00		格尔木市(唐古拉山镇)	长江流域
尼日阿错改	永久性淡水湖	3496.75	4706.00	22.60	杂多县	长江流域
改西错尺涌	永久性淡水湖	4651.46	4459.00		治多县	长江流域
雅西北	永久性淡水湖	1548.69	4533.00		治多县	长江流域
雅西南	永久性淡水湖	1251.74	4497.00		治多县	长江流域
野马川湖	永久性淡水湖	804.23	4443.00		治多县	长江流域
多尔改错	永久性咸水湖	21042.85	4693.00		治多县	长江流域
错达日玛	永久性咸水湖	9380.00	4788.00		治多县	长江流域
苟鲁山克错	永久性咸水湖	6974.14	4811.00		治多县	长江流域
苟鲁错	永久性咸水湖	3078.12	4667.00		治多县	长江流域
移山湖	永久性咸水湖	2673.21	4850.00		治多县	长江流域
错砍巴昂日东	永久性淡水湖	1983.18	4574.00		曲麻莱县	长江流域
隆宝湖	永久性淡水湖	1535.92	4219.00		玉树县	长江流域

2.3　沼泽湿地

青海省沼泽湿地资源分布涉及一级流域、二级流域和三级流域，涵盖草本沼泽、灌丛沼泽、内陆盐沼、沼泽化草甸、地热湿地、淡水泉/绿洲湿地等湿地型。青海各流域的沼泽湿地型及面积对比如图 3-10；各流域沼泽湿地资源统计见表 3-14。

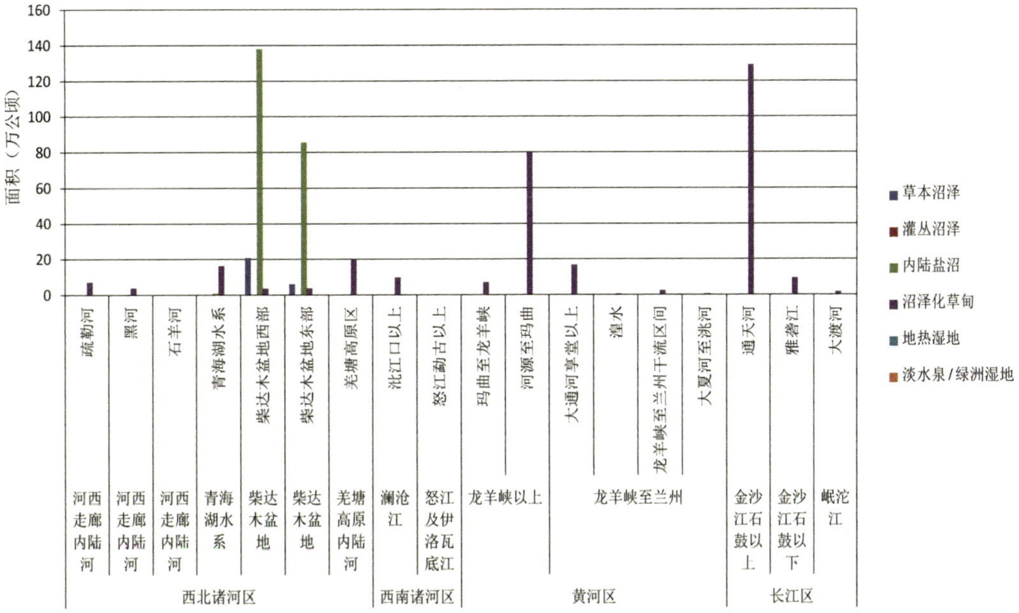

图 3-10　青海省各流域沼泽湿地资源面积对比图

表 3-14　青海省各流域沼泽湿地资源统计表

流域	水　系	沼泽名称	合　计（公顷）	草本沼泽（公顷）	灌丛沼泽（公顷）	内陆盐沼（公顷）	沼泽化草甸（公顷）	地热湿地（公顷）	淡水泉/绿洲湿地（公顷）
西北诸河区	祁连山水系	疏勒河上游沼泽	68835.75				68835.75		
		其他	43191.64				43191.64		
		小　计	112027.39				112027.39		
	青海湖水系	青海湖北部河流上游沼泽	102811.3				102811.3		
		其他	70194.93	806.41		9477.78	59910.74		
		小　计	173006.23	806.41		9477.78	162722.04		
	柴达木盆地水系	大格勒盐沼	844368.37	31920.15		812448.22			
		格尔木北部盐沼	1304867.02	88906.78		1215960.24			
		马海盐沼	69540.32			69540.32			
		其他	362006.64	148689.17		138010.92	75282.82		23.73
		小　计	2580782.36	269516.1		2235959.7	75282.82		23.73

（续）

流域	水系	沼泽名称	合 计（公顷）	草本沼泽（公顷）	灌丛沼泽（公顷）	内陆盐沼（公顷）	沼泽化草甸（公顷）	地热湿地（公顷）	淡水泉/绿洲湿地（公顷）
西北诸河区	可可西里水系	治多县北部沼泽	65487.28				65487.28		
		唐古拉山以北沼泽	120458.13				120458.13		
		其他	13237.88				13237.88		
		小 计	199183.29				199183.29		
西南诸河区	澜沧江	莫云滩沼泽	64172.97				64172.97		
		其他	35371.97				34432.25		
		小 计	99544.94	939.72			98605.22		
黄河区	黄河	黄河源头沼泽	689239.50				689239.50		
		洮河上游沼泽	49364.29				49364.29		
		大通河上游沼泽	157324.50				157324.50		
		其他	181804.49	571.94	633.51		180565.67	8.33	25.04
		小 计	1077732.78	571.94	633.51		1076493.96	8.33	25.04
长江区	长江	当曲沼泽	382797.60				382797.60		
		索加曲麻河沼泽	692159.10				692159.10		
		称多县西部沼泽	79831.73				79831.73		
		其他	248341.56	45.32			248296.24		
		小 计	1403129.99	45.32			1403084.67		
合 计			5645406.98	271879.49	633.51	2245437.48	3127399.39	8.33	48.77

青海沼泽湿地资源分布涉及西北诸河区、西南诸河区、黄河区和长江区等流域，涵盖了全省各个县域的沼泽湿地资源。

2.4 人工湿地

青海省人工湿地资源分布涉及一级流域、二级流域和三级流域。包括库塘、输水河、水产养殖场、盐田等湿地型。各流域人工湿地资源统计见表 3-15；各流域人工湿地型及面积比例如图 3-11。

人工湿地分布涉及西北诸河区、黄河区流域。西北诸河区人工湿地面积为 9.16 万公顷，占全省人工湿地资源面积的 64.24%。黄河区人工湿地面积为 5.10 万公顷，占全省人工湿地资源面积的 35.76%。

表 3-15 青海省各流域人工湿地资源统计表

流域	水系	人工湿地名称	合 计（公顷）	库塘（公顷）	输水河（公顷）	水产养殖场（公顷）	盐田（公顷）
西北诸河区	柴达木盆地水系	俄什加水库	124.91	124.91			
		茶卡盐田	1078.48				1078.48
		乌兰盐田	7784.64				7784.64
		黑石山水库	219.38	219.38			
		一棵树盐田	109.34				109.34
		察尔汗东部盐田	6748.14				6748.14
		察尔汗盐田	10954.32				10954.32
		察尔汗盐田	29619.52				29619.52
		东台吉乃湖盐田	10010.61				10010.61
		温泉水库	3568.89	3568.89			
		乃吉里水库	138.45	138.45			
西北诸河区	柴达木盆地水系	大柴旦湖盐田	1118.56				1118.56
		西台吉乃湖盐田	5451.03				5451.03
		大盐滩盐田	2701.14				2701.14
		马海盐田	3376.51				3376.51
		大王滩盐田	2901.12				2901.12
		尕斯库勒湖东盐田	2901.67				2901.67
		其他	1248	512.29	148.76		586.95
		小 计	90054.71	4563.92	148.76	0	85342.03
	青海湖水系	其他	1575.47	307.50	189.49		1078.48
	合 计		91630.18	4871.42	338.25	0	86420.51
黄河流域	黄河	鄂陵湖水库	1618.70	1618.70			
		龙羊峡水库	38835.67	38835.67			
		拉西瓦水库	706.22	706.22			
		三江源以下黄河干流水库	415.86	415.86			
		公伯峡水库	2342.44	2342.44			
		积石峡水库	308.19	308.19			
		康杨水库	636.27	636.27			
		李家峡水库	2888.500	2888.500			
		苏志水库	587.96	587.96			
		黑泉水库	467.47	467.47			
		东大滩水库	313.78	313.78			
		南门峡水库	102.22	102.22			
		其他	1742.760	1691.010	39.52	12.23	
		小 计	50966.04	50914.29	39.52	12.23	
总 计			142596.22	55785.71	377.77	12.23	86420.51

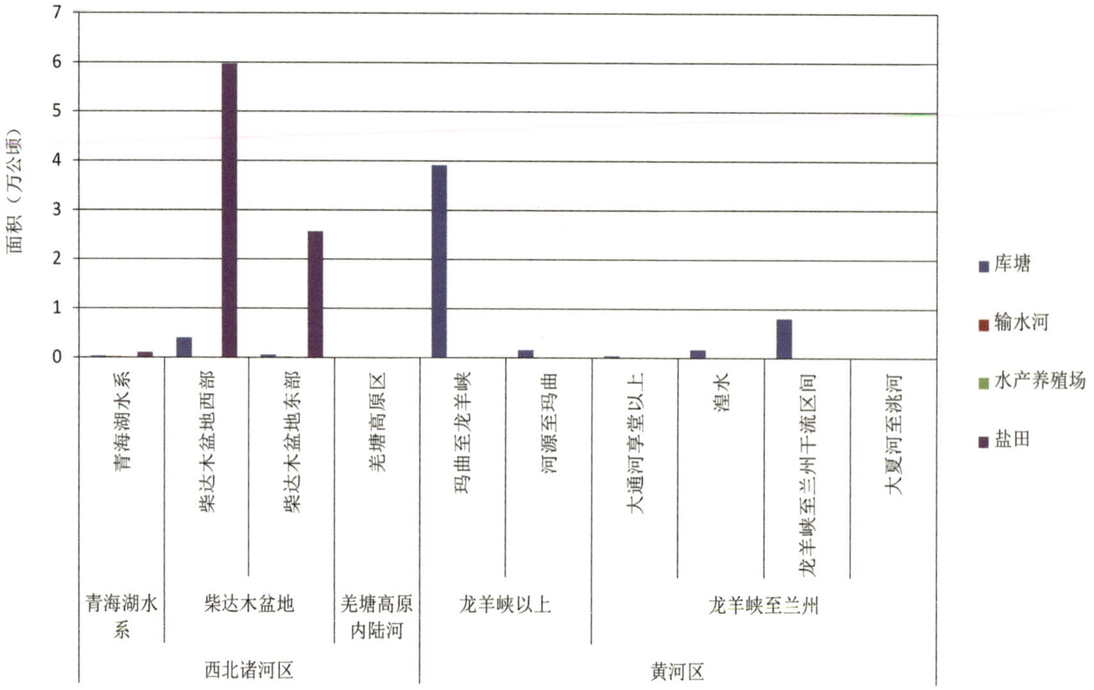

图 **3-11** 青海省各流域人工湿地资源面积比例图

第二节 湿地行政区域分布

青海省 8 个市(州)43 个县级行政区的湿地资源面积为 814.36 万公顷，其中：湿地资源分布排列在前 3 位的是海西州、玉树州和果洛州。青海省各行政区域湿地资源面积对比如图 3-12；各行政区内湿地资源情况见表 3-16。

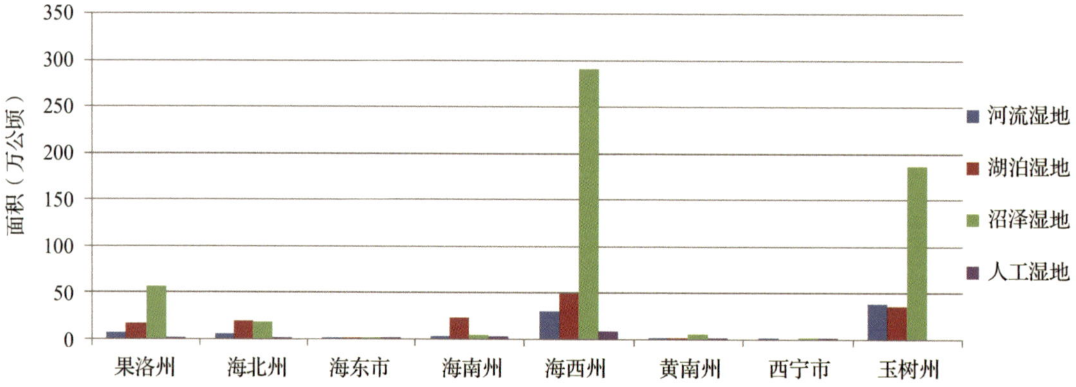

图 **3-12** 青海省 **8** 个市(州)湿地类及面积对比图

表 3-16 青海省各地区湿地资源一览表

湿地类 / 行政区	合计		河流湿地		湖泊湿地		沼泽湿地		人工湿地	
	面积(公顷)	个数	面积(公顷)	个数	面积(公顷)	个数	面积(公顷)	个数	面积(公顷)	个数
西宁市	6166.03	166	4210.58	128			1038.09	23	917.36	15
大通县	3003.25	56	2305.44	50			181.19	2	516.62	4
湟源县	1240.49	27	412.29	8			828.20	19		
湟中县	1536.43	64	1175.35	56			28.70	2	332.38	6
西宁市区	385.86	19	317.50	14					68.36	5
海东市	11921.10	198	6038.26	141	21.27	1	662.54	14	5199.03	42
互助县	2488.71	51	1858.3	34			375.69	7	254.72	10
化隆县	4520.50	38	917.88	28					3602.62	10
乐都区	930.88	27	853.62	23					77.26	4
民和县	1251.09	28	1132.14	21					118.95	7
平安县	383.14	12	333.62	8					49.52	4
循化县	2346.78	42	942.70	27	21.27	1	286.85	7	1095.96	7
海北州	446620.49	1138	62594.46	699	201737.87	22	181430.36	361	857.80	56
刚察县	277137.77	382	23548.9	231	146596.33	6	106818.14	101	174.4	44
海晏县	75427.99	159	7946.39	68	54859.74	14	12267.57	74	354.29	3
门源县	14754.01	208	10742.14	158	281.8	2	3400.96	39	329.11	9
祁连县	79300.72	389	20357.03	242			58943.69	147		
海南州	352101.54	448	28379.87	255	236124.94	13	47379.65	164	40217.08	16
共和县	285174.12	166	8799.84	80	234829.15	11	21562.4	69	19982.73	6
贵德县	22309.23	90	5420.42	48			16327.93	40	560.88	2
贵南县	26016.31	48	2492.37	26			4013.63	18	19510.31	4
同德县	6530.00	71	4164.15	48			2292.87	22	72.98	1
兴海县	12071.88	73	7503.09	53	1295.79	2	3182.82	15	90.18	3
海西州	3801775.20	4415	309867.35	2088	495023.25	669	2905697.33	1586	91187.27	72
大柴旦行委	157562.46	80	9949.44	54	27006.35	8	114037.08	16	6569.59	2
德令哈市	180616.82	380	24197.80	248	84824.94	32	71062.07	77	532.01	23
都兰县	838247.20	292	24348.26	206	51345.22	12	741067.80	57	21485.92	17
格尔木市	1937043.74	2976	200935.23	1240	263164.9	569	1431954.40	1158	40989.21	9
冷湖行委	59537.55	33	493.85	15	18946.85	7	33326.85	4	6770.00	7
茫崖行委	166773.14	68	6583.42	50	30980.29	7	123406.64	8	5802.79	3
天峻县	282880.93	449	39650.37	197	2373.82	27	240856.74	225		
乌兰县	179113.36	137	3708.98	78	16380.88	7	149985.75	41	9037.75	11
黄南州	81140.13	354	11225.81	109	31.06	1	67313.99	236	2569.27	8
河南县	33195.62	138	5293.22	61			27797.42	75	104.98	2
尖扎县	3864.69	25	367.22	11			1057.76	9	2439.71	5
同仁县	4876.83	25	1741.94	13			3134.89	12		

（续）

湿地类 行政区	合 计		河流湿地		湖泊湿地		沼泽湿地		人工湿地	
	面积(公顷)	个数	面积(公顷)	个数	面积(公顷)	个数	面积(公顷)	个数	面积(公顷)	个数
泽库县	39202.99	166	3823.43	24	31.06	1	35323.92	140	24.58	1
果洛州	809412.68	1462	68635.57	626	171645	326	567483.70	508	1648.41	2
班玛县	8845.59	89	2652.15	51			6193.44	38		
达日县	84102.53	212	14333.55	108	526.37	5	69242.61	99		
甘德县	17970.47	156	9473.93	130			8496.54	26		
久治县	52072.30	170	4640.52	48	1584.54	14	45817.53	107	29.71	1
玛多县	611128.67	649	24158.52	154	169146.27	300	416205.18	194	1618.7	1
玛沁县	35293.12	186	13376.90	135	387.82	7	21528.40	44		
玉树州	2634425.02	3997	394304.87	1765	365718.83	949	1874401.32	1282		
称多县	258048.19	305	16589.93	132	2675.11	26	238783.15	147		
囊谦县	27415.24	243	13385.34	154			14029.90	89		
曲麻莱县	656488.26	759	99337.30	371	27329.23	218	529821.73	170		
玉树县	55923.78	198	10305.05	97	4845.97	13	40772.76	88		
杂多县	540692	767	49321.07	521	11656.13	78	479714.80	168		
治多县	1095857.55	1726	205366.18	491	319212.39	614	571278.98	620		
合 计	8143562.19	12178	885256.77	5812	1470302.22	1981	5645406.98	4174	142596.22	211

1 河流湿地

在青海省8个市(州)43个县级行政区中，河流湿地资源排列前3位的是玉树州、海西州和果洛州。其中：面积最大的是玉树州，河流湿地总面积为39.43万公顷，占全省河流湿地总面积的44.54%；其次为海西州，其河流湿地总面积30.99万公顷，占全省河流湿地总面积的35.01%；第三是果洛州，河流湿地总面积为6.86万公顷，占全省河流湿地总面积的7.75%。青海省各行政区河流湿地型及面积对比如图3-13；各行政区河流湿地资源统计见表3-17。

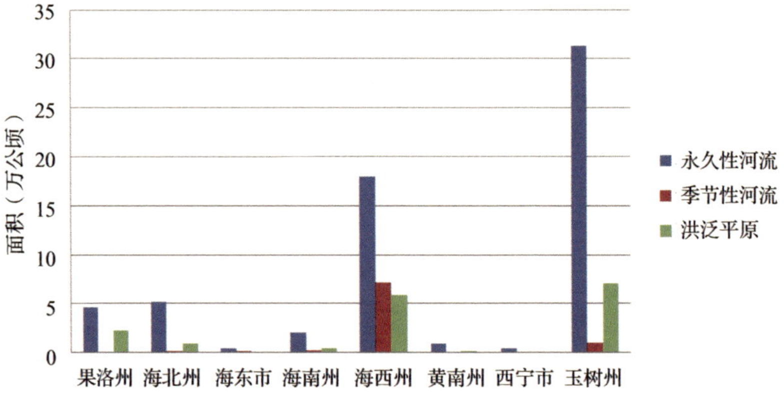

图3-13 青海省8个市(州)河流湿地资源对比图

表 3-17 青海省各行政区河流湿地资源统计表

行政区 \ 湿地类	合计		永久性河流		季节性河流		洪泛平原	
	面积(公顷)	个数	面积(公顷)	个数	面积(公顷)	个数	面积(公顷)	个数
西宁市	4210.58	128	3995.76	111	89.42	13	125.4	4
大通县	2305.44	50	2173.74	46	16.78	1	114.92	3
湟源县	412.29	8	401.81	7			10.48	1
湟中县	1175.35	56	1168.01	55	7.34	1		
西宁市区	317.50	14	252.20	3	65.30	11		
海东市	6038.26	141	4600.99	69	1368.98	66	68.29	6
互助县	1858.30	34	1726.83	24	131.47	10		
化隆县	917.88	28	537.63	13	371.13	14	9.12	1
乐都区	853.62	23	581.63	6	239.32	15	32.67	2
民和县	1132.14	21	816.69	7	312.39	13	3.06	1
平安县	333.62	8	333.62	8				
循化县	942.70	27	604.59	11	314.67	14	23.44	2
海北州	62594.46	699	51979.51	364	1840.76	63	8774.19	272
刚察县	23548.90	231	20126.83	127	286.60	7	3135.47	97
海晏县	7946.39	68	7000.98	46	6.26	1	939.15	21
门源县	10742.14	158	8494.33	80	131.94	4	2115.87	74
祁连县	20357.03	242	16357.37	111	1415.96	51	2583.70	80
海南州	28379.87	255	21026.36	167	2754.24	26	4599.27	62
共和县	8799.84	80	6370.06	51	1256.77	4	1173.01	25
贵德县	5420.42	48	3476.44	28	345.69	5	1598.29	15
贵南县	2492.37	26	2091.95	15			400.42	11
同德县	4164.15	48	3420.89	25	578.81	14	164.45	9
兴海县	7503.09	53	5667.02	48	572.97	3	1263.10	2
海西州	309867.35	2088	179379.58	627	71687.23	1353	58800.54	108
大柴旦行委	9949.44	54	3829.64	8	6119.80	46		
德令哈市	24197.80	248	11955.96	27	12015.64	220	226.20	1
都兰县	24348.26	206	13181.23	10	11167.03	196		
格尔木市	200935.23	1240	119554.40	520	24693.69	620	56687.14	100
冷湖行委	493.85	15			493.85	15		
茫崖行委	6583.42	50			6583.42	50		
天峻县	39650.37	197	29791.95	50	8639.25	142	1219.17	5
乌兰县	3708.98	78	1066.40	12	1974.55	64	668.03	2
黄南州	11225.81	109	9617.12	88	289.91	6	1318.78	15
河南县	5293.22	61	4293.46	48			999.76	13
尖扎县	367.22	11	204.72	7	162.50	4		
同仁县	1741.94	13	1302.38	10	120.54	1	319.02	2
泽库县	3823.43	24	3816.56	23	6.87	1		

（续）

行政区 \ 湿地类	合计		永久性河流		季节性河流		洪泛平原	
	面积(公顷)	个数	面积(公顷)	个数	面积(公顷)	个数	面积(公顷)	个数
果洛州	68635.57	626	46266.30	317			22369.27	309
班玛县	2652.15	51	2652.15	51				
达日县	14333.55	108	10571.21	58			3762.34	50
甘德县	9473.93	130	6338.53	61			3135.40	69
久治县	4640.52	48	3852.92	25			787.60	23
玛多县	24158.52	154	13764.35	61			10394.17	93
玛沁县	13376.90	135	9087.14	61			4289.76	74
玉树州	394304.87	1766	312800.91	1340	10514.20	306	70989.76	120
称多县	16589.93	132	11984.69	113			4605.24	19
囊谦县	13385.34	154	11768.93	129	53.01	4	1563.40	21
曲麻莱县	99337.30	371	95339.2	308	1883.71	53	2114.39	10
玉树县	10305.05	97	10305.05	97				
杂多县	49321.07	521	38282.76	378	1470.80	108	9567.51	35
治多县	205366.18	491	145120.28	315	7106.68	141	53139.22	35
合计	885256.77	5812	629666.53	3083	88544.74	1833	167045.50	896

2 湖泊湿地

青海省境内的湖泊湿地资源分布在7个市(州)24个县级行政区。湖泊湿地资源面积排前三位的是海西州、玉树州、海南州。其中：海西州湖泊湿地面积49.50万公顷，占全省湖泊湿地资源面积的33.67%；玉树州湖泊湿地面积36.57万公顷，占全省湖泊湿地资源面积的24.87%；海南州湖泊湿地面积23.61万公顷，占全省湖泊湿地资源面积的16.04%。海东市分布有少量湖泊湿地，面积21.27公顷。青海省各行政区湖泊湿地型及面积对比如图3-14；各行政区湖泊湿地资源统计见表3-18。

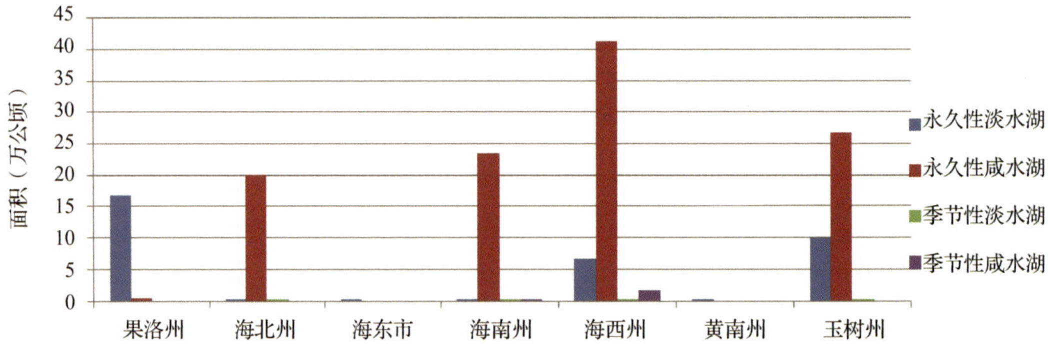

图3-14 青海省7个市(州)湖泊湿地资源面积对比图

表 3-18　各行政区湖泊湿地资源统计表

湿地类 行政区	合　计		永久性淡水湖		永久性咸水湖		季节性淡水湖		季节性咸水湖	
	面积(公顷)	个数	面积(公顷)	个数	面积(公顷)	个数	面积(公顷)	个数	面积(公顷)	个数
海东市	21.27	1	21.27	1						
循化县	21.27	1	21.27	1						
海北州	201737.87	22	1072.75	15	200540.70	5	124.42	2		
刚察县	146596.33	6	37.71	3	146434.20	1	124.42	2		
海晏县	54859.74	14	753.24	10	54106.50	4				
门源县	281.80	2	281.80	2						
海南州	236124.94	13	651.61	4	235079.19	6	66.66	2	327.48	1
共和县	234829.15	11	634.55	3	233800.46	5	66.66	2	327.48	1
兴海县	1295.79	2	17.06	1	1278.73	1				
海西州	495023.25	669	65976.13	480	412645.92	168	281.66	7	16119.54	14
大柴旦行委	27006.35	8	36.03	1	24188.63	5			2781.69	2
德令哈市	84824.94	32	6753.68	21	77886.31	5	123.22	1	61.73	5
都兰县	51345.22	12	3967.13	5	40377.08	6			7001.01	1
格尔木市	263164.90	569	52634.16	423	205319.53	139	95.90	5	5115.31	2
冷湖行委	18946.85	7	159.64	1	18787.21	6				
茫崖行委	30980.29	7	23.25	1	30161.46	3			795.58	3
天峻县	2373.82	27	2373.82	27						
乌兰县	16380.88	7	28.42	1	15925.70	4	62.54	1	364.22	1
黄南州	31.06	1	31.06	1						
泽库县	31.06	1	31.06	1						
果洛州	171645	326	167435.38	322	4209.62	4				
达日县	526.37	5	526.37	5						
久治县	1584.54	14	1584.54	14						
玛多县	169146.27	300	165214.31	297	3931.96	3				
玛沁县	387.82	7	110.16	6	277.66	1				
玉树州	365718.83	949	98374.26	813	266443.16	113	901.41	23		
称多县	2675.11	26	2675.11	26						
曲麻莱县	27329.23	218	26511.37	202	621.16	9	196.70	7		
玉树县	4845.97	13	4845.97	13						
杂多县	11656.13	105	9832.10	62	1119.32	27	704.71	16		
治多县	319212.39	587	54509.71	510	264702.68	77				
合　计	1470302.22	1981	333562.46	1636	1118918.59	296	1374.15	34	16447.02	15

3　沼泽湿地

沼泽湿地资源分布在全省 8 个市(州)38 个行政区中，沼泽湿地资源面积分布最大的地区是海西州，其沼泽湿地面积 290.57 万公顷，占沼泽湿地资源面积的 51.47%；其次是玉树州，沼泽湿地面积 187.44 万公顷，占沼泽湿地资源面积的 33.20%；第三是果洛州，沼泽湿地面积 56.75 万公顷，占沼泽湿地资源面积的 10.05%；黄南州、海南州、海北州和海东市、西宁市等地有少量沼泽湿地分布。

各湿地区、市(州)沼泽湿地型及面积对比如图 3-15；各湿地区沼泽湿地资源统计见表 3-19。

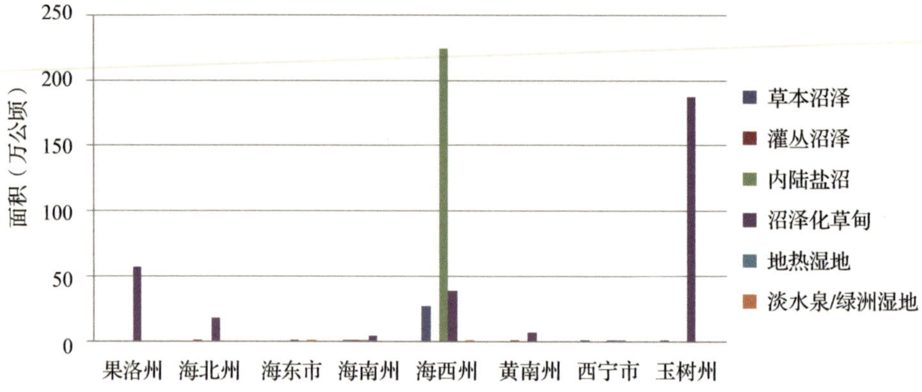

图 **3-15** 青海省 **8** 个市(州)沼泽湿地资源面积对比图

表 3-19 青海省各行政区沼泽湿地资源统计

湿地类 / 行政区	总计		草本沼泽		灌丛沼泽		内陆盐沼		沼泽化草甸		地热湿地		淡水泉/绿洲湿地	
	面积（公顷）	个数	面积（公顷）	个数	面积	个数	面积（公顷）	个数	面积（公顷）	个数	面积（公顷）	个数	面积（公顷）	个数
西宁市	1038.09	23	12.49	1					1017.27	21	8.33	1		
大通县	181.19	2							181.19	2				
湟源县	828.20	19	12.49	1					815.71	18				
湟中县	28.70	2							20.37	1	8.33	1		
海东市	662.54	14							637.50	13			25.04	1
互助县	375.69	7							375.69	7				
循化县	286.85	7							261.81	6			25.04	1
海北州	181430.36	361			249.37	2			181180.99	359				
刚察县	106818.14	101							106818.14	101				
海晏县	12267.57	74			249.37	2			12018.20	72				
门源县	3400.96	39							3400.96	39				
祁连县	58943.69	147							58943.69	147				
海南州	47379.65	164	559.45	10	361.45	8	422.30	1	46036.45	145				
共和县	21562.40	69			34.80	1	422.30	1	21105.30	67				
贵德县	16327.93	40	559.45	10	297.81	5			15470.67	25				
贵南县	4013.63	18			20.82	1			3992.81	17				
同德县	2292.87	22			8.02	1			2284.85	21				
兴海县	3182.82	15							3182.82	15				
海西州	2905697.33	1586	270322.48	79			2245015.22	94	390335.90	1412			23.73	1
大柴旦行委	114037.08	16	3370.38	2			110634.34	13	32.36	1				
德令哈市	71062.07	77	19892.70	16			34990.93	24	16178.44	37				

（续）

湿地类/行政区	总计 面积（公顷）	总计 个数	草本沼泽 面积（公顷）	草本沼泽 个数	灌丛沼泽 面积	灌丛沼泽 个数	内陆盐沼 面积（公顷）	内陆盐沼 个数	沼泽化草甸 面积（公顷）	沼泽化草甸 个数	地热湿地 面积（公顷）	地热湿地 个数	淡水泉/绿洲湿地 面积（公顷）	淡水泉/绿洲湿地 个数
都兰县	741067.80	57	30047.53	16			692372.32	17	18647.95	24				
格尔木市	1431954.40	1158	102836.38	21			1214625.93	13	114492.09	1124				
冷湖行委	33326.85	4	265.59	1			33061.26	3						
茫崖行委	123406.64	8	101848.97	5			21557.67	3						
天峻县	240856.74	225	156.68	1					240700.06	224				
乌兰县	149985.75	41	11904.25	17			137772.77	21	285.00	2			23.73	1
黄南州	67313.99	236			22.69	1			67291.30	235				
河南县	27797.42	75							27797.42	75				
尖扎县	1057.76	9							1057.76	9				
同仁县	3134.89	12							3134.89	12				
泽库县	35323.92	140			22.69	1			35301.23	139				
果洛州	567483.70	508							567483.70	508				
班玛县	6193.44	38							6193.44	38				
达日县	69242.61	99							69242.61	99				
甘德县	8496.54	26							8496.54	26				
久治县	45817.53	107							45817.53	107				
玛多县	416205.18	194							416205.18	194				
玛沁县	21528.40	44							21528.40	44				
玉树州	1874401.32	1282	985.04	3					1873416.28	1279				
称多县	238783.15	147							238783.15	147				
囊谦县	14029.90	89							14029.90	89				
曲麻莱县	529821.73	170							529821.73	170				
玉树县	40772.76	88							40772.76	88				
杂多县	479714.80	168	985.04	3					478729.76	165				
治多县	571278.98	620							571278.98	620				
合 计	5645406.98	4174	271879.46	93	633.51	11	2245437.52	95	3127399.39	3972	8.33	1	48.77	2

4 人工湿地

青海省 8 个市(州) 43 个行政区中，人工湿地资源分布涉及 7 个市(州)29 个行政区。面积最大的是海西州，人工湿地面积 9.12 万公顷，占人工湿地资源面积的 63.96%；其次是海南州，人工湿地面积 4.02 万公顷，占人工湿地资源面积的 27.27%；第三是海东地区，人工湿地面积 0.52 万公顷，占人工湿地资源面积的 3.53%。青海各行政区人工湿地型及面积对比如图 3-16；各流域人工湿地主要统计见表 3-20。

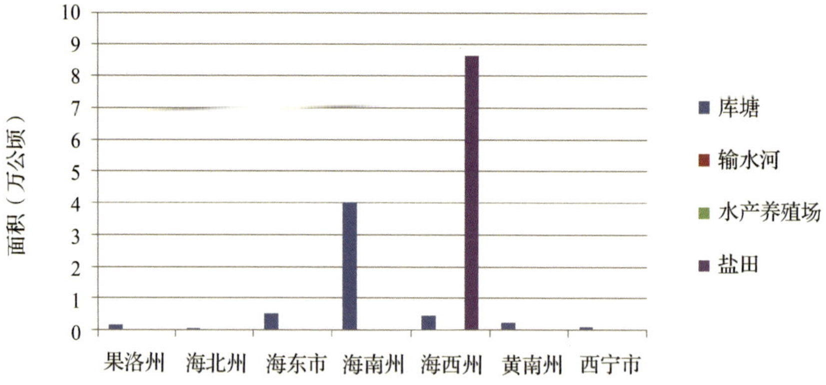

图 **3-16** 青海省 **7** 个市(州)人工湿地资源面积对比图

表 3-20 青海省各行政区人工湿地资源统计表

湿地类 行政区	合 计		库 塘		输水河		水产养殖场		盐 田	
	面积(公顷)	个数	面积(公顷)	个数	面积(公顷)	个数	面积(公顷)	个数	面积(公顷)	个数
西宁市	917.36	15	905.73	14	11.63	1				
大通县	516.62	4	516.62	4						
湟中县	332.38	6	332.38	6						
西宁市区	68.36	5	56.73	4	11.63	1				
海东市	5199.03	42	5158.91	38	27.89	3	12.23	1		
互助县	254.72	10	254.72	10						
化隆县	3602.62	10	3602.62	10						
乐都区	77.26	4	77.26	4						
民和县	118.95	7	91.25	4	15.47	2	12.23	1		
平安县	49.52	4	49.52	4						
循化县	1095.96	7	1083.54	6	12.42	1				
海北州	857.80	56	683.40	12	174.40	44				
刚察县	174.40	44			174.40	44				
海晏县	354.29	3	354.29	3						
门源县	329.11	9	329.11	9						
海南州	40217.08	16	40217.08	16						
共和县	19982.73	6	19982.73	6						
贵德县	560.88	2	560.88	2						
贵南县	19510.31	4	19510.31	4						
同德县	72.98	1	72.98	1						
兴海县	90.18	3	90.18	3						
海西州	91187.27	72	4602.91	16	163.85	31			86420.51	25
大柴旦行委	6569.59	2							6569.59	2
德令哈市	532.01	23	329.94	3	92.73	19			109.34	1
都兰县	21485.92	17	124.13	1	56.03	10			21305.76	6
格尔木市	40989.21	9	3989.30	5					36999.91	4

（续）

湿地类 行政区	合　计		库　塘		输水河		水产养殖场		盐　田	
	面积（公顷）	个数	面积（公顷）	个数	面积（公顷）	个数	面积（公顷）	个数	面积（公顷）	个数
冷湖行委	6770.00	7							6770.00	7
茫崖行委	5802.79	3							5802.79	3
乌兰县	9037.75	11	159.54	7	15.09	2			8863.12	2
黄南州	2569.27	8	2569.27	8						
河南县	104.98	2	104.98	2						
尖扎县	2439.71	5	2439.71	5						
泽库县	24.58	1	24.58	1						
果洛州	1648.41	2	1648.41	2						
久治县	29.71	1	29.71	1						
玛多县	1618.70	1	1618.70	1						
合　计	142596.22	211	55785.71	106	377.77	79	12.23	1	86420.51	25

第三节
湿地资源分布特点

青海湿地遍布全省，主要分布在青南地区和柴达木盆地，祁连山地区分布较少。青海高原的湿地资源随地形、海拔和气候等因子的变化而呈现空间和垂直分布的不同规律，尤其是河流湿地、湖泊湿地和盐沼湿地，具有明显的特征。

1　湿地广布，各类特征明显

（1）河流湿地广布。以河流为中心，沿河流两侧浅水区或低洼潮湿积水地段的条带状分布，在河流水流速度缓慢以及河床为淤泥地段，这一湿地类型的分布更为明显。构成该格局的系列条带状湿地植物群落类型依次为河流中心的沉水植物群落、河流两侧的挺水植物群落以及河流两边滩地的沼泽草甸。河流湿地类型的分布可随着河流两侧地貌及滩地积水的差异，在河流两侧边缘呈不规则扩展。青海省河流湿地是以长江、黄河、澜沧江和黑河等流域的源头区为中心广布，河流长 5000 米以上的河有近 5000 余条。

（2）湖泊湿地集中。以湖泊或浅塘为中心，沿湖滨边缘的环带状分布，这是由湖泊的特点所决定的，受湖泊或湖塘水位变化波动的影响，在湖泊边缘的浅水区至湖滨地带往往生长一些沉水或挺水植物群落类型，如篦齿眼子菜群落等，形成明显的环带状特征。这一湿地类型多位于潜水溢出带，有时表现为以河流入湖口为中心，呈扇形展开的形式。受湖泊水文特征及其地形地貌等因素的影响，湖滨湿地带宽幅度有所差异，可形成环湖地区的间断分布。湖泊湿地从高海拔地区的唐古拉山，到低海拔的柴达木盆地呈现散布，面积 100 公顷以上的湖有近百个，上万公顷的湖泊有数十个。

（3）沼泽湿地面积大。河流源头高海拔地区或高原平缓滩地的沼泽湿地，主要呈斑块状镶嵌分布，其地势高亢、气候寒冷，土层下部常有多年冻土层或季节性冻土层，降水和冰雪融水在平缓滩地产生滞水，形成沼泽化草甸。由于融冻作用常常形成半圆形的冻胀草丘，丘间洼地常积水，也常形成形态大小各异的热融湖塘；以嵩草群落和薹草群落为典型代表的沼泽湿地镶嵌分布，构成江河源区沼泽湿地独特的景观类型；柴达木盆地分布的盐沼湿地不仅面积大、极具特色，并形成独特的湿地景观，孕育着高原荒漠区特有的物种多样性。沼泽湿地在各河流源头区和山地间的盆地或低洼地，发育广泛；尤其是盐沼湿地集中分布，面积达564.54万公顷，其中内陆盐沼湿地有224.54万公顷。

(4)人工库塘较单一。人工库塘湿地主要在江河干流、一级支流、二级支流区域分布，较为集中。省域内的人工库塘多是大中型水电站蓄水库和水库建设所形成，面积较大；盐田主要集中在柴达木盆地的各盐湖及其湖周，主要有察尔汗盐湖、茶卡盐湖、柯柯盐湖等。

2 结构简单，原始功能强大

青海省高原湿地资源大多分布在海拔3000米以上地区，其湿地地域辽阔。由于高原人口少，社会经济发展相对滞后，人为活动对自然生态湿地的影响与破坏较轻，各类型湿地生态系统基本保持着原始的自然风貌。同时，由于高原面地势高耸、边远偏僻，一定程度上阻隔了其他生态分布区的生物物种对该生态区生物群落的演替侵扰，保持着较强的生态功能。青海湿地资源在海拔3000米以上的湿地面积为526.02万公顷，主要是由西藏嵩草、薹草形成的沼泽化草甸湿地。

高原湿地是我国重要的水资源基地，长江总水量的25%、黄河总水量的49%、澜沧江总水量的15%和黑河总水量的95%都来青海高原。青海湿地不仅维护着高原生态系统和气候环境的稳定，同时，为我们研究生物资源的保护、开发和持续利用，探索人与自然和谐共处提供了难得的科研基地。

3 区位重要，突出的地域性特点

从全省4大湿地类分析，青海湿地资源以沼泽湿地分布的面积最大，为564.54万公顷，占全省湿地总面积69.32%。其中：沼泽化草甸为312.74万公顷，占沼泽湿地资源的55.40%；内陆盐沼224.54万公顷，占沼泽湿地资源的39.77%。其次，为湖泊湿地，面积为147.03万公顷，占湿地资源总面积的18.05%。再次，是河流湿地，面积为88.53万公顷，占湿地资源总面积10.87%；人工湿地最少，面积14.26万公顷，仅占1.75%。由此可见，全省4大湿地类分布的面积极不均衡。

由于青海是长江、黄河、澜沧江的发源地，自然地理条件特殊，具有独特的高海拔湿地生态系统，尤其是江河源头的沼泽化草甸湿地和柴达木盆地的内陆盐沼湿地，分布集中，面积大，占全省湿地面积的57.11%。受江河源头区海拔高的影响，湿地自然条件严酷，生态环境较为脆弱；而柴达木盆地地处高原内陆，是全国荒漠化、沙化的重点集成地区，也是我国内陆盐沼面积最大的分布区，生态区位十分重要。因此，保护好高原沼泽湿地，对于维护生态平衡，改善青海省乃至黄河、长江、澜沧江中下游地区和荒漠区的生态状况，实现人与自然和谐，促进青海省经济社会可持续发展和全面建成小康社会都具有十分重要的意义。

青海湿地资源分布又呈现地域性特点。河流湿地分布在玉树州的长江源区和海西州境内的柴达木盆地，分别占河流湿地资源面积的 40.46% 和 20.63%。从长江源区到河口，地势平坦，河道宽阔，河网密布，多为永久性河流湿地；其次为唐古拉山以北地区，占河流湿地面积的 11.15%；西宁市为最少，只占河流湿地总面积的 0.47%。湖泊湿地主要分布在海西州和玉树州，分别占湖泊湿地面积的 26.58% 和 24.14%；沼泽湿地集中分布在海西州和玉树州，分别占沼泽湿地面积的 49.76% 和 27.54%；人工湿地分布在海西州和海南州，海西州以盐田为主，海南州以黄河干流上的水库为主，分别占人工湿地资源面积的 63.96% 和 28.19%。同时，湿地分布又呈现地域性分布不均衡的特点，湿地最多的是海西州，其次为玉树州和果洛州。

4 高原湿地，经济发展保障

青海高原湿地区域广泛分布着高寒灌丛草场、草甸草场等丰富的草地资源，为畜牧业发展提供着重要的物质基础，如青南地区的长江、黄河源区山间盆地、河流两岸低阶地的沼泽草甸湿地区域中，可利用草场面积达 400 多万公顷，其草本植物质量好，产草量适中，可产鲜草 3000 公斤/公顷，是青海省重要的畜牧业基地，也为各类野生动物的生息繁衍提供了必要的生态场所。同时，河流湿地区因地形地势的原因，蕴藏着丰富的水能源，为区域经济的发展起着保障和促进作用。

5 湿地保护，形式多面积大

全省湿地保护区域总面积达 2120 万公顷，占省国土面积的 30.29%，还有相当部分的自然湿地没有得到保护。受保护湿地面积 522.48 万公顷，自然湿地受保护面积 517.12 万公顷。主要有 11 个自然保护区、水源保护区、3 处湿地公园、1 处森林公园和其他保护等形式。其中自然保护区是保护湿地生态系统和湿地生物多样性最有效的手段，因此受保护的湿地以自然保护区面积最大，为 352.17 万公顷。水源保护区面积 110.52 万公顷，全省均有分布。湿地公园 3 处，湿地面积 1.67 万公顷，分布在贵德县、西宁市和河南县。森林公园湿地面积 345.28 公顷，分布在互助县。其他保护形式，湿地受保护面积 58.09 万公顷，为国际重要湿地、国家重要湿地和省级其他重要湿地。

第四章 湿地生物资源

湿地生物资源是指适宜于水环境生长、繁育的植物、动物和浮游生物。受自然立地条件和气候因子的影响与制约，在不同的区域和不同的环境内分布的物种有很大的差异。青海省南部地区的湿地动植物物种资源较西部、西北部和中部柴达木盆地的物种资源要富集，且具有不同的特点。因此，在高海拔地区栖息分布的生物资源，虽具有特色，但其同环境的变化仍有一定的关联，尤其是气候的变化对生物资源的影响是直接的。

据全省第二次湿地资源调查的结果分析，境内分布的湿地动植物物种区系较为复杂，鱼类和鸟类物种的资源量较为丰富，且具高原特色。

第一节 植物和植被

湿地植被是指由水生、沼生和湿生植物为优势种组成的群落类型，而湿地植物是指生长于湖泊、河流、沼泽以及人工湿地等生境中的水生、沼生和湿生植物。湿地植被是湿地生态系统的重要生物资源，也是湿地生态系统的主要生产者，在涵养水源、净化水质、调节水平衡和气候、提供野生动物栖息生存场所以及在人类生活质量提高等方面发挥着不可替代的作用。青海境内湿地植被分布有 4 大类型，即水生植被、沼泽植被、沼泽草甸和盐沼植被，沼泽草甸和沼泽湿地类型的植物属是青藏高原湿地的独特类型，极具代表性与广泛性。

1 湿地植物区系和种类

根据吴征镒(1991)中国种子植物属分布类型的划分系统，青海湿地种子植物有 9 个分布类型(含 1 个亚型)，可划分为 138 属(表 4-1)。

表 4-1 青海省湿地种子植物属分布类型

分布类型	属　数	占总属数比例(%)
1. 世界分布	42	31
7. 东亚和北美洲间断分布	1	1
8. 北温带分布	44	31

（续）

分布类型	属　数	占总属数比例(%)
8－5. 欧亚和南美洲温带间断	2	2
10. 旧世界温带分布	10	7
11. 温带亚洲分布	11	8
12. 地中海区、西亚至中亚分布	11	8
14. 东亚分布	11	8
15. 中国特有分布	6	4
合　计	138	100

按照恩格勒系统统计，青海湿地维管束植物有46科138属372种，包括蕨类植物1科2属3种，被子植物45科136属369种，其中双子叶植物31科95属244种，单子叶植物14科41属125种(表4-2)。

表4-2　青海省湿地植物科、属、种统计表

门		科　数	属　数	种　数
蕨类植物		1	2	3
被子植物	双子叶植物	31	95	244
	单子叶植物	14	41	125
合　计		46	138	372

1.1　科统计分析

含有30种以上的科有2个，即莎草科和菊科，占总科数的4.35%；有94种，占总种数的25.27%，隶属21属，占总属数的15.22%。含有10～30种的科有11个，占总科数的23.91%；有192种，占总种数的51.61%，隶属67属，占总属数的48.55%。含10种以下的科有34个，占总科数的73.91%；有87种，占总种数的23.39%，隶属50属，占总属数的36.23%；其中仅含1种的科有11个，占总科数的23.91%(表4-3)。

表4-3　青海省湿地植物科数统计

含种的数量	科　数	总属数	总种数
≥10种的科	13	88	286
含7种的科	2	3	14
含6种的科	1	3	6
含5种的科	2	7	10
含4种的科	1	2	4
含3种的科	9	15	27

（续）

含种的数量	科 数	总属数	总种数
含2种的科	7	9	14
含1种的科	11	11	11
合 计	46	138	372

含5个属以上的科有9科，其中：禾本科18属30种，菊科16属49种，毛茛科10属29种，玄参科6属19种，蔷薇科6属17种，豆科6属15种，藜科6属10种，十字花科6属10种，莎草科5属46种。

1.2 属统计分析

含10种以上的属有7个，占总属数的5.07%。其中：灯心草属16种、薹草属17种、风毛菊属18种、荸荠属14种、龙胆属13种、委陵菜属11种、马先蒿属10种。含5~9种的属有10个，占总属数的7.25%。其中：嵩草属9种、蓼属9种、毛茛属9种、早熟禾属6种、金莲花属6种、垂头菊属5种、香蒲属7种、棘豆属5种、杨属5种、柳属7种。有4个种的属6个，占总属数的4.35%。分别是扁蕾属、酸模属、黄耆属、柽柳属、藨草属和橐吾属。其余115属，每属仅含3种或3种以下，占总属数的81.89%。

1.3 种统计分析

按照植物生活型来划分，在372种高等植物中，乔木、灌木仅有38种，占总种数的10.22%，主要集中在柽柳科、杨柳科、胡颓子科、蔷薇科、蒺藜科、藜科、小檗科、豆科、忍冬科、虎耳草科、夹竹桃科和茄科中。草本植物占绝对优势，共有334种，占总种数的89.78%。

内陆盐沼湿地以芦苇、柽柳、小果白刺、大叶白麻、黑果枸杞、盐爪爪、平卧碱蓬、盐角草、海乳草、柴达木猪毛菜和盐地风毛菊等盐生植物为主。

淡水湿地分布的水生植物按照生活型可划分为沉水植物、漂浮植物、浮叶植物、挺水植物和湿生植物。

青海湿地植物分布受水因子的影响较大，尤其是水生湿地植物的种类，即具有地带性和地域性的特点，又具有隐域性特点。外业调查中常见的植物种有：

(1)沉水植物：狸藻、穗状狐尾藻、水毛茛(图4-1)、硬叶水毛茛、沼生水马齿、川蔓藻等。

(2)漂浮植物：浮萍、浮叶眼子菜、品萍、紫萍等。

(3)浮叶植物：长果水苦荬、浮毛茛、水葫芦苗等。

(4)挺水植物：芦苇(图4-2)、杉叶藻(图4-3)、北水苦荬、长苞香蒲、狭叶香蒲、海韭菜、水葱、菖蒲、泽泻、野慈姑、灯心草等。

(5)湿生植物：稗、无味薹草、沿沟草、水柏枝、无尾果、蒙古葶苈、青藏金莲花、水麦冬(图4-4)、双脊荠、斑花黄堇、苦荬菜、西藏嵩草、小薹草等。

图 **4-1**　水毛茛

图 **4-2**　芦　苇

图 **4-3**　杉叶藻

图 **4-4**　水麦冬

2　湿地植物资源

青海湿地植物资源主要由被子植物组成，蕨类植物只有 3 种；被子植物中双子叶植物最多，有 244 种；单子叶植物有 125 种。

2.1　蕨类植物

青海省湿地蕨类植物有 1 科 2 属 3 种，占全省植物总种数的 0.8%，即木贼科问荆属问荆、木贼属节节草和木贼，均为多年生草本。问荆主要生于林下、沼泽水沟边、河滩、草甸；节节草主要生于河沟边、沼泽；木贼主要生于水沟边。

2.2　被子植物

青海省湿地被子植物共有 45 科 136 属 369 种，占全省湿地植物种数的 99.2%。其中：双子叶植物有 243 种，单子叶植物有 125 种。

2.2.1　双子叶植物

双子叶植物有 31 科 95 属 244 种；主要以毛茛科、蔷薇科、龙胆科、玄参科和菊科种类最多，其次为十字花科和蓼科等。

杨柳科有 2 属 12 种，均为乔木。主要分布在沟边、河谷、河滩、山谷水边等河流两岸、洪泛平原等地势低洼的区域，常见种有青杨、洮河柳、乌柳等；洮河柳是中国特有植物，生长于海拔 1650～4100 米的地区，分布在河岸。

蓼科有 2 属 13 种，均为多年生草本。主要分布在湖泊边缘的浅水区、沟边及水边。主要有水生酸模、巴天酸模、两栖蓼、西伯利亚蓼、珠芽蓼等。

藜科有 6 属 10 种，为多年生木本。主要分布在湖滨、湖边及盐碱土地区，有盐地碱蓬、盐角草等。

石竹科有 2 属 2 种，为多年生草本。繁缕属沼泽繁缕，主要在民和县分布，生长在水边、田边，分布海拔 2300～2400 米；蝇子草属麦瓶草，主要分布在玉树及东部地区，生于水边、田边等地区。

毛茛科有 10 属 29 种，多为一年生或多年生草本。生长分布在沼泽化草甸、河滩、湖滨等地区。主要种有草玉梅、水毛茛、云生毛茛、水葫芦苗、三裂碱毛茛、矮金莲花、青藏金莲花等。

小檗科有 1 属 2 种，为多年生木本。主要有鲜黄小檗和直穗小檗，生于河边、溪边。

罂粟科有 1 属 1 种，为多年生草本。为紫堇属斑花黄堇，生于沼泽化草甸、河漫滩，分布海拔 3820～5300 米。

十字花科有 6 属 10 种，为一年生或多年生草本。分布在河滩砂砾地、河滩疏草甸、湖滨的低洼沙石地、高山冷湿岩屑坡及山沟水边湿地等区域。其中，独行菜属心叶独行菜，生于盐沼滩地边，分布海拔 2950 米。

景天科有 1 属 1 种，为多年生草本。红景天属四裂红景天，国家Ⅱ级保护植物。分布在治多、曲麻莱、囊谦、玉树、称多、玛多、久治、玛沁、尖扎、泽库、河南、共和、贵南、湟中、乐都、互助、祁连、门源等县(市)。生于海拔 2800～4800 米的高山草甸、高山流石滩、高山石缝、灌丛中，及湖边沙砾地、林缘、山坡灌丛、山坡石地、山坡石缝、石坡、溪边和沼泽地中。

虎耳草科有 2 属 3 种，为灌木和多年生草本。茶藨子属美丽茶镳子，主要生于河流、溪边；虎耳草属黑虎耳草和唐古特虎耳草，主要生于高山草甸或石隙中。

蔷薇科有 6 属 17 种，为木本和多年生草本。生于草甸、河漫滩、河谷阶地，常见的植物种有鹅绒委陵菜、钉柱委陵菜、多裂委陵菜、西北沼委陵菜等。

豆科有 6 属 15 种，为木本和多年生草本。主要生于河漫滩、河谷、沙砾滩地、盐碱沙地。常见种有短叶锦鸡儿、多枝黄芪、甘草等。其中甘草为国家Ⅱ级保护植物，分布于西宁、尖扎及海东州、海南州、海西州河滩地、碱化沙地，海拔 2100～2950 米。

蒺藜科有 2 属 4 种，灌木和多年生草本。主要生于山坡滩地、河谷、湖边沙地，常见种有白刺、小果白刺等。

水马齿科有 1 属 1 种。水马齿属沼生水马齿，分布于达日县，生于浅水区，海拔 4200～4600 米。

柽柳科有 2 属 7 种，半灌木、灌木。柽柳属的种，主要生于河谷、干河床、河漫滩、河岸、湖边、冲积平原、阶地等荒漠化和盐渍化地区；水柏枝属种，多生于河滩、河谷阶地、河床、湖边沙地及山麓洪积扇地带。

堇菜科有 1 属 1 种，为多年生草本。堇菜属鳞茎堇菜，主要生于高山草甸、水边、林下，分布海拔 2560～4150 米。

胡颓子科有 1 属 3 种，灌木。沙棘属西藏沙棘、中国沙棘和肋果沙棘，主要生于河谷、阶地、河漫滩和河流两岸。

柳叶菜科有 1 属 1 种，多年生草本。柳叶菜属沼生柳叶菜，主要生于高山灌丛下、河滩、林缘。

小二仙草科有 1 属 1 种，多年生水生草本。狐尾藻属穗状狐尾藻，生于水池、湖泊浅水区。

杉叶藻科有 1 属 1 种，水生草本。杉叶藻属杉叶藻，生于沼泽化草甸、湖边、河畔、水池中。

报春花科有 3 属 6 种，多年生草本。海乳草，主要生于河滩沼泽、草甸、沟边；点地梅属植物，主要生于河滩、山坡、草甸；报春花属种，生于沼泽化草甸、河滩湿地、河边草地。

龙胆科有 4 属 20 种，多年生草本。常见种有假水生龙胆、刺芒龙胆、麻花秦艽、湿生扁蕾等，主要生于沼泽草甸、河滩、草甸等地带。

夹竹桃科有 2 属 2 种，为直立半灌木。白麻属大叶白麻和罗布麻属罗布麻，均生于盐沼、草甸盐土、盐碱滩。

紫草科有 1 属 1 种，为一年生或二年生草本。鹤虱属蓝刺鹤虱，生于河滩等地。

唇形科有 4 属 5 种，一年生或多年生草本。常见种有密花香薷、异叶青兰等，主要生于河滩、水沟边。

茄科有 1 属 2 种，灌木。枸杞属黑果枸杞和宁夏枸杞，生于沙地、河滩、河谷地带。

玄参科有 6 属 19 种，一年生或多年生草本。主要生于河滩草地、沼泽化草甸、河漫滩，常见种有短穗兔耳草、毛颏马先蒿、斑唇马先蒿、华马先蒿、大唇马先蒿、青藏马先蒿、北水苦荬、兰石草等。

狸藻科有 1 属 1 种，水生草本。狸藻属狸藻，生于水中。

车前科有 1 属 2 种，多年生草本。车前属大车前和平车前，生于河边、河滩湿地等地区。

忍冬科有 1 属 3 种，为灌木。生于河谷，河滩，水边。

菊科有 16 属 49 种，一年生或多年生草本或灌木。主要生于水边、河边、沼泽浅水处、河滩、河谷等地区。达乌里风毛菊、碱地风毛菊、盐地风毛菊等常生于盐碱地、沼泽地等地区。

2.2.2 单子叶植物

单子叶植物共有 14 科 41 属 125 种，主要以禾本科、莎草科和灯心草科种类最多；其次为香蒲科和眼子菜科等。

香蒲科有 1 属 7 种，多年生水生或沼生草本。主要生于淡水池沼、湖泊、水渠边。

眼子菜科有 3 属 5 种，多年生水生草本。主要生于淡水池沼、湖泊、池塘、河流浅滩。

水麦冬科有 1 属 2 种，多年生水生或湿生草本。主要生于沼泽、滩地、湖泊、河流等湿地。

泽泻科有 2 属 3 种，多年生或一年生水生、沼生或湿生草本。主要生于沼泽、河滩、湖滨沼泽。

禾本科有 18 属 30 种，多年生或一年生草本，部分为木本。主要生于水溪边、河岸、河滩、水沟旁、水渠边等地。

莎草科有 5 属 46 种，多年生草本，少为一年生。主要生于湖边、沼泽草甸、湖滨湿地、水边。

天南星科有1属1种，菖蒲属菖蒲。生于水边、沼泽湿地。

浮萍科有2属3种，漂浮或沉水草本。主要生于淡水池塘、湖泊、沼泽。

灯心草科有1属16种，多年生或一年生草本。主要生于河滩、河岸、渠道、沼泽湿地。

百合科有2属3种，多年生草本。生于盐碱地、湖边。

鸢尾科有1属2种，多年生草本。生于湿地。

兰科有2属3种，草本。地生兰，主要生于河谷、河滩和沼泽地带。

伞形科有1属1种，多年生草本。迷果芹属迷果芹，主要生于河边、河滩。

大戟科有1属3种，多年生草本。主要生于河滩、河岸。

3 湿地种子植物区系特点

青海省湿地种子植物区系呈现分布类型的成分多样，植物群落中优势种明显、特有种少等特点，其特征突出。

3.1 植物区系成分多样，隐域性分布特点突出

中国种子植物属共有15个分布区类型，青海有9个类型。北温带分布型有44属，占总属数的31%；世界分布类型有42属，占总属数的31%；其他分布类型共有52属，占总属数的38%。由此可见，青海省湿地种子植物区系具有明显的温带性质。

在水生和盐生植被中，除了上述地带性成分外，发育着隐域区系成分或非地带性区系成分，如香蒲属、眼子菜属、慈姑属等都是较为典型的隐域性区系成分。

3.2 湿地植物群落优势种明显，覆盖度大

在未受人为过度干扰的区域，植被覆盖度多在50%以上，有的达到100%。如盐沼湿地中的芦苇、盐爪爪、碱蓬、嵩草、盐地风毛菊、黑果枸杞、大叶白麻等群落，覆盖度达50%～100%；湖泊湿地中的西伯利亚蓼、芦苇、水葱、杉叶藻、香蒲、眼子菜、稗等群落，覆盖度在80%以上；河漫滩湿地中，芦苇、薹草、沿沟草、水柏枝、西藏嵩草等群落，覆盖度在60%～100%之间。此外，在人为严重干扰或弃荒地上经常发育有小薹草等单优势种群落。

3.3 双子叶植物丰富度较高，而单子叶植物多度上占优势

在青海省湿地种子植物物种组成中，双子叶植物有244种，占总种数的65.59%。其中：菊科种最多，49种，占双子叶植物总数的20.08%；其科属数相对也较多。单子叶植物种数相对较少，有125种，占总种数的33.60%，且集中在莎草科、禾本科和灯心草科，分别有46种、30种和16种，占单子叶植物总数的73.60%。

各湿地植物群落中的建群种多为单子叶植物，盖度大。如盐沼湿地的芦苇群落，淡水湿地的薹草群落等。这与湿地特殊的生态环境有很大关系，也与单子叶植物中有较多的广布种和隐域性的区系成分有关。

3.4　高原湿地植物特有种分布较少

青海省湿地种子植物特有属种只有 11 种，占总种数的 2.96%。其中：以莎草科荸荠属种类最多，共有 7 种，即阔基荸荠、硬秆荸荠、耳海荸荠、郭氏荸荠、怪基荸荠、本兆荸荠和青海荸荠。其次是龙胆科，有 3 种；龙胆属的南山龙胆，扁蕾属黄白扁蕾，獐牙菜属祁连獐牙菜（图 4-5）。玄参科有马先蒿属侏儒马先蒿 1 种。中国特有成分的属有 2 个，为细穗玄参属和肉果草属。由于青海地处青藏高原，气候寒冷，地质历史较短，生境复杂程度不高，植物区系特有成分相对匮乏。

图 **4-5**　祁连獐牙菜

3.5　特有湿地植物稀少

青海省特有湿地植物有 1 种，祁连獐牙菜。这与高海拔环境植物生长的立地条件和气候因素有关，且同高原植物区系成分的构成类型相一致。因此，青海省湿地植物种类分布与构成，受其影响与制约。

4　湿地植被类型分布和特点

青海湿地植被类型主要有沼泽植被和水生植被。沼泽植被是由湿生植被组成，主要分布在地表经常过于潮湿或有薄层积水的河漫滩、热融潮塘等地段；水生植被全省均有分布，主要以水毛茛、芦苇为建群种，常伴生有眼子菜、水麦冬、狐尾藻、杉叶藻等。

水毛茛群落生长于溪流、河畔和热融湖塘内，为着生于水底泥土中的浮水草本。由于其长期适应流水环境，植物的茎细长，多分枝，多为单种群落，盖度 30%～60%，在盛花期，黄白色的花朵浮动在水面上。

芦苇群落多分布于柴达木盆地淡水湖周围以及格尔木、乌图美仁等河流下游常年积水地段和诺木洪、沙柳河沿岸泉水溢出地。这些地段常见积水，水质较好，均为淡水或含盐量极低，适应芦苇生长和发育。多成单种群落，其株高 2～3 米，最高可达 4 米；生长茂盛，盖度 60%～70%。在芦苇生长的水域周围，伴生有眼子菜、水麦冬、杉叶藻等水生植物和盐生植物。

依据植被型组—植被型—群系的分类系统，对全省 52 块重要湿地 963 个样方调查结果统计，青海湿地植被有 4 个植被型组，9 个植被型，128 个群系。

4.1　阔叶林湿地植被型组

此型组有 1 型，为阔叶林湿地植被型；群系主要有 2 个。

（1）青杨林群系：分布于黄河流域的河漫滩、平缓沟谷、溪流边等地，海拔 2200～3900 米，多为小型群落，群落内树冠层盖度达 80%。

（2）小叶杨群系：分布于黄河、祁连山和黑河流域的河漫滩、山谷溪流地带，多为小型群落，海拔 1900～3350 米，群落内树冠层盖度达 80%。

4.2 灌丛湿地植被型组

有 2 型组，为落叶阔叶灌丛植被型、盐生灌丛植被型。

4.2.1 落叶阔叶灌丛植被型

落叶阔叶灌丛植被型主要有 6 个群系。

(1)洮河柳群系：分布于省内大部分地区的谷地、水边、河流两岸，海拔 2200～4100 米，盖度可达 70%，树高度可达 3 米。

(2)乌柳群系：分布于省内大部分地区的谷地、河流两岸，海拔 1550～4500 米，盖度约 70%，树高度 2 米以上。

(3)金露梅(图 4-6)群系：分布于全省各地的溪流边、河滩地，海拔 2500～4200 米，盖度达 80%，树高 0.5～2 米。

(4)小檗群系：青海省东部区和南部区河谷、河漫滩地有分布，海拔 2395～3850 米，盖度达 80%，树高度 0.3～2.5 米。

(5)具鳞水柏枝群系：分布于全省各地的河谷、河滩地、湖边及流水边，海拔 2200～4000 米，盖度可达 70%，植物高度可达 3 米。

(6)西藏沙棘(图 4-7)群系：分布于全省各地的河谷、河漫滩、沟谷及河流两岸。海拔 2800～5200 米，盖度可达 70%，高度 0.4～3 米。常与铁线莲、嵩草等伴生。

图 **4-6** 金露梅

图 **4-7** 西藏沙棘

4.2.2 盐生灌丛植被型

盐生灌丛植被型主要有 7 个群系。

(1)柽柳(图 4-8)群系：分布于盐沼低地，海拔 1800～2960 米，群落盖度可达 80%，平均高度约 3 米。柽柳是一种盐分指示种；常见与芦苇、碱蓬等伴生。

(2)盐爪爪(图 4-9)群系：分布于盐沼低地，群落盖度可达 40%，高度约 40 厘米；常见与碱蓬等伴生。

(3)白麻群系：分布于盐沼低地，群落度可达 40%，高度约 40 厘米；常见与芦苇等伴生。

(4)枸杞群系：分布于盐沼低地，群落盖度达 40%，高度约 40 厘米；常见与芦苇等伴生。

图 **4-8**　甘蒙柽柳

图 **4-9**　盐爪爪

(5)白刺(图 4-10)群系：分布于盐沼低地，群落盖度达 40%，高度约 150 厘米；常见与芦苇等伴生。

(6)盐角草(图 4-11)群系　盐沼湿地均为小面积分布，群落盖度变化较大。平均高度约 20 厘米，是一种盐分指示种，常见碱蓬等伴生。

图 **4-10**　唐古特白刺

图 **4-11**　盐角草

(7)碱蓬群系：分布于盐沼低地，群落盖度可达 40%，高度约 30 厘米；常见与盐角草等伴生。

4.3　草丛湿地植被型组

有 3 型组，为莎草型湿地植被型、禾草型湿地植被型和杂类草湿地植被型。

4.3.1　莎草型湿地植被型

莎草型湿地植被型主要有 10 个群系。

(1)小钩毛薹草群系：在省内南部地区广泛分布，生于湖边和沼泽，多为优势种群落，盖度 20%~90%，高 5~15 厘米。

(2)无脉薹草群系：广泛分布于省内南部，生于沼泽和沼泽草甸，多形成优势种群落，群落盖度 50%~60%，高度 8~25 厘米。

(3)青藏薹草群系：全省广泛分布，主要生于河边、沼泽地、湖边，多形成优势种群落，群落盖度 50%~60%，高度 10~25 厘米。

(4)扁穗草属群系：在全省广泛分布，生于湖边、沼泽草甸，形成块状分布的单优势群落；群落内盖度为 70% 左右，高度 5~25 厘米。

(5)水葱群系：在省内青海湖、柴达木地区分布，主要生长于沼泽地，形成块状分布的单优势群落；群落内盖度为 70% 左右，高度 10 厘米左右。

(6)细秆藨草群系：全省广泛分布，生于浅水处、湖边沼泽，可形成单优势种群落，盖度为 60% 左右，高度为 50~80 厘米。

(7)球穗藨草群系：分布于省内柴达木地区湖边低地及浅水沼泽，盖度达 70%，高度 15~35 厘米；可形成单优势种群落。

(8)喜马拉雅嵩草群系：广泛分布于省内各地，主要生于河边、湖边、沼泽草甸，形成单优势种群落，盖度在 40% 左右，高度 5~30 厘米。

(9)西藏嵩草(图 4-12)群系：广泛分布于省内各地，多生于河滩、水边、沼泽草甸，形成单优势种群落，盖度在 40% 左右，高度 10~15 厘米。

图 **4-12** 西藏嵩草

(10)圆囊薹草群系：分布在大通河中、上游，是青海高原典型的沼泽类型，常与藏北嵩草沼泽草甸组成复合体，伴生有黑穗薹草、矮生嵩草。

4.3.2 禾草型湿地植被型

禾草型湿地植被型主要有 12 个群系。

(1)芦苇群系：最常见的湿地植被群系之一，分布于内陆淡水湖泊、沼泽、河流沿岸及湖滨低地。群落内盖度为 70%~90%，高度 150~250 厘米，易形成单一优势种。伴生植物有水葱、藨草、香蒲、菵草、看麦娘、眼子菜、鹅绒委陵菜等。

(2)拂子茅群系：分布于本区东部地区的河漫滩上，群落内盖度为 60%~80%，高度在 50~80 厘米，与芦苇、羊草、赖草和杂类草等形成优势群落。伴生植物有羊草、草地风毛菊、冷地早熟禾、假苇拂子茅、鹅绒委陵菜等。

(3)假苇拂子茅群系：分布于全省各地的河流沿岸与湖盆洼地，草群盖度 70%~90%，高度 40~90 厘米，可形成单优势种，一般也与禾草类和莎草类形成优势群落。伴生种有拂子茅、早熟禾、赖草、芦苇和小薹草等。

(4)菵草群系：分布于省域内各地的河漫滩，群落面积不大，其盖度 70%~90%，高度 15~70 厘米，可形成单优势种，与禾草类和莎草类形成优势群落，常见伴生种有看麦娘、拂子茅、芦苇、圆囊薹草、小薹草等。

(5)看麦娘群系：分布在西宁和门源地区的水溪边，缺乏连续的大面积分布，多以小面积的群落片层与其他沼泽草甸群落或沼泽植被形成复合群落，如菵草、早熟禾、拂子茅、小薹草、圆囊薹草、细灯心草、藨草等。其盖度达 80%，高度 20~70 厘米。

(6)沿沟草群系：分布于省内各地的河岸、水溪边、沼泽湿地，群落面积不大，通常形成单一优势种，草群盖度50%~70%，高度20~50厘米。在一些成分较丰富的群落中，主要的次优势植物及伴生植物有芦苇、细灯心草、泽泻、菖蒲等。

(7)早熟禾群系：分布于省内的荒漠区和草原区的河漫滩、干河谷、扇缘低地、湖盆洼地、湖边湿地等地下水埋藏不深的地带。群落内盖度为50%~70%，高度8~20厘米，易形成单一优势群落，可与星星草、赖草、羊草、拂子茅、芦苇、盐爪爪、大白刺等组成共优群落。

(8)星星草群系：广泛分布于本省的草原地区，多出现在河漫滩、水沟旁和湖滨滩地的盐化草甸上。群落内盖度40%~50%，高度20~30厘米。常见的伴生植物种有盐地风毛菊、平车前、鸢尾、蒲公英、西伯利亚蓼、平卧碱蓬等。

(9)赖草群系：常见于省内各地河漫滩、湖岸、湖盆外围与河滩地的弱盐化草甸地带。群落内盖度60%~70%，高度25~100厘米；伴生植物有星星草、碱茅、芦苇、马蔺、风毛菊、蒲公英、平车前、西伯利亚蓼、委陵菜等。

(10)棒头草群系：分布于本省柴达木、西宁、海南及海东地区，生长于河滩、潮湿地、水渠边，可形成单一优势种群落，盖度可达70%，高度8~60厘米。

(11)无芒稗群系：分布于西宁和共和地区，生于水边，盖度可达80%，高度10~45厘米；伴生种有狗尾草等。

(12)冰草群系：分布于盐沼低地，群落总盖度可达40%，高度约30厘米，常见与盐爪爪等伴生。

4.3.3　杂类草湿地植被型

杂类草湿地植被型主要有17个群系。

(1)小香蒲群系：分布于柴达木盆地、西宁及海东地区，生于河、湖边浅水或河滩、淡水池沼，易形成单一种群落，除小香蒲为建群种以外也混生少量的宽叶香蒲等；盖度60%~80%，高度20~50厘米；常见伴生种有水葱、芦苇、泽泻、细灯心草、茵草、水蓼、穿叶眼子菜、浮萍等。

(2)菖蒲群系：分布于省域东部地区，生于沼泽、河流边和湖泊边；盖度约70%，高度约120厘米；常见伴生种有香蒲、芦苇等。

(3)小灯心草群系：全省广泛分布，生于河滩、水边湿地、草甸和沼泽化草甸；盖度约60%，高度5~20厘米。

(4)泽泻群系：分布于青海湖、可鲁克湖，生于湖滨沼泽，盖度在70%左右，高度20~50厘米；常见伴生种有香蒲、菖蒲、芦苇等。

(5)珠芽蓼(图4-13)群系：分布在本省草原区的低湿地上，群落盖度40%~60%，高度10~35厘米。可形成单一优势种，或与小蒿草、嵩草等组成群落。

(6)西伯利亚蓼(图4-14)群系：全省广泛分布，见于河岸、湖滨及荒漠地区的湖、河边的盐碱地，群落盖度40%~60%，高度5~30厘米。可形成单一优势种，或与小蒿草或耐盐性禾草组成群落。

(7)长叶碱毛茛群系：主要发现于西宁、玉树、柴达木地区，生于河滩、沼泽草甸、盐碱沼泽地。群落内盖度30%左右，匍匐茎长达30厘米。

图 **4-13** 珠芽蓼

图 **4-14** 西伯利亚蓼

(8)高原毛茛群系：分布于省域内南部、东部，生于河边、河漫滩、沼泽草甸，盖度60%左右，高度10～30厘米；常见伴生种有嵩草、早熟禾等。

(9)节节草群系：分布于省内南部、东部，生于河边、河漫滩、沼泽地，盖度60%左右，高度10～20厘米；常见伴生种有嵩草、早熟禾等。

(10)问荆群系：分布于全省各地，生于水沟边、沼泽、河滩浅水中；盖度30%～50%，高度40～60厘米。

(11)海乳草(图4-15)群系：全省广泛分布，生于河滩沼泽、草甸沼泽、盐碱沼泽及沟边。群落盖度40%～60%，高度5～30厘米，可形成单一优势种，或与委陵菜、芦苇或耐盐性禾草组成群落。

图 **4-15** 海乳草

(12)扁蓄群系：分布于本省大部分地区，主要生长在沼泽、河滩地，盖度70%左右，高度约70厘米。

(13)假水生龙胆群系：分布于省内南部地区，生长在沼泽化草甸、河滩地，盖度70%左右，高度5～10厘米；或与委陵菜、金露梅、嵩草等组成群落。

(14)蓝白龙胆群系：分布于省域内大部分地区，生长在沼泽化草甸上，盖度70%左右，高度5～10厘米。

(15)马蔺群系：分布在典型草原带的河滩地、丘间盆地、沙丘间滩地及湖泡外围等地下水位较高处。群落盖度60%～70%，高度约40厘米，通常不形成单一优势种，而是与薹草、芨芨草、赖草、羊草和杂类草形成优势群落。

(16)华马先蒿群系：分布在省内草原区的沼泽化草甸。群落盖度40%～60%，高度5～15厘米；可形成单一优势种，或与小薹草、嵩草、秦艽等组成群落。

(17)狭叶马先蒿群系：分布于省内高海拔草原区的沼泽化草甸、河滩地。群落盖度40%～60%，高度5～20厘米。

4.4 浅水植物湿地植被型组

有3型组，为漂浮植物型、浮叶植物型和沉水植物型。

4.4.1 漂浮植物型

漂浮植物型主要有3个群系。

(1)浮萍群系：分布于省内东部地区的池塘、湖泊、沼泽，主要发育于较为平静的水体，盖度可达90%。

(2)品藻群系：分布于省内东部地区和西部地区的池塘、湖泊、沼泽的边缘，盖度80%左右。

(3)紫萍群系：分布于省内东部地区的池塘、湖泊、沼泽，盖度80%左右；常见伴生种有浮萍等。

4.4.2 浮叶植物型

浮叶植物型主要有4个群系。

(1)浮毛茛群系：分布于省域内东部地区和青海湖南岸地区，盖度50%~70%，主要伴生种有浮萍等。

(2)水葫芦(图4-16)群系：分布于省内东部和西部地区的池塘、湖泊、沼泽浅水区生长，盖度80%左右；常见伴生种有眼子菜、品萍、芦苇等。

(3)长果水苦荬群系：全省广泛分布，盖度可达80%，常见伴生种有浮毛根、浮萍、芦苇等。

(4)浮叶眼子菜群系：分布于海东地区的池沼、湖泊中，盖度50%~70%。

4.4.3 沉水植物型

沉水植物型主要有9个群系。

(1)川蔓藻群系：分布于青海湖地区，生于水中，盖度30%~50%；常见伴生种有浮毛良、角果藻、狐尾藻等。

(2)海韭菜(图4-17)群系：全省广泛分布，生于沼泽、河流、湖泊、池沼中，盖度30%~50%；常见伴生种有水麦冬、狐尾藻等。

图4-16 水葫芦苗

图4-17 海韭菜

(3)水麦冬群系：全省广泛分布，生于沼泽、河流、湖泊、池沼中，盖度30%~50%；常见伴生种有海韭菜、角果藻等。

(4)龙须眼子菜群系：分布于西宁地区、青海湖地区，生于湖泊、池沼中，盖度30%~50%。

(5)尖叶眼子菜群系：分布于柴达木地区、青南地区，生于湖泊、河流、池沼及沟渠中，盖度40%左右。

(6)抱茎眼子菜群系：广泛分布，生于池塘、湖泊、河流浅水中，盖度30%~50%；常见伴生种有水葫芦苗、品萍。

(7)狐尾藻群系：分布于柴达木地区、青南地区，生于湖泊、池沼中，盖度40%左右；常见伴生种有海韭菜等。

(8)杉叶藻群系：全省广泛分布，生于湖边、河边、河塘浅水区，盖度70%左右；常见伴生种有眼子菜等。

(9)长苞香蒲群系：分布于柴达木地区、东部地区，生于湖泊、池沼和渠边，盖度30%~50%。

4.5 湿地植物特点

青海高原湿地植物资源具有区系复杂、分布广泛、群落多样、沼泽植物尤其盐沼植物明显等特点。

(1)湿地植物区系复杂。根据中国植物区系分区，青海湿地植物总体上属于青藏高原植物亚区中的唐古拉地区，集中反映在沼泽化草甸方面，表现出一定的复杂性，尤其是以莎草科植物为优势种，以菊科、蓼科、报春花科植物等为主的伴生种类最为突出。高原上著名的四大名花——杜鹃、绿绒蒿、龙胆、报春，在湿地中有3种分布；而紫堇等属又与中国—喜马拉雅植物区的横断山脉地区相联系。湿地植物的最大特色，是以喜马拉雅灯心草和长柱灯心草为代表的灯心草属植物；以青海荸荠为代表的荸荠属植物和假水生龙胆为代表的龙胆属植物。由此可见，青海湿地植物区系正在沿着独立化的方向发展，逐步摆脱对周围地区的依赖，成为另一个植物演化中心的地位逐步显示出来。

(2)湿地植物分布广泛。青海湿地植物按照热量空间可划分为温性、寒温性和高寒3大类群，其中有一部分植物在这三个热量带中均有分布，成为广布型，尤其是一些沉水和挺水植物表现更为突出，如芦苇属的芦苇、眼子菜属的篦齿眼子菜等。

(3)湿地植物群落多样。湿地植物资源丰富，不同的立地条件下孕育着类型各异的植物群落，主要可划分为9个类型70多个群系。其中：水生植被型，是以沉水植物为主要代表植物组成的植被类型，广泛分布于青海高原的湖泊浅水区、河流缓流区或流动的溪流和湖塘洼地等水生环境；水生植被多随湖泊或河流呈环带状、条带状或斑块状分布，海拔在2000~4600米。沼泽植被型，是以挺水植物为代表种类组成的植被类型，广泛分布于湖泊浅水区、河流缓流区或湖塘洼地积水生境；不同的区域和海拔高度，优势种类有所不同，多呈片状分布，在长江、黄河源区湿地挺水植物以杉叶藻、薹草、荸荠等为主。沼泽草甸型，是以湿生植物为代表植物所组成的植被类型，广泛分布于省域境内的湖滨地带、河流两侧低阶地以及平缓的滩地、山间盆地、洼地等生境，其受大气降水、冰雪融水和高山冻融的作用，常形成草丘等典型高原湿地景观，优势植物种类有嵩草、薹草等多年生草本植物。湿地草甸型，是青海湿地植被类型中植物种类最为丰富和多样的植被类型，为湿地动物的生存、繁殖和发展提供了保障。盐沼植被型，是由多年生和一年生耐盐植物、适盐植物或抗盐植物组成的草甸植被类型，主要分布在柴达木盆地沮洳地带和盐湖的外缘与砾石戈壁之间，是盆地分布最为广泛和最为主要的植被类型，也是牲畜集中养殖的地区，海拔高度 2600 ~2800 米；优势植物种类有芦苇、盐角草、盐地碱蓬、盐爪爪、罗布麻等。多样的湿地植物群落是青海高原物种多样性特有的特征。

(4)沼泽植物，尤其盐沼植物分布明显。青南高原所分布的沼泽植被，它的发生和发展与我国东部地区沼泽植被的发生和发展具有很大的差别：一是气温低，青海省虽然地处亚热带和温带，但由于海拔高，气候寒冷，年平均气温低。二是地下埋藏着许多冻土层，土壤温度低，植被根系难以从土壤中吸收水分，往往形成生理干旱。三是泥炭化过程缓慢，在潮湿和低温条件下，微生物的分解活动受到强烈抑制，植物的枯枝落叶和死亡根系难以分解，形成半泥炭化而埋藏在土壤表层。而柴达木盆地所分布的盐沼，土壤含盐量高，植被难以生长，唯有一些耐盐或抗盐植被得以生长，因此群落种类组成较为简单。

杉叶藻沼泽，广布于青南高原，分布在玉树州的囊谦、杂多、治多、曲麻莱、玉树、称多；果洛州的玛沁、玛多、达日、久治和黄南州的泽库等县域的河流上游闭流洼地和热融湖塘低洼地段。杉叶藻为一种湿生植被，株高 10 ~20 厘米，其根状茎着生于土壤内，在积水洼地，植株下部淹没于水中，上部漏出水面，茎直立不分支，叶片轮生；由于生长环境湿润，质地脆弱，群落外貌暗红色，总盖度 30% ~40%，形成单优群落，偶尔有极少数伴生种类，而多为水生植物，如水毛茛、眼子菜和狐尾藻等；在积水较少或无积水的地段，还可见到水葫芦、沟沿草等。

盐生植被沼泽，分布于柴达木盆地沮洳地带和盐湖的外缘，土壤为盐化草甸土和草甸盐土，地下水位一般在 100 厘米左右。由于土壤含盐量高，不利于植物生长，故植物种类少，群落结构简单。常有盐爪爪群落、盐角草群落、碱蓬群落和芦苇群落等。植被分布以盐湖水为中心，随地下水位深度和土壤盐渍化程度的不同，植物群落环湖呈带状有规律的分布。盐湖边盐渍化程度重，地表为灰色盐壳，寸草不生；其外围季节性积水地段，土壤中的盐分浓度高，分布着盐角草群落和碱蓬群落；再外侧地下水位稍低，土壤含盐量较少，主要分布芦苇群落；盆地边缘芦苇的外侧，有时出现盐沼向草甸过渡的类型，常生长有水麦冬、海乳草、盐地风毛菊、白刺等伴生种类。在盐壳带和细土带之间的一些小湖泊或较大的内陆河两岸，随着地下水位、盐分的变化，出现以罗布麻、薹草、海乳草为优势植物的沼泽湿地，在积水地段形成以芦苇为优势植物的沼泽湿地。

盐角草群落，以盐角草为单优势种，有时形成纯群落。在边缘伴生有矮生芦苇和少数碱蓬、盐地风毛菊等。碱蓬群落，以盐地碱蓬和平卧碱蓬形成群落，常伴生有西伯利亚蓼、盐地风毛菊和大白刺等。芦苇群落，是以矮生芦苇为建群种，常伴生有水麦冬、海乳草、盐地风毛菊、大白刺等盐生植物。

西藏嵩草沼泽化草甸，为多年生密丛性短根茎草本植物。以西藏嵩草为优势群落的沼泽，集中分布在青南高原和祁连山地区海拔 3200 ~5000 米的湖滨、河畔、排水不畅的平缓滩地、碟形洼地、山间盆地、山麓潜水溢出带，以及高山冰雪带下缘地段。积水地带多为沼泽植被，边缘地带汇水形成小溪，水生植被群落明显。沼泽化草甸具有典型的高原湿地特征，生境高寒、潮湿，土壤多为高寒沼泽土，有机质含量高，是区域内最具有生物多样性的草地生态系统之一。西藏嵩草沼泽化草甸植被组成，其种类较为丰富，以西藏嵩草为建群种，伴生种以莎草科、菊科、毛茛科和禾本科植物为主，常见种有华扁穗草、黑褐薹草、马先蒿、矮金莲花、蒲公英、垂头菊、风毛菊、针茅、火绒草、珠芽蓼、海韭菜、天山报春、兰石草等。轻度及中度退化的地段植被种类相应增加，比较干燥的区域常见矮嵩草和高山嵩草。西藏嵩草沼泽化草甸植被生长茂盛，盖度高达95%。

湿生草本植物在各大湿地环境内形成集中连片的群落草场优势，这些由湿生草本植物群落形成的草甸草场，既为畜牧业发展提供了优良的牧草，同时也为各类野生动物的生息繁衍提供了必要的生态场所。

第二节 野生动物

野生动物是湿地生物多样性的重要组成部分，是国家的重要资源。湿地独特的生态环境，为野生动物的生存、繁衍提供了栖息地。青海省境内丰富的湖泊与滩涂、河流与沼泽草甸等湿地生境是众多野生动物(图4-18 至图4-27)，特别是鱼类、鸟类、两栖类的理想栖息繁衍场所，也为一些兽类提供了生存的必要条件，湿地野生动物在全省野生动物资源中占据很大的比重。

图**4-18** 黑颈鹤

图**4-19** 大天鹅

图**4-20** 藏野驴

图**4-21** 藏原羚

图 **4-22**　［普通］鸬鹚

图 **4-23**　牛背鹭

图 **4-24**　斑头雁

图 **4-25**　普通秋沙鸭

图 **4-26**　花斑裸鲤

图 **4-27**　西藏山溪鲵

1　湿地野生动物种类和特点

湿地动物是指常年或部分时间生活在湿地环境的动物种类。湿地是许多高原野生动物，特别是一些珍稀鸟类、鱼类和两栖动物赖以生存的主要环境。在青海栖息分布的湿地动物，随着气候与生态环境的变化，其种类与种群呈现不同的改变和增加，特别是受保护的珍稀物种得以恢复和增长。如青海湖裸鲤、黑颈鹤、大天鹅等。

1.1　动物物种组成

青海省湿地动物有鸟类 119 种，隶属于 10 目 24 科；鱼类 59 种，隶属于 3 目 6 科；哺乳类 14

种，隶属于6目9科；两栖类10种，隶属于2目5科。全省湿地脊椎动物种类有4纲21目44科202种。

1.2 湿地动物资源特点

青海高原湿地动物资源具有物种比重大、珍稀物种多、科研价值高等特点。

(1)湿地动物物种比重大。青海省湿地脊椎动物有202种，占全省野生动物种类的比例分别是脊椎动物目、科、种总数的72.41%、62.81%和43.53%。其中，鱼类种数占全省鱼类总种数的100%，湿地两栖类占100%；鸟类占40.75%；哺乳类占13.59%。青海省湿地脊椎动物物种占全省脊椎动物的比重见表4-4。

(2)珍稀保护物种特色突出。全省湿地珍稀保护动物物种多、价值高，一些物种的种群数量大。鸟类中受国家重点保护的物种有17种，其中国家Ⅰ级保护鸟类5种，分别是黑颈鹤、黑鹳、金雕等；国家Ⅱ级保护鸟类12种，为大天鹅、灰鹤、蓑羽鹤、小青脚鹬、大鵟、鸢、玉带海雕等。

表4-4 青海省湿地脊椎动物目、科、种对比统计

类别	湿地脊椎动物			全省脊椎动物			湿地脊椎动物占全省同类种比例(%)		
	目	科	种	目	科	种	目	科	种
鱼纲	3	6	59	3	6	59	100	100	100
两栖纲	2	5	10	2	5	10	100	100	100
鸟纲	10	24	119	16	36	292	62.50	66.67	40.75
哺乳纲	6	9	14	8	23	103	75.00	39.13	13.59
合计	21	44	202	29	70	464	72.41	62.81	43.53

黑颈鹤，为大型涉禽，是中国特有的珍贵鹤类，也是世界上唯一生存在高原上的鹤类。成年黑颈鹤体长约1.2米，体重达7.5公斤。黑颈鹤生活在人烟稀少的高原湖泊、沼泽和河流湿地环境中，在海拔3500~4500米的沼泽湿地中繁殖，在海拔2500~3500米的高原或山区越冬，是典型的候鸟。每年3月离开越冬地，飞抵青藏高原的沼泽湿地中，4月下旬开始繁殖。黑颈鹤的种群数量很有限，总数有5000余只。隆宝湖由于独特的地理环境成为中国黑颈鹤繁殖和生存最集中的地方之一；1984年隆宝自然保护区初建时只有22只，经过近30年保护，其栖息的种群数量增加到150余只。

玉带海雕，大型猛禽，夏候鸟。主要分布在青海湖、可鲁克湖，天峻县和玉树州等地等草甸草原；栖息于湖泊、河流和水塘等水域的开阔地带。以水禽和旱獭等为食。通常营巢于湖泊、河流和沼泽岸边高大的乔木树上，偶尔也有在芦苇堆上营巢的。玉带海雕的尾羽是非常珍贵的羽饰，常遭到人为捕杀。草原大面积灭鼠灭虫，致使其赖以生存的自然条件遭到破坏，科群数量急剧下降。20世纪90年代，开展的青海鸟类资源调查显示，在青海湖地区尚能见到2~3只，此后多年很难见到。近几年栖息环境得到有效保护和恢复，在可鲁克湖、青海湖等地区又见到少量分布。

其他受保护的猛禽如草原雕、大鵟、鸢、白肩雕等，在青海青南地区的草甸草原上均有分布，其种群数量有限，现受到严格保护。然而，由于草原灭鼠灭虫，造成食物链缺失，影响其生存、繁衍与恢复。

大天鹅，为青海冬候鸟，是我国珍贵的水禽，主要分布于青海湖和可鲁克湖等地。由于青海湖西端的大、小泉湾，是一片泉眼密布，水草茂盛的沼泽湿地，每年10月中下旬，大批的大天鹅、野鸭从新疆、西藏等地陆续迁徙到这里聚集，度过漫长的冬天，翌年4月上旬离开，居留时间约5个月左右。越冬期间主要觅食水麦冬、西伯利亚蓼、风毛菊的种子、茎和叶。在沼泽湿地中主要采食嵩草、华扁穗草和沟沿草等湿地植被。

灰鹤、蓑羽鹤等鸟类，为青海的夏候鸟，其种群极少，秋季迁徙活动期间，在青海湖、可鲁克湖等湖泊可见十余只或几十只的大群。黑鹳、红鹳等鸟，为旅鸟或迷鸟，可偶然见到。

哺乳类中受国家重点保护的兽类有6种，为藏野驴、水獭、水鹿、藏羚、藏原羚、野牦牛等。

藏野驴，是青藏高原特有种，大型草食性动物。体形与蒙古野驴、骡相似，头颅硕大、短而宽，吻部稍圆钝。成年藏野驴全身毛色以红棕色为主，体长可达2米多，肩高1.3米，体重350公斤左右。藏野驴栖息于高寒荒漠地带，清晨从荒漠或丘陵地区来到湿地中饮水，白天大部分时间在湿地中觅食和休息，傍晚回到荒漠深处。主要以沼泽湿地中的薹草、茅草和蒿类为食。主要分布在青南地区和柴达木盆地中。

藏原羚，为青海高原分布的优势种，广布于海拔3800~4500米的草甸草原区，与藏羚、藏野驴、野牦牛共栖，其种群数量近年来恢复较快，全省有4.6万~5万余只。水獭、水鹿，现今其种群数极少，分布较为局限，在野外很难见到其踪迹。

两栖动物中受国家保护的动物1种，大鲵。

大鲵，是世界上现存最大的两栖动物，体长可达1米，体重可超百斤。主要栖息于长江、黄河上游支流的山涧溪流中，在水质清澈、含沙量不大、水流湍急并且有回流水的洞穴中生活。主要以水生动物为食。

鱼类动物中受国家保护的有2种，青海湖裸鲤和川陕哲罗鲑。

青海湖裸鲤，仅分布于青海湖水系中，为青海省重要的经济鱼类。栖息于浅水区，常见于滩边洄水区或大石堆间流水较缓的地方，入冬则潜居于深水中。主要以水生浮游生物为食。适应性强，在咸水和淡水中均能生存。由于特殊的生存环境，其生长缓慢，繁殖能力较低，种群更新时间较长。早期的过度捕捞，导致资源量急剧下降，为了保护青海湖渔业资源，采取综合措施，封湖育鱼，近几年青海湖裸鲤资源量逐渐增加。

川陕哲罗鲑，是一种冷水鱼类。通常栖息在水质清澈、水温较低的水域中，青海省内分布在班玛县玛可河。主要以其他鱼类和水中其他动物的腐肉为食。由于玛可河自然环境的恶化及人为活动的加剧，使得栖息水域被污染，产卵场萎缩，产卵洄游通道被阻隔，造成种群数量下降，现已处于濒危境地。

(3)湿地生态价值大。湿地是世界上最具生产力的生态系统，也是生物多样性的发源地，其支撑着众多鸟类、哺乳类、爬行类、两栖类、鱼类和无脊椎动物、植物的生存，特别是其作为直接或间接依赖湿地生存的鸟类栖息地。青海湿地资源富集，类型多样，其中沼泽湿地、沼泽化湿地还是牧业生产的重要基地，高原家畜牦牛、绵羊养殖的优良草场。其保护的意义重大，生态价值、社会价值突出。

(4)湿地经济动物丰富。青海省湿地野生动物资源富集，其中鱼类是湿地中经济价值最高、物种与资源量最大的动物群，最常见的经济鱼类有裸鲤、哲罗鱼、草鱼、鲢鱼、鲫鱼、鲶鱼等。青海湖、可鲁克湖、鄂陵湖－扎陵湖等湖泊的野生鱼类资源量巨大，如青海湖裸鲤现存 3.9 万吨(2014 年)，可鲁克湖的鲤鱼捕捞最大纪录为 13 公斤/条，鄂陵湖－扎陵湖的鱼类资源在不断恢复；大型水库龙羊峡、李家峡等人工网箱养殖的虹鳟鱼产量逐年攀升。鱼类不仅是各种水禽鸟类的重要食物源，在维护湿地生态系统的平衡方面发挥着重要的生态功能；而且为人类的生活、社会的发展发挥着应有的贡献。

1.3 常见的湿地动物

鸟类是湿地野生动物中最具代表性的类群，在青海高原湿地生境中，常见鸟类有：鸊鷉科的[普通]鸊鷉，鹳科的黑鹳，鸭科的灰雁、大天鹅、赤麻鸭、绿头鸭、凤头潜鸭，鹰科的鸢、大鵟、金雕，鹤科的灰鹤、黑颈鹤，鸥科的渔鸥、棕头鸥、燕鸥，秧鸡科的骨顶鸡、凤头麦鸡，百灵科的长嘴百灵、小云雀、角百灵，鸦科的喜鹊、褐背拟地鸦等。

常见的鱼类有：青海湖裸鲤、花斑裸鲤、黄河裸裂尻鱼、黄河高原鳅，以及青鱼、草鱼、鲢鱼、鳙鱼、鲤鱼、鲫鱼、虹鳟鱼等经过人类引种养殖的鱼类。

湿地或水域常见的兽类有：麝鼠、斯氏水麝鼩、藏野驴、水獭等，分布较广。常见的两栖动物有：大蟾蜍岷山亚种、西藏蟾蜍和花背蟾蜍。

2 湿地鸟类资源

青海省湿地鸟类有 10 目 24 科 119 种，其中：雀形目种类最多，以涉禽和游禽为主；其次是雁形目与隼形目的鸟类(表 4-5)。

表 4-5 青海省湿地鸟类种类统计

目 名	科 数	种 数	种所占种比例(%)
鸊鷉目	1	4	3.36
鹈形目	2	2	1.68
鹳形目	3	9	7.56
雁形目	1	28	23.53
隼形目	2	7	5.88
鸻形目	5	36	30.25
鹤形目	2	5	4.20
鸥形目	2	6	5.04
雀形目	5	21	17.65
佛法僧目	1	1	0.84
合 计	24	119	100

䴙䴘目1科4种。䴙䴘科4种，小䴙䴘、黑颈䴙䴘、凤头䴙䴘和角䴙䴘；分布于青海湖以南和青海东北部。

鹈形目2科2种。鹈鹕科1种，白鹈鹕，见于青海湖；鸬鹚科1种，［普通］鸬鹚；主要分布在鱼类资源较为丰富的各湖泊。

鹳形目3科9种。鹭科7种，苍鹭、大白鹭、小白鹭、牛背鹭和池鹭等；鹳科1种，黑鹳；红鹳科1种，大红鹳（迷鸟）；主要分布于东部区和柴达木盆地。

雁形目仅有鸭科1科28种。其中：鸿雁仅限于柴达木盆地，豆雁仅限于东部区，灰雁、白额雁分布几乎遍及全省；斑头雁、白眉鸭、普通秋沙鸭、针尾鸭主要分布于青海湖、可鲁克湖－托素湖和青南高海拔湖泊；天鹅为冬候鸟，多见于青海湖；疣鼻天鹅，常见于柴达木盆地的湖泊沼泽；赤麻鸭分布遍布全省；翘鼻麻鸭仅见于青海湖；斑嘴鸭仅见于东部区湟水流域，白眼潜鸭见于玉树隆宝湖；绿翅鸭、赤膀鸭、绿头鸭、凤头潜鸭、赤嘴潜鸭为常见种，各地湖泊广泛分布；鹊鸭分布于西宁地区和门源大通河流域；普通秋沙鸭分布范围较广，且数量较多；斑头秋沙鸭、红头潜鸭、琵嘴鸭分布仅限于青海湖，且种群数量很少；红胸秋沙鸭遍布全省，且数量较少。

隼形目2科7种。鹰科6种，鸢、大鵟、金雕、白肩雕、草原雕、玉带海雕等；隼科1种，为红隼，多见于草甸草原。

鹤形目2科5种。鹤科3种，灰鹤较为常见，分布遍及全省各主要湿地；黑颈鹤、蓑羽鹤分布于青海湖、玉树及柴达木盆地的高山草甸沼泽地、芦苇盐沼地或湖泊河流沼泽地；秧鸡科2种，为白骨顶和黑水鸡。

鸻形目5科36种。鸻科8种，为环颈鸻、金眶鸻、蒙古沙鸻、铁嘴沙鸻、长嘴剑鸻、剑鸻、金［斑］鸻、凤头麦鸡等，主要分布于青海湖以及东北部和玉树的湖泊、河流滩涂湿地；鹬科24种，为翘嘴鹬、孤沙锥、林鹬、白腰草鹬、红腰鹬、黑尾塍鹬、白腰杓鹬、青脚鹬、半蹼鹬、扇尾沙锥、长趾滨鹬、红腹滨鹬、翻石鹬、矶鹬等，主要分布于青海湖和柴达木盆地；红脚鹬较为常见，遍布全省。燕鸻科1种，普通燕鸻，主要分布于青海湖、玉树地区的河湖边或沼泽地。反嘴鹬科1种，反嘴鹬，分布于青海湖。瓣蹼鹬科2种，红颈瓣蹼鹬、灰瓣蹼鹬，主要分布于青海湖。

鸥形目2科6种。鸥科的鱼鸥、棕头鸥、黄脚银鸥和楔尾鸥；燕鸥科的白翅浮鸥和普通燕鸥等，主要分布于青海湖等高原湖泊。

雀形目有5科21种，分布于全区各湿地生境。百灵科4种，长嘴百灵、角百灵、小云雀、凤头百灵，遍布于全省各类湖滨和沼泽草甸；鹡鸰科10种，黄鹨鸰、黄头鹡鸰、白鹡鸰、灰鹨、水鹨等；黄鹨鸰仅见于贵南地区，其他种较为常见，遍布于全区各类湿地。河乌科2种，河乌分布于东部地区、柴达木盆地、玉树和青海湖，褐河乌仅见于西宁地区；鹟科4种，白顶溪鸲、红尾水鸲、灰头鸫和红喉姬鹟，全省分布较广。

佛法僧目1科1种，普通翠鸟，属青海湖新增鸟类。青海省湿地鸟类种类分布见表4-6。

表 4-6 青海省湿地鸟类分布名录

种　类	栖息生境			保护级别
	河流湿地	湖泊湿地	沼泽湿地	
一、䴙䴘目				
1. 䴙䴘科				
1)小䴙䴘	√	√		
2)黑颈䴙䴘	√	√		
3)凤头䴙䴘	√	√		
4)角䴙䴘	√	√		Ⅱ
二、鹈形目				
2. 鹈鹕科				
5)白鹈鹕		√	√	Ⅱ
3. 鸬鹚科				
6)[普通]鸬鹚	√	√		
三、鹳形目				
4. 鹭科				
7)苍鹭	√	√		
8)大白鹭	√	√		
9)中白鹭	√	√	√	
10)小白鹭	√	√	√	
11)夜鹭	√	√		
12)牛背鹭		√	√	
13)池鹭	√	√	√	
5. 鹳科				
14)黑鹳		√	√	Ⅰ
6. 红鹳科				
15)大红鹳		√	√	
四、雁形目				
7. 鸭科				
16)鸿雁	√	√		
17)豆雁	√	√		
18)灰雁	√	√		
19)白额雁	√	√		Ⅱ
20)斑头雁	√	√		
21)大天鹅	√	√		Ⅱ
22)疣鼻天鹅	√	√		Ⅱ
23)赤麻鸭	√	√		
24)翘鼻麻鸭	√	√		

（续）

种　类	栖　息　生　境			保护级别
	河流湿地	湖泊湿地	沼泽湿地	
25）斑嘴鸭	√	√		
26）赤膀鸭	√	√		
27）绿翅鸭	√	√		
28）绿头鸭	√	√		
29）赤颈鸭	√	√		
30）针尾鸭	√	√		
31）白眉鸭	√	√		
32）琵嘴鸭	√	√		
33）赤嘴潜鸭	√	√		
34）红头潜鸭	√	√		
35）白眼潜鸭	√	√		
36）凤头潜鸭	√	√		
37）斑背潜鸭	√	√		
38）鹊鸭	√	√		
39）白秋沙鸭	√	√		
40）红胸秋沙鸭	√	√		
41）斑头秋沙鸭	√	√		
42）普通秋沙鸭	√	√		
43）罗纹鸭	√	√		
五、隼形目				
8. 鹰科				
44）鸢		√	√	Ⅱ
45）大鵟		√	√	Ⅱ
46）金雕		√	√	Ⅰ
47）白肩雕		√	√	Ⅰ
48）草原雕		√	√	Ⅰ
49）玉带海雕		√	√	Ⅱ
9. 隼科				
50）红隼		√	√	Ⅱ
六、鹤形目				
10. 秧鸡科				
51）黑水鸡		√	√	
52）白骨顶		√	√	
11. 鹤科		√	√	
53）黑颈鹤		√	√	Ⅰ
54）蓑羽鹤		√	√	Ⅱ
55）灰鹤		√	√	Ⅱ

（续）

种 类	栖息生境			保护级别
	河流湿地	湖泊湿地	沼泽湿地	
七、鸻形目				
12. 鸻科				
56)凤头麦鸡		√	√	
57)长嘴剑鸻		√	√	
58)金眶鸻		√	√	
59)环颈鸻		√	√	
60)蒙古沙鸻		√	√	
61)铁嘴沙鸻		√	√	
62)金[斑]鸻		√	√	
63)剑鸻		√	√	
13. 鹬科		√	√	
64)翘嘴鹬		√	√	
65)孤沙锥		√	√	
66)林鹬		√	√	
67)白腰草鹬		√	√	
68)红腰鹬		√	√	
69)黑尾塍鹬		√	√	
70)白腰杓鹬		√	√	
71)青脚鹬		√	√	
72)半蹼鹬		√	√	
73)扇尾沙锥		√	√	
74)长趾滨鹬		√	√	
75)红腹滨鹬		√	√	
76)翻石鹬		√	√	
77)矶鹬		√	√	
78)红脚鹬		√	√	
79)鹤鹬		√	√	
80)泽鹬		√	√	
81)小青脚鹬		√	√	Ⅱ
82)灰尾漂鹬		√	√	
83)青脚滨鹬		√	√	
84)尖尾滨鹬		√	√	
85)黑腹滨鹬		√	√	
86)阔嘴鹬		√	√	
87)流苏鹬		√	√	
14. 瓣蹼鹬科				
88)红颈瓣蹼鹬		√	√	

（续）

种　类	栖　息　生　境			保护级别
	河流湿地	湖泊湿地	沼泽湿地	
89）灰瓣蹼鹬		√	√	
15. 燕鸻科				
90）普通燕鸻		√	√	
16. 反嘴鹬科				
91）反嘴鹬		√	√	
八、鸥形目				
17. 鸥科				
92）黄脚银鸥	√	√		
93）鱼鸥	√	√		
94）棕头鸥	√	√		
95）楔尾鸥	√	√		
18. 燕鸥科				
96）普通燕鸥	√	√	√	
97）白翅浮鸥	√	√	√	
九、雀形目				
19. 百灵科				
98）长嘴百灵			√	
99）角百灵		√	√	
100）凤头百灵		√	√	
101）小云雀		√	√	
20. 鹡鸰科				
102）黄鹡鸰	√	√		
103）黄头鹡鸰	√	√		
104）灰鹡鸰	√	√	√	
105）白鹡鸰	√	√	√	
106）田鹨	√	√	√	
107）灰鹨	√	√	√	
108）水鹨	√	√	√	
109）平原鹨	√	√	√	
110）布莱氏鹨	√	√	√	
111）理氏鹨	√	√	√	
21. 河乌科				
112）河乌	√			
113）褐河乌	√			
22. 鸫科				
114）白顶溪鸲	√	√		
115）红尾水鸲	√	√		

（续）

种　类	栖　息　生　境			保护级别
	河流湿地	湖泊湿地	沼泽湿地	
116）灰头鸫	√	√		
117）红喉姬鹟	√	√		
23. 雀科				
118）大朱雀	√		√	
十、佛法僧目				
24. 翠鸟科				
119）普通翠鸟	√	√		

青海省湿地鸟类，其种群数量因种而异。雁鸭类和鸥类的鸟，在青海多为夏候鸟，种群数量较大，如斑头雁、赤麻鸭、棕头鸥、鱼鸥等鸟类，与其他水鸟有较为明显的集群分布优势。鸻鹬类、鹤类的种群分布较为分散，种群数量不多，如蓑羽鹤和灰鹤在青海为旅鸟，仅在迁徙途中作短暂停留。省域内夏季繁殖的水禽种类虽不多，但种群数量较大，仅青海湖湿地就有4万多只栖息繁殖；而春秋季节，迁徙作短暂停留的水禽鸟类就有7万余只；冬季有大天鹅在高原湖泊越冬。可以讲，青海高原的湿地鸟类，随着气候温度的升高，湿地生态环境的好转，鸟类资源呈增长的态势。

3 湿地鱼类资源

青海省湿地鱼类有59种，隶属于3目6科。其中：鲤形目种类最多，其种群数量占到了鱼类总数的86.44%，为全省鱼类的主要组成部分，具重要的经济价值。在这59种湿地鱼类中，属于外来引进的鱼类有11种，为鲤形目、鲑行目的鱼类，涉及6科；本地土著鱼类有48种。青海省湿地鱼类种类情况统计见表4-7。

表4-7　青海省湿地鱼类种类情况统计

目　名	科　数	种　数	种所占比例(%)	外地引进种
鲑形目	2	4	6.78	2
鲤形目	2	51	86.44	9
鲇形目	2	4	6.78	
合　计	6	59	100	11

从高原鱼类的生活水域和洄游习性来看，青海鱼类分为3个类型。一是在江河、湖泊之间洄游的鱼类，称为半洄游性鱼类；主要分布于黄河、长江和青海湖等河流、湖泊，如高原鳅鱼、裸鲤等。二是在湖泊中生长和繁殖的鱼类，不作有规律的洄游活动，称为定居性鱼类；在黄河干流的库塘、可鲁克湖生活的鱼类，如鲤、鲫、鲌、鲶科等。三是河流、山溪定居性鱼类，如黄河鮈、哲罗鲑、弓鱼、尻鱼、北方花鳅等。

鲑形目2科4种。鲑科有3种。川陕哲罗鲑，仅见于长江上游水系玛可河流域；虹鳟鱼、金鳟鱼，见于海东、海南地区人工库塘和河流养殖。胡瓜鱼科有1种，池沼公鱼，见于柴达木盆地可鲁克湖。

鲤形目有2科51种。鲤科是青海省分布的主要种类，资源量丰富，分布面广，几乎遍布全省各地。人工引进养殖的种类，有青鱼、草鱼、麦穗鱼、鲤鱼、鲫鱼、鳙鱼、白鲢等9种，分布于省内东部农业区及海西、海南等淡水湖泊及池塘。在黄河上游水系中的鱼类，有大刺鮈、黄河鮈、厚唇裸重唇鱼、花斑裸鲤、骨唇黄河鱼、极边扁咽齿鱼等；分布于长江上游水系的鱼类，有长丝弓鱼、齐口弓鱼、硬刺弓鱼、裸腹叶须鱼、软刺裸裂尻鱼等；澜沧江上游水系的鱼类，有光唇弓鱼、澜沧弓鱼、前腹裸裂尻鱼等；分布在青海湖的鱼类，主要是青海湖裸鲤；柴达木水系的鱼，是花斑裸鲤、黄河裸裂尻鱼等；而斜口裸鲤，仅分布于久治县逊木措湖。

鳅科有20种。广泛分布于全省各地的鱼类，有巩乃斯高原鳅、细体高原鳅和背斑高原鳅等。分布于黄河上游水系的鱼，为拟硬刺高原鳅、黄河高原鳅、拟鲶高原鳅、甘肃高原鳅等；分布于长江上游水系的鱼，有长鳍高原鳅、细尾高原鳅等；分布于澜沧江上游水系的鱼，有细尾高原鳅、小眼高原鳅等；而分布于青海湖的鱼，还有硬刺高原鳅、隆头高原鳅等；柴达木水系的鱼，有短尾高原鳅、厚尾高原鳅、软口高原鳅等。

此外，长蛇高原鳅，仅分布于久治县的逊木措湖；麻尔柯河高原鳅，仅分布于班玛县玛可河流域；圆腹高原鳅仅分布于玉树结古河；唐古拉高原鳅，仅分布于唐古拉山温泉乡小河中；北方花鳅，见于西宁市西川河。

鲇形目2科4种。鮡科3种，黄石爬鮡、中华鮡分布于长江上游水系，细尾鮡分布于澜沧江上游水系；鲶科1种，兰州鲶，仅见于黄河干流民和段峡口—官亭一带。青海省湿地鱼类种类分布，见表4-8。

表4-8 青海省湿地鱼类种类分布名录

种 类	栖息生境		
	河流湿地	湖泊湿地	人工库塘
一、鲤形目			
1. 鲤科			
雅罗鱼亚科			
1）青鱼		√	√
2）草鱼		√	√
3）黄河雅罗鱼	√		
鮈亚科			
4）大刺鮈	√		
5）黄河鮈	√		√
6）麦穗鱼		√	√
鳊鱼亚科			
7）䱗鲦	√		

（续）

种 类	栖 息 生 境		
	河流湿地	湖泊湿地	人工库塘
8)团头鲂	√		
鲢亚科			
9)鳙鱼			√
10)白鲢			√
鲤亚科			
11)鲤鱼		√	√
12)鲫鱼		√	√
裂腹鱼亚科			
13)长丝弓鱼	√		
14)齐口弓鱼	√		
15)硬刺弓鱼	√		
16)光唇弓鱼	√		
17)澜沧弓鱼	√		
18)裸腹叶须鱼	√		
19)厚唇裸重唇鱼	√		
20)花斑裸鲤	√	√	
21)青海湖裸鲤	√	√	
22)斜口裸鲤		√	
23)黄河裸裂尻	√		√
24)前腹裸裂尻鱼	√		
25)软刺裸裂尻	√		
26)大渡裸裂尻鱼	√		
27)热裸裂尻鱼	√		
28)小头裸裂尻鱼	√		
29)骨唇黄河鱼	√		
30)柴达木裸裂尻鱼	√		
31)极边扁咽齿鱼	√		
2. 鳅科			
条鳅亚科			

（续）

种 类	栖 息 生 境		
	河流湿地	湖泊湿地	人工库塘
32）长蛇高原鳅	√		
33）麻尔柯河高原鳅	√		
34）拟鳍刺高原鳅	√		
35）硬刺高原鳅	√		
36）巩乃斯高原鳅	√		
37）长鳍高原鳅	√		
38）细尾高原鳅	√		
39）黄河高原鳅	√		
40）拟鲶高原鳅	√		
41）甘肃高原鳅	√		
42）短尾高原鳅	√		
43）厚尾高原鳅	√		
44）细体高原鳅	√		
45）小眼高原鳅	√		
46）圆腹高原鳅	√		
47）唐古拉高原鳅	√		
48）背斑高原鳅	√		
49）隆头高原鳅	√		
50）软口高原鳅	√		
花鳅亚科			
51）北方花鳅	√		
二、鲇形目			
3. 鲶科			
52）兰州鲶	√		√
4. 鮡科			
53）黄石爬鮡	√		√
54）中华鮡	√		√
55）细尾鮡	√		√
三、鲑行目			

（续）

种 类	栖 息 生 境		
	河流湿地	湖泊湿地	人工库塘
5. 鲑科			
56）川陕哲罗鲑	√		
57）虹鳟			√
58）金鳟	√		
6. 胡瓜鱼科			
59）池沼公鱼	√		√

参阅《青海经济动物志》的区系划分，青藏高原鱼类主要是中亚高原复合体，即以裂腹鱼类和条鳅鱼类为其主要成分。裂腹鱼类是晚第三纪分布于青藏地区的原始鲃亚科鱼类，为适应高原环境而产生的一个自然类群。条鳅亚科的高原鳅属，是分布在青藏高原的主要鱼类。

（1）青海省鱼类种类较少，区系组成比较简单。除以裂腹鱼和条鳅鱼类为代表的中亚山区鱼类复合体为主要组成外，另有4个其他复合体。以雅罗鱼和鮈亚科鱼类为代表的北方平原鱼类复合体；以3种鮡科鱼类为代表的中印山区鱼类复合体；以兰州鲶为代表的第三纪鱼类复合体；以及以哲罗鲑为代表的北方山区鱼类复合体。

裂腹鱼类和高原鳅鱼类分布在全省的各个不同的水域，其中高原鳅鱼类可以分布到裂腹鱼类达不到的海拔、盐分和pH值更高的一些水域中。因此，高原鳅分布更为广泛。以兰州鲶为代表的第三纪鱼类复合体和北方平原复合体的主要鱼类刺鮈、黄河鮈和雅罗鱼，仅分布在龙羊峡以东的黄河水系干支流中；黄河上游青海段现有鱼类35种，其中土著鱼类22种，外来种有10余种。中印山区鱼类复合体，仅有三种鮡科鱼类分别分布在长江和澜沧江上游峡谷急流中；北方山区复合体的唯一代表哲罗鲑，仅分布在班玛县长江水系大渡河上游的玛可河峡谷河流中。

（2）鱼类分布，呈现明显的地区性。青海省境内河流与湖泊众多，水资源丰富，高原湖泊群属构造湖，大多沿底层褶皱断裂方向排列，蓄水深，各水系不相通，这种地理隔离导致的鱼类生殖隔离而引起物种分化非常明显。不同的地区水系中分布着不同的鱼类，而在同一地区的不同水系和同一水系的不同河段中分布的鱼类也不相同。共和盆地、青海湖盆地和柴达木盆地的各水域中，仅由单一的中亚山区鱼类复合体构成，其中以高原鳅属的某些种类和裂腹鱼亚科的裸鲤和裸裂尻鱼属的鱼类为主；裸鲤属鱼类，主要分布在青海湖盆地和柴达木盆地的格尔木河及其西部的河流中；裸裂尻鱼属的鱼类，分布在柴达木河水系的香日德河和诺木洪河。黄河水系、黄河源头区，仅分布有4种高原鳅；星星海周围的水域中分布有多种条鳅鱼类和裂腹鱼类；扎陵湖和鄂陵湖除上述鱼类外，厚唇裸重唇鱼也有分布。黄河龙羊峡以下河段，除高原鳅和特化裂腹鱼类外，还有第三纪复合体和北方平原复合体鱼类，如兰州鲶、鮈类、雅罗鱼和花鳅等鱼类。长江和澜沧江水系上游因地形、海拔和气候条件相似，在两水系的源头和峡谷地区分布有类似的鱼类。

（3）受自然条件影响，生长缓慢。青海高原生活的鱼类，由于受海拔高、气候寒冷、水温低等自然因素影响，加之食物种类少，生长期一年中只有短短的几个月，使得生活在这里的鱼类生长发育缓慢。如青海湖裸鲤，一尾达到性成熟、体重0.5公斤左右的成鱼，需要近十年的生长时间；高原分布的其他鱼类，多为冷水鱼，有的生长更慢。青海湖等鱼类资源保护，从20世纪的80年代中期，就已实施封湖育鱼，经过近30年的封育现今湖内的鱼类资源才得到了恢复。

高原鱼类资源的特性与其脆弱性，决定了其资源的生长周期较长，一旦过量开发，就易遭到破坏，需要更长的时间才能恢复。因此，对高原珍贵鱼类资源要加大保护。

4 湿地两栖类资源

在青海湿地分布的两栖动物，有5科10种，分属有尾目和无尾目2目。湿地两栖动物中，有尾目种类有2科2种，占湿地两栖动物总种数的20.0%；无尾目有3科8种，占湿地两栖动物总种数的80.0%。蟾蜍科有3种，占湿地两栖动物总种数的30.0%；锄足蟾科有2种，蛙科有3种，小鲵科和隐鳃鲵科各有1个种。青海湿地两栖动物种类统计，见表4-9。

表4-9 青海省湿地两栖种类情况统计

目 名	科 数	种 数	种所占比例(%)
有尾目	2	2	20.0
无尾目	3	8	80.0
合 计	5	10	100.0

小鲵科的西藏山溪鲵，分布于果洛州班玛地区海拔3800米的水流较急的溪流内；隐鳃鲵科的大鲵，仅见于长江水系通天河流域。

西藏齿突蟾在青南地区广泛分布；刺胸齿突蟾，分布在玉树州和果洛州。中华蟾蜍岷山亚种，在省内东部地区分布；花背蟾蜍，仅分布在省内低于海拔3300米以下地区；西藏蟾蜍，仅在玉树州囊谦县有分布。中国林蛙，在省域内等林区有分布；倭蛙，只在青南地区的高原沼泽地、溪流分布。

青海沙蜥，多见于湖泊周边，青海湖分布较集中。青海省湿地两栖类种类分布见表4-10。

表4-10 青海省湿地两栖类动物分布名录

种 类	栖息生境			
	河流湿地	湖泊湿地	沼泽湿地	人工库塘
一、有尾目				
1. 小鲵科				
1）西藏山溪鲵	√			
2. 隐鳃鲵科				
2）大鲵	√			
二、无尾目				
3. 锄足蟾科				

（续）

种 类	栖 息 生 境			
	河流湿地	湖泊湿地	沼泽湿地	人工库塘
3）西藏齿突蟾			√	
4）刺胸齿突蟾			√	
4. 蟾蜍科				
5）中华蟾蜍岷山亚种			√	
6）西藏蟾蜍			√	
7）花背蟾蜍			√	
5. 蛙科				
8）中国林蛙			√	
9）倭蛙			√	
10）高原林蛙			√	

5 湿地哺乳类资源

青海省湿地哺乳动物有6目9科14种。食虫目1科2种，斯氏水麝鼩分布于省内南部地区的溪流；蹼麝鼩，分布于省内南部囊谦地区的河谷溪流。食肉目1科1种，水獭分布于省内南部及东南部地区，为国家Ⅱ级保护动物。奇蹄目1科1种，藏野驴见于高海拔地区的湖滨草甸草地，果洛州的玛多县种群较多。偶蹄目2科4种，鹿科1种，水鹿仅见于果洛州玛可河林区，为国家Ⅱ级保护动物；牛科3种，藏原羚、藏羚、野牦牛，常见于青南地区的沼泽草甸、草原和湖滨草地，可可西里地区分布的种群数量较大。啮齿目3科5种，松鼠科1种，喜马拉雅旱獭为高原常见种；仓鼠科1种，藏仓鼠多见于玉树州、果洛州、海北州等地的湿地草原或草甸；田鼠科3种，青海田鼠、根田鼠见于草甸草原，麝鼠主要分布在柴达木盆地的诺木洪湖泊。兔形目1科1种，高原兔，广布种，见于草甸草原。青海省湿地哺乳类动物种类情况、湿地哺乳类种类分布，见表4-11、表4-12。

表4-11 青海省湿地哺乳类动物种类情况统计

目 名	科 数	种 数	种所占种比例（%）
食虫目	1	2	14.30
食肉目	1	1	7.10
奇蹄目	1	1	7.10
偶蹄目	2	4	28.60
啮齿目	3	5	35.70
兔形目	1	1	7.10
合 计	9	14	100

表 4-12 青海省湿地哺乳类种类分布名录

种 类	栖 息 生 境			
	河流湿地	湖泊湿地	沼泽湿地	保护级别
一、食虫目				
1. 鼩鼱科				
1)斯氏水麝鼩	√			
2)蹼麝鼩	√			
二、食肉目				
2. 鼬科				
3)水獭	√			Ⅱ
三、奇蹄目				
3. 马科				
4)藏野驴		√	√	Ⅰ
四、偶蹄目				
4. 鹿科				
5)水鹿	√			Ⅱ
5. 牛科				
6)藏原羚		√	√	Ⅱ
7)藏羚		√	√	Ⅰ
8)野牦牛		√	√	Ⅰ
五、啮齿目				
6. 松鼠科				
9)喜马拉雅旱獭			√	
7. 仓鼠科				
10)藏仓鼠			√	
8. 田鼠科				
11)青海田鼠			√	
12)根田鼠			√	
13)麝鼠			√	
六、兔形目				
9. 兔科				
14)高原兔		√	√	

青海省域内的湿地哺乳类动物种类较少，但通过多年开展的生态环境保护与建设工程，哺乳类分布的物种较为稳定，有蹄类动物的种群在部分高海拔地区恢复增长较快。如藏野驴、藏原羚在玛多湿草甸和可可西里地区都有所增长，在野外人们可以看到100~200只的大群体活动。

6 湿地生物资源特征分析

青海湿地生物资源的种类虽不是很多，但是其极具特色。从上述植物、动物的分布、生境和种群数量等分析，可以了解其资源的一些特征。高原湿地生物资源的物种分布、种群及植物群落，在很大程度上取决于自然立地条件、海拔和气候等因子，且呈现以下特征。

6.1 湿地植被群落类型突出

青海省湿地植物资源丰富，不同的环境、不同的立地条件孕育着类型各异的植物群落，主要可划分为3大类9个类型70多个群系。

水生植被型：是以沉水植物为主要代表植物组成的植被类型，其广泛分布于青海高原的湖泊浅水区、河流缓流区或流动的溪流和湖塘洼地等水生环境；水生植被多随湖泊或河流呈环带状、条带状或斑块状分布，分布的海拔在2000~4600米。

沼泽植被型：是以挺水植物为代表种类组成的植被类型，广泛分布于省域内的湖泊浅水区、河流缓流区或湖塘洼地积水生境；在不同的区域、不同的海拔高度，优势种类有所不同，多呈片状分布，在长江、黄河源区湿地挺水植物以杉叶藻、薹草、荸荠等为主。

沼泽草甸：是以湿生植物为代表植物所组成的植被类型，广泛分布于省域境内的湖滨地带、河流两侧低阶地以及平缓的滩地、山间盆地、洼地等生境，季节性积水，受大气降水、冰雪融水和高山冻融的作用，常形成草丘等典型高原湿地景观，优势植物种类有嵩草、薹草等多年生草本植物；湿地草甸是青海湿地植被类型中植物种类最为丰富和多样的植被类型，为湿地动物的生息提供了保障。应该讲，多样的湿地植物群落是青海高原物种多样性特有的特征。

青海省沼泽化草甸湿地分布的面积较大，占全省整个湿地资源面积的38.4%，并呈现区域分布，面积在1000公顷以上的湿地斑块有520块，其植被群系多样、丰富，是青海高原生态景观的重要组成部分，承载着牧业经济发展的大局。同时，为野生动物繁衍提供了良好地生存环境和条件。

6.2 湿地分布规律与独特的地形地貌关系密切

青海省域内的湿地受地形地貌的影响，形成不同的、差异性较大的高原湿地景观。在青南地区，源区的水系发达，河流纵横，形成河流与高寒沼泽草甸湿地；黄河源区断陷盆地形成的水系和湖泊湿地，星罗棋布，面积较大；而在柴达木盆地断陷发育所形成的盐湖和咸水湖湿地，集中分布；青海湖及周边入湖内陆河流，构成的河流湿地景观，为湿地动植物发育、生存和区域经济社会发展提供了支持；可可西里地区的湖泊湿地分布集中，是青海湿地分布的最高海拔地区。

青海高原孕育的河流湿地、湖泊湿地，从其形成与构成看，均与独特的地形地貌有着十分密切的关系，不同的地貌构成不同的湿地景观。长江、黄河、澜沧江源头区和黑河等河干流及支流分布均受制于其特有的地形，且呈有规律的分布，从西北部向东南部逐渐倾斜。湿地生境中的植物物种资源，呈现由高向低逐渐增加的趋势；动物资源的物种多样性也呈现增加趋势，而一些物种的种群数量则呈现西北部多，这与其生态习性和生物学特性有直接的关联，如藏羚、野牦牛、藏野驴等。高原淡水湖泊的鱼类，虽说其生长较慢，但由于人类活动影响较少，资源量十分可观。

青海省湿地资源的分布，从东部的低海拔区域到高海拔的青南地区，再到柴达木盆地，随着地势的升高、地形地貌构造变化，其分布规律具有明显的特点。①随着海拔高度的变化，地形也不断改变，越高的山体间地势越平缓，形成的沼泽草甸、沼泽地也越丰富，生物物种与其群落也多样；②在长江、黄河、澜沧江等大江大河源区流域的山体之间，多孕育着湖泊与沼泽，由其形成的湿地景观也多变化。河流漫滩、湖泊滩涂草甸草地的分布、发育，为高原鸟类提供着必要的生存空间；③高原气候的变化直接影响和关系着不同海拔高度的降水、蒸发和植物的生长，在一些区域形成的小气候与动植物物种的生存关系极为密切。

6.3 区域性物种分布的差异较大

青海省地域辽阔，湿地类型多样，受海拔、气候、植被和地势地貌等因子的影响，区域性分布的动植物物种差异性较大。在青南地区的唐古拉山、可可西里等高海拔地区，湿地物种种类不多，但有蹄类动物种群数量却较大；而在东部、南部地区的澜沧江下游、大渡河源区和青海湖等区域分布的动物种类则较多，尤其是水禽鸟类极为丰富，种类多、种群数量大，全省有 35 万多只。这与自然生境条件与环境有着直接关系，青海省境内分布的湿地鸟类在此区域均可见到。由此可知，湿地动植物群落的分布，随生态环境、海拔高度以及其应有的生物学特性而有所变化。对湿地物种总数来说，物种多样性具有多种海拔梯度分布格局，其中物种多样性与海拔呈负相关关系，即物种多样性随海拔升高而不断减少，形成这种格局主要与区域的气候条件有密切关系。

高寒沼泽化草甸主要分布在江河源头区的大面积洼地中，海拔 4500 ~ 5000 米，气候寒冷，蒸发量小，呈现典型的高原大陆性气候特征。如黄河流域，上游源头区的约古宗列盆地是一个东西长 40 公里，南北宽 60 公里的椭圆形盆地，常年气温较低，周围雪山环绕。降水、雪山融水汇集盆地中，形成众多的小水泊和大面积的沼泽化草甸湿地，为野生湿地动物藏野驴等提供了良好的栖息地。因此，在盆地沼泽湿地中野生湿地动物分布较多。如黄河干流上游的扎陵湖 - 鄂陵湖，由于来水将大量未分解的营养物带进湖水中，为湖中的鱼类提供丰富的饵料；湖中的鱼类资源又为栖息在湖中的鱼鸥、斑头雁等水鸟提供丰富的食物。

黄河干流进入海拔 4000 米以下，沼泽湿地型逐渐增多，物种多样性也增多，以金露梅、具鳞水柏枝等为优势种的灌丛沼泽和以杉叶藻为优势种的草本沼泽湿地，在黄河沿岸低洼地带分布。黄河鮈、骨唇黄河鱼、兰州鲶、白鲑鱼等鱼类分布出现；当干流进入贵德黄河清湿地公园，随着海拔的降低、气温升高，湿地植物香蒲、大叶蒲、芦苇、眼子菜等挺水植物和浮水植物呈现，为一些水鸟的栖息分布提供了适宜的环境。

此次调查，进一步证实了区域性物种分布的差异性，也充分印证了高原湿地资源分布的特性，青海湿地资源的丰富度有所提升。可以讲，高原自然湿地仍保留了其原始、自然、完整和功能强大的特性，值得欣慰与骄傲。

6.4　鱼类资源与生存环境多样

青海省水资源富集，大江大河、湖泊遍布。由于水环境多样，高原土著鱼类资源种类多、且分布广，长江、黄河、澜沧江分布的鱼类有鲤科、鳅科、鲶科、鲑科的鱼，90% 的鱼类物种分布在各河流、湖泊和小溪的水域环境中；人工引进养殖的鱼种类已达 10 多种，其资源量逐年增加。在青海湖、鄂陵湖等湖泊内生长的裸鲤，特别是分布在青海湖内的青海湖裸鲤极其珍贵，其价值极高；在大渡河流域分布的川陕哲罗鲑尤为珍稀。青海境内生长的鱼类，大多数属高原冷水鱼，其资源量极为丰富，据黄河、长江和青海湖鱼类监测站近年来的观测研究，长江通天河段、黄河鄂陵湖段和青海湖的鱼类资源在逐年恢复，资源量富集。人工库塘的鱼类养殖发展迅猛，为青海省鱼类资源种类的增加和满足社会的需求，开创了新的场所与前景。

高原鱼类是我国特有的生物资源，也是青海高原水环境中特有的动物资源，其生态价值、环境价值和物种多样性价值极具时代性与社会性，不可替代。这些丰富的鱼类资源，对青海省实施生态保护、环境变化监测，以及支撑经济社会实现可持续发展意义深远和重大，其前景广阔。

6.5　沼泽草地富集与牧业生产紧密

青海省是我国的五大牧区之一，全省牧业用草地有 3647 万公顷，其中沼泽草甸草场有 312.74 万公顷，占草地总面积的 8.58%。研究分析，在省域高海拔地区的玉树州、果洛州分布着大面积的沼泽草甸，如澜沧江上游的莫云滩草甸湿地，长江上游的当曲草甸湿地，黄河上游的约古宗列曲草甸湿地，以及祁连山地区的黑河上游草甸湿地。草甸湿地的植物群落富集、多样，且草场质量优良、营养价值高，是夏季家畜和野生有蹄类动物的主要栖息生存环境。玉树州的治多、杂多、曲麻莱县，果洛州的玛多、玛沁、达日县受气候、地形、海拔等自然因子的影响，成为青海家畜牦牛和藏系羊养殖的重要生产基地，其养殖数量较大，约占全省养殖数量的 87.08%(2010 年)。

牦牛和藏系羊养殖是青海高原牧业生产的一个特色，不仅与富集多样的草甸草原分布有紧密的联系，也同牧区的生产格局和养殖的品种、历史的变迁有关联。目前，青海高原的湿地为人们的生产生活提供着必不可少的资源，促进着社会经济的发展，尤其是具有特色的高原畜牧业生产，高原牦牛、藏系羊的肉食和毛皮产品已成为一大特色，深得社会的认可与消费者的青睐。青海高原的沼泽草甸和湿地资源富有的生态功能、生产因子等，发挥着特有的作用，呈现着特殊的功能。

因此，从青海省整个湿地资源的分布、发育与生存状况来看，在高海拔、气候条件较差的地区，湿地物种的分布是随着自然气候因子和自然立地条件的不同而呈现着不同的差异，在第二章湿地类型、分布状况及其应具备的特点中可以得到印证和分析，湿地生物资源在高原具有特殊的生态特征和特点，值得社会关注和发展。

第五章 湿地资源利用

湿地是重要的国土资源和自然资源，具有多种功能。湿地与人类的生存、繁衍、发展息息相关，是自然界最富生物多样性的生态景观和人类最重要的生存环境之一。湿地的生态价值，主要体现在维持生物多样性，保存生物基因、调蓄洪水、控制径流、调节区域气候、改善生态环境、降解污染物、净化水体等方面；湿地的经济价值，体现在人类可以从湿地直接获得丰富的生物产品和矿产资源，还可以依托湿地发展农副产业，促进区域经济的发展；湿地的社会价值，体现在独特的生态环境是植物群落的聚集区和野生动物的栖息地，同时也为人们生态旅游和教育科研的重要场所。因此，健康的湿地生态系统对维持地球生命支持系统和促进人类社会经济的持续发展都具有重要的意义。

第一节 资源利用方式及其利用现状

湿地资源，一般为表生资源，是包括水资源、土地资源、生物资源、景观资源、人文资源、矿产等资源的综合体。湿地不仅提供了生物资源、水资源等多种资源，长期以来也被作为一种重要的后备土地资源加以利用。青海高原的湿地资源独特，呈现的特点主要是水资源基地、物种资源基因库和地球“第三极”的气候变化调节区，生态功能强大，在经济社会发展的历史长河中发挥着不可替代的作用。

1 湿地资源利用方式

青海省湿地资源的利用方式，随着社会经济的发展与变革，呈现着传统与现代科技运用两种利用方式。传统利用方式自古至今在一些资源的利用中仍传承沿用，而现代利用方式在科技手段和方法上有所改进与拓展。

1.1 传统利用方式

湿地资源的传统利用方式，主要涉及农牧业发展、矿产资源和生物资源利用等。湿地资源利用的发展历史悠久，从人类发展的远古时期，“泽水而居，以鱼为食”，到广泛的利用生物资源、矿产资源和农牧业发展，均与湿地资源息息相关。湿地生态系统是人类文明发展的摇篮，是地球生物生存最重要的生态系统和基础。

1.1.1 农牧业利用

由于青海高原独特的自然立地条件，农牧业发展与湿地资源联系密切。沼泽化草甸、湖滨草原等草地为高原特有的家畜牦牛、绵羊等牲畜的生息与繁殖提供了环境和条件，形成了高原历史悠久的畜牧养殖业；同时，在海拔较低、气候相对湿润的地区，农耕仍有发展，且与水资源分布密不可分。

青海是我国畜牧业发展的五大牧区之一，草地植被盖度高、牧草品种多样，优良牧草产草量大、青草期柔软多汁，牲畜喜食；且受高原日照时间长，牧草光合作用强，生长旺盛，积累着高营养成分。全省畜牧业可利用的沼泽湿地草场面积为446 万公顷，按每只羊单位需草地 0.73 公顷计算，载畜量可为611 万只羊单位，青海沼泽草地为畜牧业发展提供了极为可观的生态价值。

青海是我国牦牛养殖分布最多的省份，其数量约占世界牦牛总数的1/3，被誉为高原牦牛故乡。此外，青海骏在历史上曾扬名，主要有大通马、环海马、玉树马、柴达木马、河曲马，是农牧区不可缺少的交通工具；马、驴、骡和骆驼，分布在省内农业区和半农半牧区，是农牧民生产生活不可缺少的物质资源。境内的藏系羊，作为高原最古老的绵羊品种之一，在省内分布最广，产毛量大，羊毛品质好，成年羊产毛量平均达 1.4 公斤/只。据统计，2010 年全省牲畜数量有1976.8 万头(只)，其中：牦牛 436.1 万头，绵羊 1505.2 万只，其他牲畜 35.5 万头(匹、只)。

目前，在青海高原从事生产的牧民有 70 多万人，畜牧业发展的生产力总体水平不高，存在超载放牧现象，牲畜超载率达40%，超载放牧使较为脆弱的沼泽湿地生态系统受到一定程度的干扰与破坏。

1.1.2 矿产资源利用

青海矿产资源利用，主要是砂金资源、煤炭资源的利用，且与水资源有关。砂金通过水来生产，煤炭多在沼泽草甸地带及周边分布。

(1)砂金资源利用。青海砂金资源主要是以河砂金为主，省域内广泛分布。大通河、黑河、黄河、柴达木河、湟水河、通天河等河流水系的一些河段均有分布，其产地集中在海北、海南、果洛、玉树等自治州境内。据历史资料记载，早在宋政和五年(1115 年)，乐都县就发现了砂金矿，至14 世纪中叶已有采金活动；19 世纪 80 年代至 20 世纪 40 年代，砂金开采遍布全省，每年采金者达3 万~4 万人，极盛时的黄金年产量有 1250 公斤；清朝时期至新中国成立前夕，全省黄金开采总产量超过 29.5 吨。20 世纪末，砂金开采量不足 2 吨/年。

(2)盐湖资源利用。盐湖资源开采利用，历史上主要是柴达木盆地的柯柯盐湖、察尔汗湖和囊谦县的井盐(图 5-1)，开采的方式多为阳光自然蒸腾，结晶后收集。井盐是通过将深井中含盐浓度较高的水取出，倒入井边的晒盐池内晾晒，形成结晶后取出；其盐结晶呈赫红色，含红色的土，仍需进行加工后才可食用，经再次加工后的井盐精细洁白、具有浓厚的清香。囊谦的井盐，现今仍在提取使用，传统的加工方法也在沿用。

(3)煤炭资源利用。主要是大通煤矿资源利用。大通煤矿位于青海省大通县城西北约 5 公里处的娘娘山侧，新中国成立初期的钻探查明，该煤矿形成于下侏罗纪，煤田面积约 7 平方公里，贮煤量在 1.4 亿吨；煤层分上、中、下三层，总厚度为 20 ~30 米，系长焰煤，煤质优良，适用于工业与民用。

图 **5-1** 囊谦县井盐

1949 年在“西北工矿公司”所属“大通公平煤窑”的基础上，成立青海大通人民煤矿，当年原煤产量达到 6 万吨。1955 年以后，大通煤矿先后在缓倾斜和急倾斜向特厚煤层开展了水平分层采煤方法试验，并获得成功。1972 年 12 月，青海大通煤矿改称青海大通矿务局；1990～2000 年间，原煤产量下滑到 70 万～80 万吨/年。目前，大通矿区已经进入衰减期，其产量虽少，但它是新中国成立初青海省唯一的煤炭出产地。

(4)生物资源利用。主要是农牧民对湿地动物毛皮和植物薪炭的利用。湿地动物有水獭、水鹿、藏原羚和鱼类等；植物用作生活的有芦苇、沙棘等，以及牧业生产对草地植物的利用。藏区群众喜利用水獭皮装饰藏袍；有蹄类动物的肉食用，毛皮出售；芦苇、沙棘多用作薪炭或农用。

1.2 现代科技利用方式

随着社会的发展与进步，特别是科学研究成果的应用，使湿地资源利用的质量、产能等都有所提高。现代科技的运用，有效地促进着湿地资源利用的多样化，主要体现在盐湖资源、煤炭资源、黄金资源和水产业各个领域，呈多层次的建设与发展。

1.2.1 盐湖资源开发

青海盐湖资源(图 5-2)是在新中国建立后，才得以蓬勃发展。进入 21 世纪，青海省盐湖资源勘探开发研究步入高科技、高水准时期，其资源量得天独厚，集中分布在柴达木盆地，现已累计探明盐资源储量为 3315 亿吨，分布面积约 3.18 万平方公里，资源蕴藏量居全国第 1 位。

柴达木盆地分布有盐湖 33 个，大都是多元素共生矿床，已初步探明的氯化钠、氯化钾、氯化锂、氯化镁、锶矿、芒硝等储量均居全国前列；现已开发利用的盐化资源主要有钾、钠、镁、锂等，现已形成年产 420 万吨钾肥、10 万吨硼、2.5 万吨碳酸锂、500 万吨原盐的生产能力。其中，钾肥产品占国内钾肥销售市场的 30%，占国产钾肥产量的 96.7%。目前，青海盐湖资源在高效设施农业、信息、新能源、有色金属材料、环保等产业中均有着广泛的应用。

图 **5-2** 察尔汗盐湖开采

青海盐湖资源利用的特点：一是资源分布集中，主要的钾镁盐矿床分布在盆地中、西部；硼矿床和锂矿床分布在盆地中部；锶矿床分布在盆地西部；湖盐矿床则遍布柴达木盆地。二是资源储量大，钾盐、镁盐、芒硝、锂矿和锶矿等5种矿产储量居全国第1位，钾盐占全国现有储量的95%，湖盐、硼矿和溴居全国第2位；天然碱和铷居全国第3位；碘居全国第4位。三是品位较高，东台吉乃尔湖的卤水中氯化锂的平均含量高达2.2～3.12克/升。四是资源类型多样，除石盐、芒硝、硼酸盐、天然碱、水菱镁矿、硝石等固体矿床外，卤水矿床资源也新有发现。五是钾盐资源富集，柴达木盆地已查明的氯化钾资源储量7.6亿吨，现已成为我国钾肥生产基地，年产湖盐及单盐174.61万吨(2010年)。

1.2.2 煤炭资源开采

青海省煤炭资源主要分布在祁连山、柴达木盆地北缘、唐古拉山、积石山、昆仑山五大区域。全省累积查明的煤炭资源储量为49.7亿吨。其中，祁连山区天峻县木里煤炭资源分布最为丰富，现已查明煤炭资源分布的矿区12处，炭储量达33.39亿吨，多集中于沼泽湿地下，深度在10～20米。

2003年始有三家企业进驻开发，2005年已累积生产原煤79万吨。木里煤炭资源的开发利用，带动了县域经济的快速发展，特别是三产发展迅速。据统计，天峻县宾馆客流量增加了32%、餐饮业增加40%；县财政2004年收入达1000万元，2005年收入突破1亿元。

1.2.3 黄金资源开采

青海黄金资源开采，主要是河流砂金。近年来，青海黄金资源分布的区域不断得到拓展，除河流砂金分布等区域外，还探明一些区域的岩矿，如曲麻莱县的大场金矿和扎朵、多卡、吉卡等金矿。全省黄金资源储量约有460吨，年产量现可达5.56吨。

为保护高原湿地资源，2002年青海省发布《青海省人民政府关于在全省范围内禁止开采砂金的通知》(青政〔2002〕10号)，2007年下达《青海省人民政府办公厅关于巩固禁采砂金成果严防非法采金反弹的通知》(青政办〔2007〕103号)，积极采取有效措施保护湿地资源。

1.2.4 水产业开发

青海水域辽阔，河流纵横，水体总面积136.7万公顷，占全国内陆水域总面积的16.1%，居全国第二位；有鱼类分布的水域面积约107.0万公顷。由于青海高原良好的水域理化性状和优越的气候条件，很适合高原冷水鱼类的养殖。20世纪90年代中期，青海省就已利用科学研究成果，在有条件的湖泊如可鲁克湖、青海湖和贵德黄河等湿地，开展引种和投放鱼苗的方式进行人工养殖或鱼资源恢复；同时，在大型水库进行网箱育鱼养鱼试验。目前，全省水产业发展已步入科学化、规模化的建设阶段。

(1)鱼类资源。青海省近十多年来，注重了淡水鱼类的科学养殖。主要是利用淡水湖泊、人工水库和池塘，开展引种养殖，现已引入的鱼类种类有鲤鱼、鲫鱼、白鲢、池沼公鱼等；同时还运用现代科技手段，开展了冷水养殖，引入虹鳟、鲑鱼等品种。全省鱼类养殖业发展迅速，已形成生态良好、养殖高效、产品优质的现代渔业发展格局。2013年，全省鱼类养殖产量达6000吨，产值达2亿多元。

对野生鱼类资源，实施有效保护和恢复，省境内分布的野生鱼类主要有鲤科的裂腹鱼和鳅科的条鳅，是青藏高原最重要的土著鱼类。黄河水系中分布有30种，主要是花斑裸鲤、极边扁咽齿鱼、厚唇裸重唇鱼、黄河裸裂尻鱼、似鲶高原鳅、兰州鲶和雅罗鱼等；长江水系有18种，主要是小头裸裂尻鱼、软刺裸裂尻鱼、大渡裸裂尻鱼、裸腹叶须鱼、齐口弓鱼、硬刺弓鱼、长丝弓鱼等；澜沧江水系有7种，主要有裸腹叶须鱼、光唇弓鱼、澜沧弓鱼和前腹裸裂尻鱼等；青海湖水系的青海湖裸鲤。这些鱼类，在20世纪遭到了盲目的利用，青海湖裸鲤资源量极具下降，引起社会多方关注。青海省人民政府决定实施封湖育鱼，经过20多年的育鱼，截至2013年12月青海湖裸鲤资源量得到恢复，现今储量已达3.9万吨。

据有关资料记录，青海湖渔业发展对其鱼类的资源保有量影响较大。1953年渔业生产量为40吨，1959年产量达1763吨，1960年采用机船进行捕捞生产，产量达到28523吨；以后逐年下降，到1984年年产量在4000吨左右。青海湖生长的裸鲤为冷水鱼，受环境的影响其生长速度缓慢，每10年大约增重0.5公斤，其繁殖能力较低，种群更新时间较长。20世纪80年代初期，已出现捕捞过度的现象，裸鲤的平均体长、体重明显缩小，总产量降低；90年代初，青海省政府开始进行封湖育鱼，到2003年已实施4次封湖育鱼措施，禁止任何单位、集体和个人以任何借口或方式在青海湖及湖区主要河流及支流裸鲤主要产卵场捕捞，并销售裸鲤及其制品。同时，开展人工增殖研究，投放裸鲤苗进行恢复。

一是青海湖鱼类资源恢复。2000年始，青海省科技部门通过实施青海湖裸鲤人工繁殖生物学与放流技术研究、青海湖裸鲤原种扩繁、青海湖裸鲤种苗池塘养殖与增殖放流项目等研究，已成功向青海湖人工投放裸鲤1500万尾。目前，青海湖裸鲤增殖放流规模达到2000万尾，每年可拯救受困产卵亲鱼50吨。2004年青海湖裸鲤的资源量超过5000吨，比1999年的3000吨增长了67%，初步达到了恢复与提高青海湖鱼类资源的目的。在封湖育鱼的同时，近年来先后实施了总投资达6200余万元的青海湖国家级自然保护区基础设施建设、湿地保护与恢复建设工程、国家级自然保护区能力建设、青海湖国际重要湿地保护补助资金项目等重点项目，完成了蛋岛观鸟室、蛋岛观鸟通道、鸬鹚岛栈道保护设施，完善了鸟岛、泉湾、黑马河、湖东、江西沟、哈尔盖6个保护站以及野生动物救护中心等设施，在环湖三县生态脆弱的重点区域进行禁牧、轮牧、休牧，封育沼泽湿地3.1万公顷，生态保护基础设施得到加强和完善，重点区域的草原得到休养生息，有效地改善了鱼类和鸟类的生存环境。

二是可鲁克湖鱼类养殖。主要人工养殖鱼类种类有鲤鱼、鲫鱼、草鱼、池沼公鱼等。人工养殖从20世纪80年代初开始不断扩大规模，至今其养殖产量已增至250吨/年，是初期产量的10倍之多。

据调查，可鲁克湖总生物量可提供鱼产力96.60公斤/公顷，其中浮游生物的鱼产力为16.65公斤/公顷；底栖生物的鱼产力为8.25公斤/公顷；水生植物的鱼产力为71.70公斤/公顷，接近富营养性湖泊水平。2003年又开展了螃蟹生态养殖试验，2004年始从江苏、上海引进豆蟹、扣蟹进行规模养殖，通过几年的养殖实践，已形成了年产50吨蟹的养殖规模。近两年，“青藏高原第一蟹”以“纯正的天然养殖、无污染绿色食品”的特点，在上海、北京、天津、广州等大城市卖出了高价，同时还远销到韩国等国外市场，年利润收益达30万～40万元，现已取得了较好的养殖效果和经济效益。

三是库塘人工养殖。2003年，从俄罗斯西伯利亚引进的高白鲑等鱼类优良品种，现已在龙羊峡、黑泉、东大滩、盘道、南门峡等水库3.13万公顷水面增殖成功，累计捕捞高白鲑540吨，经济效益可观。目前，全省建立3个高白鲑种源基地和1个白鲑鱼类种苗繁育基地，向新疆、黑龙江、四川、甘肃、辽宁、河北等七省和朝鲜供应高白鲑鱼苗近500万尾。

在龙羊峡、李家峡、公伯峡等水库开展了鱼类网箱养殖，其中李家峡库区开展的虹鳟鱼、金鳟鱼、池沼公鱼等网箱养殖，投放网箱1850个66700平方米，年产冷水鱼350吨，年销售收入1750万元，年利润459万元。2007年，在黄河苏志水电站、积石峡水电站建设鱼类增殖站2座；2008年，放流各种鱼类30129万尾；2009年，在黄河上游首次开展土著鱼类的放流活动，放流培育的黄河裸裂尻鱼苗15万尾，在贵德黄河湿地放流扣蟹136万只，在龙羊峡等水库放流冷水鱼苗2300万尾。

(2)卤虫资源。青海卤虫资源极其丰富，主要生存于盐湖之中，是小型低等甲壳动物，全长1.0厘米左右，为典型的盐水生生物。其幼体适应于盐度在20‰～100‰范围的盐水间，成体能适应盐度为10‰～120‰范围。它是虾和鱼类的饵料，经济价值较高。据调查统计，卤虫资源主要分布于6个盐湖湿地中，分别是尕海湖、小柴旦湖、柯柯盐湖、海丁诺尔湖、移山湖、苟鲁错湖，总面积达2万公顷。

卤虫在尕海湖水中含卵4克/立方米，含成体5000个，折合湿重20克，每个卤虫平均湿重4.02毫克，干重0.31毫克；小柴旦湖在1～2米深的近岸带测得含卵0.3克/立方米，含成体1000个，平均每个湿重2.66毫克，干重0.30毫克；仅在尕海和小柴旦湖中每年可捕捞卤虫100吨，其资源量富集。卤虫的需求量日益增多，迄今其年需求量已达到上千吨。

(3)饵料资源。据有关资料显示，青海湖饵料生物中浮游植物有50多种，其中硅藻类23种、绿藻17种、蓝藻10种、黄藻1种、甲藻1种。每升水中藻的个数，春季约为21万个，夏季14万个，秋季14万个，冬季9万个。浮游动物有23个常见种，其中原生类1种、轮虫类11种、枝角类5种、桡足类6种；优势种为环顶巨腕轮虫、直额裸腹蚤、咸水北镖水蚤，它们皆为优良饵料。

扎陵湖－鄂陵湖饵料生物中，浮游植物有63个种，其中硅藻类22种、绿藻类20种、蓝藻类3种、金藻类3种、裸藻类2种、黄藻类1种；浮游动物有23种，其中原生类4种、轮虫类8种、枝角类6种、桡足类5种；底栖动物有摇蚊幼虫7种、寡毛类3种、甲壳类2种、其他水生昆虫幼虫 1 种。平均生物量鄂陵湖为 1. 194 克/立方米，扎陵湖为 0. 785 克/立方米。

可鲁克湖饵料生物中，浮游植物有 63 种，其中蓝藻类 3 种、甲藻类 3 种、金藻类 2 种、黄藻类 1 种、硅藻类 20 种、绿藻类 22 种、裸藻类 2 种，平均生物量为 1. 75 克/立方米；浮游动物有 35 种，其中原生类 2 种、轮虫类 21 种、枝角类 5 种、桡足类 7 种，平均生物量为 1. 83 克/立方米；底栖动物有 17 种，其中软体动物 3 种、摇蚊幼虫 7 种、其他水生昆虫 5 种、寡毛类 1 种、甲壳类 1 种，平均生物量为 6. 44 克/立方米。

格尔木河东河饵料生物中，有浮游植物 21 种，其中硅灌类 14 种、绿藻类 3 种、蓝藻类 2 种、甲藻类 1 种、黄藻类 1 种，平均生物量为 1. 39 克/立方米；浮游动物有 6 种，其中轮虫类 5 种、原生动物 1 种；底栖动物共有 20 种，其中软体动物 11 种、摇蚊幼虫 4 种、其他水生昆虫 3 种、寡毛类 1 种、甲壳类 1 种，平均生物量为 3. 7 克/立方米。

这些富集的饵料资源，为水生鱼类和湿地鸟类的生存繁衍提供了丰富的食物，并维护着水生生态系统的平衡，发挥着巨大的生物功能。

1. 2. 5　水能资源开发

青海省河流众多，具有特殊的地理条件和水系发育丰富的特点，河流水能资源富有，是西北地区乃至全国水电资源蕴藏量集中的省份之一。据统计，省域内河流水能理论蕴藏量在 1 万千瓦以上的河流有 108 条，理论蕴藏量为 2537 万千瓦；全省现有水电站坝址 178 处，总装机容量 2166 万千瓦，居国内第 5 位。截至 2010 年，全省发电量达 468. 2 亿千瓦时，居全国发电量的第 28 位。

青海青南地区的河流众多，不仅具有建设大中型水电站的优势，也可发展小微型水电站，为分散居住的农牧户供电。据测算，青南地区水力资源蕴藏量 1692. 7 万千瓦，其中可开发中小水电站 344. 5 万千瓦，占全省中小水电站的 52. 7%，现已开发的中小水电站，仅占全省中小水电站的 0. 9%。在青海水能资源主要分布在黄河流域，其理论蕴藏量为 1351. 76 万千瓦，占全省的 62. 8%。从黄河源头干流到出境的寺沟峡，可拟建设 26 座大中型水电站，总装机 1865. 9 万千瓦，年发电量 721 亿千瓦时；长江流域蕴藏量有 434. 87 万千瓦，占全省的 20. 2%；澜沧江流域缊藏量有 202. 40 万千瓦，占全省的 9. 4%；内陆河流域蕴藏量相对较少，有 164. 63 万千瓦，占全省的 7. 6%。

青海省已建的水电站有龙羊峡(图 5-3)、拉西瓦、李家峡、公伯峡、积石峡和寺沟峡等 6 个大型梯级电站，装机容量达 785 万千瓦，年发电量约 294. 5 亿千瓦时，分别占全省可开发水能资源总装机容量的 43. 6% 和年发电总量的 38. 1%，被誉为中国水能资源的“富矿区”。

1. 2. 6　水资源利用

青海省水资源主要包括河流、湖泊、沼泽和库塘中的淡水、咸水资源。据统计，集水面积在 5. 0 万公顷以上的河流有 271 条，河流总长约 2. 8 万公里，境内水资源总量为 629. 3 亿立方米。其中：黄河流域 208. 5 亿立方米，长江流域 179. 4 亿立方米，西南诸河(澜沧江流域) 108. 9 亿立方米，西北诸河 132. 5 亿立方米。2009 年水资源利用率为 4. 6%，是全国平均数的 1/4；全省湖泊和冰川淡水储存达 3875. 0 亿立方米，为全省水资源总量的 6. 1 倍。

青海省水资源利用具有以下特点：①地表水资源的时空分布。降水是径流最主要的补给来源，降水的地区分布基本决定了径流的地区分布。青海省内径流在地区分布上极不平衡，呈西北

图 **5-3** 龙羊峡水电站建设

向东北和东南方向递增的变化趋势，其中柴达木盆地中心地区径流深在 5 毫米以下，基本不产生径流；径流的年内变化主要取决于河流的补给条件，以降水补给为主的河流，往往是汛期与雨季同步，夏季出现洪水，冬季为枯水期；以冰雪融水补给为主的河流，多见于夏季，因大量冰雪水补给而出现汛期，如省内柴达木盆地北部以及发源于祁连山、昆仑山和可可西里盆地高山区的河流；以地下水补给为主的河流，除冰雪融水或降雨形成短暂洪峰外，河流水量一般较稳定，径流年内变化不大，如柴达木盆地南部的格尔木、诺木洪河。②地下水资源分布。地下水资源划分为山丘区地下水和平原区地下水两大部分；山丘区地下水主要分布在外流区，而外流区的河流除黄河外，尤以湟水河的河谷平原区较丰富。内陆区诸盆地中，以柴达木盆地诸河流出山口的冲积、洪积扇地带和青海湖滨平原地带区地下水较丰富。柴达木盆地淡水资源总量 73. 12 亿立方米，其中地表水资源 69. 24 亿立方米，地下水资源 43. 91 亿立方米(包括地表水和地下水重复利用量 40. 02 亿立方米)。盆地内有大小河流 100 余条，湖泊 90 多个，冰川 18. 55 平方公里，年融水量 9. 18 亿立方米，地下水可采量 15. 29 亿立方米。

2009 年，全省总供水量为 28. 76 亿立方米(淡水、微咸水)，占水资源总量的 4. 6%；绝大部分都由湿地(地表水)提供，占总供水量的 83. 2%。按利用类型分：农田灌溉供水量为 18. 02 亿立方米，占 62. 6%；林牧渔供水量为 4. 66 亿立方米，占 16. 2%；工业供水量为 2. 99 亿立方米，占 10. 4%；城镇公共供水量为 0. 57 亿立方米，占 2. 0%；居民生活供水量为 1. 72 亿立方米，占 6. 0%；生态环境供水量为 0. 81 亿立方米，占 2. 8%。2009 年，全省总耗水量 17. 8 亿立方米，占总供水量的 61. 8%，其中：农田灌溉耗水量 11. 68 亿立方米，林牧渔畜耗水量 3. 37 亿立方米，工业耗水量 1. 01 亿立方米，城镇公共耗水量 0. 21 亿立方米，居民生活耗水量 1. 01 亿立方米，生态环境耗水量 0. 50 亿立方米。

据青海省水利厅 2012 年统计资料，作为中国重要生态屏障的三江源地区，经过多年来实施生态保护工程，水资源总量持续增加，达到 629. 3 亿立方米，约是三峡水库蓄水量的 1. 5 倍。2005 ~ 2012 年平均地表水资源量为 514. 7 亿立方米，与多年平均值相比，增加 84. 9 亿立方米；主要湖泊净增加760公里，黄河源头的千湖湿地开始整体恢复；各河流控制站年均含沙量在0.05～4.3公斤/立方米，与多年平均值相比，直门达站、新寨站、同仁站分别减少11.4%、60.3%、16.3%。

青海实施的"引大济湟"工程，从湟水河一级支流大通河上游石头峡建库引水，将大通河7.5亿立方米水资源，经29.6公里的调水干渠调入湟水河一级支流北川河上游的宝库河，解决了湟水两岸山区和干流资源型缺水问题。工程实施将扩大农田灌溉面积7.90万公顷，新增生态林草灌溉面积5.96万公顷，向城市和工业用水增加供水量2.78亿立方米，河道生态用水增加1.85亿立方米。

1.2.7　湿地植物利用

植物资源是湿地的重要组成部分，正是它们赋予湿地无穷的生命力和巨大的生产潜力，青海省湿地植物资源相对较为丰富，可以被利用的湿地植物较多。如香蒲，是制造人造棉和纸张的原料；菖蒲，可以提取芳香油；鸢尾，可以调制香水，其根茎可作中药；泽泻，用于花卉观赏，亦可入药；芦苇，可入药，芦茎、芦根还可以用于造纸；穗状狐尾藻，可入药且可用于养鱼、养鸭的饲料；黑藻、眼子菜，可入药等。

青海沿黄地区的库塘湿地广泛种植芦苇、香蒲等经济作物，一些湿地植物的种植在当地形成了有巨大经济效益的产业。海西州盐沼湿地周边生长着黑果枸杞，富含花青素、蛋白质、游离氨基酸、维生素、微量元素等营养成分，药用价值极高，具有增强免疫力、延缓衰老、抗肿瘤、防治糖尿病、降压等功效，被誉为"软黄金"。盐沼湿地中广布的白刺，果实中营养成分和医药保健活性成分种类多、含量高，具有降血脂、抗氧化、调节免疫等保健功效。

1.2.8　生态旅游利用

生态旅游是以旅游者在不损害生态系统或地域文化的情况下访问、了解、鉴赏、享受自然及文化的地域。其核心是强调生态环境的保护，协调人地关系，减少对原有环境的人为破坏，最大限度地保护旅游区的生态环境。青海湿地生态旅游，主要体现在3处国际重要湿地、7个以湿地保护为主的自然保护区和已建立的3个国家湿地公园。

随着人们生活水平的提高，亲近自然、回归自然的需求也越来越高。湿地以其得天独厚的自然资源优势和独特的生态景观以及丰富的多元功能，适应人们日益增长的精神和文化需求。目前，青海湿地旅游处于持续升温的状态，已成为旅游业的新热点，受到了人们的普遍重视和接受。青海省不仅是长江、黄河、澜沧江和黑河等大江大河的发源地，而且又是昆仑山、祁连山、唐古拉山、巴颜喀拉山、阿尼玛卿山等著名山脉的发源地，被称作"万山之宗"。丰富的湿地资源和独特的自然资源吸引了众多的游人纷至沓来，特别是随着自然保护区和湿地公园的建设，生态旅游越来越成为湿地效益的重要体现者。

由于青海湖自然保护区及环湖地区，地处农耕区和牧业区、中原文化和吐蕃文化、农耕文化和游牧文化交汇地带，是多元文化的集中展示地，文化资源丰富多彩。近年来，青海湖旅游发展积极挖掘和体现其历史文化、民俗文化、宗教文化、生态文化和水域文化等、以文化"软实力"推动旅游发展，着力打造了环湖公路国际自行车赛、青海湖诗歌节、大地艺术节，使区域文化、民族特色与生态保护形成了很好的融合，将青海湖景区晋升为5A级景区，实现零突破。

青海三江源区的生态旅游主要体现高原的原生态自然之美和藏区民族文化。该区拥有国家级自然保护区 3 处，国际重要湿地 2 处，国家地质公园 1 处，国家森林公园 1 处。主要给人们呈现多姿的河源生态和湖泊水生态，马背文化与宗教文化探秘，雪山冰川攀登探险，青南自驾游等原生态旅游。2013 年接待各类游客 5.58 万人，旅游收入 2980 万元，同比增长 35%。同时，旅游业为相关行业提供了 300 多个就业岗位，牧民收入明显增加。

青海省第一个国家湿地公园——贵德黄河清湿地公园，体现以主题突出、意境鲜明独特、布局合理与功能协调的理念和原则，将公园划分为生态功能区和游览风景区。按照山脉水系情况、景点空间结构和景观特征等特点，创造了主题自然意境，构建山水游赏空间布局，形成以黄河古道为中心，水上开辟旅游线路，将黄河两岸的丹霞地貌和坎布拉森林公园、李家峡水电站等景点连为一体；并与南岸的玉皇阁古建筑群及贵德古城相融合，打造出水环境与民族文化、自然风光和历史文明旅游为特色的青海高原黄河清生态旅游，从而向世人展示青海高原的民族文化、生态文化和水域文化。

贵德黄河清国家湿地公园正在建设之中，按照规划设计将打造三个重点功能区。一是生态保育区，包括红柳滩生态保育区和山坪植物保护繁育区，以生态保护为主；二是宣传服务区，分为湿地宣传区和旅游服务区；三是观光休闲体验区，依托黄河干流，以及各种优势生态旅游资源开展水上娱乐、休闲娱乐和科普教育等，发展露天游泳、漂流、羊皮筏、沙滩浴场、农家乐以及拓展训练、探险等参与性体验项目。目前，五个主题景区：千姿湖湿地生态展示区，黑峡口休闲体验区，虎头崖农业观光区，河滨森林景观游憩和黄河清生态植物园区建设有序开展，不久的将来会给人们以惊喜和震撼。

同时，青海省洮河源和湟水河湿地公园已经批准为国家湿地公园，其建设将进一步丰富高原生态旅游与人们文化生活的需求，展示高原湿地生态系统的内涵与魅力。

2 湿地资源利用存在的问题

20 世纪 80 年代初至 21 世纪初的前 10 年，由于人们对湿地生态价值缺乏足够的认识，无计划过度利用水资源和水源地天然林的过度采伐，造成湿地景观丧失；加之保护管理能力薄弱，导致湿地资源干扰与破坏的行为难以有效地制止和处理，湿地生态功能和服务功能退化，问题不断呈现。

2.1 水资源的分布，呈现着时空不均

青海高原丰富的水资源，虽可以保障城乡、工农业生产和人民生活对水资源的需求。然而，其在地区、时空上分布很不均匀，且与人口和耕地的分布不相适应，具有年际变化大、年内分配集中、空间分布不均等我国北方水资源的共性，同时还具有以下特点：①水资源总量少，每平方公里仅有 8.8 万立方米，为全国平均值的 1/3，居全国各省区第 27 位。②分布不均衡，水资源时空分布与自然资源、人口的分布，以及社会经济发展格局不相适应，季节、年际间来水分布与用水之间也很不协调；同时地域分布也不平衡，三江源区人口少，而水资源量却十分丰富；湟水河流域、柴达木盆地经济相对发达、人口较为集中，水资源分布相对贫乏，供需矛盾突出。③水生态环境脆弱，省内大部分河流的水质良好，但小部分的河流水质受到环境等变化和人为活动的影响，造成一定程度的污染。④水资源紧缺，全省用水程度越来越严重，缺水量现已突破了 3.9 亿

立方米，其中湟水流域水资源只占总量的3.5%，已由单一的资源型缺水，演变成为资源型、水质型缺水。

总之，在现实生产生活中，水资源丰富的地区往往是经济欠发达地区，也是生态环境较为脆弱的区域。河流上游水资源利用，将会对下游的来水造成阻碍，河水位下降，并带来一系列负面作用。

2.2 水环境变化，使生态功能逆转

由于片面追求经济发展，而忽视了湿地生态环境的保护，使天然水资源的生态功能持续下降。1970～1990年，湿地生态功能转差较为明显；1991～2004年，其功能转差程度有所减缓。以“黄河第一县”玛多县为例，县境内的高寒草甸是我国原始生境保存较好的湿地区，被誉为“亚洲第一优良牧草”地，补充着黄河总水量30%左右，被称为黄河源区的天然蓄水池。然而，到了20世纪90年代，玛多县成为扶贫县，并出现“生态难民”。

20世纪80年代开始，由于受高原气候变化自然因素和超载放牧人为因素的过度干扰，草地沙化、湿地萎缩和鼠害猖獗达到了令人触目惊心的地步。90年代末黄河源头流量急剧减少，甚至出现断流(玛多县域)，草场退化导致植被发生逆行演替，产草量逐年下降，牲畜存栏数也随之下降，降至历史最高水平的50%余；湿地生物多样性受到严重干扰，一些珍稀野生动物的栖息地环境严重恶化，鄂陵湖、扎陵湖及部分河流、水库的鱼资源量大幅度减少。同时，由于缺乏对水资源的有效管理和调控，灌溉农业在河流入湖口修建水闸、水坝等工程，阻隔了河湖联系，或将河流改道、湖泊的入湖水量减少，造成河流水位下降、湖泊萎缩乃至干涸。人类的经济活动，不仅加剧了天然水资源的生态功能演变，而且也产生了一定的负面影响，如湿地物种多样性锐减、旅游环境承载力降低、湿地面积不断缩小。

2004～2012年，随着《青海三江源国家级自然保护区生态保护和建设总体规划》的实施，《青海湖流域生态环境保护与综合治理规划》和天然林资源保护工程、国家生态公益林森林生态效益补偿制度与退牧还草等工程的建设，加强了湿地资源的保护，湿地植被覆盖度有所提高，生态环境开始好转，年均降水量增加；湿地水源涵养和调节能力得到恢复，伴随着气候变化的影响，冰川雪山融水增多，河流来水量增加，湿地退化趋势总体遏制和逆转，一些河流、湖泊湿地面积明显增加。

湿地生态功能的演替，在一个历史阶段是在人类经济活动加剧和气候变化双重作用下而形成的，只要人们对此有全面的认识，采取可行的措施，加大综合治理，经长期的努力是可以扭转和恢复的。

2.3 人类活动干扰，水环境问题加剧

随着社会经济的快速发展和城市建设规模的扩大，区域人口数量急剧增加，人类对自然的干扰频率和强度增加，环境问题加剧。如大量的工农业生产废水、废渣，生活污水，化肥、农药等有害物质排入湿地，并对地表水、地下水及土壤环境造成严重污染，使水质、土壤及环境不断恶化。①严重威胁着湿地生物的生存，依赖江河、水库供水的大中城镇也深受其害；分散在农村居民居住区和耕作区周边的小型库塘与沟渠，是农业种养殖面源污染和居民生活污水进入主要河道

的前置蓄积库，发挥了重要的前期蓄积、沉淀、分解和降解作用，但由于农村生活污水污染、堆放垃圾、过度养殖等，这些小型湿地的基本功能被破坏。②水利工程建设，对湿地水量和面积，尤其是有效栖息地面积的影响，造成湿地岛屿化，阻碍了鱼类洄游和湿地与河流之间的物质交换，改变了湿地动植物种类组成。如湟水河流域承载的废水排放量已占到总量的70%，远远超出了其自身的释污能力；西宁及以下河段，水质重度污染，如湟水河已由单一的资源型缺水，演变成为资源型、水质型缺水。③水污染严重影响着湿地植物的生存环境，对污染敏感的部分植物种类如水车前等，数量已愈来愈少，甚至出现濒临灭绝的状况；从长远来看，环境恶化将对流域内的整个植物群落，乃至生态系统造成非常严重的后果。

人类不合理的经济活动造成的干扰和破坏，对湿地生态环境威胁与污染是直接的，带来的影响是巨大的。西宁市及东部有近200多万人口生活在湟水河流域，人们的生产生活对河流的压力与影响可想而知，以往重视发展而忽视保护治理的行为，造成的污染逐步呈现。尤其是工业园区的建设，带来的破坏是近期难以应对的，如城市外围的电解铝生产对空气、人居环境的影响已使居民深受其害。

2.4 湿地环境变化，物种多样性锐减

随着湿地生态环境的急剧变化，湿地的生物资源受到很大的破坏。主要表现为：生境破碎化、岛屿化以及多样性的丧失，尤其是一些珍稀物种和优良牧草资源正在急剧减少，且受到生存的威胁。如三江源地区沼泽化草甸湿地退化，导致优质牧草资源大面积消失，黑土滩呈现；一些药用价值高的湿地植物越来越少，甚至锐减或消失。同时，一些湿地鸟类物种也由此遭到干扰与破坏，如鸻鹬科鸟类。

高原鱼类受超强度过量捕捞、鱼类产卵地的萎缩等因素的影响，青海境内的湖泊鱼类资源急剧下降。青海湖和鄂陵湖作为青海省的两大渔业生产基地，在20世纪60年代利用以来，其生产基本处于一种缺乏系统管理和规划的自然状态，持续不断的超强度捕捞已使这两个湖区的鱼类资源严重衰减。①青海湖利用初期生产鳇鱼2.1万吨/年，到20世纪80年代生产降至0.4万~0.5万吨/年，20世纪90年代末已呈现难以生产的局面。②鄂陵湖、扎陵湖盛产无鳞花斑裸鲤和极边扁咽齿鱼等鱼类，20世纪60年代产量十分可观，历史上曾达800吨/年，而现今难以捕捞。两湖丰富的渔业资源蕴藏量急剧下降，不得不在20世纪90年代末采取封湖育鱼的措施；然而，高原冷水鱼类资源在短期内是无法得到有效恢复的，有的鱼类是很难恢复的。

2.5 湿地立法滞后，科学研究仍缺失

目前，我国已完善了许多方面的立法，但是对湿地资源的保护与管理仍没有立法。关于湿地保护与利用的相关条款在已颁布的相关法律法规中有所涉及，然而较为分散，不成系统；无法可依或法条相互交叉、重复的情况依然存在，在具体管理工作中产生许多困难，难以发挥应有的作用。同时，一些区域和部门的管理职能存在交叉，导致执法不力、执法不畅和执法不严等现实问题。青海高原湿地资源的保护与管理十分重要，其涉及整个流域的社会发展和生态安全，它不是一个省区的建设发展问题，而是关系着中华民族的振兴和未来的建设。湿地立法滞后，已严重影响或造成无法可依、执法不严的社会问题，由此产生了一系列难以解决和建设的问题，如科学研

究、社区参与和违法行为的界定等。

湿地资源的保护管理和利用，必须建立在科学、准确、及时的湿地资源监测与生态环境评价的基础上，要以科学研究资料为依据。当前，由于缺乏湿地资源的生态环境变化、生物多样性变化的监测，缺乏科学统一的湿地评价体系和指标体系，致使湿地资源利用存在诸多问题和盲目利用的现象。如青海省境内的主要河流、湖泊和沼泽湿地的监测研究，高原气候变化与湿地生态环境的关系研究，水资源利用对生态、物种和保护的影响研究等，开展得不到位或相对缺失。以往社会公众对湿地的生态价值和重要性缺乏认识，高层领导在发展区域经济时会忽视湿地资源的保护，如祁连山地的煤炭开采、城市的扩张建设和水资源的利用等方面，就存在这样的问题。

青海省湿地资源保护建设，经过近十多年的发展，在社会各界的关注与呼吁下，2013 年 5 月通过立法，《青海省湿地保护条例》颁布实施。这是高原湿地资源保护的进步，也是湿地资源依法管理的重大举措。

3　湿地资源利用拟采取的措施

青海湿地资源丰富，为人类生产生活提供了重要的自然资源，同时高原湿地生态系统极其脆弱，人类在利用湿地资源的过程中不断地破坏着湿地生态系统。因此亟需建立湿地保护管理机制，加强生态治理和保护宣传力度，达到资源可持续利用的目的。

3.1　建立湿地保护协调机制，实施有效管理

依照《青海省湿地保护条例》，建立全省湿地协调机制，实施有效地管理。青海省湿地资源保护与管理涉及的部门多、层面广，亟须在管理方面建立协调与合作机制。①完善湿地保护体系，各有关部门依据行业管理职责，建立起相关的保护体系，发挥自身优势，实施有效的管理。②在深化改革中，注重对制约、阻碍湿地资源保护与利用的发展进行调整，制定科学的、有效的管理措施。③以法规的形式，确定湿地利用的方针、原则和行为规范，依法实施保护和建设。④建立保护协调机制，开展部门间协作配合，定期通报工作情况，实施统一的有效管理。因此，保护协调机制是事业发展的关键，是其建设的重要保障，林业部门要履行好组织、协调、指导和监督的职责，在协调机制建设方面发挥应有的作用。

青海省湿地资源涉及流域水资源的保护与利用，对区域经济和国家的建设发展至关重要。目前，国家对青海境内的黄河、长江和黑河的水资源实行流域管理与行政区域管理结合的管理体制，水资源使用实行统一调配管理。基于湿地资源的自然属性，管理者和使用者应采取分工协作、统一管理和节约用水、有效使用的方式利用水资源，并将湿地、水资源的综合管理、环境规划、生物多样性保护、国际公约等相协调；加强湿地周围区域各有关机构之间的交流与协调，采取协调一致的保护行动，将各方面的工作和事情办好；同时，对涉及利用的重大问题和建设，要严格依法论证、审批，并监督实施。湿地保护管理的各有关部门，要依据地方的湿地保护法规，完善各自的制度体系，从而履行好应有的职责，将青海湿地资源保护建设好。

3.2　强化生态环境综合治理，遏制湿地退化

强化湿地生态环境综合治理，是遏制湿地退化的有效措施和保障。青海省实施的湿地治理恢

复工程，不仅减缓和降低了人为因素对湿地的负面作用与影响，而且有效地遏制了湿地退化，其生态功能得以恢复，如青海湖、鄂陵湖和扎陵湖的湿地治理工程建设，实施4年来已取得了明显成效。湿地生态环境综合治理，要强化以下方面的工作：①规划设计先行，实施综合治理的湿地区域，要了解掌握该区域的湿地资源分布情况，流域的土地、水资源和野生动植物资源状况，编制的规划与湿地保护管理现状相一致，将湿地建设纳入地方的土地利用、生态治理、资源恢复、水资源管理以及相关的规划之中。②要以水为本，确定与湿地保护相关联的水资源开发管理战略，加强水资源利用对湿地生态环境和生物多样性影响的预测监测，合理配置资源、科学开发利用，要注重维护河流、湖泊湿地的自然状态与其他生态系统的功能。③要遏制湿地退化，把人为活动产生的影响降到最低程度，尤其要加强对各种涉水利工程建设的审批和监控，尽可能地减少工程建设引起的湿地退化，对于已受到工程建设负面影响的天然湿地，要强化补救措施。④要不断创造生机，结合城市建设和人民生活需求建设一些新型人工湿地，发挥湿地对社会建设的生态作用；对于发电厂、度假区、独立的生活小区以及水污染程度较轻的排水项目，可尝试性地采用湿地净化的自然功能，建设降解系统工程，解决部分污水污染问题。

生态环境综合治理，是遏制湿地退化而采取的有效治理措施，其效果和成效是明显的。如三江源、青海湖地区的生态环境保护，就是突出生态综合治理的成功范例，值得总结与推广。

3.3 开展可持续的利用示范，推进规范管理

湿地资源可持续利用示范，是强化保护的重要措施和方法的一种体现，关系着人们对其科学地认知，尤其是水资源利用的可持续示范作用。建设水资源功能区，是实施纳污总量控制、合理制定流域和区域水环境承载力，以及强化水资源保护的基础，也是湿地保护的重要组成和有效措施。①根据江、河、湖、库的水资源保护规划，要对污染物排放进行有效的总量控制，尤其是要加强各排污口的监督，有重点地开展监测，收集污染物排放数据资料，强化对用水户排水户的水质管理，严格控制新污染源。②严把取排水行政许可，对于新建、改建、扩建的建设项目必须进行取排水许可审批，在水资源规划的基础上进行充分的水资源利用论证；对耗水量大、排污量大、污染严重的建设项目，未通过水资源论证的，一律不予审批；对缺水地区，要严格控制新增高耗水项目建设的许可审批。③加强水资源的监督管理，按照水功能区对水质的要求和水体的自然净化能力核定纳污能力，提出限制排污总量意见，保持水体自净化能力，实现水资源的可持续利用。④有规划地治理已受污染的湿地，对排污超标的部门、企业和单位要严格约束和处罚，并限期整改；对严重污染环境的单位，坚决实行关、停、并、转、迁；对因开发利用造成的湿地环境破坏，利用部门必须采取补救措施积极加以解决。

青海省湿地水资源虽然较为丰富，但是其在地域、空间上分布不均衡，易产生问题与矛盾。实施湿地资源规范管理，是青海今后开展水资源保护的必然选择，也是因地制宜建设的必然要求。因此，通过工程建设的示范作用，开展规范管理是极其关键的，规范管理对任何一项事业的发展至关重要，在现今时代的发展中尤为重要。当前，随着高原生态建设的推进，湿地保护项目建设的拓展，其保护管理的范围与内容越来越多，要求也会越来越高，因此，实施更加规范科学的管理已成为湿地建设的最基本要求。实现规范科学管理，必须以现代管理的原理为指导，通过项目建设的示范，推动其发展。

3.4 建立湿地资源评价体系，探索补偿机制

湿地资源的生态功能多样，因其类型、所处的自然地理与社会经济条件的不同，其价值和效益则具有明显的差异。目前，青海省对湿地效益的分析评价工作刚刚起步，还缺乏对其效益和价值评价指标体系的研究与确定。因此，制定适合青海省情的湿地资源指标评价体系，量化湿地资源价值，探索建立湿地生态效益补偿制度，对高原湿地资源保护具有重要的现实意义和深远的历史意义。

高原湿地资源保护与利用，涉及林业、农业、能源、矿产、水利、土地等多个行业部门，必须依据湿地的有关法规协调各个部门，并发挥各自的优势和职责。湿地是一项重要的自然资源，也是可再生资源，只有加强保护，才能持续利用，给人民生活和地方经济发展带来益处，并造福人类。因此，湿地资源的保护与利用是一个有机的整体，从青海人口、资源和社会发展的现状看，单纯强调保护，忽视生产生活和地方经济发展，是不可取的；只强调发展需要，而过度开发湿地资源，甚至不惜以破坏湿地为代价的追求短期效益也不可取，必将会带来更为严重的后果。

科学地利用湿地资源，必须通过其资源价值评价体系来印证湿地的社会价值和生态作用，从而科学地服务社会、造福人类。我们可以通过已建立的湿地类型保护区、国家湿地公园和国际重要湿地，开展资源生态价值评价体系建设；同时，通过湿地生态旅游，来辅助或丰富其价值的评价内容，达到其应有的价值和作用，最大限度地展示湿地生态、经济和社会效益。在此基础上探索补偿机制的建设，由此呼吁国家和地方政府尽早制定或出台补偿的制度，实施湿地生态效益补偿，调动社会力量参与保护与建设。

现今，青海省已实施草原生态补偿和森林生态补偿两项制度，每年国家投入补偿资金达 15 亿元人民币。青海省湿地资源面积有 814.36 万公顷，如果实施补偿制度，将会进一步促进农牧民生产结构调整和生活质量提升，是湿地资源保护与社会经济可持续发展的重要战略之一。

3.5 深入社会宣传，营造良好的共管氛围

湿地保护与利用，关键在于公众和管理决策者对湿地重要性的认识和观念的转变。转变观念是一项长期的工作，必须通过深入的社会宣传，才能有所提高，特别是管理决策者对湿地各种功能、效益的认识，强化湿地保护意识、资源忧患意识的认知，形成有利于湿地保护的良好社会氛围是促进其建设与发展的保障。①要注重媒体宣传，充分利用“世界湿地日”“世界水日”和“中国水周”等活动平台，开展有关湿地生态效益和经济价值方面的宣传活动，不断提高公众对青海湿地的认识。②从基层和各方面入手，将湿地资源保护和物种多样性保护的内容，制作成科普教材或宣传资料，通过各种形式和方式普及湿地与湿地保护的科学意义、价值，对社会建设的生态作用，使公众爱护湿地、珍惜湿地、保护湿地的自身修养与素质不断提升。③加强湿地资源管理培训，培养高素质专业人才，要设立与高原湿地保护有关的专业领域和一级方向，培养湿地管理的高级专业人才；广泛开展国内外培训与交流，营造良好的用人、留人、育人机制，积极引进有关专业人才，建设和培养高原湿地管理队伍。④开展试点示范工作，选择具有典型示范意义的区域和项目，针对不同类型湿地，开展湿地资源保护与利用示范区建设，因地制宜地开展试验示范点建设，探索高原湿地水资源利用的途径、模式、应用技术和管理技术，为不同生态类型的湿地利

用提供可资借鉴、推广的示范模式。

湿地资源的社会宣传，是营造良好社会氛围的基础和保障。青海省开展深入的宣传，要借助各有关行业的优势，开展不同目的的宣传，突出湿地资源保护的特点与需求，尤其是在营造社会保护的氛围上有所开拓和突破。湿地资源保护是一项起步较晚，而发展相对较快的事业，由于其特殊的生态功能与价值，得到了社会各界的极大关注，青海湿地资源尤为重要，在全国经济社会发展中发挥着不可替代的作用。

第二节 资源可持续利用前景分析

湿地资源是人民生活、工农业生产、经济可持续发展的重要物资基础。保护好现有湿地资源和恢复湿地生态效益是湿地资源可持续发展的重要途径。湿地保护与合理利用是其可持续发展的关键，必须采取有效措施，切实加强湿地资源的保护管理，以保证湿地资源的可持续发展与利用。

1 湿地资源利用潜力巨大，极具优势

青海是长江、澜沧江、黄河和黑河、岷江等河流的发源地，也是中国面积最大、海拔最高的天然湿地和湿地物种多样性集中分布的区域，是我国最主要的水源地和全国生态安全的重要屏障。青海省湿地资源类型丰富，分布面积大，其资源利用潜力巨大。

1.1 水资源利用前景

水资源属于国家公共资源，青海蕴藏着丰富的水资源，主要外流河向下游供水每年在600多亿立方米以上，是我国水资源基地。依据国家水法和地方有关法规，在水资源保护、开发、利用、节约、配置等管理中，水资源管理部门注重依法建设，规范使用水资源。同时，加大水资源的生态保护与建设，其资源利用前景广阔，潜力巨大。

湿地水资源利用包括经济建设用水、生活用水和水能开发，以及生态用水多个方面。经济建设用水应严格管理，禁止浪费、污染性用水和大量耗水；生活用水要强化管理，保障水源清洁、卫生、达标；生态用水要注重湿地自然水生态的良性循环，严禁不合理或破坏性的利用造成水循环失衡，产生难以估测的损失；水能资源开发，要注重河流湿地水生态系统的平衡，禁止在一段河道上建设多个梯级水电站或水库，造成水生生物如高原土著鱼类生存环境的阻隔与破坏，对河道两岸植物群落组成和生长带来影响。

青海省河流众多，水系发育以及特殊的地理条件，境内水能资源富集。据研究表明，省内河流水能理论蕴藏量在1万千瓦以上的河有108条，可开发的电能为2537万千瓦。目前，长江、黄河上游可建设26座大中型水电站，总装机为1865.9万千瓦，发电量721亿千瓦时/年，相当于一个三峡水电站。水电站建设，不仅将水能转变成电能为区域发展提供能源，而且为地方农业建设、渔业发展和生态旅游等提供水利用条件；其现已成为西北地区乃至全国水电资源发展的重要

省份，建成大中型水电站和水库 18 座。

如何实施水资源的可持续利用与发展，这是一个值得探索的问题。目前，青海河流水资源利用已呈现过度或对河流湿地生态系统产生干扰影响的状况，如大通河位于门源县麻当村至互助县大龙口河段，长 85 公里，修建水电站 13 座，由此带来的生态问题可想而知。主要河道修建大坝或水电站造成的生态问题，在国外已于 20 世纪 90 年代就引起科学家和民众的重视，当地政府通过多年的研究和公众的努力，已对一些大坝进行了拆除。据北美有记载的研究显示：拆除的大坝已有 22 座，其中因影响鱼类繁殖生存的原因占 14%。美国缅因州肯纳贝克河上的爱得华兹坝，于 1999 年被拆除，大坝严重危害了鱼类生活环境；2011 年，华盛顿埃尔瓦大坝(高 33 米)、格兰斯峡谷大坝(高 64 米)拆除，恢复了 113 公里长的埃尔瓦河段，满足鲑鱼洄游的需要。

对此，在经济快速发展的今天，利用水资源要多方面考量，应注重高原生态系统的特点和青海的生态战略地位，对河流湿地的利用实行限制性开发，保护水生生态系统及生物多样性，实施科学谋划，用长远的发展眼光看待事物、看待发展。

1.2 沼泽湿地利用前景

青海省沼泽草甸湿地可利用面积有 446 万公顷，传统的畜牧业发展对草地生态系统的干扰危害较严重，只有建立科学的畜牧业发展模式，其利用的潜力和前景才能有所拓展。青海高原分布的沼泽草甸湿地是畜牧业发展最根本的基础，我们应结合高原草地、湿地生态系统的特性，注重养殖方式和发展模式的调整，切实走可持续发展之路。

全省保障畜牧业发展的草场草地，已于 20 世纪 90 年代中期承包到户，牧民群众对草地享有使用、收益与建设的权利。多年的生产实践证明，草场承包到户，不仅调动了牧民生产的积极性、主动性，其生活水平与质量均有所提高，而且有利于生产结构的调整。当前，随着青海生态环境保护与建设力度的加强，畜牧业产业结构不断得以调整，以草定畜、有偿使用、草地流转等方式在推广实施，这是其发展的内在要求，也是核心所在。

(1)以草定畜。由地方畜牧部门对每一牧户的可利用草场的面积、亩产草量和载畜量进行科学核算，确定牧户所承包的草场总载畜量，由乡镇政府与各牧户签订科学养畜责任合同书；其内容包括，可利用草场面积、边界、适宜载畜量以及发展的控制性指标，并依据国家的有关政策给予支持和指导。

(2)有偿使用。草地资源是有价值的自然资源，也是发展畜牧业最重要的生产资料。为科学有效地使用草地，加大其建设管理的可操作性，对草地资源的使用可通过交纳适度的补偿费来指导和约束牧业生产所产生的问题；同时建立激励机制，对超载过牧进行罚款。

(3)草地流转。为推进高原现代生态畜牧业发展，增强农牧区经济发展活力，通过建立土地草场流转的价格机制、经营主体的准入机制，将牧民的草场承包经营权进入市场交易，以达到资源优化配置和充分利用。

(4)产业发展。通过科技支撑项目，在畜产品结构、延长产业链条方面进行科学的调整，将生产、加工、销售各环节融合，从而提高草地资源的经济产出，增加牧户收入，解决牧业生产活动对自然资源的过度依赖，减轻或消除对草地资源的破坏。

因此，通过科学地调整和配置资源，适度地利用草地资源，推行高原现代生态畜牧业的产业化发展道路，青海省湿地资源才能实施有效地可持续利用，其前景广阔。

1.3 水产养殖业前景

青海省水产养殖业，主要在黄河流域发展，可利用的水面养殖面积为1.01万公顷，其中可利用水库37座，渔业发展潜力巨大，前景可观。青海发展渔业的方式主要有：合理利用天然经济鱼类资源，注重其资源保护；发展人工引种鱼类养殖，注重其质量，增加其品种；建立鱼种繁殖体系，提高自给能力，加大渔业发展的科技投入，不断提高单位水面积的产量；利用水库，发展网箱、网拦精养渔业，满足市场需求。

青海渔业发展，特别要注重建立和完善渔业现代科学管理体系；建立对水生生物资源影响的补偿机制；开展河段鱼类资源动态监测；加大各流域水生生物管护的执法力度。总之，青海高原渔业发展的前景巨大，有许多工作可以拓展和强化，高原冷水鱼绿色、环保，其营养价值高，发展的市场广阔。

1.4 湿地生态旅游前景

青海省湖泊众多，河流特色突出，开展高原湿地资源旅游的市场与前景不可估测。目前，已开发的旅游区有青海湖、可鲁克湖、黄河清湿地公园，以及黄河、长江、澜沧江源头区湿地，其发展已形成具有高原特点的生态旅游，每年有1500万人次前来观光旅游(2012年)。青海发展湿地生态旅游的项目还有待开发，如湖滨度假、渔业观光、水上竞技、垂钓等；可通过整体谋划、保护性开发，形成观光、娱乐、度假、竞技和水产养殖为一体的综合性产业。同时，立足高原湿地特色和实际，提供生态化的绿色服务，让游客的食、住、行、游、购、娱等方面的需要得到最好的提供与服务。

柴达木盆地的哈拉湖，由于交通不便，未被利用，其生态与环境仍处于原始状态；作为青海省第二大湖泊，其旅游、科研的价值与潜力仅次于青海湖，值得开发利用。青海省开展湿地生态旅游，要注重坚持生态优先原则，科学布局、突出特色，其产品尽量突出自然美特色，要减少人为干预；同时，要加强旅游活动对环境承载力的评估，以控制对自然的影响；要注重分区规划建设，使游客在欣赏秀美湿地的同时，充分认识生态环保的重要性和紧迫性，增强人们保护生态环境的责任感和使命感。

目前，青海省拟建设湿地公园14个。湿地公园建设，既关系着城市生态建设、水源地保护，也关系到区域经济和城市整体的可持续发展。因此，要很好地借鉴国内具有一定发展水平的湿地公园建设的思路、理念与经验，打造具有高原特色的湿地公园建设。如宁夏黄河湿地公园、四川邛海湿地公园、浙江西溪湿地公园，还有香港湿地公园等，这些公园的建设都极具特色和特点。其中香港湿地公园是在城市区域内保护湿地、利用湿地的一个成功范例，其实现了城市建设与湿地保护间的平衡，为青海省城市湿地公园的建设提供了借鉴模式。

青海省湿地公园建设，要注重几个方面的问题：①湿地生态保护与合理利用相协调，实施可持续发展的理念。②注重区域生态平衡和生物多样性保护，维持生态系统的动态平衡。③强化生态主题与人文内涵的结合，提升公园的品位与层次。④以人为本，打造接触自然、回归自然、享受自然的生态旅游。因此，湿地公园建设要尽可能完善各个功能布局，湿地生态核心区、湿地景观区、湿地休闲科普区、湿地研究实验区、湿地公园服务接待区的有机融合与统一，构建内容丰富、生态价值与人文价值极高的湿地与公园的复合体。充分体现其建设是以欣赏和研究自然、野生动植物以及体验高原文化为目的的自然旅游。

青海可凭借自身独特的高原湿地优势、区位条件和著名的旅游景点，全方位、多角度、科学合理地利用自然资源，加快旅游产品的挖掘与打造，拓展其发展市场。

1.5 盐湖资源发展前景

盐湖资源是一种多元素矿床，在青海其储藏量丰富，利用前景十分广阔。柴达木盆地的盐湖资源分布面积为 3.18 万公顷，其中察尔汗盐湖发展的规模与成效突出，其开发的是以钾、钠、镁、锂、硼、锶等多元素为特色的综合利用，现已成为我国最大的钾肥生产基地，对促进我国农业的发展起着重大支撑作用。目前，随着盐湖资源整体开发力度的加大，青海盐湖资源必将会成为我国最主要的综合性盐化工业基地。青海省确定建设的柴达木循环经济试验区，就是充分利用盐湖资源打造其产业链，着力提高盐湖资源开发程度和加工增值水平。

利用盐湖“老卤”发展无水氯化镁、氢氧化镁、金属镁等产品；利用钾肥生产过程中产生的氯化钠发展纯碱、烧碱、氯酸盐等产品；利用纯碱生产的废液发展氯化钙产品；大力发展硫酸钾、硝酸钾、碳酸钾、氢氧化钾、复合肥等产品。通过积极推进盐湖资源的多种产品，向综合化、规模化、集约化、精细化发展，将其建设成为青海盐化工业发展的新型现代企业，为区域经济社会发展做出贡献。

2 湿地资源有效保护，前景广阔

青海省实施“生态立省”战略，为经济社会发展提出了具体要求，一切发展都应注重生态建设，这为保障高原湿地资源可持续利用提供了支持。因此，青海湿地资源利用可持续发展，要突出体现以湿地生态资源为基础，以湿地资源保护为前提，以经济发展为导向，实现生态效益、经济效益和社会效益的和谐统一。同时，要注重协调好区域内人口、资源、环境间的关系，遵循自然规律和社会经济发展规律，科学分析高原湿地可持续发展的各种现实问题，以维护湿地生态系统平衡、保护湿地功能和湿地生物多样性，修复和改善湿地水环境，扩大现有湿地面积，合理配置和利用湿地资源。通过湿地管理制度、政策保障和资金支持等措施，开展高原湿地资源的有效保护，其资源利用的前景广阔，对区域经济社会发展作用巨大。

2.1 建立湿地保护管理体制

湿地资源保护管理体制建设，关系着全省湿地保护事业的发展，也牵动着长江、黄河等流域的建设。因此，其建设要充分考虑省域经济社会发展的现状与特点、湿地资源分布与承载的功能，注重其适应性建设。①建立“统一领导、分级管理”的管理体系。青海省湿地保护管理中心，负责全省湿地保护工作。各级人民政府应设立相应的地方湿地管理机构，组建适宜发展的管护队伍，提高湿地管理水平。②认真执行《青海省湿地保护条例》，依法进行管理，实施严格的惩罚，营造良好的管理氛围。③在完善管理制度上不断开拓，建立湿地资源保护管理的政绩考核制度、湿地利用的许可证制度和治理的保障金制度，完善取水许可制度和水资源有偿使用制度，以及湿地开发产业一体化制度，等等。④建立高原湿地保护网络，与长江、黄河湿地保护网络相融合，发挥网络优势，促进青海湿地保护利用实施可持续发展战略。

2.2 实施湿地生态保护工程

青海省已实施的生态保护与建设工程，充分印证其修复和治理的成效凸显，工程实施区的生态效益、社会效益明显。今后，要结合青海湿地资源分布的面积大、涉及的区域广、保护建设的难度诸多等现状，积极开拓，在生态保护与建设方面多谋划、多争取项目，不断加大草场、森林植被和河流与湖泊的保护力度，通过大力营造水源涵养与水土保持林，实施退牧还草、黑土滩治理等工程建设，努力提高湿地水资源的生态功能；同时，禁止在水源地区域从事任何人为经济活动，控制湿地区内的非生产用地；要加强河道管理，严禁在水源地内进行采沙、采金等威胁湿地的一切经济活动。

2.3 建立湿地生态补偿机制

湿地生态补偿机制，是采用经济激励的事前补偿方式来实现湿地的有效保护。建立湿地保护生态效益补偿机制，有利于湿地资源保护的多方面发展，也有利于经济社会的全面建设，其机制应尽早建立，以适应湿地生态保护和发展需要。因此，可借鉴一些国家对湿地生态补偿的办法和政策，同时参考国家已实施的森林生态效益补偿和青海省实施的草原生态效益补偿办法，制定适合青海湿地资源保护的补偿制度。

如何从法律或制度上明确补偿义务主体、受偿主体、补偿范围、标准及方式，是构建湿地生态补偿机制的基本框架。①健全湿地生态补偿机制的构成要素，明确湿地资源权属，确定补偿主体、受偿责任者、补偿范围、补偿标准和补偿方式等。②建立湿地管理的公务合作机制与公众参与机制，引导社区群众参与湿地资源的管理和保护。③政府制定湿地补偿政策，要注重建立和完善意见征询制度、保护听证制度和公告监督制度，将公众参与制度融入决策之中。④将湿地生态补偿机制置于“阳光”下，让公众监督实施，提高受益者的主体意识。总之，湿地生态效益补偿机制的建立，要科学适宜、利于操作、公众接受和效果明显。

2.4 湿地生态建设资金支持

湿地资源保护与建设的关键，是建立多元化多层次多渠道的资金投资体系。要争取国家在资金上的支持与倾斜，鼓励各行各业、集体和个人，按照谁投资、谁管理、谁受益的原则，在政府统一规划指导下开展湿地资源的保护与利用；建立和使用好各项建设基金，做好湿地资源的经营性和政策性管理收费工作；引进国内外资本，开展水电能源、湿地恢复和生态旅游等基础设施建设；建立湿地保护基金，发展湿地保护区、湿地公园和湿地旅游基地建设，打造高原湿地资源建设的品牌，使青海湿地保护走向全国、走向世界。

3 实施生态保护治理，资源拓展

为改善和恢复高原自然生态系统，在国家的支持下，青海省境内实施了多项生态保护和建设工程，如退耕还林、退牧还草、湿地生态效益补偿试点、封山育林和天然林保护等工程，从根本上注重修复。森林、草地、湿地的生态系统得到有效保护，并逐渐好转。因此，青海湿地面积和湿地物种多样性也得到恢复和增加。

3.1　三江源生态建设，湿地增加

三江源地区生态系统持续退化，受到了社会各界的关注。2005 年，国务院批准了《青海三江源自然保护区生态保护和建设总体规划》，涉及玉树、果洛、海南、黄南 4 个藏族自治州的 16 个县和海西州格尔木市唐古拉山镇，面积 15 万平方公里；国家投资 75 亿元人民币，实施了 22 个建设子项目。

生态保护与建设工程实施 8 年来，三江源地区的局部水体增加，荒漠生态系统局部好转，生态系统结构向良性方向发展；植被覆盖度明显提高，草地退化趋势得到初步遏制，平均产草量从实施前的 33 公斤/公顷，增加到 694 公斤/公顷，产草量提高了 21 倍。同时，在退化严重地区实施的"生态移民"和全区减畜取得了阶段性成效；与 2004 年相比，2012 年三江源区的水体与湿地面积均有显著增加。其中治多县的玛日达错、盐湖和玛多县的鄂陵湖水面面积扩大最为突出，分别净增加 0.82 万公顷、0.79 万公顷和 0.75 万公顷。此外，治多县域内的部分湖泊面积也有较明显等增加。2004 年和 2012 年三江源区主要湖泊面积变化见表 5-1。

表 5-1　2004 和 2012 年三江源区主要湖泊面积变化对比

序　号	湖泊名称	所在县域	增加面积(万公顷)
1	玛日达错	治多县	0.82
2	盐湖	治多县	0.79
3	鄂陵湖	玛多县	0.75
4	库赛湖	治多县	0.69
5	海丁诺尔	治多县	0.63
6	乌兰乌拉湖	格尔木市(唐古拉山镇)	0.62
7	西金乌兰湖	治多县	0.62
8	扎陵湖	玛多县	0.33
9	勒斜武担湖	治多县	0.33
10	可可西里湖	治多县	0.31
11	赤布张错	格尔木市(唐古拉山镇)	0.31
12	明镜湖	治多县	0.29
13	东日昂巴坎错	曲麻莱县	0.19
14	黑海(托索湖)	玛多县	0.16
15	永红湖	治多县	0.15
16	加德仁错	治多县	0.13
17	星星海	玛多县	0.12

（续）

序　号	湖泊名称	所在县域	增加面积(万公顷)
18	苟鲁山克措	治多县	0.12
19	苟鲁措	治多县	0.08
20	雀莫错	格尔木市(唐古拉山镇)	0.07
21	移山湖	治多县	0.05
22	马鞍湖	治多县	0.03
23	察日错	治多县	0.03
24	扎里娃错	治多县	0.02
25	葫芦湖	格尔木市(唐古拉山镇)	0.01

据资料显示，长江、黄河、澜沧江流域水源涵养量均有所提高，分别增加了9.23亿立方米/年、10.48亿立方米/年和1.30亿立方米/年(2013年)。黄河流域、长江流域、澜沧江流域的降水量在人工降雨的作用下，有所提高(图5-4)。因此，各河流的径流量与生态工程实施前的平均年径流量比较，黄河增加12亿立方米。长江的沱沱河水文站年径流量一直处于增加中，直门达水文站径流量有较快的恢复，与工程实施前比较，年径流量增加了39.2亿立方米(表5-2)。

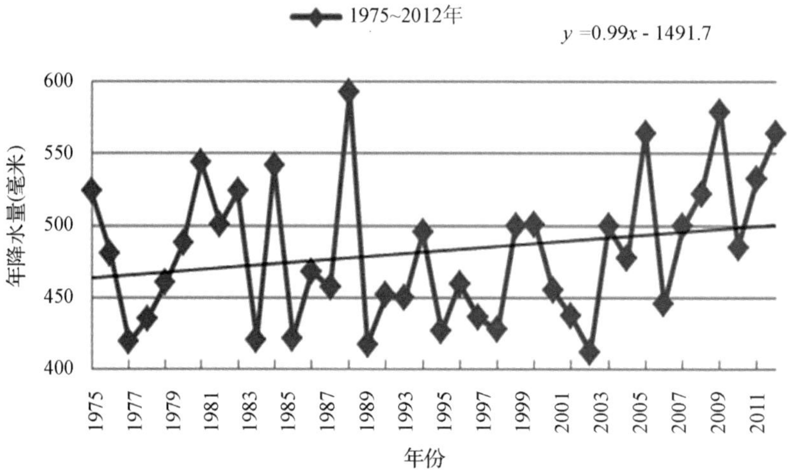

图5-4　1975～2012年三江源区年降水量变化趋势图

青海三江源区的生态与环境总体呈现“局部好转”的态势，多年平均植被覆盖度明显提高，湿地生态系统整体有所恢复，生态系统水源涵养和流域水供给能力提高。

3.2　青海湖生态治理，水体扩展

青海湖作为青藏高原重要的水体，是维系青藏高原东北部生态安全和阻挡西部荒漠化向东蔓延的天然屏障。上个世纪末，青海湖流域的生态环境问题引起了国务院的高度重视，在全国生态环境建设规划中，将青海湖环湖地区列为优先治理和建设的重点地区。

表5-2 长江、黄河流域主要控制水文站年径流量变化

时 段	黄河唐乃亥站(亿立方米)	黄河吉迈站(亿立方米)	长江直门达站(亿立方米)	长江沱沱河站(仅5~10月)(亿立方米)
1975~1980	221.21	46.26	115.85	4.85
1975~1990	236.10	47.90	131.37	6.14
1975~2004	200.65	39.87	124.29	7.52
1975~2011	201.40	41.90	132.40	9.10
1991~2004	165.20	31.26	116.20	9.11
1997~2004	161.00	30.20	122.10	11.70
2004~2011	197.90	47.30	161.30	13.10

21世纪初，开展的青海湖流域生态环境与综合治理工程，涉及海晏、刚察、天峻、共和4个县，面积2.9万平方公里。通过退耕还林(草)与水源涵养林建设，湖滨沙化土地防治，水土保持和环境保护与污染治理，以及高效生态畜牧业建设、生态监测体系建设等多项工程，已治理退化草地、水土流失和沙化土地及营造水源涵养林共128.0万公顷，使流域内的天然草地植被盖度达到75%以上。植被的改善提高涵养水源量8566万立方米，保持水土809万吨，年增加降水量10亿立方米，有效地减缓了青海湖水体逐年下降的趋势。近5年来，通过卫星影像图解析统计，青海湖水体面积增加了136平方公里，生态环境整体呈恢复的态势。

3.3 祁连山环境保护，生态稳定

祁连山生态环境治理，是通过省级自然保护区的建设来实施开展的。目前，已实施林地资源保护、草地治理建设、湿地保护与水土保持以及冰川环境保护等多项生态工程，不仅有效地保护和恢复了源区的林草植被，维持着雪山冰川和河流湿地生态系统的稳定，增强了保持水土、涵养水源能力；而且提高了野生动植物栖息地环境质量，保护了珍稀物种资源。同时，指导和扶持社区开展调整土地利用结构和产业结构，促进自然生态系统逐步实现良性循环，形成以祁连山区主要湿地生态系统为保护主体，布局合理、具有国际重要影响的自然保护网络。

祁连山生态环境保护和综合治理，得到了国家层面的支持。2013年国务院批准实施祁连山生态环境治理规划，青海方面投资34亿元人民币，涉及生态保护与治理项目10多个。

3.4 湟水河生态治理，污染遏制

2010~2013年，青海省林业调查规划院和青海省林业工程咨询中心开展的青海东部黄土丘陵区湟水河流域生态环境治理年度监测结果表明；该区域涉及的14个县(市、区)的42条河流(或河段)情况反映，通过流域整体实施生态综合治理，河流平均流量由126.76立方米/秒增加到128.84立方米/秒，增长率为1.64%；平均泥沙含量由0.38公斤/立方米减少到0.37公斤/立方米，减少率为2.63%；水质达到国家地表水Ⅲ级以上标准的比例，由26.83%增加到30.95%，增长率为15.36%。湟水河流域的生态综合治理的成效突出，呈明显好转的态势。

3.5 柴达木盆地水资源保护，成效突出

2005年，国家首次批准的13个循环经济产业试点园区，柴达木循环经济试验区位列其中。柴达木循环经济试验区，是以盐湖特色优势资源为主导的区域经济产业园区，其发展的前提是以水资源为基础和保障。近年来，在盆地宜林荒地内大力发展林业，科学地控制草场载畜量，合理利用和改良草场，防止超载过牧；同时，开展水利工程建设、优化水资源配置、合理开发和利用水资源，不断加大城市与企业污水再生利用能力建设，实施现有灌区续建配套与节水改造工程，湿地生态系统得到有效的治理和保护。

盆地中的可鲁克湖，对该地区的生态平衡起到举足轻重的作用，具有十分重要的水源涵养功能。随着柴达木循环经济试验区建设的不断深入，环境压力急剧增强，对可鲁克湖生态环境与水资源的威胁不断增大。2012年国家将可鲁克湖流域纳入全国良好湖泊生态环境保护范围，投资4.3亿元人民币实施湖区环境综合整治工程、湖泊上游污水收集管网建设工程、尕海镇工业废渣清理与污染场地植被修复工程、昆仑碱业节水减排系统改造工程、湿地保护和荒漠化治理等一期工程；同时，开展了生态环境现状调查、流域生态环境自动监测站点建设、生态环境保护培训与宣传教育等项目。

项目建设，不仅完善了生态环境保护基础设施，增强了区域经济社会发展环境的承载能力；而且有效地控制了湖区的污染，提高了水体水质和公民环境保护意识。湖区及巴音郭勒河水质长期保持在Ⅱ级，达到国家优良水质标准；区域内生态环境和湿地、林地、草地和荒漠生态系统得以有效保护。生态保护与建设工程实施，则充分印证了青海省在湿地资源保护、城镇生态综合治理和物种多样性保护等方面所做出的努力与奉献，促进了高原生态保护事业的发展，体现了青海作为湿地资源大省和水资源基地的重要战略区位，责任任重而道远，仍需全社会的支持和关注。

第六章
湿地资源评价

湿地资源评价是对湿地资源具有的各种生态功能进行科学的分析，主要是对湿地生态状况、受威胁程度和资源变化的综合因子进行评价，并通过在可比的条件下，分析高原湿地资源近十年来的变化，为强化保护管理和合理利用湿地资源提供支持。青海省湿地资源受高原气候、自然地形地貌、人为活动的影响发生着一些变化，特别是实施的多项生态保护与建设工程，促进了其资源的治理和恢复，其水源涵养、固碳能力得到改善，湿地生物多样性保护状况有了好转，主要表现在水资源、森林资源、物种资源各方面均呈现良好的增长态势。

第一节 生态状况及其服务功能评价

湿地是地球上水陆相互作用形成的独特的生态系统，在抵御洪水、调节径流、改善气候、控制污染和维护区域生态平衡等方面发挥着重要的作用。根据青海省第二次湿地资源调查结果分析，全省湿地资源的生态状况在不同的区域呈现不同的情况。我们可以通过水文、水质和湖泊的营养化状况的研究探讨，了解和认知其变化，并对其服务功能进行科学的评价，从而确定高原湿地资源的现状与应具有的生态功能。

1 水环境状况评价

青海省重点湿地资源调查内容中包括对其周边实地监测并观察记录分析湿地水源补给、流出状况、积水状况等水文数据和地表水、地下水 pH 值、矿化度、氮磷营养物等水质数据，以及主要污染因子等数据，见表 6-1。

从表 6-1 所列数据分析，青海省河流湿地主要是由东南部的外流河流域和西北部的内陆河流域组成，水资源分布从东南向西北递减，同时水源季节间、年际间分布极不均匀。河流水资源补给主要是大气降水、冰雪融水、地表径流、地下水及综合性的补给，为湿地的发育提供了多重水源保障。总的说来，地下水主要来源于大气降水与河流的渗透性补给，在径流中与地表水相互转化，最终多以地表水形式流出或在大量渗入盆地(或平原)的地下含水层后再入渗于湿地、湖泊中。河流水源的流出，主要为流出型，而在青海湖、茶卡盐湖和哈拉湖等湖泊没有流出，形成内陆咸水湖或盐湖。积水状况都是永久性积水。

表 6-1 青海省重点湿地水环境状况分析

序号	重点调查湿地名称	水源补给状况	水源流出状况	积水状况	矿化度	矿化度分级	pH 值	pH 分级	富营养	水质级别	利用情况	污染物	威胁程度	备注
1	青海湖鸟岛国际重要湿地	综合补给	没有	永久性积水	14.77	盐水	9.2	碱性	贫	Ⅱ	旅游	无	安全	在青海湖自然保护区内
2	扎陵湖国际重要湿地	综合补给	永久性	永久性积水			7.87	弱碱性	中	Ⅱ	水源地	无	安全	在三江源自然保护区内
3	鄂陵湖国际重要湿地	综合补给	永久性	永久性积水			7.87	弱碱性	中	Ⅱ	水源地	无	安全	在三江源自然保护区内
4	茶卡盐湖国家重要湿地	综合补给	没有	永久性积水			6.8	中性	中	Ⅲ	工业	有	重度	
5	冬给措纳湖国家重要湿地	综合补给	永久性	永久性积水			7.87	弱碱性	贫	Ⅱ	牧业	无	安全	
6	依然错国家重要湿地	综合补给	永久性	永久性积水	1	淡水	7.9	弱碱性	贫	Ⅱ	未利用	无	安全	在可可西里自然保护区内
7	多尔改错国家重要湿地	综合补给	永久性	永久性积水	1	淡水	8	弱碱性	贫	Ⅱ	未利用	无	安全	在可可西里自然保护区内
8	库赛湖国家重要湿地	综合补给	永久性	永久性积水			8.3	弱碱性	贫	Ⅱ	未利用	无	安全	在可可西里自然保护区内
9	卓乃湖国家重要湿地	综合补给	永久性	永久性积水	12.82	盐水	8.6	碱性	贫	Ⅱ	未利用	无	安全	在可可西里自然保护区内
10	哈拉湖国家重要湿地	综合补给	没有	永久性积水					贫	Ⅰ	未利用	无	安全	
11	柴达木盆地国家重要湿地	综合补给	永久性	永久性积水	9.9	咸水	9	碱性	贫	Ⅲ	旅游	有	重度	
12	尕斯库勒湖国家重要湿地	综合补给	没有	永久性积水	5.09	咸水	7.56	弱碱性	贫	Ⅲ	工业	有	重度	
13	玛多湖国家重要湿地	综合补给	永久性	永久性积水	14	盐水	8	弱碱性	贫	Ⅱ	牧业	无	轻度	
14	黄河源区岗纳格玛错国家重要湿地	综合补给	永久性	永久性积水					贫	Ⅱ	牧业	无	轻度	在三江源自然保护区内
15	青海湖国家级自然保护区	综合补给	没有	永久性积水	14.77	盐水	9.2	碱性	贫	Ⅱ	旅游	有	轻度	同国家重要湿地
16	青海隆宝国家级自然保护区	综合补给	永久性	永久性积水	0.9	淡水	8.3	弱碱性	中	Ⅱ	牧业	无	安全	同国家重要湿地

（续）

序号	重点调查湿地名称	水源补给状况	水源流出状况	积水状况	矿化度	矿化度分级	pH 值	pH 分级	富营养	水质级别	利用情况	污染物	威胁程度	备　注
17	青海可可西里国家级自然保护区	综合补给	永久性	永久性积水	13.41	盐水	8.8	碱性	贫	Ⅱ	未利用	无	安全	扣除国家重要湿地
18	三江源国家级自然保护区	综合补给	永久性	永久性积水					贫	Ⅱ	水源地	有	轻度	扣除国际、国家重要湿地
19	青海可鲁克湖－托素湖省级自然保护区	综合补给	永久性	永久性积水					中	Ⅱ	旅游	无	轻度	由可鲁克湖、托素湖国家重要湿地组成
20	青海大通北川河源区省级自然保护区	地表径流	永久性	永久性积水	0.35	淡水	7.4	中性	中	Ⅱ	水源地	无	安全	
21	祁连山省级自然保护区	综合补给	永久性	永久性积水					贫	Ⅰ	水源地	无	安全	
22	贵德黄河清国家级湿地公园	地表径流	永久性	永久性积水					中	Ⅱ	旅游	有	安全	
23	洮河源国家级湿地公园	地表径流	永久性	永久性积水					贫	Ⅱ	旅游	有	安全	
24	西宁湟水国家级湿地公园	地表径流	永久性	永久性积水					贫	Ⅴ	旅游	有	轻度	
25	龙羊峡水库	地表径流	永久性	永久性积水			8.3	弱碱性	贫	Ⅱ	工业	无	安全	
26	拉西瓦水库	地表径流	永久性	永久性积水			8.2	弱碱性	贫	Ⅱ	工业	无	安全	
27	李家峡水库	地表径流	永久性	永久性积水			7.1	中性	贫	Ⅱ	工业	无	安全	
28	康杨水库	地表径流	永久性	永久性积水			7.1	中性	贫	Ⅱ	工业	无	安全	
29	公伯峡水库	地表径流	永久性	永久性积水			8.4	弱碱性	中	Ⅱ	工业	无	安全	
30	苏志水库	地表径流	永久性	永久性积水			7.1	中性	贫	Ⅱ	工业	无	安全	
31	积石峡水库	地表径流	永久性	永久性积水			7.1	中性	中	Ⅱ	工业	无	安全	
32	黑泉水库	地表径流	永久性	永久性积水	0.6	淡水	7.6	弱碱性	贫	Ⅱ	水源地	无	安全	

全省河流水资源化学成分、矿化度、总硬度等由东南向西北逐渐增加；河水矿化度有明显的季节变化，丰水期最低、枯水期最高、平水期介于两者之间；内陆盆地区随海拔降低明显呈高矿化；全省大部分地区水质状况良好，污染极少，适宜社会经济发展需求，但少数局部地区存在污染。长江流域、澜沧江流域、黄河干流及黑河流域等流域地下水质良好，呈弱碱性，pH 值为 7.0 ~8.5，矿化度为 0.2 ~0.5 毫克/升，透明度为 15.0 ~25.0 米，总硬度小于 8.4 德国度，符合饮用或灌溉标准。而柴达木盆地西北部、西南部水质较差，多为盐湖、卤水，矿化度较高，总硬度为 17.0 ~25.0 德国度，透明度为 1.5 ~5.0 米，不能饮用或灌溉；山前戈壁带至细土带，水质良好，pH 值为 7.0 ~8.8，总硬度为 5.6 ~25.0 德国度，矿化度 0.5 ~2.0 毫克/升，适宜饮用或灌溉；工矿业集中的格尔木、茫崖、冷湖等地大量排放的废水使水资源遭受到不同程度的污染，水质不断趋于恶化，不能饮用或灌溉。青海湖湖滨平原地带受咸湖水影响，矿化度 13.6 ~ 14.7 毫克/升，水质差，为氧化物重碳酸钠型水；距湖越远水质越好，矿化度一般小于 0.5 克/升，属重碳酸盐型或碳酸盐型水。湟水流域大部分地区地下水质良好，矿化度小于 1.0 克/升，pH 值为 7.0 ~8.5，属重碳酸盐钙镁型水，可饮用或灌溉；湟水干流西宁段以下、北川河大通桥头镇以下等地大量工业和生活污水排入导致河水污染日趋严重，水质急剧变差，为Ⅴ类或劣Ⅴ类；湟水谷地部分浅山区地层由于多含石膏和芒硝等易溶性盐类物种，为高矿化度硫酸盐氧化物钠型水，不宜饮用。另外局部地区因受地层矿物质的影响，地下水中有些化学元素如汞、砷、铬、氟及氧化物的含量严重超标不宜饮用。

水是整个自然生态系统中最重要的自然资源和环境因素，对区域生态环境的形成、发展与演化有着特殊的作用，由于人们不合理的开发利用水土及生物资源等，不仅使河流自然流量变化及其导致的补给量变化，而且影响和改变了水循环的条件和方式，导致水土流失严重、荒漠化扩大、草原退化加剧等，使水资源生存环境日趋恶化，湿地萎缩或逆向演替，湿地生态功能减弱或丧失。

2 湿地生态状况评价

湿地生态状况直接反映湿地生态系统的健康水平，也是评价湿地生态功能是否正常发挥和满足人类需要的重要依据。依据调查成果数据，综合利用反映青海省湿地生态状况的自然湿地景观、生物多样性、水环境、湿地利用及受威胁状况等方面的指标，对全省重点调查的湿地生态状况进行综合分析评价。

2.1 评价指标体系

评价指标体系是湿地生态状况的具体尺度、衡量基准和功能参数，是湿地生态评价的前提条件和理论基础。为了全面、系统地反映青海省湿地生态系统各个构成要素及各构成要素间的相互关系及其作用，筛选评估指标时应遵循科学性与系统性、独立性与可操作性、实用性与可比性、动态性及适应性等原则，建立一套科学合理的湿地生态系统评估指标体系，见表 6-2；采用分层次分析方法，确定评价指标权重，见表 6-3。

表 6-2　青海省湿地生态状况评价指标体系

一　级	二　级	三　级	因　子
自然指标	景观指标	自然湿地率	自然湿地面积/湿地总面积
		湿地密度	平均斑块面积/湿地总面积
		湿地斑块密度	湿地斑块数/湿地总面积
	生物多样性指标	单位面积物种多度	物种数量/湿地面积
		植被覆盖度	植被面积/湿地面积
		外来物种入侵	有、无
	水环境指标	污染物	有、无
		富营养	贫、中、富
		水质级别	Ⅰ、Ⅱ、Ⅲ、Ⅳ、Ⅴ
人为指标	社会指标	人口密度	人口数量/重点调查面积
		利用情况	工(旅游)、农、水、未
	威胁指标	威胁因子数量	数量
		威胁程度	安全、轻、重

表 6-3　青海省湿地生态状况评价指标权重

一　级		二　级		三　级	权　重
自然指标	0.6	景观指标	0.10	自然湿地率	0.030
				湿地密度	0.012
				湿地斑块密度	0.018
		生物多样性指标	0.45	单位面积物种多度	0.108
				植被覆盖度	0.108
				外来物种入侵	0.054
		水环境指标	0.45	污染物	0.054
				富营养	0.081
				水质级别	0.135
人为干扰指标	0.4	社会指标	0.40	人口密度	0.064
				利用情况	0.096
		威胁指标	0.60	威胁因子数量	0.084
				威胁程度	0.156

采用层次分析方法和德尔菲法对评价指标进行分级、赋值，并计算全省每块重点湿地的生态状况综合得分。各评价指标标准值计算得分方法为：自然湿地率、湿地密度、湿地斑块密度、单位面积物种多度、植被覆盖度、人口密度6个指标分为5个等级，由低到高分别赋值1、3、5、7、9，指标值越高反映其生态状况越好。同时，根据外来物种入侵和污染物2个指标“有、无”分为2个等级，“有”赋值2、“无”赋值8；根据营养状况高低分为3个等级，贫、中、富营养，分别赋值8、5、2；根据水质状况标准分为5个等级，由高到低分别赋值9、7、5、3、1；利用情况分为4个级别，工业(旅游)赋值3，农业(种植、牧业、林业)赋值5，水源地赋值7，未利用赋值9；威胁因子数量分为10个级别，采用“10－数量”赋值；根据威胁程度分为3个级别，安全、轻度、重度，分别赋值8、5、2；依据统计学累计求和公式($\sum$指标值×指标权重)，计算出每块湿地生态状况综合得分，见表6-4。

表 6-4 青海省重点湿地生态状况综合得分、评价表

序号	重点调查湿地名称	自然指标									人为干扰指标				得分	评价
		景观指标			生物多样性指标			水环境指标			社会指标		威胁指标			
		自然湿地率	湿地密度	湿地斑块密度	单位面积物种密度	植被覆盖度	外来物种入侵	污染物	富营养	水质级别	人口密度	利用情况	威胁因子数量	威胁程度		
1	青海湖鸟岛国际重要湿地	0.27	0.01	0.02	0.11	0.11	0.432	0.432	0.648	0.945	0.32	0.288	0.756	1.248	5.59	优
2	扎陵湖国际重要湿地	0.27	0.06	0.02	0.11	0.11	0.432	0.432	0.405	0.945	0.192	0.672	0.756	1.248	5.65	优
3	鄂陵湖国际重要湿地	0.27	0.11	0.02	0.11	0.11	0.432	0.432	0.405	0.945	0.192	0.672	0.756	1.248	5.69	优
4	茶卡盐湖国家重要湿地	0.27	0.01	0.02	0.11	0.11	0.432	0.108	0.648	0.675	0.32	0.288	0.672	0.312	3.97	良
5	冬给措纳湖国家重要湿地	0.27	0.01	0.02	0.11	0.32	0.432	0.432	0.648	0.945	0.064	0.48	0.756	1.248	5.74	优
6	依然错国家重要湿地	0.27	0.01	0.02	0.11	0.54	0.432	0.432	0.648	0.945	0.064	0.864	0.756	1.248	6.34	优
7	多尔改错国家重要湿地	0.27	0.01	0.02	0.11	0.11	0.432	0.432	0.648	0.945	0.064	0.864	0.756	1.248	5.91	优
8	库赛湖国家重要湿地	0.27	0.01	0.02	0.11	0.11	0.432	0.432	0.648	0.945	0.064	0.864	0.672	1.248	5.82	优
9	卓乃湖国家重要湿地	0.27	0.01	0.02	0.11	0.11	0.432	0.432	0.648	0.945	0.064	0.864	0.672	1.248	5.82	优
10	哈拉湖国家重要湿地	0.27	0.01	0.02	0.11	0.11	0.432	0.432	0.648	1.215	0.064	0.864	0.756	1.248	6.18	优
11	柴达木盆地国家重要湿地	0.27	0.01	0.02	0.11	0.11	0.432	0.108	0.648	0.675	0.448	0.288	0.672	0.312	4.1	良
12	尕斯库勒湖国家重要湿地	0.27	0.01	0.02	0.11	0.32	0.432	0.108	0.648	0.675	0.448	0.288	0.672	0.312	4.32	良
13	玛多湖国家重要湿地	0.27	0.01	0.02	0.11	0.54	0.432	0.432	0.648	0.945	0.192	0.48	0.672	0.78	5.53	优
14	黄河源区岗纳格玛错国家重要湿地	0.27	0.01	0.02	0.11	0.54	0.432	0.432	0.648	0.945	0.192	0.48	0.756	0.78	5.61	优
15	青海湖国家级自然保护区	0.27	0.01	0.02	0.11	0.11	0.432	0.108	0.648	0.945	0.32	0.288	0.672	0.78	4.71	良
16	青海隆宝国家级自然保护区	0.27	0.01	0.02	0.11	0.11	0.432	0.432	0.405	0.945	0.32	0.48	0.756	1.248	5.53	优

（续）

序号	重点调查湿地名称	自然指标									人为干扰指标				得分	评价
		景观指标			生物多样性指标			水环境指标			社会指标		威胁指标			
		自然湿地率	湿地密度	湿地斑块密度	单位面积物种密度	植被覆盖度	外来物种入侵	污染物	富营养	水质级别	人口密度	利用情况	威胁因子数量	威胁程度		
17	青海可可西里国家级自然保护区	0.27	0.01	0.02	0.11	0.11	0.432	0.432	0.648	0.945	0.064	0.864	0.672	1.248	5.82	优
18	三江源国家级自然保护区	0.27	0.01	0.02	0.11	0.76	0.432	0.432	0.648	0.945	0.192	0.672	0.672	0.78	5.94	优
19	青海可鲁克湖－托素湖省级自然保护区	0.27	0.01	0.02	0.11	0.32	0.432	0.432	0.405	0.945	0.32	0.48	0.672	0.78	5.2	优
20	青海大通北川河源区省级自然保护区	0.27	0.01	0.09	0.11	0.11	0.432	0.432	0.405	0.945	0.448	0.672	0.756	1.248	5.93	优
21	祁连山省级自然保护区	0.27	0.01	0.02	0.11	0.32	0.432	0.432	0.648	1.215	0.448	0.672	0.756	1.248	6.58	优
22	贵德黄河清国家级湿地公园	0.27	0.01	0.05	0.11	0.54	0.432	0.108	0.405	0.945	0.448	0.288	0.756	1.248	5.61	优
23	洮河源国家级湿地公园	0.27	0.01	0.02	0.11	0.11	0.432	0.432	0.648	0.945	0.32	0.673	0.756	1.248	6.16	优
24	西宁湟水国家级湿地公园	0.27	0.01	0.13	0.54	0.11	0.432	0.108	0.648	0.405	0.576	0.288	0.756	0.78	5.05	优
25	龙羊峡水库	0.03	0.04	0.02	0.11	0.11	0.432	0.432	0.648	0.945	0.448	0.48	0.756	1.248	5.69	优
26	拉西瓦水库	0.03	0.06	0.02	0.11	0.11	0.432	0.432	0.648	0.945	0.448	0.48	0.756	1.248	5.71	优
27	李家峡水库	0.03	0.06	0.02	0.11	0.11	0.432	0.432	0.648	0.945	0.448	0.48	0.756	1.248	5.71	优
28	康杨水库	0.03	0.06	0.02	0.11	0.11	0.432	0.432	0.648	0.945	0.448	0.48	0.756	1.248	5.71	优
29	公伯峡水库	0.03	0.01	0.02	0.11	0.11	0.432	0.432	0.405	0.945	0.448	0.48	0.756	1.248	5.42	优
30	苏志水库	0.03	0.06	0.02	0.11	0.11	0.432	0.432	0.648	0.945	0.448	0.48	0.756	1.248	5.71	优
31	积石峡水库	0.09	0.04	0.05	0.11	0.11	0.432	0.432	0.648	0.945	0.448	0.48	0.756	1.248	5.79	优
32	黑泉水库	0.03	0.11	0.02	0.11	0.11	0.432	0.432	0.648	0.945	0.448	0.672	0.756	1.248	5.95	优

2.2 湿地生态状况综合评价

青海省各重点湿地生态状况综合评价，依据确定的评价指标体系对32个重点湿地的景观、生物多样性、水环境和人为干扰状况进行评价，包括3个国际重要湿地、11个国家重要湿地、7个自然保护区、3个国家湿地公园和8个人工水库。这32个湿地极具代表性，可从保护与利用的角度展示湿地生态状况的不同变化，让人们对高原湿地有所了解。同时，全面认知其应有的各种功能。

3 湿地生态服务功能评价

湿地是重要的自然生态资产和国家战略资源，在支撑人类社会和谐发展和自然系统有序循环等方面有着不可替代的生态作用。湿地生态系统是支撑地球生物圈的结构组成单元，也是人类赖以生存和发展的基础，由生产者、消费者、分解者及非生物的物质与能量组成。湿地生态系统功能是指系统各组分间及其与外部环境间通过不断地进行物质循环、能量流动和信息传递来维持自身稳定和生态平衡的过程。生态系统组成成分及其相互关系，如图6-1。

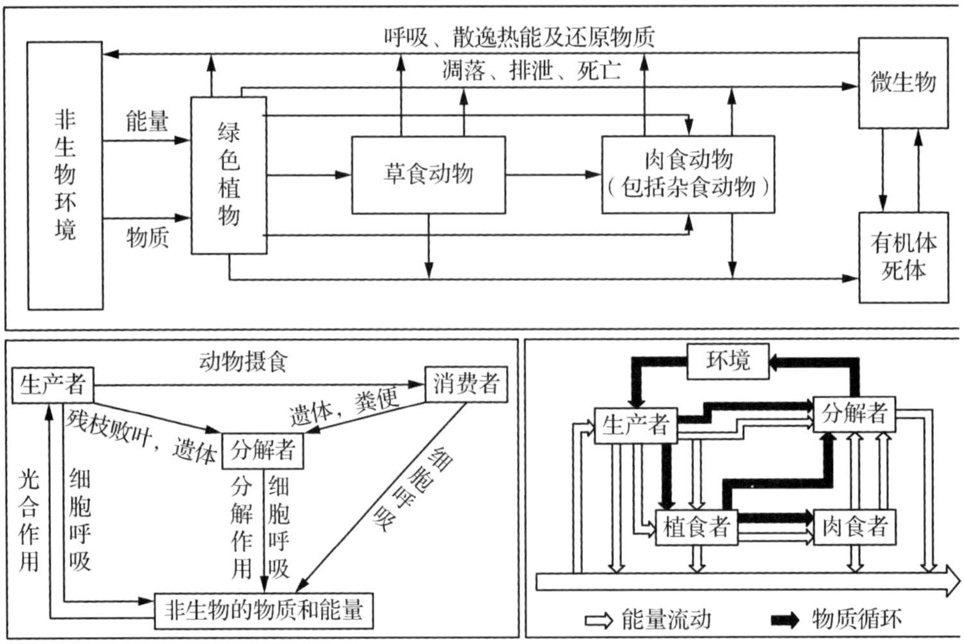

图6-1 生态系统组成成分及其相互关系

根据2005年联合国《千年生态系统评估(MA)报告》框架，湿地生态系统服务分为供给功能、调节功能、文化功能和支持功能等四个方面(图6-2)。生态系统存在的方式和功能表现着其统一的整体性，源源不断地为人类提供着各种各样的效用。人类福祉需求程度影响到生态系统服务功能的可持续发挥，同时生态系统服务功能的高低也直接影响着人类福祉的获得，人类福祉不仅受生态系统服务功能供需差距的影响，而且受到资源可持续利用的挑战(图6-3、图6-4)。

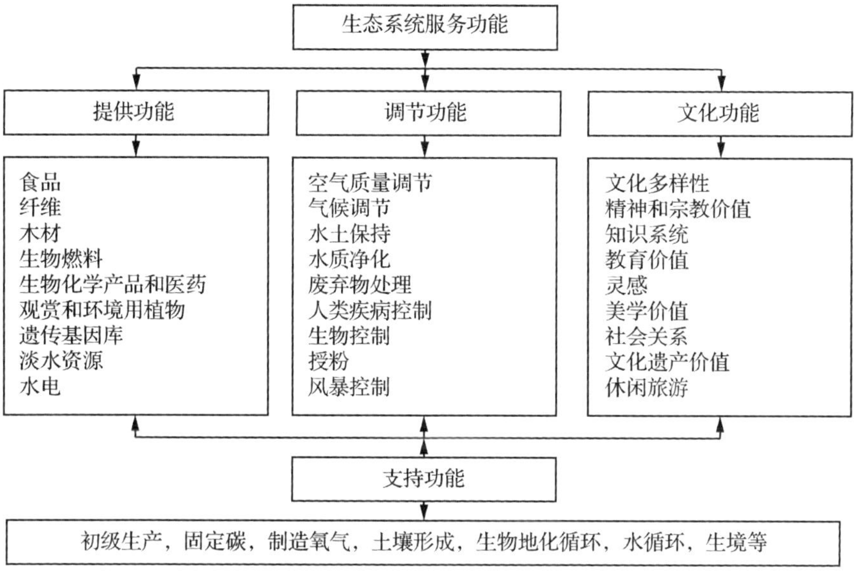

图 **6-2**　生态系统服务功能框架

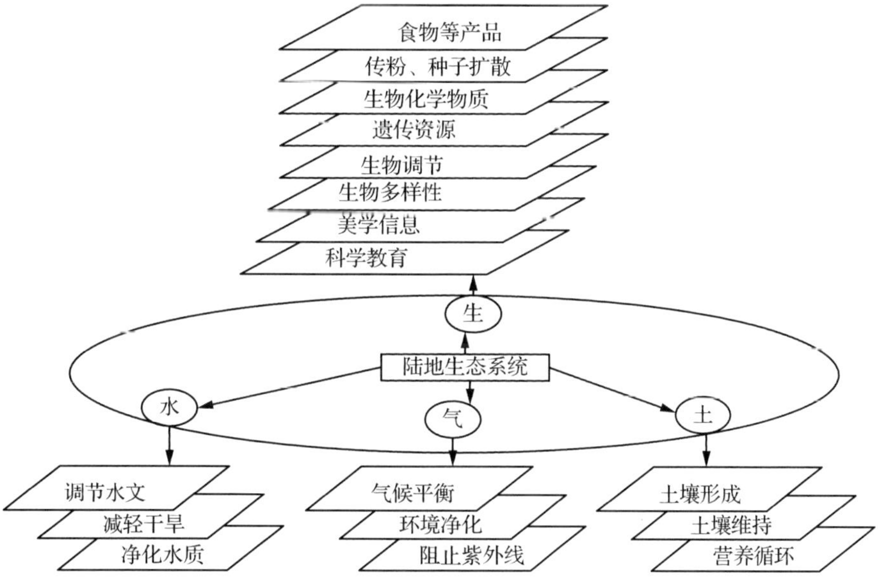

图 **6-3**　生态系统服务结构内涵

3.1　供给功能

供给功能，是指由湿地生态系统产生的或提供的直接或间接使用的服务功能。

(1)提供淡水。水是生命之源，人类的生存和发展离不开水。人类利用的可再生淡水，主要来源于包括湖泊、河流和沼泽在内的湿地生态系统。2009 年青海省水资源总量为 636.4 亿立方米，平均产水模数 8.8 万立方米/平方公里，人均年占有水量 1.1 万立方米，丰富的水资源保障了生产和生活对水资源的需求。但是，全省水资源在区域和时空上分布不均，且与人口和耕地的分布不

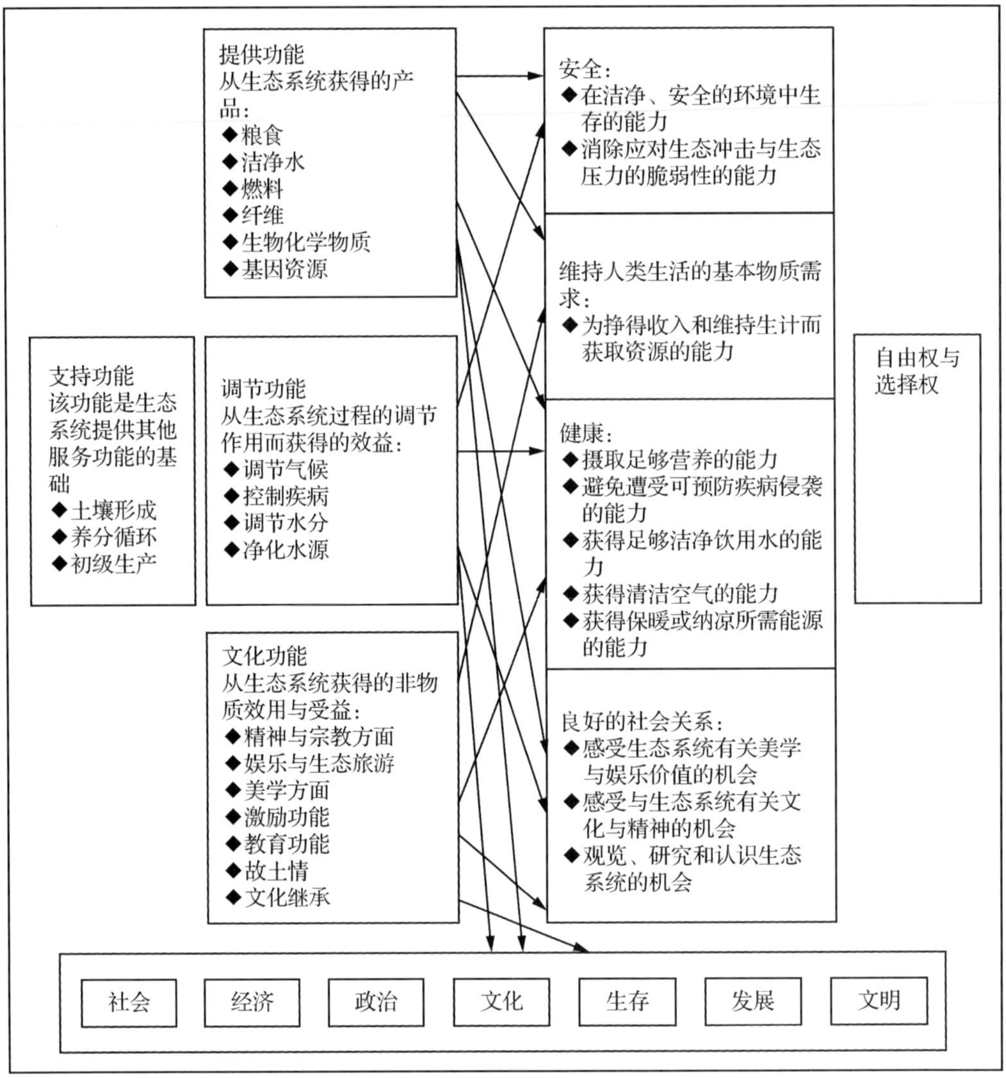

图 **6-4** 生态系统服务与人类福祉需求关系

相适应。2009 年全省供水量为 28.76 亿立方米，人均用水量 510.40 立方米，大部分都由湿地（地表水）提供，其中农田灌溉用水为 18.02 亿立方米；林牧渔业用水 4.66 亿立方米，工业用水 2.99 亿立方米。

(2)提供食物和原材料。湿地是地球上生产力最高的生态系统，总体生产力是一般农田的 2.0～4.0 倍。为人类提供丰富的食物和生产生活原材料，包括肉类、水果、蔬菜、药材、盐、建材、泥炭、树脂和生物化学品等。青海水域辽阔，河流纵横，水域面积有 136.7 万公顷，有鱼类分布的水域面积约 107.0 万公顷。由于青海高原良好的水域理化性状和优越的气候条件，发展高原冷水鱼类的养殖条件甚佳，青海湖、扎陵湖是青海省土著鱼类裸鲤的主要产区，有着悠久的生产历史；黄河龙羊峡以下河段人工库塘及可鲁克湖明显的冷水水体特征，具备了生产无公害绿色水产品的良好基础。

目前，全省已初步形成了具有高原特色的名、特、优冷水鱼养殖发展模式；尤其是在可鲁克湖生产的高原大闸蟹可与阳澄湖大闸蟹媲美，渔业已经成为青海省农民增收致富的亮点。此外，广阔的湖泊滩涂及河流两岸的坡地，是家畜养殖的天然牧场；湖滨则是鸟类的家园。

青海盐湖资源丰富，柴达木盆地的盐湖已探明氯化钠储量超过了3000亿吨，可供全人类食用1万余年。青海的盐产区主要有茶卡盐湖、柯柯盐湖和察尔汗盐湖，产品主要有工业盐、食用盐、营养保健盐等50余种；同时也是我国重要的钾肥生产基地。

(3)提供基因遗传资源。湿地是陆地与水体的过渡地带，特殊的气候、水文、土壤和地貌环境孕育了复杂且丰富的生物多样性，兼具陆生和水生动植物资源，形成了任何单一生态系统都无法比拟的天然基因库，对于保护区域遗传资源，维持生物多样性具有难以替代的生态价值。全省有湿地植物46科138属372种，湿地动物21目44科202种，其中：鸟类10目24科119种，鱼类3目6科59种，两栖类2目5科10种，哺乳类6目9科14种。

3.2 调节功能

调节功能，是指湿地生态系统为人类提供诸如维持空气质量、调节气候、控制侵蚀、控制人类疾病以及净化水源等服务功能。

(1)净化水体。湿地具有很强的降解污染功能，许多湿地植物、微生物通过物理过滤、生物吸收和化学合成与分解等作用，把排入湖泊、河流湿地的有毒有害物质转化为无毒无害甚至有益的物质，湿地在降解污染和净化水质上的强大功能使其被誉为“地球之肾”。湿地独特的吸附、降解和排除水中污染物、悬浮物和营养物的功能，使潜在的污染物转化为资源，这一过程主要包括复杂界面的过滤过程和生存于其间的多样性生物群落与其环境间的相互作用过程。该过程既有物理的作用，也有化学和生物的作用，物理作用主要是湿地的过滤、沉积和吸附作用；化学作用主要是吸附于湿地孔隙中的有机微生物提供酸性环境，转化和降解水中的重金属；生物作用包括湿地土壤和根际土壤中的微生物如细菌对污染物的降解作用，植被在生长过程中从污水中汲取营养物质的作用，从而使污水净化。

生物作用是湿地环境净化功能的主要方式，其中沼泽湿地的净化功能较为突出。当污水经过湿地时，湿地植被使流速减缓，污染物质得到有效沉淀和排除。一些湿地植物如芦苇、水葫芦苗等可以有效地吸收有毒污染物质，流经湿地的营养物质则被植物有效吸收，或者积累在湿地泥层之中，既为下游净化了水源，又通过物质循环养育了湿地生态系统中众多的次级生产者和更高食物链等级以上的消费者。

(2)调节气候。湿地内丰富的植物群落，能吸收大量的二氧化碳气体，并释放出氧气。湿地中的一些植物还具有吸收有害气体和空气中粉尘及携带的各种菌的功能，有效调节大气组分。湿地不断通过水分蒸发和植被叶面蒸腾作用与大气间进行能量循环和物质交换，从而保持区域的湿度和降水量。在有森林的湿地中，大量的降水通过林木被蒸发和转移，返回到大气中，然后又以雨的形式降到周围的地区；沼泽湿地产生的晨雾可减少区域土壤水分的丧失。在增加局部地区空气湿度、削弱风速、缩小昼夜温差、降低大气含尘量等气候调节方面具有显著的作用。

(3)缓解自然灾害。湿地在蓄水、调节河川径流、补给地下水和维持区域水平衡及缓解自然灾害中发挥着重要作用。全省有大小几千个湖泊，200多座水库和278条大的河流，在洪水季节可发挥调蓄洪水的功能，保证周边社会经济发展和人类生命安全；在干旱季节为周边提供水源，保证居民生活用水和工农业生产用水。

3.3 文化功能

文化功能，是指人类依靠湿地生态系统，通过丰富的精神生活、发展认知、休闲娱乐及美学欣赏等方式而获得的非物质效益的服务功能。

(1)休闲和生态旅游。随着人们生活水平的提高，人们亲近自然、回归自然的要求也越来越高，而湿地恰能为人们的这种需求提供一个理想的归宿，湿地旅游已成为现今生态旅游的新热点。青海省被誉为“中华水塔”“万山之宗”，源头湖泊湿地星罗棋布，青海湖闻名天下，黄河、通天河峡谷气势宏伟，源头湖边有蹄类动物成群、鸟岛鹤鸟燕舞，高原的西双版纳“循化孟达天池”清澈见底；璀璨的盐湖风光、神秘的哈拉湖等自然景观，吸引游人纷至沓来，成为湿地生态效益的重要体现者，为社会的发展、人们的休闲和知识积累提供了很好的去处。

(2)教育价值。湿地生态系统丰富的动植物资源及其遗传基因，为教育和科学研究提供了宝贵的实验基地。湿地自然保护区、湿地公园等都是宣传湿地知识、开展科普教育的重要场所，如青海湖国家级自然保护区、可鲁克湖－托素湖省级自然保护区、青海贵德黄河清国家湿地公园等，每年接待游客都在数十万人以上，是人们认识湿地、体验湿地和修养情操的重要去处。

(3)审美价值。生态美学是生态与美学的结合，是人与自然、社会与自然的生态审美关系。美学意义依赖于线条、质地和土地利用的和谐性等因素。青海湿地资源丰富、类型多样、结构完整、分布广泛，是重要的生态景观内容和元素，对于区域景观美学价值的实现和维持具有重要的现实意义。

湿地是重要历史事件的发生地，如古战场遗址、最早的居民点或移居地。湿地也是古文化的见证者，如新石器时代的马家窑文化、铜石并用时代的齐家文化、青铜时代的辛店文化、诺木洪文化、卡约土著文化等；有些湿地是古文明的遗迹保存地，如柳湾古墓群是我国发掘规模最大、保存较完整的原始社会墓地之一，还有原始社会的墓葬1700余座，出土文物3.5万余件，其中人面形和裸人形浮塑彩陶壶和舞蹈盆等属稀世珍品，与其相媲美的还有宗日遗址，出土各类文物2.3万余件，这对研究不同时期历史和人类文化非常重要。

3.4 支持功能

支持功能，是指湿地生态系统为提供其他服务功能(如供给功能、调节功能和文化功能)而必需的一种服务功能。

(1)生产生物量。主要包括提供淡水、提供食物和原材料、保护遗传资源。

(2)水循环。湿地是地球水循环过程中径流的主要表现方式，也是陆地—海洋大循环和陆地—大气小循环的主要场所。湿地水循环过程包括降水、蒸发、产流、汇流、下渗、排泄，以及湿地与周围环境水文交互等过程。其主要过程为蒸散发过程、产流过程以及湿地与周围环境水文交互过程。典型湿地水循环过程，如图6-5。

从图6-5可以了解水循环的过程和应用等作用。①湿地蒸散发，作为湿地生态系统重要的水文特征，是能量和水分的主要消耗途径，直接影响生态系统的物质、能量循环。其对湿地水深、水温、水体盐分、水面面积及淹水历时等都有显著的影响；湿地植被对蒸散发有直接影响。②不

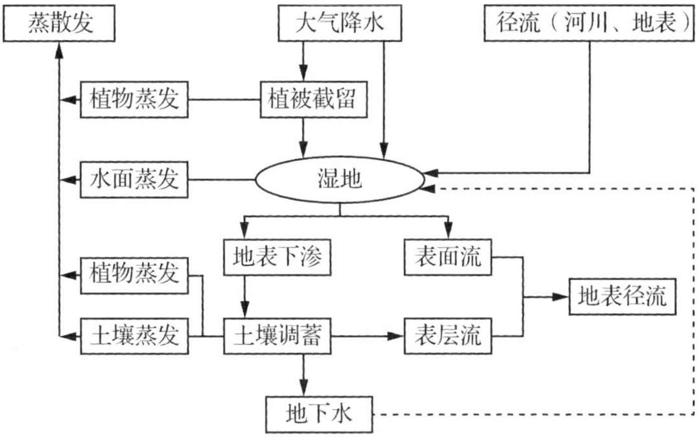

图 6-5　典型湿地水循环过程示意图

同类型湿地，由于所处的地形、气候、地质条件和植被类型及湿地特征的不同，产流过程有明显的差异；降雨后，一部分降雨滞留在植物枝叶上，称为植物截留，最终全部蒸发；另一部分降雨根据下垫面状况产生不同的地表水文。沼泽湿地等植被对湿地表层水流影响很大，水生植物影响水的深度和流速，衰亡的植物残留物对水体产生拖拽力。③湿地与周围环境的水文交互主要表现为湿地水体与河流和地下水的相互作用。在流域中由于集水形成的湿地，进入湿地的地表径流使湿地水位产生波动，反映出高低水位差异形成的湿地水文周期。湿地水体与地下水交换过程受地质条件、土壤的渗透性、植被等诸多因素影响，通常难以确定。

(3)提供栖息地。青海省自然湿地生态系统可分为盐沼生态系统、沼泽生态系统、水生生态系统和沙(漠)丘间低地湿地生态系统，能够为某些物种提供完成其全部或部分生命循环所需的全部因子，对高原物种多样性等形成具有重要的作用与功能。

(4)保持土壤。湿地作为水陆交互作用的自然综合体，位于水陆系统之间的过渡地带，受水陆系统的共同影响，常常促进湿地下游独特土壤条件的形成。湿地土壤既是湿地化学转换发生的中介，也是大多植物可获得的化学物质最初的储存场所，湿地在区域生态系统中起着重要作用，保持着区域内的生态平衡。青海省湿地对于土壤形成和保持的作用，主要表现在沿黄河等河流形成冲积平原。

(5)生物地球化学循环。在地球表层生物圈中，生物有机体从其生存环境的介质中吸取元素及其化合物(常称矿物质)，并通过生物化学作用转化为生命物质，同时排泄部分物质返回环境，在其死亡之后又被分解成为元素或化合物返回环境介质中。湿地作为全球三大生态系统，具有很高的生物多样性和生产力，是生物地球化学循环发生的最为重要的场所。

据有关研究资料表明，湿地化学循环主要表现为碳循环，即湿地固碳功能。固碳是湿地生态系统参与陆地生态系统碳循环的一项重要的服务功能，湿地存储的碳占陆地土壤碳库的18%~30%。湿地一方面因储存着大量的碳而具有碳“汇”的特征，另一方面因是温室气体的释放源而具有碳“源”的特征，其具有碳源和碳汇的双重性。湿地生态系统通过生物、化学或物理过程从大气中捕获储存的CO_2，从而有效降低区域CO_2浓度，减少温室效应。湿地植物通过光合作用吸收大气中的CO_2，并将其转化为有机质，积累大量的有机碳和无机碳。湿地土壤因长期处于水分过饱和状态而具有厌氧的特征，土壤中微生物以嫌气菌类为主，活动相对较弱，植物死亡后的残体经腐殖化作用和泥炭化作用形成腐殖质和泥炭，经长年累积逐渐形成富含有机质的湿地土壤。

不同类型的湿地固碳能力不同。湿地固碳能力因地形、水文条件、植被类型、大气和土壤温度、pH 值和盐分差异、湿地类型等因子的不同而存在一定的差异。①湿地土壤碳储存与气候变化有显著关系，有机碳含量随温度上升而下降，温度每上升 10℃，有机碳分解率相应增加 1 倍。②湿地生物量是湿地碳累积的重要来源。一方面湿地植物通过光合作用吸收 CO_2 并转化为有机质，形成自身生物量，经微生物分解腐殖化后重新以有机质的形式储存于土壤中；另一方面腐殖化过程产生的甲烷气体释放到大气中，不同类型湿地植物的固碳能力不同。③湿地水位消涨的频率、时差、强度、季节等对湿地碳循环及有机物的生产传递和转化起重要作用。一方面水位的消涨有助于碳累积，特别是处于洪峰期的河滩湿地，由于受外部水文动力学过程的驱动，生态系统中的营养盐迅速增加，从而促进湿地生物量和碳积累速率增加；另一方面长期淹水状态有助于湿地植物和土壤碳库的恢复。④土壤养分，尤其是氮和磷主要通过影响湿地植物的生长、生物量的累积以及土壤矿化过程等方式来影响碳的累积。洪水引起的营养物浓度的增加会改变植被的群落组成，继而导致温室气体的含量变化。

4 湿地生态存在问题

在全球气候变化和高原生态系统脆弱性的前提下，由于人们长期以来对湿地生态功能和价值认识不足，加上保护管理能力较弱，致使无计划过量利用水资源、过度放牧以及工程设施建设和城镇扩张对湿地造成干扰和破坏，湿地资源呈现面积减少、景观丧失、生态质量降低与服务功能衰退、生物多样性减少和湿地污染日益加剧等状况，严重威胁着湿地资源的永续利用和区域生态安全与社会经济的稳定。问题的产生，主要体现在以下方面。

4.1 来水减少，导致湿地萎缩

受全球气候变暖的影响，青藏高原的冰川分布下限上升，冰川裂缝数量及宽度增加，水面蒸发量和植被蒸散量加大，地温—气温差增大导致湿地地表水分平衡改变，加剧了土地沙化和植被退化甚至冻土退化；加上人为干扰强度增大，使得草原和草甸涵养水源、保育土壤的能力降低。河流湖泊源头来水量减少，径流补给不足导致水位下降，许多河流呈现季节性断流、湖泊干涸或濒临干涸，断流频率越来越高、周期越来越短、里程越来越长，大片沼泽地消失或退化；河床、湖床或泥炭层裸露，形成新的沙源，湿生植被向中生或旱生植被演变，生物多样性锐减，湿地萎缩现象严重。

4.2 草场退化，湿地生态问题严峻

由于青藏高原隆起时间不长，下垫面的物理属性较差，多数土壤、植被尚处于年轻的发育阶段，生态结构简单，生态环境脆弱，自身的调节机制不够健全，受到外界干扰时恢复能力较差；一旦破坏，即发生退化和逆向演替现象。

(1)草场退化加剧。全省退化草地面积达 981.1 万公顷，占全省土地总面积的 13.7%，占全省草地面积 3647 万公顷的 26.9%。目前，中度以上退化草地面积 733.2 万公顷，占全省草地面积的 20.3%；严重退化草地面积 440.1 万公顷，占全省草地面积的 12.2%。据研究分析，黑土滩型

退化草地，主要分布在三江源区的玉树州、果洛州、黄南州和海南州部分地区的高寒草甸草原；沙化型退化草地，主要分布在柴达木盆地、共和盆地、青海湖盆地及三江源区部分地区的草原地带，以共和盆地的退化最为严重；毒草型退化草地，主要分布在共和盆地及三江源区部分地区的温带草原地带。

(2)土地沙化严峻。全省沙漠化面积为12.5万平方公里，潜在沙漠化面积1.0万平方公里，两者之积占全省土地总面积的18.8%，主要分布在柴达木盆地、共和盆地、青海湖流域及黄河源区。柴达木盆地是全省沙漠化分布最集中、发展程度最高的地区；青海湖流域沙漠化面积由1956年的4.5万公顷增加到2004年的13.4万公顷，沙漠化面积逐年递增，风沙区范围也由原来主要集中于湖东北部而向整个湖区扩展；三江源区沙化面积293.3万公顷，年均增长率为1.5%。沙漠的移动掩埋了一些湖滨沼泽，加速了生态系统的紊乱性和生态景观的破碎化，同时也导致湿地动物种群数量下降，分布空间缩小；湿生、水生植物逐渐向中生、中旱生和旱生植物演替，植物种群结构趋向简单、种群数量明显减少，加剧了湿地萎缩和生态质量的下降。

(3)水土流失严重。由于青海高原的自然条件差，生态环境脆弱，受风蚀、水蚀、冻融侵蚀的土壤面积有33.4万平方公里，占全省总面积的46.6%。水土流失意味着“跑水、跑土、跑石、跑人”，被称为“蠕动的灾难”。其不仅破坏湿地土壤资源、降低湿地土壤肥力，而且易引起山洪、滑坡等地质灾害发生，使河流输沙增多、河床升高，导致湿地淤积堵塞，直接威胁湿地生态安全及功能发挥。

4.3 人类干扰，湿地生态问题加剧

随着人类经济活动的加剧，围垦与过牧、经济发展与工程建设、城镇化扩张等，对湿地资源的干扰频率越来越大、强度越来越高，导致生态景观破碎化、廊道岛屿化。湿地生态系统间及系统内部物质循环、能量交换和基因传递不畅或中断，湿地生态系统阙值减少、熵值增大，湿地资源在面积减少的同时部分功能降低或丧失。如过度捕鱼，使青海湖、鄂陵湖等鱼类资源呈大幅度减少；每年因过度采挖虫草而毁坏的草地约1万公顷；一些地区开展的水上娱乐活动，游客的承载量过大，对湿地资源造成不良影响。

(1)不合理利用，影响湿地水循环平衡。由于青海湖部分河流上游盲目地利用水资源，减小或影响了入湖的水量补给；河流入湖口修建的水闸及水坝工程既阻隔了河湖联系和裸鲤繁殖通道，又因改造河道使湖泊水位下降；直接从湖泊取水及降低湖泊出水口处高程，或在出湖口修建电站抬高湖泊水位造成湖面扩张，威胁到下游安全；开展水上娱乐项目及游客量过载有给水质带来污染的生态风险，等等。不仅直接影响着湿地的水循环和水量平衡，而且导致了部分湿地生态系统服务功能的下降或丧失。这些问题，在城市周边和人们活动较大的地区较为突出。

(2)废水排放，造成湿地污染情况严重。大量工业废水与废渣、生活污水、化肥及农药等有毒有害物质随意排入河流湿地或湖泊湿地，对地表水、地下水及土壤环境造成污染，使水及土壤环境不断恶化，严重威胁到湿地资源安全。不仅影响着湿地植物的生存和发展，而且导致部分植物种类如水车前等，濒临灭绝的危险。从长远来看，将对湿地植物群落乃至生态系统带来非常严重的后果。

4.4 生态问题，造成湿地生物多样性锐减

随着湿地生态环境的变化，部分湿地生物种群数量锐减、分布空间缩小，有些湿地的干枯将直接导致某个物种的消失。过量捕捞使鱼类资源赋存量急剧衰减，青海湖渔业产量从20世纪60年代初的年产2.1万吨降到80年代初的年产0.4万吨，再到90年代呈现难以捕鱼的局面。鱼类资源锐减威胁着迁徙鸟类的分布与生存，其种类、数量和繁殖均发生变化；一些鸟类种类和数量减少，使得草原鼠害虫害严重，捕食与被捕食食物链的断裂及竞争与反竞争代谢网的阻隔等加剧了草地的退化和湿地的萎缩。

现今唯一分布在青海湖的我国特有Ⅰ级保护动物——普氏原羚，分布在玛可河的国家Ⅱ级保护鱼类——川陕哲罗鲑，分布于可可西里地区的高原特有动物——藏羚羊，分布于海西州各咸水湖的卤虫等，由于不合理的乱捕滥猎，现其资源量锐减，有的成为濒危物种。高原生物所具有的强大抗逆性和高寒适生性遗传基因受到威胁，20世纪50年代分布栖息在青海湖区的豆雁、灰头鸫等26种鸟类，现已从湖区消失。

第二节 受威胁状况分析

青海湿地资源受威胁的因子多样，主要是人为因素如牧业生产的超载放牧、矿产资源开发的不当手段和城镇基础设施建设以及生活污水与垃圾，这对高原湿地资源尤其是河流湿地资源的影响较大，应引起我们的高度关注和警惕。

1 湿地受威胁状况

青海省湿地资源调查发现，全省湿地保护虽已取得了很大的成绩，省级湿地保护管理机构建立，湿地资源得到了有效保护，湿地生态系统服务功能和监测体系正在提升与完善。然而，由于法律法规、资金投入、政策支持等方面的原因，湿地资源保护仍然受到一些制约因素的威胁。从全省32块重点调查湿地区域分析，受威胁的因子主要有：超载放牧、沙化、盐碱化、过度捕捞、河流湖泊水污染、土壤污染、围垦、矿产资源开发、城市建设、水利工程和旅游娱乐等。

研究分析，在重点调查的湿地中受1个因子威胁的概率为68.75%，受2个因子威胁概率为31.25%。其中以沙化和过牧对湿地资源等威胁较重。受威胁的程度，柴达木盆地的盐湖周边呈较严重状态；省域东部重于南部和北部，南部和北部整体受威胁程度较轻。柴达木盆地的湿地资源，所受的威胁主要来自矿产资源开发引起的地下水位下降、沙化和水源补给不足及水质污染。东部湿地资源所受的威胁，主要为城镇建设、水质污染和水土流失；南部和北部湿地资源受到的威胁，主要为河道采砂、采矿和过度放牧。

从32块重点湿地所受威胁状况的安全等级分析，湿地受威胁的面积有385.45万公顷，占湿地总面积的47.33%。其中：轻度等级的威胁面积为230.66万公顷，占59.84%；重度等级的威胁面积为27.23万公顷，占7.06%。全省湿地资源所受威胁的状况综合评定等级为轻度。

2　湿地演替分析

自然界中的任何生态系统都处于不断的变化中，湿地生态系统也不例外。一方面湿地生态系统各组分间及其与外部环境间生物生产、物质循环、能量流动和信息传递等过程非常活跃；另一方面湿地生态系统也受到自然和人为因素干扰的影响，发生着演替。湿地生态系统的演替是指随时间的变化，一个湿地生态系统类型的生物群落有规律、有秩序地被另一个湿地生态系统类型（或阶段）的生物群落所代替的过程，是对非生命系统变化的适应并与其演替序列相耦合。

由于湿地生态系统是水生生态系统向陆地生态系统的过渡类型，湿地生态系统的演替实际上是在一定的植物群落序列范围内的双向演替。当区域水位面相比地表面发生上升或下降及水质、盐分及营养等变化时，导致湿地植被的种类组成、空间结构和分布范围变化，进而影响湿地动物的生存和分布。在同一气候区内，无论演替初期的先锋群落多么不同，在演替过程中群落间差异逐渐缩小，经过迁移、定居、群聚、竞争、调节以及稳定等过程，从而使生境适合于更多的生物生长发育。典型水生基质湿地演替规律是：水域——漂浮植物群落——沉水植物群落——浮水植物群落——挺水植物群落——湿生植被群落；典型旱生基质湿地演替规律是：地衣植物群落——苔藓植物群落——草本植物群落——湿生植被群落旱生型或水生型生境逐渐变成中生型生境。而退化湿地演替的规律是：沼泽植物群落——沼泽化草甸植物群落——草甸植物群落——灌丛植物群落，即由湿地生态系统向荒漠生态系统过渡的逆向演替。湿地生态系统演替实际上是在自然环境和人类活动不协调的相互作用下，偏离了原来的稳定结构和平衡功能状态，发生正向或逆向演替的过程和结果，是自然、经济和社会驱动力共同作用的结果。湿地生态系统演替驱动情况见表6-5。

表6-5　湿地生态系统演替驱动力因素

驱动力	影响因素	指标因子	备　注
自然因素	水文条件	湿地水源补给量变化、水位变化	
		泥沙淤积量及速度	
		水土流失、荒漠化、盐碱化、草地退化等	大多人为因素引起
	气候条件	温度、降水量及季节性变化、相对湿度及湿润度	
	地质构造运动	河道自然改造	
	自然灾害	全球变暖、冰雹、霜冻、大风、雪灾等	
	生物因素	竞争、捕食、外来物种入侵等	
	其他自然因素	生态脆弱性、旱涝频率等	
经济因素	产业发展	农业、工业、牧业、旅游业	大多人为因素引起
		养殖、种植、捕捞、泥炭开采、矿产开发	大多人为因素引起
	项目建设	基础设施建设	水利项目、公路、铁路
		其他项目建设	住宅、生产、娱乐项目
	湿地污染	农药污染、废水排放、土壤污染、河流湖泊污染	大多人为因素引起

（续）

驱动力	影响因素	指标因子	备 注
社会因素	人口压力	人口增长、城镇化扩张	大多人为因素引起
		环保意识、乱垦滥伐、过度放牧、灌溉方式等	大多人为因素引起
	法律制度约束	湿地法、湿地保护与管理条例等	
	政策影响	湿地生态补偿、围湖造田、退耕还湿、湿地保护区及公园建设等	
	宏观战略	西部大开发、主体功能区划、生态立省、生态文明建设	

湿地生态系统演替的驱动因子种类繁多，错综复杂，各因子间相互依赖、相互作用，具有整体性、层次性和动态性。随着经济社会的快速发展、人口增加和城镇化扩张等，对湿地资源的需求不断增加，人类的行为对湿地结构、功能和演替的影响越来越大，造成大面积湿地退化和生态环境恶化。

湿地生态系统服务以湿地生态系统功能为基础，以湿地生态系统服务为支撑。人类从湿地生态系统获得越来越多服务的同时，对湿地生态系统的干扰强度也越来越大，时常做出短视的经济行为决策；反过来作为响应，湿地生态系统为人类提供的服务也越来越下降。可以讲，人类对湿地生态系统长期的不合理利用所累积的大量生态隐患和环境欠债，不仅使我们饱尝了生态环境破坏造成的恶果，而且制约着经济的发展、威胁到人类未来的发展。因此，要实现人类社会可持续性发展就必须维持一定的湿地自然生态资产存量，以实现湿地生态系统的生态合理性、经济有效性和社会可接受性，必须要加强湿地保护与利用管理，开展恢复和重建。

3 湿地修复建议

湿地生态恢复包括湿地生境恢复、湿地生物恢复和湿地生态系统结构和功能恢复。湿地生境恢复是通过补水增湿、控制营养物、改善酸化或碱化及矿化环境、污水处理或限排污染控制等技术，提高生境的异质性和稳定性。湿地生物恢复，是通过物种选育及配置、物种保护与引入、种群动态调控、群落结构优化配置和组建等技术，恢复植被并可能引来动物，逐步形成稳定的群落结构和生态功能。湿地生态系统结构和功能恢复，是通过生态系统总体设计、构建与集成技术等重建生态系统结构和恢复生态系统功能。

树立保护和改善湿地生态环境就是保护和发展生产力的理念，按照人口—资源—环境相均衡、经济—社会—生态效益相统一原则，坚持保护优先、自然恢复为主的方针，从伦理的视角整体谋划生态文明建设载体的湿地资源空间开发，划定并严守湿地生态红线，使生态足迹控制在生态系统的承载力范围内，建立健全监测监察—预测预警—法律法规三级递进的生态红线保障机制、湿地生态补偿机制和湿地生态系统服务管理机制(图 6-6)。在生态经济系统中从以人口或经济为中心转向以环境保护为中心上来，对盲目决策或破坏环境者终身追究责任(图 6-7)。

依据《青海省湿地保护条例》，按照因地制宜、用途管制、分区施策、分类经营、统筹调控、优化结构的原则，对重点湿地资源保护区域进行全年封育保护，一般保护区域进行一般性保护。重点投资建设三江源保护区、可鲁克湖－托素湖保护区、青海湖保护区及可可西里自然保护区；

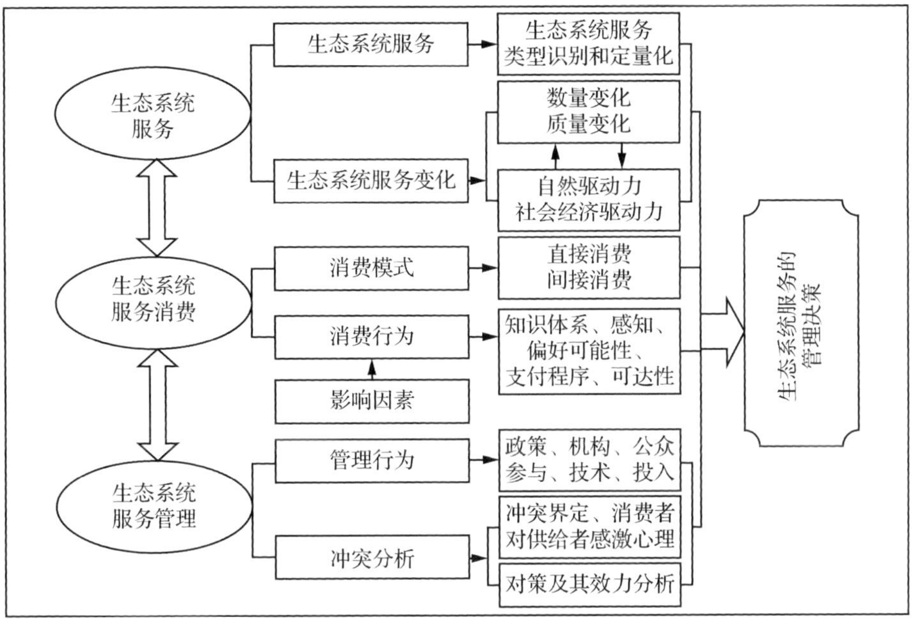

图 **6-6**　生态系统服务管理机制

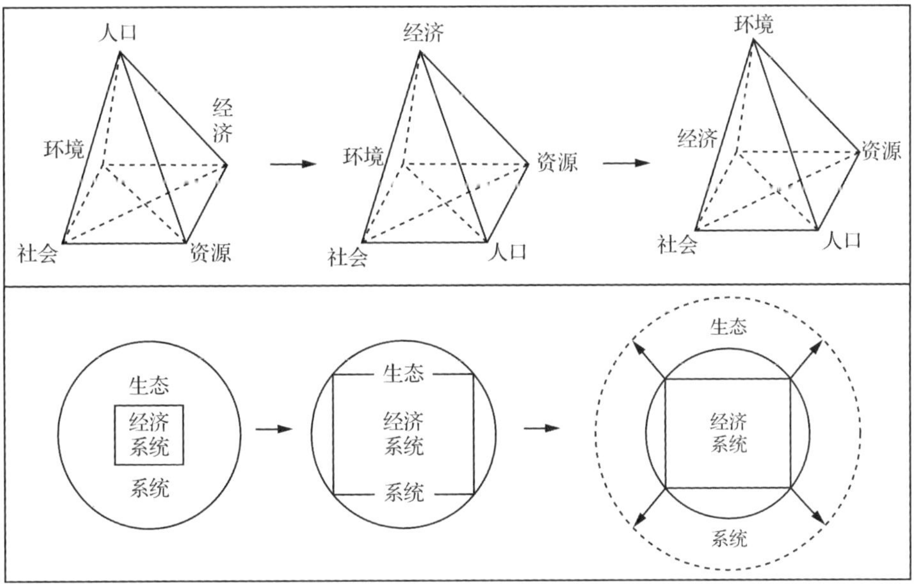

图 **6-7**　**PRED** 系统协调发展

对一些过度放牧导致植被及土壤退化的区域采取人工封育、禁牧轮牧、退耕还林（草）等措施进行自然恢复；局部地区采取人工植被恢复措施和综合治理工程相结合进行湿地恢复；严格确定征占用湿地定额和项目用地管理，限制经营性用地需要；重点加强流域管理，实施湿地水资源恢复工程、生物多样性保护工程、冰川环境保护工程、有害生物防治工程、草地保护工程、林地保护工程、荒漠化防治工程、人工增雨工程及生态移民工程等；适当发展以经济动物养殖、种植及生态旅游为主的产业体系；在条件适合的低海拔区域适当地开展科学合理利用的示范，积极建设国家湿地公园；加强并完善湿地调查监测体系、信息网络体系、研究体系、宣传教育体系和保护管理体系建设。

第三节 湿地资源变化及原因分析

青海省湿地资源总体呈变化的趋势。从1998年和2012年的两次调查结果分析，由于调查的方法不同，技术标准和手段各异，投入的人力与资金有限，其结果有较大的变化。2012年的调查范围拓展，沼泽湿地资源得到了充分的体现，全省的湿地资源总面积有了大幅度增加。可以讲，青海省分布的各类湿地资源均有所增加，增幅较大的湿地资源有沼泽湿地、河流湿地；受气候和人为保护措施的影响，湿地资源近年来恢复较快，总体呈增长的态势。

1 湿地资源变化与比较分析

湿地资源调查目的，是定期查清湿地资源现状、适时掌握湿地资源动态消长变化规律，为湿地资源保护、科学管理、合理利用及生态补偿提供统一完整、及时准确的基础资料和决策依据。

1.1 两次湿地调查结果

青海省组织开展了两次全省湿地资源调查工作，1998年第一次湿地资源调查结果表明：全省湿地总面积为412.62万公顷，占全省土地总面积的5.75%，包括4个湿地类6个湿地型。其中：河流湿地面积为10.78万公顷，占湿地总面积的2.61%；湖泊湿地面积123.20万公顷，占湿地总面积的29.86%；沼泽湿地面积274.81万公顷，占湿地总面积的66.60%；人工湿地面积3.83万公顷，占湿地总面积的0.93%，总共4类6型。2012年全省第二次湿地资源调查结果显示：青海湿地资源总面积为814.36万公顷，占全省土地总面积的11.35%，包括4类17型。

1.2 湿地资源变化分析

青海省两次湿地资源调查结果比较，其湿地资源类型和面积变动较大，主要是调查范围、对象和技术要求有所不同，第一次湿地资源调查范围的面积确定为100公顷以上(含100公顷)的湖泊、沼泽、人工湿地中的库塘，以及河床(枯水河槽)宽度大于10米、面积100公顷以上(含100公顷)的河流以及其他具有特殊意义的湿地；第二次湿地资源调查范围确定的面积为8公顷(含8公顷)以上的湖泊湿地、沼泽湿地、人工湿地，以及宽度10米以上、长度5000米以上的河流湿地。第一次湿地调查受当时客观条件限制，没有系统地调查，只是采用常规调查和专项调查方法进行；第二次湿地资源调查通过卫星影像解译结合现地验证的方法，采取基于“3S”技术的遥感影像解译、资料收集和外业调查相结合的方法，按照省→湿地区→湿地斑块系统进行区划。并且第一次调查没有对柴达木盆地面积大、分布广的盐沼进行系统调查。因此，全省湿地资源面积变化较大。

1.2.1 湿地类型变化

第一次调查仅涉及4类6型，而第二次调查涉及4类17型，河流湿地增加了洪泛平原调查；湖泊湿地增加了季节性淡水湖和季节性咸水湖调查；沼泽湿地增加了草本沼泽、灌丛沼泽、内陆盐沼、地热湿地、淡水泉/绿洲调查；人工湿地增加了输水河、人工养殖场、盐田调查。

1.2.2 湿地面积变化

第二次湿地资源调查与第一次湿地调查结果相比，除去第二次调查内陆盐沼的面积(224.54公顷，占全省湿地总面积的27.57%)，湿地总面积增加了177.19万公顷，增加率为42.94%(表6-6、图6-8和图6-9)。其中：面积8~100公顷以上的湿地资源为25.60万公顷，面积100公顷以上的湿地资源增加了151.59万公顷。

表6-6 青海省第一次与第二次湿地资源调查结果比较

湿地类型		1999年		2011年		较差(公顷)
		面积(公顷)	比例(%)	面积(公顷)	比例(%)	
河流湿地	小计	107805	2.61	885256.77	15.01	777451.77
	永久性河流湿地	107649	2.61	629666.53	10.68	522017.53
	季节性河流湿地	156	0.00	88544.74	1.50	88388.74
	洪泛平原湿地			167045.50	2.83	167045.50
湖泊湿地	小计	1232039	29.86	1470302.22	24.93	238263.22
	永久性淡水湖湿地	254520	6.17	333562.46	5.66	79042.46
	永久性咸水湖湿地	977519	23.69	1118918.59	18.97	141399.59
	季节性淡水湖湿地			1374.15	0.02	1374.15
	季节性咸水湖湿地			16447.02	0.28	16447.02
沼泽湿地	小计	2748100	66.60	3399969.46	57.65	651869.46
	草本沼泽湿地			271879.46	4.61	271879.46
	灌丛沼泽湿地			633.51	0.01	633.51
	沼泽化草甸湿地	2748100	66.60	3127399.39	53.02	379299.39
	地热湿地			8.33	0.00	8.33
	淡水泉、绿洲湿地			48.77	0.00	48.77
人工湿地	小计	38300	0.93	142596.22	2.42	104296.22
	人工库塘	38300	0.93	55785.71	0.95	17485.71
	输水河			377.77	0.01	377.77
	水产养殖场			12.23	0.00	12.23
	盐田			86420.51	1.47	86420.51
合计		4126244	100	5898124.67	100	1771880.67

全省第一次湿地资源调查范围确定的单元面积100公顷以上的湿地，而第二次调查范围确定的单元面积是8公顷以上的湿地。为对两次调查的结果进行科学的比较分析，分别对面积8~100公顷和100公顷以上的湿地资源进行分析。

(1)面积8~100公顷湿地资源：两次调查因调查范围不同而增加25.60万公顷，占全省湿地面积的3.14%，其中：河流湿地面积12.05万公顷，湖泊湿地面积4.59万公顷，沼泽湿地面积

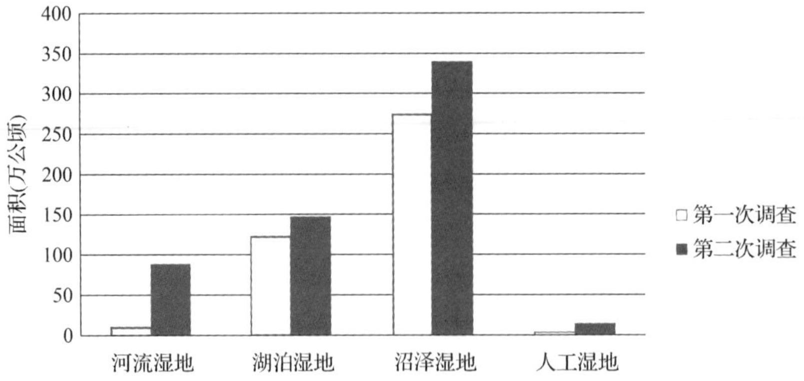

图 **6-8** 青海省第一次、第二次湿地资源调查湿地类变化结构图

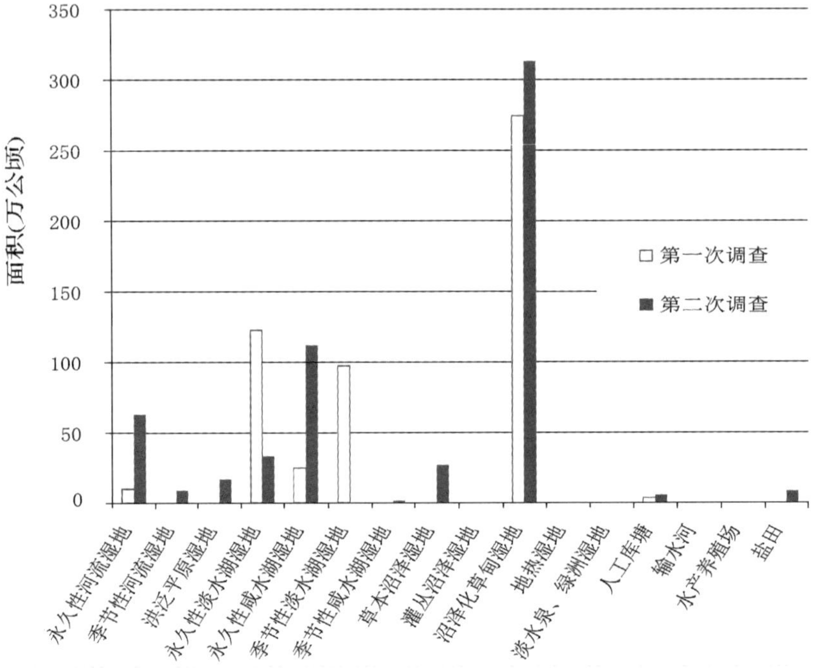

图 **6-9** 青海省第一次、第二次湿地资源调查湿地型变化结构图

8.67 万公顷，人工湿地面积 0.28 万公顷。在河流湿地中，永久性河流湿地 55607.17 公顷，季节性河流湿地 43257.25 公顷，洪泛平原湿地 21683.83 公顷。湖泊湿地中，永久性淡水湖湿地 39127.6 公顷，永久性咸水湖湿地 5241.17 公顷，季节性淡水湖湿地 1250.93 公顷，季节性咸水湖湿地 305.03 公顷。沼泽湿地中，草本沼泽湿地 730.78 公顷，灌丛沼泽湿地 242.98 公顷，沼泽化草甸 85669.45 公顷，地热湿地 8.33 公顷，淡水泉、绿洲湿地 48.77 公顷。人工湿地中，人工库塘 2416.02 公顷，输水河 377.77 公顷，水产养殖场 12.23 公顷。

由于第一次和第二次调查类型有差距，第二次调查增加的调查类型而相应增加的面积为 24660.65 公顷，占全省湿地总面积的 0.3%，占面积 8～100 公顷湿地面积的 9.6%。

(2)面积 100 公顷以上的湿地资源变化分析：第二次调查青海省面积 100 公顷以上的湿地面

积为564.21万公顷，占全省湿地面积的69.28%，两次湿地资源调查面积100公顷以上的湿地类结果比较，见表6-7、图6-10和图6-11。

表6-7 青海第一次与第二次湿地调查面积100公顷以上湿地类调查结果

湿地类型		1999年 面积（公顷）	1999年 比例（%）	2011年 面积（公顷）	2011年 比例（%）	较差（公顷）
河流湿地	小计	107805	2.61	764708.52	13.55	656903.52
	永久性河流湿地	107649	2.61	574059.36	10.17	466410.36
	季节性河流湿地	156	0.00	45287.49	0.80	45131.49
	洪泛平原湿地			145361.67	2.58	145361.67
湖泊湿地	小计	1232039	29.86	1424377.49	25.25	192338.49
	永久性淡水湖湿地	254520	6.17	294434.86	5.22	39914.86
	永久性咸水湖湿地	977519	23.69	1113677.42	19.74	136158.42
	季节性淡水湖湿地			123.22	0.00	123.22
	季节性咸水湖湿地			16141.99	0.29	16141.99
沼泽湿地	小计	2748100	66.60	3313269.15	58.72	565169.15
	草本沼泽湿地			271148.68	4.81	271148.68
	灌丛沼泽湿地			390.53	0.01	390.53
	沼泽化草甸湿地	2748100	66.60	3041729.94	53.91	293629.94
人工湿地	小计	38300	0.93	139790.20	2.48	101490.20
	人工库塘	38300	0.93	53369.69	0.95	15069.69
	盐田			86420.51	1.53	86420.51
合计		4126244	100	5642145.36	100	1515901.36

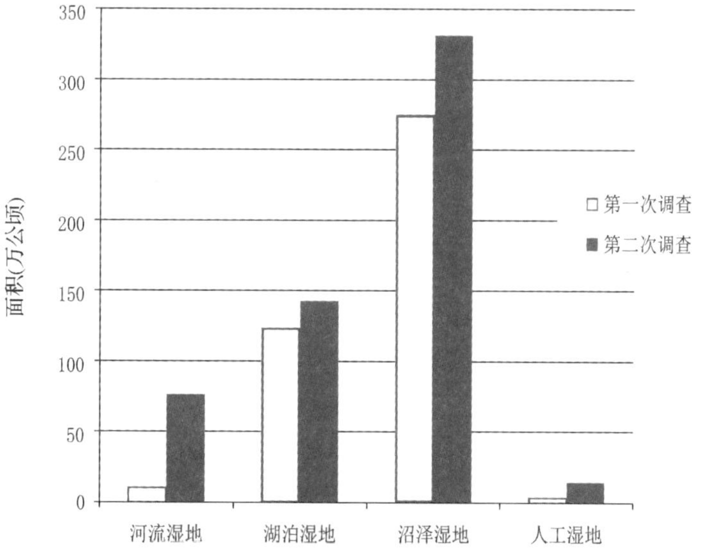

图6-10 青海省第一次与第二次湿地调查面积100公顷以上湿地类变化结构图

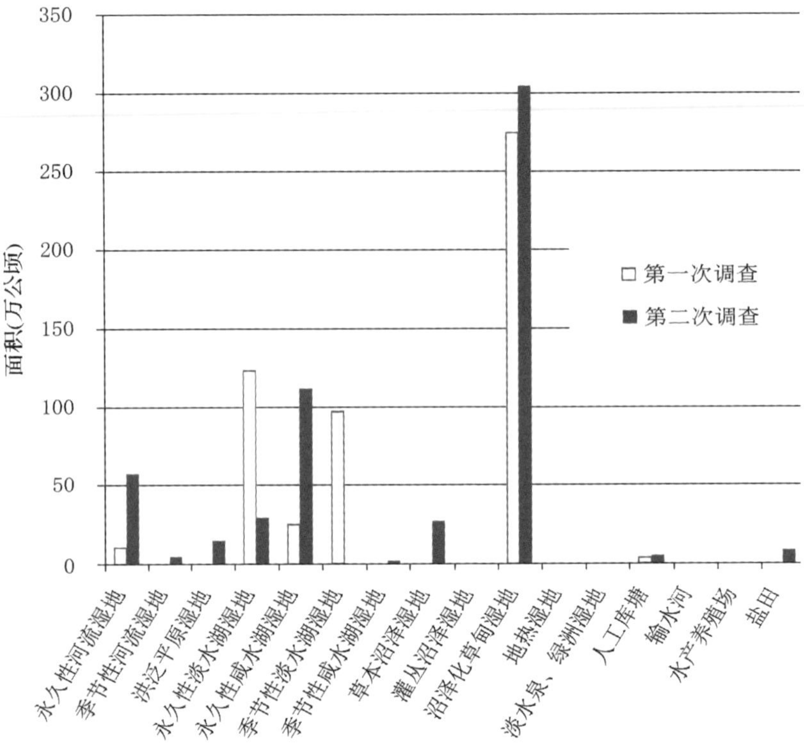

图 **6-11** 青海省第一次与第二次湿地调查面积 **100** 公顷以上的湿地型变化图

河流湿地：第二次调查 100 公顷以上(含 100 公顷)的河流湿地面积比第一次调查时的面积增加了 65.69 万公顷，增加 609.34%。其中：永久性河流湿地面积增加了 46.64 万公顷，季节性河流湿地面积增加了 4.51 万公顷，而洪泛平原湿地面积增加了 14.54 万公顷。

湖泊湿地：第二次调查 100 公顷以上(含 100 公顷)的湖泊湿地面积比第一次调查时的面积增加了 19.23 万公顷，增加 15.61%。其中：永久性淡水湖湿地面积增加了 3.99 万公顷，永久性咸水湖湿地面积增加了 13.62 万公顷，季节性淡水湖增加了 123.22 公顷，季节性咸水湖增加了 1.61 万公顷。

沼泽湿地：第二次调查 100 公顷以上(含 100 公顷)的沼泽湿地面积比第一次调查时面积增加了 56.52 万公顷，增加 20.57%。其中：草本沼泽湿地面积增加了 27.11 万公顷，灌丛沼泽湿地面积增加了 390.53 公顷，沼泽化草甸增加了 29.36 万公顷。

人工湿地：第二次调查 100 公顷以上(含 100 公顷)的人工湿地面积比第一次调查时面积增加了 10.15 万公顷，增加 264.99%。其中：库塘湿地面积增加了 1.51 万公顷，盐田湿地面积增加了 8.64 万公顷。

由于第一次和第二次调查类型有差距，第二次调查增加的调查类型而相应增加的面积为 51.96 万公顷，占全省湿地总面积的 6.38%，占面积 100 公顷以上湿地面积的 9.21%。

2 湿地资源空间与垂直变化分析

青海省湿地资源主要以青南地区、柴达木盆地和祁连山地区分布较多，东部地区较少，整体上分析，湿地分布呈由东向西、南部逐渐增加。青南地区和祁连山地区主要分布的湿地类型中，海拔由高到低有沼泽化草甸、河流湿地、湖泊湿地等；柴达木盆地地势平坦，海拔高度变化不大，湿地类型以海拔从高到低为河流湿地、内陆盐沼和湖泊湿地。

青海省沼泽湿地主要以沼泽化草甸和内陆盐沼为主，沼泽化草甸主要分布在海拔较高的地区，原因主要是气温较低、湿度较大，地底层分布有片状、岛状等多年冻土及季节性冻土，起着隔水板的作用，在冷湿气候和冻土等自然条件综合作用下植物残体在地表过湿或积水的环境中难以被微生物分解而形成泥炭成为沼泽，因此，沼泽化草甸受海拔、降水和温度影响。河流湿地形成主要由大气降水、冰川融水及地下水汇集在山谷地带形成地表径流，降水量和气温决定河流湿地的变化。湖泊湿地主要在低洼的湖盆地区积水成湖，影响湖泊水资源的因素主要有地表径流、大气降水和蒸发量。内陆盐沼集中分布在柴达木地区，这一地区降水少，气候干旱，蒸发量大，这些因素是形成盐沼的主要条件。

3　气候因素影响湿地资源面积变化原因分析

湿地生态系统对气候变化较为敏感，气候变化会影响湿地水文、面积、分布、植被群落及湿地生态功能等。河流、湖泊和沼泽等湿地因气温、降水量和蒸发量变化而受到影响，气候变化同时改变人类活动，进而间接影响到湿地。

气候是控制湿地自然消长的最根本因素，气候变化对湿地生态系统内的物质循环、生物多样性及生产力等会产生很大影响，主要表现在气温、降水、蒸发、日照时数和地下水补给等各个方面。近十余年全球气候变暖，冰川融化、大气降水增多，形成上游来水增大，河流、湖泊和沼泽湿地的水源得到及时补给，许多以前濒临退化或已经退化的湿地得到自然恢复。同时，增加了洪泛平原的面积，流出湖及内陆湖水面积都有不同程度的增大。

(1)气温。青海省 2012 年各地年平均气温在 −4.5 ~9.2℃之间，与常年同期相比，柴达木盆地大部、农业区部分地区、青南部分地区及刚察、祁连托勒偏低 0.1 ~0.9℃，西宁偏低幅度最大；其余地区偏高 0.1 ~1.8℃。全省年平均气温 2.5℃，较常年同期偏高 0.3℃。2011 ~2012 年冬季全省气温前、后期偏高，中期偏低，空间上呈南高北低分布。青海省平均气温为 −8.6℃，较常年同期偏低 0.1℃。各地平均气温在 −16.0 ~ −2.7℃之间，与常年同期相比，北部地区偏低 0.1 ~2.4℃，省内其余地区偏高 0.2 ~2.1℃，其中青南大部特高。春季气温前低后高，平均气温为 3.6℃，较常年同期偏高 0.3℃。与常年同期相比，除海西东部、西宁、玉树、贵南偏低 0.1 ~0.6℃外，省内其余地区偏高 0.1 ~1.1℃。夏季气温持续偏高，全省平均气温 13.4℃，较常年同期偏高 0.7℃。与常年同期相比，除德令哈、都兰、西宁偏低 0.1 ~0.5℃外，省内其余地区偏高 0.1 ~1.7℃，其中青南大部、东部农业区局部、门源特高。秋季气温南高北低，平均气温为 2.3℃，与常年同期持平。与常年同期相比，柴达木盆地大部、环湖大部、东部农业区局部及玉树、兴海、班玛平均气温偏低 0.1 ~1.1℃，省内其余地区偏高 0.1 ~1.6℃，其中同德偏高幅度最大。

(2)降水。2012 年全省年降水量在 23.5 ~725.5 毫米之间，与常年同期相比，祁连山区及久治、都兰诺木洪略少，省内其余大部地区偏多 10%~120%，其中同德、曲麻莱、甘德、格尔木市小灶火地区年降水为 1961 年以来最多，其次为贵南、囊谦、称多等县。全省年平均降水量 434.1

毫米，较常年同期值偏多近20%，位居历史第4位。2011～2012年冬季，全省降水大部偏多，全省平均降水量10.9毫米，较常年同期偏多5成。与常年同期相比，柴达木盆地、农业区部分地区、环青海湖少数地区及青南牧区东南缘降水偏少10%～100%；省内其余地区偏多10%～160%，称多、曲麻莱、甘德等县降水量创1961年以来最多极值。春季大部降水偏多，平均降水量为87.2毫米，较常年同期偏多近30%，居1961年以来历史第3位。与常年同期相比，海西西北部、民和、互助、门源等县偏少10%～90%，其余地区偏多10%～300%，其中青南西部偏多最明显。夏季大部降水偏多，平均降水量270.6毫米，较常年同期偏多近20%，居1961年以来历史第3位。与常年同期相比，乐都、都兰诺木洪偏少10%；省内其余大部地区偏多10%～150%，其中柴达木盆地东部、青南局部季降水量创1961年以来历史极值。秋季降水大部偏少，秋季平均降水量64.9毫米，较常年同期偏少近20%。与常年同期相比，东部农业区大部偏多10%～40%，省内其余大部地区偏少10%～100%。祁连托勒、兴海季降水量为1961年以来历史第二少值。

例如，2012年黄河上游地区平均降水量585.7毫米，折合降水资源量585.7亿立方米，降水量较常年偏多82.4毫米，折合降水资源量82.4亿立方米。根据全省平均年降水资源丰枯评定指标，2012年黄河上游地区降水资源属于异常丰水年份。2012年，黄河上游产流区年平均气温偏高0.7℃；降水偏多近2成。由于降水量偏多，加之2011年秋季降水量多，黄河上游流量除9、10月份外，其余各月偏丰0.0%～93.1%。全年黄河上游平均流量为880.1立方米/秒，较历年偏丰41.1%，根据径流的丰枯评定标准，属于异常偏丰年份。又如2012年青海湖流域年平均降水量426.0毫米，折合降水资源量124.4亿立方米，较常年偏多23.8毫米，折合降水资源量是6.9亿立方米。根据全省平均年降水资源丰枯评定指标，2010年青海湖流域年降水资源属于丰水年份。青海湖流域全年气温偏高、降水量略多，对径流形成及湖面水位上升较为有利。2012年青海湖下社站年平均水位达3194.08米，较上年上升0.36米，水位自2005年以来已经连续8年呈上升态势。

(3)日照。2012年青海省年日照时数在2090.5～3477.3小时之间，与常年同期相比，除西宁、尖扎、祁连托勒、冷湖、河南、甘德等县偏多0.2%～4.1%外，省内其余地区偏少0.7%～16.3%，其中乐都、化隆、都兰年日照为1961年以来最少，德令哈市、格尔木市为历史第二少。全省年平均日照时数2629.7小时，较历史同期偏少4.4%，列历史第五少。2011～2012年冬季，全省大部日照偏少，全省平均日照时数601.3小时，较常年同期偏少16.0%。与常年同期值相比，除柴达木盆地西北部、祁连山西部、达日县、玉树市偏多0.1%～8.0%外，省内其余地区偏少0.4%～32.4%，农业区大部及刚察县、乌兰县日照时数为1961年以来最少。春季日照大部偏少，平均日照时数719.7小时，较常年同期偏少1.3%。与常年同期值相比，青南大部、海西西北部、东部农业区局部偏多0.7%～13.2%，省内其余地区偏少0.1%～14.7%。夏季，全省日照大部偏少，全省平均日照时数622.7小时，较常年同期偏少14.6%，为1961年以来最少值。与常年相比，大部分地区日照偏少3.2%～31.2%，其中青南大部、柴达木盆地大部、湟源县、共和县等23站日照时数创1961年以来历史最少值。秋季日照大部偏多，平均日照时数690.1小时，较常年同期偏多2.8%。与常年同期值相比，柴达木盆地部分地区、青南局部地区、东部农业区局部偏少0.2%～12.1%，省内其余地区偏多0.1%～14.3%。玛沁秋季日照时数与1977年并列为1961年以来历史最多值，尖扎县、天峻县居历史第2位。

近些年，青海省气候呈现出暖湿化的趋势，是青海湖面积增长的主要原因。2012 年 9 月，青海湖面积为 4402.55 平方公里，比 2011 年同期增加了 48.83 平方公里，比 2001 年以来 11 年同期平均面积增加了 125.14 平方公里，达到了近 12 年来的最大值。这也是从 2005 年开始，青海湖面积连续 8 年实现增长。受全球变暖和高原季风趋强的共同影响，1961～2010 年，青海湖流域气候变化表现出气温升高、降水增多的暖湿化趋势，这一变化趋势在进入 21 世纪后显得尤为突出。其中，年平均气温在以每 10 年 0.36℃的速率递增，50 年间上升了 1.8℃；年降水量增幅为 8.4 毫米/10 年，夏季降水量增加尤为显著。2004～2010 年青海湖流域平均降水量为 407.2 毫米，比 1961～2003 年增加 13.5%，比 1971～2000 年增加了 12.3%。尤其是 2012 年 5 月中旬以来，青海湖周边地区的降水量大部分偏多，充沛的降水量使青海湖来水量增加，面积不断增大。2012 年，除青海湖面积呈增大趋势外，青海省三江源地区很多湖泊面积都有所增加。最新的卫星遥感监测数据显示，9 月黄河源头扎陵湖、鄂陵湖面积分别为 558.54 平方公里和 676.78 平方公里，分别比去年同期增加了 10.59 平方公里和 14.56 平方公里，湖水面积呈现逐年增大的趋势。

近几年，青海省气象局加强了在青海湖周边等地区的人工影响天气工作力度，在海北州、海西州、海南州等地抓住时机及时实施人工增雨作业，有效增加了湖泊周边地区的降水量。2011 年年底，建设青海湖流域人工增雨项目，通过实施项目，青海湖流域的年平均相对增水率达 10%，年平均绝对增水量为 9.2 亿～13.8 亿立方米，年平均入湖水量为 1.9 亿～2.9 亿立方米，为青海湖流域生态环境的保护和综合治理及经济社会发展起到积极作用。

青南地区地处青藏高原腹地，是全球气候变化的敏感区和生态环境的脆弱区。1961～2012 年，三江源地区年平均气温显著升高，每 10 年平均气温升高 0.38℃；年降水量呈微弱增加趋势，每 10 年增加率为 7.8 毫米，其中五道梁地区是降水增加最多的地区。在气候变化和人类活动的共同影响下，过去几十年三江源地区一度出现了生态环境恶化、水资源减少等生态安全问题，但近年来，随着气温升高、降水量增加和生态环境保护工程的实施，三江源地区草地植被逐年恢复，沙漠化趋势逆转，湿地面积增加，生态环境退化趋势有所缓解。如三江源地区湖泊呈现出扩张趋势，2005～2012 年黄河源头扎陵湖、鄂陵湖湖泊面积平均值较 2003～2004 年平均值分别增大 34.7 平方公里和 64.4 平方公里。

第七章
重要湿地资源

青海省已建立国际重要湿地3处，拟建设的国家重要湿地有11块；已建立的湿地型或涉及湿地保护的自然保护区有7处，国家湿地公园3处(2013年)，如图7-1。当前，这些湿地已成为青海生态保护的重要区域、科学研究和宣传教育的基地，承担着对外开展合作与交流、对内实施有效保护与监测研究的重要作用，发挥着应有的功能。

第一节
国际重要湿地

青海省国际重要湿地的建设同国家建设同步，1992年1月经国务院批准，青海湖鸟岛加入《关于特别是作为水禽栖息地的国际重要湿地公约》(又称《拉姆萨公约》，以下简称《湿地公约》)，成为中国第一批加入国际组织的自然保护区。2005年，扎陵湖、鄂陵湖作为我国第三批，又获准加入。目前全省已建立3处国际重要湿地。

1　青海湖鸟岛国际重要湿地

该湿地属于青海湖湿地区，位于青海湖国家级自然保护区范围内，总面积为5.36万公顷，海拔3185~3250米。主要由鸟岛、鸬鹚岛(图7-2)、沙岛、海心山、三块石等岛屿和水域及环湖沿岸的水域、湖岸、泥滩、沼泽草地以及河口等组成。

青海湖是第三纪末第四纪初新构造运动形成的高原特大断陷湖泊，是我国最大的咸水湖。流域面积296.60万公顷，海拔3100~4500米，呈现高原山地特征。区内不仅具有蒙新区干旱地区的特点，而且也具有青藏区干寒地区的特点。由于其位于黄土高原西部向青藏高原腹地过渡地域，自然条件呈现不同程度的过渡特征，主要地貌类型为湖滨平原、沼泽草甸、山地草甸、半荒漠干草滩和荒漠化沙丘带。气候属高原半干旱高寒气候区，年均气温1.2℃，极端最低气温-35.8℃，极端最高气温26℃；降水多集中在5~9月，年降水量在291~579毫米，蒸发量1650毫米。

青海湖属内陆封闭水系，东西长106公里，南北宽65公里，水域面积4282.3万公顷，平均水深16米，最大水深27米，水面海拔3193米，湖水容积7194亿立方米，湖水矿化度13.84克/升。其水源为综合补给(主要包括大气降水、地表径流)，湖周有40余条大小河流和众多泉水形

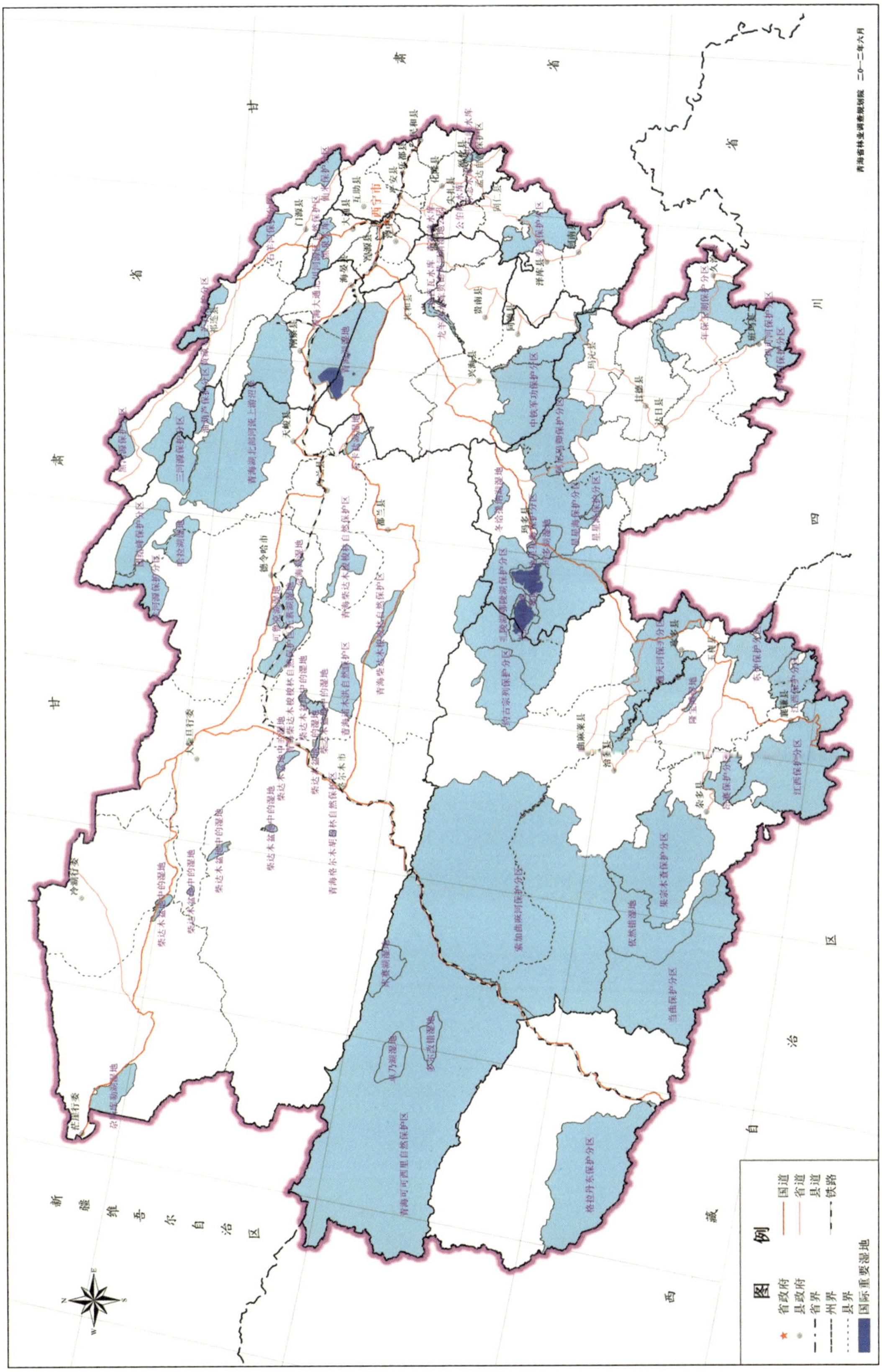

图 7-1　青海省重要湿地资源分布图

图 **7-2** 青海湖鸬鹚岛

成大面积高原湖泊和湿地，其中主要河流有布哈河、哈尔盖河、泉吉河、甘子河、倒淌河、黑马河、沙柳河等，为青海湖主要的入湖河流。

青海湖地区的动物区系是由青藏高原的残余种、蒙新荒漠成分和横断山脉动物成分的深入种，以及华北区系成分的侵入种构成。在中国动物地理区划上属青藏区青海藏南亚区（郑作新，张荣祖，1959），区内有脊椎动物 243 种，隶属 5 纲 24 目 52 科 141 属。其中：哺乳类 41 种，鸟类 189 种，爬行类 3 种，两栖类 2 种，鱼类 8 种。青海湖地区是世界濒危动物、青海特有种、国家Ⅰ级保护动物普氏原羚唯一的分布区。鸟类以水禽为主，种群数量较大的鸟类有斑头雁、鱼鸥、棕头鸥、[普通]鸬鹚、大天鹅；其他数量相对较少的水禽有绿翅鸭、凤头潜鸭、鹊鸭、赤嘴潜鸭、赤颈鸭、绿头鸭、罗纹鸭、针尾鸭、赤麻鸭、白眼潜鸭、普通秋沙鸭等；涉禽鸟类有灰鹤、蓑羽鹤、黑颈鹤以及大量的鸻鹬类；国家Ⅰ级保护鸟类有黑颈鹤。鱼类有青海湖裸鲤、甘子河裸鲤、硬刺高原鳅、隆头高原鳅、斯氏高原鳅、背斑高原鳅等。哺乳动物有赤狐、狼、普氏原羚、藏原羚、香鼬、高原兔、高原鼠兔、长尾仓鼠等。两栖类有高山蛙、西藏蟾蜍。

青海湖湿地是一些水禽鸟类春夏和秋冬季节迁徙的“中继站”，也是黑颈鹤、斑头雁、鱼鸥、棕头鸥、鸬鹚、大天鹅等鸟类的繁殖地和越冬地。在此迁徙途径或停歇的水鸟有近 30 种，种群数量超过 8 万只。据 2006 年观测记录，在保护区内繁殖的斑头雁有 1.9 万只、棕头鸥 0.9 万只、鱼鸥 2.1 万只、[普通]鸬鹚 0.9 万只，这 4 种水鸟资源量有 5.8 万只；国家Ⅰ级保护动物黑颈鹤在繁殖季节，其种群数量达 50 余只；还有 1500 只大天鹅在此越冬。

青海湖区域内有种子植物 52 科 174 属 445 种。其中：裸子植物仅有 3 属 6 种；青海湖水体内有浮游植物 35 属，其中常年出现的有 9 属，优势种为圆盘硅藻。与湖水岸毗邻的沼泽草甸地带植物生长茂密，主要以矮生嵩草、小嵩草、珠芽蓼、针茅、高山唐松草等为优势种。沿河有一些低矮柳灌，附近的沟谷内有山生柳、金露梅、鬼箭锦鸡儿等。

鸟岛湿地资源面积 4.05 万公顷，湿地类 3 类（包括河流湿地、湖泊湿地和沼泽湿地），湿地型 4 型(包括永久性河流、洪泛平原、永久性咸水湖和沼泽化草甸)。河流湿地资源面积 476.84 公顷，包括永久性河流面积 434.33 公顷、洪泛平原面积 42.51 公顷；湖泊湿地资源面积 3.33 万公顷，全部为永久性咸水湖；沼泽湿地资源面积 0.68 万公顷，全部为沼泽化草甸(图 7-3)。

图 **7-3**　青海湖鸟岛国际重要湿地各湿地类示意图

2　扎陵湖国际重要湿地

扎陵湖湿地(图 7-4)位于青海省果洛州玛多县、曲麻莱县境内，地处巴颜喀拉山北麓，属于黄河上游湿地区，处于三江源自然保护区的扎陵湖－鄂陵湖保护分区内，湿地范围面积 5.26 万公顷，距县城 67 公里。

图 **7-4**　扎陵湖湿地

扎陵湖湿地是黄河源区上游的一个更新世断陷盆地形成的构造湖。该湖呈不对称菱形，水位海拔高为 4292 米，其长 35 公里，最大宽度 21.3 公里，平均宽 15.0 公里；最大水深 13.1 米，平均水深8.9米；蓄水量46.7亿立方米。入湖河流有黄河、卡日曲等，水系特点是支强干弱，右侧支流较多，且源远流长；左侧支流较少，水量不大，流于东南黄河宽谷，约经30公里曲折流程，途中汇纳多曲和勒那曲来水，下注鄂陵湖。

该湖湿地的盆地边缘为湖成阶地、山前台地和洪积扇。北面为布尔汗布达山及其支脉布青山，南面为巴颜喀拉山，海拔多在4600米以上。气候为典型的内陆性气候，具有干旱、多风、少雨的气候特征，近湖地带有局部小气候，夏秋温暖、潮湿，夜雨较多。年平均气温为-4.1℃，最热月7月平均气温为7.4℃，最冷月1月平均气温为-16.9℃，年平均降水量298.5毫米，年蒸发量为1208毫米。土壤类型主要为泥炭土、泥炭沼泽土和草甸沼泽土。

扎陵湖国际重要湿地，是青藏高原生物多样性热点区之一，它为多种鸟类提供了繁殖栖息地，包括赤麻鸭、棕头鸥、鱼鸥、[普通]鸬鹚、斑头雁、黑颈鹤等；环湖周围常见的哺乳动物有藏野驴、藏原羚、喜马拉雅旱獭、兔狲等，多为青藏高原特有或中亚特有种。湖中盛产鱼类，主要有花斑裸鲤、极边扁咽齿鱼、骨唇黄河鱼、厚唇裸重唇鱼等青藏高原高寒湖泊特有鱼类。

据已有资料分析，扎陵湖的湖泊水储量变化不大(1976~2009年)，面积在51697~52966公顷之间波动。这说明即使受降水径流丰枯变化的影响，吞吐湖多进多排、少进少排的自然调节特性可以使其保持相对稳定。

湖泊湿地资源面积5.26万公顷，湿地类为湖泊湿地，湿地型为永久性淡水湖(图7-5)。

图7-5 扎陵湖国际重要湿地各湿地类示意图

3 鄂陵湖国际重要湿地

鄂陵湖湿地(图7-6)位于青海省果洛州玛多县境内，地处巴颜喀拉山北麓，属于黄河上游湿地区，处于三江源扎陵湖-鄂陵湖保护分区的核心区，湿地范围面积6.11万公顷，距县城50多公里。

鄂陵湖是黄河源区的第一大淡水湖，属高原淡水湖泊湿地，湖长32.3公里，最大宽31.6公里，平均宽18.9公里；最大水深30.7米，平均水深17.6米；蓄水量10.76亿立方米，水位海拔

图 **7-6** 鄂陵湖湿地

高度 4269 米；湖水补给主要依赖地表径流和湖面降水。入湖河流有黄河、勒那曲等，其中黄河干流由西南向东北穿湖而过，多年平均入湖径流量 12.57 亿立方米，湖面降水量 1.86 亿立方米，蒸发量 8.07 亿立方米，年出湖径流量 6.36 亿立方米。湖滨土壤主要类型为寒漠土、草甸土、黑钙土、沼泽土、盐土和褐土等。

气候属典型内陆气候，年平均气温为 -4.6℃，7 月平均气温为 7.5℃，1 月平均气温为 -16.9℃，极端最低气温为 -53.0℃，极端最高气温为 22.9℃；平均年降水量为 304.6 毫米，6~9 月降水量占全年降水量的 76%，平均降水日数 121 天，其中年降雪日数占 62%。

由于鄂陵湖与扎陵湖相连，为永久性淡水湖。湖区域内的物种丰富，是夏季水禽候鸟的主要栖息地，其分布的动物种类同扎陵湖的物种相同；鱼类较为富集，其资源量在历史上的捕捞曾在 15 吨/年(冬季)。

据遥感影像资料分析，鄂陵湖的湖泊水储量变化以 4 个年份的夏季时相对比，1994 年、2001 年湖泊水面面积在 61419~61609 公顷之间，湖面基本稳定；2007 年，湖泊面积增大到 65350 公顷；2009 年湖泊面积为 65153 公顷。湖水储量的变化，受自然降水和生态环境保护综合治理的双重影响，湖水变化较为明显；尤其是玛多县域水电站修建，使湖水位抬升。

目前，由于扎陵湖、鄂陵湖两湖的人类活动较少，对水量的影响也极小。扎陵湖水面积变化不大；而鄂陵湖面积增加，其主要原因是出湖口下游 15 公里处的干流建设的玛多县域水电站的影响。该电站最大坝高 18 米，坝顶高程 4273.6 米，比鄂陵湖湖口的海拔最高点(4272.48 米)高出 1.52 米，因此 2005 年鄂陵湖水位明显上升，2007~2009 年水位达到 4270.09~4270.58 米，较 20 世纪 90 年代的水位上升了 2 米左右。水电站的建设，抬高了湖水位，增加鄂陵湖储水量约 12 亿立方米。

鄂陵湖湿地资源面积为 6.11 万公顷，湿地类为湖泊湿地，湿地型为永久性淡水湖(图7-7)。

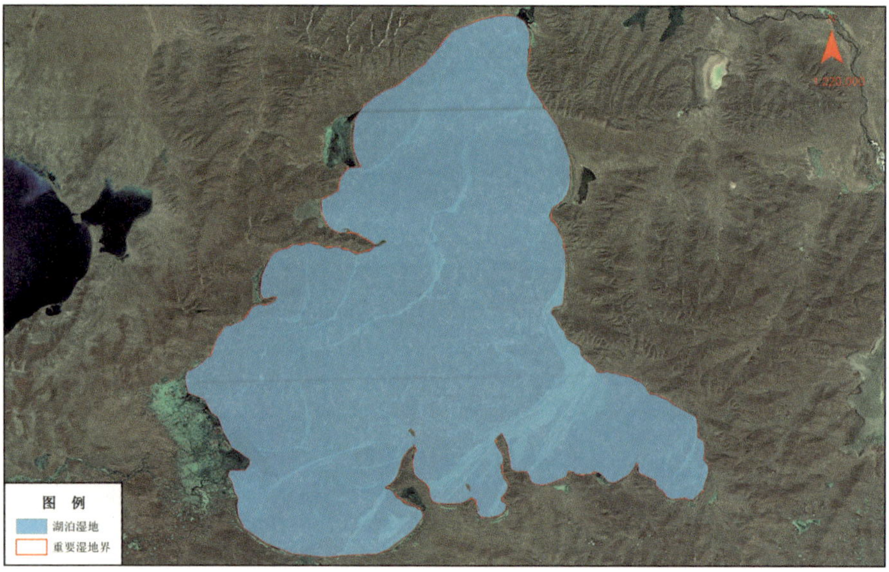

图 7-7 鄂陵湖国际重要湿地各湿地类示意图

第二节 国家重要湿地

青海省国家重要湿地有11处，涉及长江、黄河、澜沧江和黑河流域，也包括可可西里地区、柴达木盆地和青海湖盆地，同时涵盖已建立的国家级、省级自然保护区。应该讲，这些重要湿地极具代表性和典型性，是青海省湿地资源分布的精华，应给予高度关注与重视。

1 玛多湖湿地

玛多湖湿地位于青海省果洛州玛多县境内，距县城不到30公里，黄河干流玛曲由此穿过。属于黄河上游湿地区，处于三江源自然保护区的星星海保护分区的核心区，由星星海等众多湖泊组成，湿地范围面积7.97万公顷。

地貌类型为高原湖盆类型，四周为山地，中间低而平缓，是一片狭长的沼泽草甸区，湖泊众多，好似星星一般。大的湖泊有星星海、阿涌吾玛错、龙日阿错、日格错、阿涌尕玛错、尕拉拉错等；平均海拔4240米。该区气候特点是干旱少雨，雨热同期，降水少蒸发大，日照时间长，多风，昼夜温差大，冬春季节寒冷干燥，雪灾危害较多。据玛多县气象站资料分析，区内年平均气温-4.1℃，最冷月(1月)均温-16.8℃，极端最低气温-53.0℃，最热月(7月)均温7.4℃，极端最高气温22.9℃；平均年降水量303.9毫米，6~9月降水量占全年的76%，年蒸发量1318.6毫米。主要土壤类型为草甸土、黑钙土、沼泽土、盐土、风沙土和褐土等。

区域内地貌复杂多样，孕育了河流、湖泊、沼泽、荒漠、草地等高寒干旱的自然环境，形成了独特的动物区系，野生动物资源丰富。鸟类分布有国家Ⅰ级保护鸟类黑颈鹤、玉带海雕和金雕，国家Ⅱ级保护鸟类有大天鹅、纵纹腹小鸮、秃鹫、红隼、大鵟等，常见种有赤麻鸭、棕头鸥、鱼鸥、[普通]鸬鹚、绿翅鸭、赤嘴潜鸭、凤头潜鸭、灰雁、普通秋沙鸭等；湖中盛产鱼类，主要分布有花斑裸鲤、极边扁咽齿鱼、骨唇黄河鱼、厚唇裸重唇鱼和拟鲶高原鳅等；哺乳类分布有国家Ⅰ级保护动物藏野驴，国家Ⅱ级保护动物藏原羚，常见种有喜马拉雅旱獭、高原兔和高原鼠兔等。植物分布有9科10属15种，湿地植物群系5个，包括河柳群系、金露梅群系、西藏沙棘群系、西藏嵩草群系、西伯利亚蓼群系。湿地植物有洮河柳、金露梅、水毛茛、穗状狐尾藻、西藏沙棘、篦齿眼子菜、西藏嵩草、水嵩草、华扁穗草、海韭菜、青藏薹草、黑褐薹草和西伯利亚蓼等。

该湿地资源面积为2.11万公顷，湿地类为3类，即河流湿地、湖泊湿地和沼泽湿地；湿地型3型，即永久性河流、永久性淡水湖和沼泽化草甸。河流湿地面积1.40公顷，为永久性河流；湖泊湿地资源面积1.08万公顷，均为永久性淡水湖；沼泽湿地面积1.03万公顷，为沼泽化草甸（图7-8）。

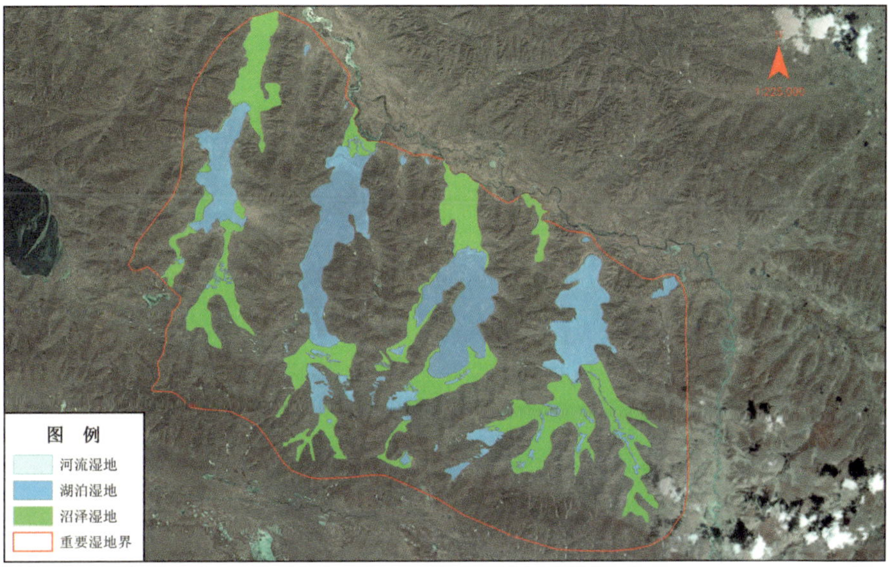

图**7-8**　玛多湖国家重要湿地各湿地类示意图

2　冬给措纳湖湿地

位于青海省果洛州玛多县花石峡镇西北侧与布青山、布尔汗布达山间的盆地内，属于柴达木盆地区向青南高原区过渡区，湿地范围面积3.86万公顷，区域内平均海拔4000米。气候属寒冷草原气候，无明显的四季之分，只有寒暖之别，冬季漫长而寒冷、干燥多大风，夏季短促而温凉、多雨；全年平均气温在－4.0℃，最暖月平均气温7℃，最冷月平均气温－17℃，≥0℃积温2117.3℃。年降水量311毫米，6~9月降水量占全年的86%，年平均蒸发量为1375毫米。土壤类型为沼泽土、草甸土和风沙土。

湖体长32.2公里，最大宽9.5公里，平均宽7.21公里，面积2.32万公顷。水源补给主要为地表径流补给，入湖河流有4条，以东曲最大，长83.0公里，中、上游水量较丰，下游河水渗漏严重成为干沟，近湖滨以泉水形式出露汇成河入湖；其次为北部入湖的歇马昂里河，长27.0公里，河水出湖经西北隅的托索河流入柴达木河，之后注入南霍布逊湖。

据不同时期的冬给错纳湖遥感影像分析，该湖泊面积比较稳定，变化范围在 22921 ~23884 公顷之间，变化幅度不足 1000 公顷。从五期遥感影像中可知，2001 年 7 月的影像反映的面积最小，为 22921 公顷；2009 年的影像面积最大，为 23884 公顷。

冬给错纳湖下游的香日德农场，1962 年为有效地使用该湖水，在相连的托索湖口建闸(闸底高程 4084. 03 米)控制放水；1974 年改建新闸，闸底高程下降到 4081. 14 米，主要是调节湖水的季节下泄，以保障农场的用水，一般 3 ~4 月开闸、10 月中下旬关闸。根据已有的水位观测资料分析，多年来冬给错纳湖的供水基本保持在正常水位，年际间的出湖水量只是季节性调节，对湖泊的影响不大。

湿地鸟类主要以雁鸭类水禽为主，分布有国家Ⅰ级保护鸟类黑颈鹤、玉带海雕；国家Ⅱ级保护鸟类有大天鹅、纵纹腹小鸮、秃鹫、猎隼等；常见种有赤麻鸭、棕头鸥、鱼鸥、［普通］鸬鹚、斑头雁、绿头鸭、绿翅鸭、赤嘴潜鸭等。鱼类有花斑裸鲤和极边扁咽齿鱼。哺乳类分布有藏野驴、藏原羚、喜马拉雅旱獭、高原兔和高原鼠兔等。

湿地植物群系主要是藏嵩草 – 薹草群系和西伯利亚蓼群系。湿地植物有西藏嵩草、西伯利亚蓼、草地早熟禾、垂穗披碱草、多裂委陵菜、黑褐薹草、甘肃嵩草、赖草、细叶蓼、圆穗蓼、蓝白龙胆、三裂碱毛茛、长花马先蒿、矮火绒草、矮生嵩草、多头委陵菜、甘肃薹草、鹅绒委陵菜和胎生早熟禾等。

该湿地资源面积 3. 05 万公顷，湿地类 3 类：河流湿地、湖泊湿地和沼泽湿地；湿地型 3 型：永久性河流、永久性淡水湖和沼泽化草甸。河流湿地面积 17. 53 公顷，均为永久性河流；湖泊湿地面积 2. 38 万公顷，为永久性淡水湖；沼泽湿地面积 0. 67 万公顷，为沼泽化草甸(图 7-9)。

图 **7-9** 冬给措纳湖国家重要湿地各湿地类示意图

3 黄河源区岗纳格玛错

位于青海省果洛州玛多县境内，黄河干流从此穿过，属于黄河上游湿地区。处于三江源自然保护区的星星海保护分区的实验区，是以保护湖泊、沼泽湿地为主体功能的湿地区，湿地范围面积 2.54 万公顷，平均海拔 4440 米。

区域内黄河受地列山和狼青卡欧山约束，河道突然变狭，河水下泄不畅，泛滥后在河漫滩低凹处积水成湖。滨湖西部黄河分汊河道入湖口，堆积了大量泥沙，形成三角洲泛滥平原，发育大片沼泽和河间积水凹地，并向湖体延伸。该区气候特点是干旱少雨，雨热同期，降水少蒸发大，日照时间长，多风，昼夜温差大，冬春季节寒冷干燥。水源补给主要是大气降水与地表径流，依赖黄河补给。丰水期，黄河来水入湖，调节洪峰；枯水期，湖水回流黄河。主要土壤类型为草甸土、黑钙土、沼泽土、盐土、风沙土和褐土等。

分布的湿地鸟类有国家Ⅰ级保护鸟类黑颈鹤、玉带海雕和金雕，国家Ⅱ级保护鸟类大天鹅、纵纹腹小鸮、秃鹫、红隼、大鵟等，常见种有赤麻鸭、棕头鸥、鱼鸥、[普通]鸬鹚、绿翅鸭、赤嘴潜鸭、灰雁和普通秋沙鸭等；鱼类主要分布有花斑裸鲤、极边扁咽齿鱼、骨唇黄河鱼、厚唇裸重唇鱼和拟鲶高原鳅等；哺乳类分布有国家Ⅰ级保护动物藏野驴和国家Ⅱ级保护动物藏原羚，常见种有喜马拉雅旱獭、高原兔和高原鼠兔等。植物分布有 9 科 10 属 15 种，主要湿地植物群系 5 个，包括河柳群系、金露梅群系、藏沙棘群系、西藏嵩草群系、西伯利亚蓼群系。湿地植物种类有西藏嵩草、洮河柳、金露梅、西藏沙棘、西伯利亚蓼、黑褐薹草、圆囊薹草、矮生嵩草、珠芽蓼、圆穗蓼、海韭菜、花葶驴蹄草和水葫芦苗等。

湿地资源面积 1.50 万公顷，湿地类 3 类：河流湿地、湖泊湿地和沼泽湿地；湿地型 4 型：永久性河流、洪泛平原、永久性淡水湖和沼泽化草甸。河流湿地面积 0.22 万公顷，其中永久性河流面积 0.09 万公顷、洪泛平原面积 0.13 万公顷；湖泊湿地面积 0.56 万公顷，为永久性淡水湖；沼泽湿地面积 0.72 万公顷，为沼泽化草甸(图 7-10)。

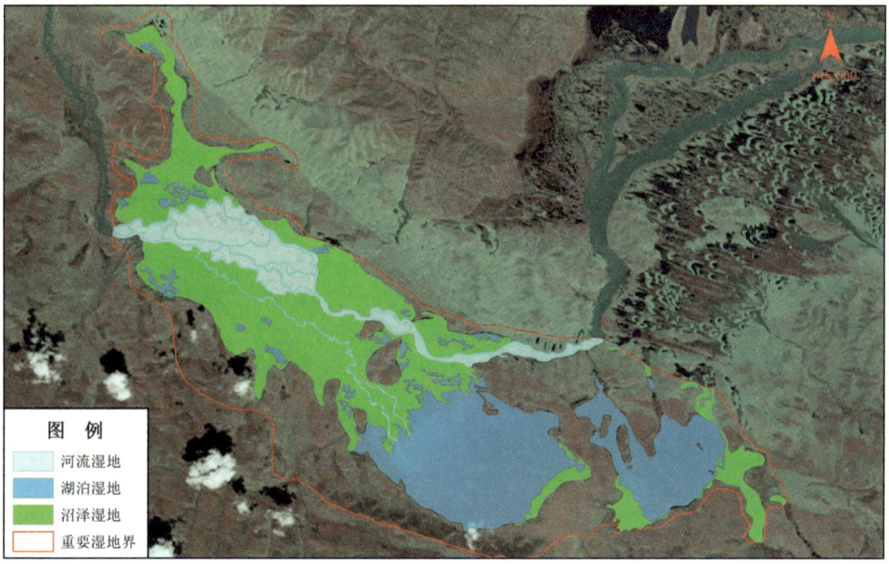

图 **7-10**　岗纳格玛错国家重要湿地各湿地类示意图

4　依然错湿地

依然错湿地位于青海省玉树州杂多县西部，属于长江上游湿地区，处于三江源自然保护区当曲保护分区的核心区，湿地范围面积 49.30 万公顷。主要地貌类型为冰川、山地、盆地和河谷，海拔 4470～5395 米。

气候属高原大陆性气候特征，全年气候寒冷，无四季之分，只有平均气温大于0℃的暖季和平均气温小于0℃的冷季。暖季为6、7、8 三个月，冷季却长达9 个月(9 月至翌年5 月)，年平均气温 0.5℃，极端最低气温 -24.7℃；年平均降水量 538.8 毫米，多集中在 6～8 月，而年平均蒸发量 1450.0 毫米。该湿地的水源补给主要是大气降水、地下水与地表径流。

区内沼泽发育，湖泊密布，河道曲折、支流众多、呈扇状水系。当曲是长江三源之一的南源，源出唐古拉山东段霞舍日阿巴山东麓，河长 352 公里，集水面积 312.51 万公顷，多年平均流量 46.06 立方米/秒，年径流量 146 亿立方米，河道平均比降 2.63‰。一级支流有布曲和尕日曲等85 条。湖泊有 3606 个，湖水面积大于 1000 公顷的有 3 个。其中，布曲：长 235 公里，总集水面积 140.83 万公顷，多年平均径流量为 66 亿立方米，水质级别为Ⅱ类；尕尔曲：长 167 公里，总集水面积 41.23 万公顷；多年平均径流量为 21.4 亿立方米，水质级别为Ⅱ类；尼日阿措改：水位4708 米，长 9.2 公里，最大宽 7.0 公里，平均宽 3.82 公里，面积 3510 公顷，集水面积 4.30 万公顷，湖水主要依赖确赛曲、巴侧错尼曲和侔莫曲补给，属外流淡水湖。

区域内野生动物资源丰富。鸟类有国家Ⅰ级保护鸟类黑颈鹤、玉带海雕、金雕；国家Ⅱ级保护鸟类有纵纹腹小鸮、秃鹫、红隼、大鵟等；常见种有灰雁、赤麻鸭、棕头鸥、鱼鸥、[普通]鸬鹚、褐背拟地鸦、长嘴百灵、赤嘴潜鸭、凤头潜鸭、普通秋沙鸭等。哺乳类有国家Ⅰ级保护动物藏野驴、藏羚，国家Ⅱ级保护动物水獭、石貂、藏原羚、猞猁等，常见种有喜马拉雅旱獭、高原兔、高原鼠兔等。鱼类分布有巩乃斯高原鳅、长鳍高原鳅、细尾高原鳅、小眼高原鳅等。

湿地植物群系为西藏嵩草－薹草群系，湿地植物有西藏嵩草、青藏薹草、水毛茛、喜马拉雅嵩草、黑褐薹草、海韭菜、草地早熟禾、二裂委陵菜、西伯利亚蓼、矮生嵩草、甘肃薹草、鹅绒委陵菜、圆穗蓼、珠芽蓼和矮金莲花等。

湿地资源面积为 8.67 万公顷。湿地类 3 类：河流湿地、沼湖泊湿地和沼泽湿地；湿地型为 6 型：永久性河流、季节性河流、洪泛平原、永久性淡水湖、草本沼泽和沼泽化草甸。河流湿地面

图 **7-11** 依然错国家重要湿地各湿地类示意图

积1.83万公顷，其中，永久性河流面积1.23万公顷、季节性河流面积37.61公顷、洪泛平原面积0.60万公顷；湖泊湿地面积0.10万公顷，为永久性淡水湖；沼泽湿地面积6.73万公顷，其中草本沼泽面积41.38公顷、沼泽化草甸面积6.73万公顷(图7-11)。

5　多尔改错湿地

多尔改错湿地位于青藏高原西北部，地处唐古拉山和昆仑山之间，属于可可西里湿地区，在可可西里国家级自然保护区内，湿地范围面积7.84万公顷。地貌类型主要为极高山、大中起伏高山、小起伏的高山、高海拔丘陵、台地和平原6种类型。

该区全年气温为-10～-4.1℃，年平均降水量总的分布趋势是由东南向西北逐渐减少，年降水量173.0～494.9毫米，5～9月降水量占全年的90%以上。由于海拔高、温度低，降水以固态形式或以阵性降水为主。水源补给主要为地表径流补给，湖滨西南部楚玛尔河入湖口形成了面积近0.06万公顷的三角洲平原，堤间洼地残留着面积2～100公顷的多个咸水湖，湖水位海拔4688米。湖泊长31.5公里，平均宽4.75公里，面积1.44万公顷；集水面积46.60万公顷。湖水主要依赖楚玛尔河补给，河流穿湖而过。土壤类型为草甸土、沼泽土、草甸土、盐土、碱土、风沙土。

多尔改错湿地区域面积大，是青藏高原有蹄类动物的重点分布区域，也是高原精灵藏羚羊的栖息分布区。鸟类有11目20科66种，国家Ⅰ级保护鸟类有黑颈鹤、金雕，国家Ⅱ级保护鸟类有灰鹤、大鵟、秃鹫、猎隼、燕隼等，常见种有赤麻鸭、凤头潜鸭、斑头雁、普通秋沙鸭、棕头鸥、长嘴百灵、小云雀、角百灵等。哺乳类分布有5目10科29种，其中国家Ⅰ级保护动物有藏野驴、藏羚、野牦牛，国家Ⅱ级保护动物有藏原羚、猞猁和石貂；常见种有香鼬、喜马拉雅旱獭、高原兔等。鱼类有1目2科6种，包括裸腹叶须鱼、小头裸裂尻鱼、细尾高原鳅、长鳍高原鳅、小眼高原鳅和唐古拉高原鳅。

由于受到地理位置、地势高低、地形坡向及地表组成物质等各种水热条件分异因素的影响，自然景观自东南向西北呈现高寒草甸—高寒草原—高寒荒漠更替。其中高寒草原是主要类型。高寒冰缘植被也有较大面积的分布，高寒荒漠草原、高寒垫状植被和高寒荒漠有少量分布。高寒草甸、高寒沼泽仅分布在极个别的地区。主要分布的湿地植物群系1个，即高山嵩草群系；湿地植物有高山嵩草、西藏嵩草、无味薹草、青藏薹草、早熟禾和赖草等。

湿地资源总面积为2.82万公顷，湿地类为3类：河流湿地、湖泊湿地和沼泽湿地；湿地型为4型：永久性河流、永久性淡水湖、永久性咸水湖和沼泽化草甸。河流湿地面积0.31万公顷，为永久性河流；湖泊湿地面积2.19万公顷，其中永久性淡水湖面积0.04万公顷、永久性咸水湖面积2.15万公顷；沼泽湿地面积0.32万公顷，全部为沼泽化草甸(图7-12)。

6　库赛湖湿地

库赛湖湿地位于青藏高原西北部，地处唐古拉山和昆仑山之间，属于可可西里湿地区，在可可西里国家级自然保护区内，湿地范围面积12.50万公顷。地貌类型主要为极高山、大中起伏高山、小起伏的高山、高海拔丘陵、台地和平原6种类型。

该湿地区域的气候属高原大陆性气候，全年气温为-10～-4.1℃，年降水量173.0～494.9

图 **7-12** 多尔改错国家重要湿地各湿地类示意图

毫米，5～9 月降水量占全年的 90% 以上。由于海拔高、温度低，降水不仅以固态形式为主，而且以阵性降水为主。土壤类型为草甸土、沼泽土、草甸土、盐土、碱土、风沙土。

该湖体长 42.5 公里，最大宽 13.0 公里，平均宽 5.98 公里，面积 2.54 万公顷；集水面积 37.00 万公顷。位于早第三纪陆相断陷盆地与晚印支褶皱带结合部上，湖滨东部分布着一些湖泊退缩后形成的面积 1～120 公顷的小湖。湖水主要依靠库赛河补给，库赛河长 192.0 公里，源于昆仑山大雪峰、雪月山，汇冰雪融水和地表径流，3～4 月冰雪消融期和 7～8 月洪水期以河水汇入湖。

库赛湖在 20 世纪 50 年代末至 70 年代中期，湖面向外扩展了 300～500 米；70 年代中期至 90 年代初期，湖面又退缩了 500～1000 米(胡东生，1990 年)。到 20 世纪 90 年代又有萎缩，面积由 70 年代的 27395 公顷萎缩至 25704 公顷，缩小了 1691 公顷。2002 年的影像图上，面积出现回升；2007 年、2009 年面积不断扩大，到 2009 年 10 月，面积扩大为 27706 公顷，比 1976 年增加了 311 公顷。库赛湖东面有一小湖，曾经与库赛湖独立，但近几年随着湖泊面积增大，小湖与库赛湖已连接为一体。遥感影像图显示，库赛湖北缘约 8 公里处的冰川对库赛湖湖水的补给较大，分析湖泊面积、冰川面积与降水三者之间的关系，显示出良好的同步性。即降水增加，湖泊、冰川扩张；降水减少，湖泊、冰川萎缩，这说明了湖泊近期的扩张不是由于冰川加速融化的结果。

受区域内的地质、土壤、气候等环境要素的影响，区内各类水体环境质量状况差异较大，多数湖泊为半咸水湖，无饮用价值，地表水普遍偏碱性，pH 值大都在 8.0 以上；有些内流河(如还东河等)还是咸水，流量较大的一些河流，水中泥沙量、浊度较高。相比而言，区内冰川融水及其所形成的外流水系地表水和地下水(泉水)的环境质量优于内流水系地表水和湖水。

区内分布的鸟类有 11 目 20 科 66 种，国家Ⅰ级保护鸟类有黑颈鹤、金雕，国家Ⅱ级保护鸟类有灰鹤、大鵟、秃鹫、猎隼、燕隼等，常见种有赤麻鸭、凤头潜鸭、斑头雁、普通秋沙鸭、棕头鸥、长嘴百灵、小云雀、角百灵等。分布的哺乳类有 5 目 10 科 29 种，国家Ⅰ级保护动物有藏野驴、藏羚、野牦牛，国家Ⅱ级保护动物有藏原羚、猞猁、石貂，常见种有香鼬、喜马拉雅旱獭、高原兔等。鱼类有1目2科6种，裸腹叶须鱼、小头裸裂尻鱼、细尾高原鳅、长鳍高原鳅、小眼高原鳅和唐古拉高原鳅。湿地植物群系1个，高山嵩草群系；湿地植物有高山嵩草、西藏嵩草、无味薹草、青藏薹草、早熟禾和赖草等。

该湿地资源面积为4.67万公顷，湿地类3类：河流湿地、湖泊湿地和沼泽湿地；湿地型5型：永久性河流、洪泛平原、永久性淡水湖、永久性咸水湖和沼泽化草甸。河流湿地面积有1.26万公顷，其中永久性河流面积0.13万公顷，洪泛平原面积1.13万公顷；湖泊湿地面积2.92万公顷，其中永久性淡水湖面积0.08万公顷、永久性咸水湖面积2.84万公顷；沼泽湿地面积0.49万公顷，全部为沼泽化草甸(图7-13)。

图**7-13** 库赛湖湿地各类湿地示意图

7 卓乃湖湿地

卓乃湖湿地位于青藏高原西北部，地处唐古拉山和昆仑山之间，属于可可西里湿地区，在可可西里国家级自然保护区内，湿地范围面积11.70万公顷。地貌类型主要为极高山、大中起伏高山、小起伏的高山、高海拔丘陵、台地和平原6种类型。

该湿地区的气候属高原大陆性气候，全年气温为-10~-4.1℃，年平均降水量总的分布趋势是由东南向西北逐渐减少，年降水量173.0~494.9毫米，5~9月降水量占全年的90%以上，受海拔高、温度低的影响，降水以固态形式和阵性降水为主。湖体为永久性积水，没有流出，其长30.0公里，最大宽15.9公里，平均宽8.55公里，集水面积15.20万公顷。湖水主要依靠卓乃河补给，卓乃河长65.0公里，源于五雪峰冰川南缘，汇冰雪融水，在下游渗漏沙砾之中以潜流形式汇入湖。主要土壤类型为草甸土、沼泽土、盐土、碱土、风沙土。

分布的鸟类有11目20科66种，国家Ⅰ级保护鸟类有黑颈鹤和金雕，国家Ⅱ级保护物种有灰鹤、大鵟、秃鹫、猎隼、燕隼等，常见种有赤麻鸭、凤头潜鸭、斑头雁、普通秋沙鸭、棕头鸥、长嘴百灵、小云雀和角百灵等。分布的哺乳类有5目10科29种，国家Ⅰ级保护动物藏野驴、野牦牛、藏羚，国家Ⅱ级保护动物藏原羚、猞猁和石貂，常见种有香鼬、喜马拉雅旱獭和高原兔等。鱼类有1目2科6种，分别为裸腹叶须鱼、小头裸裂尻鱼、细尾高原鳅、长鳍高原鳅、小眼高原鳅和唐古拉高原鳅。湿地植物群系1个，高山嵩草群系；湿地植物有高山嵩草、西藏嵩草、无味薹草、青藏薹草、早熟禾和赖草等。

区内湿地资源面积3.74万公顷，湿地类为3类：河流湿地、湖泊湿地和沼泽湿地；湿地型为3型：永久性河流、永久性咸水湖和沼泽化草甸。河流湿地面积0.2万公顷，为永久性河流；湖泊湿地面积2.67万公顷，为永久性淡水湖；沼泽湿地面积0.86万公顷，全部为沼泽化草甸(图7-14)。

图7-14 卓乃湖国家重要湿地各湿地类示意图

据2011年的卫星影像图分析，由于卓乃湖受夏季气候的影像，降水增加，其在当年的8月下旬出现湖水溢出外泄；9月中旬下游湖岸溃坝。2012年春季形成卓乃湖、库赛湖、海丁诺尔湖和盐湖水体串联，卓乃湖的水体面积由274.1平方公里减少至160.2平方公里，减幅113平方公里；受其影响，下游的库赛湖、海丁诺尔湖水体均有不同程度的增加，呈现外泄东流至盐湖的趋势。这种自然现象，使可可西里地区的湖泊构成发生着变化，以往独立的湖泊变为连体，湿地面积扩大，生态环境不断演变。由其造成的变化还将继续扩展，受降雨与冰雪融化的影响，在盆地下游形成新的威胁，不仅会对青藏公路、青藏铁路、输油管道、通讯光缆等重要设施产生威胁与破坏，而且将会对周边的生态环境产生影响。

8 哈拉湖湿地

哈拉湖湿地位于青海省海西州天峻县和德令哈市，疏勒南山南麓，属于柴达木盆地湿地区，湿地范围面积12.53万公顷，距德令哈市区134公里。

地貌类型主要为晚第三纪形成的断陷盆地，平均海拔4078米。区域气候属高原干旱盆地气候，干燥多风，日照时间长，全年平均温度-5.9℃，≥0℃的年积温347.7℃。年平均降水量250毫米，变化范围200~300毫米。

哈拉湖湖体为永久性积水，湖近似圆形，长34.6公里，最大宽23公里，平均宽17.39公里，面积6.02万公顷；湖最大水深65米，平均水深17.39米。其水源补给主要是大气降水与地表径流，入湖的河流有20余条，径流量0.32亿立方米。其中：苏令河，长28.0公里，流域面积2.8万公顷，源于海拔4400米山地，水系呈树枝状，入湖洪积扇面积800公顷；音德尔特河，长36.0公里，流域面积4.1万公顷源于海拔4400～3500米山地，有泉水汇入，入湖口沼泽发育。其北部有祁连山冰川，面积0.89万公顷，冰川融水径流量0.035亿立方米。土壤类型为高山寒漠土、高山荒漠草原土和草甸土。

分布的鸟类有金斑鸻、红脚鹬、鱼鸥、棕头鸥、灰雁、赤麻鸭、普通秋沙鸭等。哺乳类有国家Ⅰ级保护动物藏野驴，国家Ⅱ级保护动物藏原羚、鹅喉羚；常见种有喜马拉雅旱獭、高原鼢鼠和高原兔等。鱼类有花斑裸鲤。湿地植物群系，有藏嵩草群系、藏嵩草－薹草群系；湿地植物有西伯利亚蓼、西藏嵩草、甘肃薹草、金露梅、四裂红景天、早熟禾、小薹草和三裂碱毛茛等。

该湿地资源面积为6.70万公顷，湿地类为3类：河流湿地、湖泊湿地和沼泽湿地；湿地型为4型：永久性河流、季节性河流、永久性咸水湖和沼泽化草甸。河流湿地面积0.12万公顷，其中永久性河流面积0.09万公顷、季节性河流湿地面积0.03万公顷；湖泊湿地面积6.02万公顷，为永久性咸水湖；沼泽湿地面积0.56万公顷，全部为沼泽化草甸(图7-15)。

图7-15 哈拉湖国家重要湿地各湿地类示意图

9 柴达木盆地中的湿地

柴达木盆地中的湿地位于柴达木盆地南部，地跨格尔木市和都兰县，由察尔汗盐湖、达布逊湖、北霍布逊湖、南霍布逊湖、涩聂湖湖东台、西台吉乃尔湖等常年型卤水湖和季节性卤水湖组成，属于柴达木盆地湿地区，湿地范围面积14.11万公顷。

地貌类型主要为冲积－湖积平原，由盐沼、湖泊、河流、盐壳和盐漠等组成，海拔2680～2730米。土壤类型为盐化草甸土、沼泽盐土、草甸盐土和风沙土。

该区气候为高原盆地干旱气候，全年平均气温4.2℃，1月平均气温－10.4℃，7月平均气温17.7℃，极端最低气温－33.6℃，极端最高气温33.3℃，≥0℃积温2432℃。年降水量38.8毫米，

6~9 月降水量占全年的 85%，蒸发量高达 2720.8 毫米，是降水量的 70.1 倍。察尔汗盐湖区全年平均气温 5.2℃，1 月平均气温 -10.3℃，7 月平均气温 19.2℃，极端最低气温 -29.7℃，极端最高气温 35.5℃，多年平均降水量 24.7 毫米，多年平均蒸发量 3543.1 毫米；东、西台吉乃尔湖全年平均气温 2.0℃，年降水量不足 25 毫米。水源补给主要是地下水和南部格尔木河、那陵格勒河，湖体为永久性积水，没有流出。

分布的鸟类有国家Ⅱ级保护动物燕隼、大鵟、蓑羽鹤、灰鹤，常见种有灰雁、赤麻鸭、环颈雉、黄嘴朱顶雀、树麻雀和黄鹡鸰等。分布的哺乳类有国家Ⅱ级保护动物鹅喉羚，常见种有根田鼠、长尾仓鼠和高原兔等。盐湖内无植被分布，盐湖周边分布少量芦苇，常呈纯群落分布，也有其他植物混生而以芦苇为建群种组成不同结构的群落。芦苇沼泽中，常见的伴生种有水麦冬、海韭菜等；芦苇沼泽化草甸常见的伴生种有假苇拂子茅、赖草、海乳草、大叶白麻等。在河流的部分地段，因河水中含盐量减少，pH 值降低，发育了西藏嵩草沼泽，伴生植物有华扁穗草和海韭菜。

该湿地资源面积有 14.11 万公顷，湿地类型为 1 类 1 型：永久性咸水湖。湖泊湿地资源，全部为永久性咸水湖(图 7-16)。

图 7-16 柴达木盆地中的湿地各湿地类示意图

10 尕斯库勒湖湿地

尕斯库勒湖湿地位于海西州茫崖行委花土沟镇，属于柴达木盆地湿地区，湿地范围面积 13.73 万公顷，距花土沟镇 3 公里。地貌类型主要为新生代构造坳陷盆地，平均海拔 2853 米。土壤类型为风沙土、沼泽盐土、草甸盐土。

该区气候属高原干旱盆地气候，干燥多风，日照时间长，全年平均气温在 1.4℃，最暖月平均气温 20.4℃，最冷月平均气温 -20.6℃，≥0℃积温 1669.3℃，年降水量 46.1 毫米，6~9 月降水量占全年的 85%，年蒸发量为 2999.5 毫米，是降水量的 65 倍。

湖体为永久性封闭水体，水位 2853 米，长 17.9 公里，最大宽 12.5 公里，平均宽 6.92 公里，面积1.24万公顷；平均水深0.65米，中南部可达到1.3米，集水面积247.9万公顷。主要水源补给为地表径流，入湖河流有3条，西部入湖的铁木里克河最大，长290.0公里，是由多支流、明河、潜流、时令河、泉水等组成的水系，多年平均流量2.95立方米/秒，径流量0.27亿立方米。

据五期卫星遥感影像分析，1972年尕斯库勒湖湖泊面积为9373公顷，1990年、2000年、2007年、2009年湖面面积分别为11416公顷、11951公顷、11841公顷、11414公顷。

尕斯库勒湖水系开发利用程度较小，2009年淡水开发利用程度仅2.97%，值得注意的是盐湖开发规模近年来有所发展，盐田面积2009年达到2782公顷。湖泊变化主要还是受来水控制。

分布的鸟类有国家Ⅱ级保护物种灰鹤，常见种有赤嘴潜鸭、棕头鸥、灰雁和赤麻鸭等；哺乳类有麝鼠和高原兔。主要湿地植物群系有4个：白刺群系、大叶白麻群系、冰草群系、芦苇群系；湿地植物有小果白刺、大白刺、芦苇、罗布麻、多枝柽柳、盐爪爪、盐角草、盐地碱蓬、大叶白麻、赖草和菖蒲等。

该湿地资源面积10.92万公顷，湿地类为4类：河流湿地、湖泊湿地、沼泽湿地和人工湿地；湿地型为4型：季节性河流、永久性咸水湖、草本湿地和人工盐田。河流湿地面积11.77公顷，为季节性河流；湖泊湿地面积1.24万公顷，为永久性咸水湖；沼泽湿地面积9.39万公顷，为草本沼泽；人工湿地面积0.29万公顷，全部为人工盐田(图7-17)。

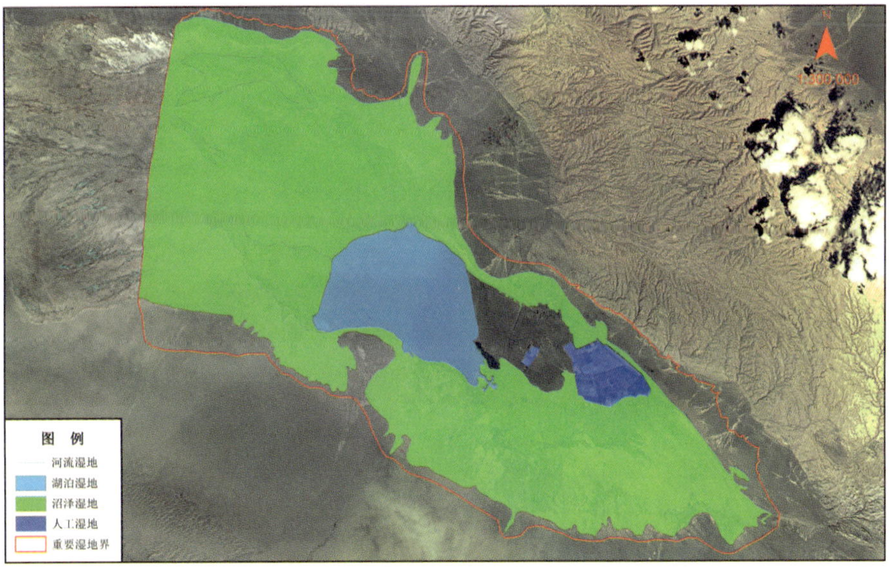

图7-17　尕斯库勒湖湿地各湿地类示意图

11　茶卡盐湖湿地

茶卡盐湖湿地位于青海省海西州乌兰县茶卡镇、共和县，属于柴达木盆地湿地区，湿地范围面积3.11万公顷。该盐湖地貌类型为新生代断陷盆地，平均海拔3060米。

该区气候属高原干旱盆地气候，全年平均气温1.6℃，最暖月(8月)平均气温14.2℃，最冷月(1月)平均气温-12.7℃，≥0℃积温1695.6℃。年均降水量197.6毫米，年蒸发量为2096.7毫米，是降水量的10.6倍。

该湖的水源补给主要是地下水和地表径流，除东南部黑河附近有常年积水外，其他均是季节性有水。湖水位海拔高度2681米，其湖长17.2公里，最大宽9.6公里，平均宽度6.75公里，面积1.61万公顷。

分布的鸟类有国家Ⅱ级保护物种灰鹤，常见种有棕头鸥、斑头雁、赤麻鸭等；哺乳类有鹅喉羚、喜马拉雅旱獭、高原兔等；鱼类有短尾高原鳅。湿地植物群系分布的主要有白刺群系、海韭菜群系、盐爪爪群系、猪毛菜群系；湿地植被有小果白刺、海韭菜等。

该湿地资源面积2.19万公顷；其湿地类4类：河流湿地、湖泊湿地、沼泽湿地和人工湿地；湿地型6型：季节性河流、永久性咸水湖、草本沼泽、内陆盐沼、人工库塘和人工盐田。河流湿地面积7.89公顷，为季节性河流；湖泊湿地面积1.06万公顷，为永久性咸水湖；沼泽湿地面积1.01万公顷，其中草本沼泽面积0.06万公顷、内陆盐沼面积0.95万公顷；人工湿地面积0.11万公顷(图7-18)。

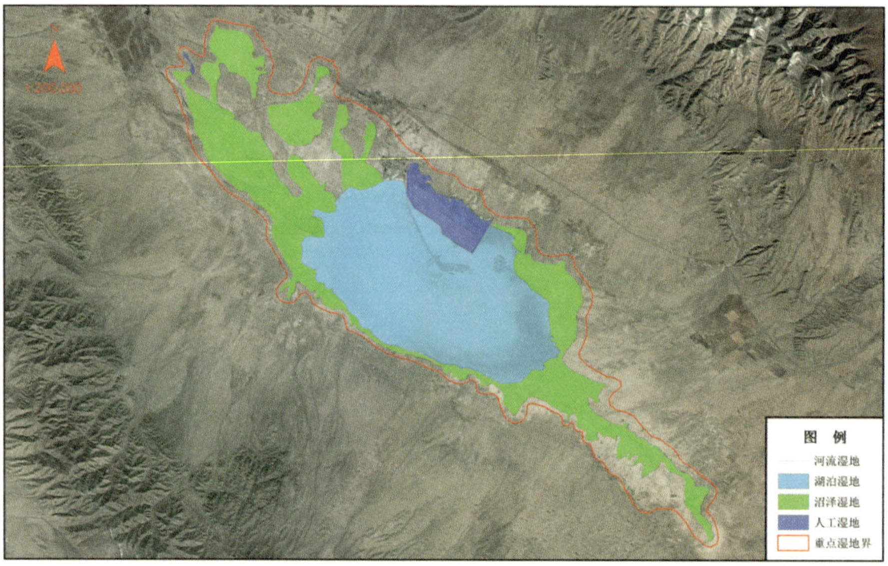

图7-18 茶卡盐湖湿地各湿地类示意图

第三节 涉及湿地的自然保护区

青海省已建的自然保护区涉及湿地型或湿地的有三江源、可可西里、青海湖、隆宝湖、可鲁克湖－托索湖、大通北川河源区和祁连山等7处保护区，其湿地资源面积达342.96万公顷。三江源、可可西里、青海湖和祁连山保护区内的湿地资源面积较大，占84.72%。

1 三江源国家级自然保护区

三江源国家级自然保护区位于青海省青南地区，长江、黄河和澜沧江的源头汇水区。该自然保护区始建于2000年5月，2003年1月晋升为国家级，其辖区面积巨大，有15.23万平方公里。其是由8个高原湿地型、7个森林灌丛植被型与3个野生动物型的18个保护分区组成。其中：核心区面积312.18万公顷；缓冲区面积392.42万公顷；实验区面积818.82万公顷。行政区域涉及玉树、果洛、海南、黄南4个藏族自治州的16个县和格尔木市的唐古拉乡，距省会西宁150～1200公里。

三江源地区的自然地理环境独特，为青藏高原主体，以山地地貌为主。其地域辽阔，海拔差异很大，海拔4000～5800米的高山是该区地貌的主要骨架。源区中西部和北部呈平原状，多宽阔而平坦的滩地，因地势平缓，形成了大面积沼泽。东南部的高山峡谷带，切割强烈，相对高差多在1000米以上，地形陡峭，坡度多在30°以上。

该区气候属青藏高原大陆性气候。由于海拔高，绝大部分地区空气稀薄，植物生长期短。全年平均气温为－4.8℃，其中极端最高气温28℃，极端最低气温－48℃。年降水量262.2～772.8毫米，其中6～9月降水量约占全年降水量的75%，年蒸发量730～1700毫米。

青海三江源地区孕育着众多条大小河川(图7-19)，素有“中华水塔”之称。在青南高原中部，由于地势高亢、开阔平坦，气候寒冷，地下发育着多年冻土，构成不透水层，每逢冰雪消融之际，则形成众多的沮洳地和湖泊，如莫云滩、星宿海即是有名的沼泽地带；扎陵湖、鄂陵湖是黄河上游最大的两个淡水湖泊。可以讲，源区内河流密布、湖泊和沼泽众多、雪山冰川广布，是世界上海拔最高、面积最大、湿地分布最集中的地区。河流主要分为外流河和内流河两大类，有大小河流约3000余条，其中宽5米、长10公里以上的河流有1600余条。

长江发源于唐古拉山北麓格拉丹东雪山，黄河发源于巴颜喀拉山北麓各姿各雅雪山，澜沧江发源于果宗木查雪山。源区内面积大于8公顷以上的湖泊有800余个，主要分布在内陆河流域和长江、黄河的源头区。该区分布有中国最大的天然沼泽湿地群，雪山、冰川约有24万公顷，现代冰川均属大陆性山地冰川，地下水资源比较丰富。

三江源自然保护区内的野生动植物资源丰富，据调查统计，分布的鸟类有16目41科237种，哺乳类有8目20科85种，两栖爬行类7目13科48种。国家重点保护动物有69种，其中：国家

图7-19　长江上游河流

Ⅰ级保护动物有藏羚、野牦牛、藏野驴、雪豹等16种，国家Ⅱ级保护动物有岩羊、藏原羚等53种。此外，还有省级保护动物艾虎、沙狐、斑头雁、赤麻鸭等32种。分布的植物种类有87科474属2238种，其中：种子植物种数占全国相应种数的8.5%。乔木植物有11属，占总属数的2.3%；灌木植物41属，占8.7%；草本植物422属，占89%。植被类型有针叶林、阔叶林、针阔混交林、灌丛、草甸、草原、沼泽及水生植被、垫状植被和稀疏植被等9个植被型，50个群系。

森林植被以寒温性的针叶林为主，主要树种有川西云杉、紫果云杉、红杉、祁连圆柏、大果圆柏、塔枝圆柏、密枝圆柏、白桦、红桦、糙皮桦等；灌丛植被主要有杜鹃、山柳、沙棘、金露梅、锦鸡儿、绣线菊等；草原、草甸植被种类有嵩草、针茅、薹草、风毛菊、鹅观草、早熟禾、披碱草、芨芨草以及藻类、苔藓等。

区域内湿地资源丰富，分布面积有216.67万公顷。湿地类4类：河流湿地、湖泊湿地、沼泽湿地和人工湿地；湿地型10型：久性河流、季节性河流、洪泛平原、永久性淡水湖、永久性咸水湖、季节性淡水湖、草本沼泽、灌丛沼泽、沼泽化草甸和人工库塘。河流湿地分布面积27.87万公顷，其中永久性河流面积22.17万公顷、季节性河流面积0.49万公顷、洪泛平原面积5.21万公顷；湖泊湿地面积23.73万公顷，其中永久性淡水湖面积19.1万公顷、永久性咸水湖面积4.54万公顷、洪泛平原面积0.09万公顷；沼泽湿地面积164.90万公顷，其中草本沼泽面积45.32公顷、灌丛沼泽面积22.69公顷、沼泽化草甸面积164.89万公顷；人工湿地面积0.16万公顷。

长江上游湿地区湿地资源面积为132.51万公顷，湿地类3类：河流湿地、湖泊湿地和沼泽湿地；湿地型8型：永久性河流、季节性河流、洪泛平原、永久性淡水湖、永久性咸水湖、季节性淡水湖、草本沼泽和沼泽化草甸。河流湿地面积20.79万公顷，其中永久性河流面积16.65万公顷、季节性河流面积0.46万公顷、洪泛平原面积3.68万公顷；湖泊湿地面积8.45万公顷，其中永久性淡水湖面积3.90万公顷、永久性咸水湖面积4.46万公顷、季节性淡水湖面积0.08万公顷；沼泽湿地面积103.27万公顷，其中草本沼泽面积45.32公顷、沼泽化草甸面积103.26万公顷。

黄河上游湿地区湿地资源分布面积为73.64万公顷，湿地类4类：河流湿地、湖泊湿地、沼泽湿地和人工湿地；湿地型9型：包括永久性河流、季节性河流、洪泛平原、永久性淡水湖、永久性咸水湖、季节性淡水湖、灌丛沼泽、沼泽化草甸和人工库塘。河流湿地面积4.86万公顷，其中永久性河流面积3.35万公顷、季节性河流面积24.98公顷、洪泛平原面积1.51万公顷；湖泊湿地面积15.22万公顷，其中永久性淡水湖面积15.14万公顷、永久性咸水湖面积0.08万公顷、季节性淡水湖面积64.72公顷；沼泽湿地面积53.39万公顷；其中灌丛沼泽面积22.69公顷、沼泽化草甸面积53.39万公顷；人工湿地资源面积0.16万公顷。

澜沧江上游湿地区湿地资源分布面积10.20万公顷，湿地类3类：河流湿地、湖泊湿地和沼泽湿地；湿地型5型：永久性河流、季节性河流、洪泛平原、永久性淡水湖和沼泽化草甸。河流湿地面积有2.19万公顷，其中永久性河流面积2.16万公顷、季节性河流面积66.3公顷、洪泛平原面积0.03万公顷；湖泊湿地面积为79.77公顷，均为永久性淡水湖；沼泽湿地面积8.0万公顷，全部为沼泽化草甸。

柴达木盆地湿地区湿地资源分布面积0.32万公顷，湿地类3类：河流湿地、湖泊湿地和沼泽湿地；湿地型4型：包括永久性河流、季节性河流、永久性淡水湖和沼泽化草甸。河流湿地面积有262.84公顷，其中永久性河流面积70.24公顷、季节性河流面积192.6公顷；湖泊湿地面积0.05万公顷，均为永久性淡水湖；沼泽湿地资源面积0.24万公顷，全部为沼泽化草甸。

2　青海湖国家级自然保护区

青海湖国家级自然保护区(图7-20)位于青海湖盆地腹部，三面环山一面河谷地，东与东北部为日月山和团宝山，北连大通山，南傍青海南山，西接布哈河谷地，湖水面海拔高度3193米，流域面积2.96万平方公里。行政区域地跨海北州的刚察、海晏两县，海南州的共和县，距省会西宁市150~260公里。该自然保护区始建于1975年，1997年12月晋升为国家级，以青海湖水体湿地、水禽候鸟及栖息地和湖岸湿地为主要保护对象的保护区域，面积57.51万公顷。

图**7-20**　青海湖自然保护区

属于青海湖湿地区，主要由青海湖水体和鸟岛、鸬鹚岛、沙岛、海心山、三块石等岛屿、环湖沿岸的水域、湖岸、泥滩、沼泽草地以及河口等组成。青海湖为内陆高原封闭湖水系，平均水深16米，最大水深27米，湖水容积7194亿立方米。水源补给主要是大气降水、地表径流；湖周有40余条大小河流和众多泉水形成的大面积高原湖泊、沼泽湿地，河流主要有布哈河、哈尔盖河、泉吉河、甘子河、倒淌河、黑马河、沙柳河等，是青海湖的主要水源补给河流。

青海湖地区的动物区系较为复杂，有多种地理类缘关系的动物分布在这里，以青藏区成分为主体，蒙新荒漠区和横断山脉动物成分也有渗透，在中国动物地理区划上属青海藏南亚区。脊椎动物有243种，隶属5纲24目，52科141属。其中：哺乳类41种，鸟类189种，爬行类3种，两栖类2种，鱼类8种。这里是世界濒危动物、国家Ⅰ级保护动物普氏原羚唯一的分布区。鸟类以水禽为主，种群数量较大的鸟类有斑头雁、鱼鸥、棕头鸥、[普通]鸬鹚、大天鹅；其他数量相对较少的水禽有绿翅鸭、凤头潜鸭、鹊鸭、赤嘴潜鸭、赤颈鸭、绿头鸭、罗纹鸭、针尾鸭、赤麻鸭、白眼潜鸭、普通秋沙鸭等。涉禽鸟类有灰鹤、蓑羽鹤、黑颈鹤以及大量的鸻鹬类，包括蒙古沙鸻、林鹬、乌脚鹬滨等；国家Ⅰ级保护鸟类有黑颈鹤。鱼类有青海湖裸鲤、甘子河裸鲤、硬刺高原鳅、隆头高原鳅、斯氏高原鳅、背斑高原鳅等。两栖类有西藏蟾蜍。

种子植物有52科174属445种。其中裸子植物仅有3属6种；青海湖水体内有浮游植物35属，其中常年出现的有9属，优势种为圆盘硅藻。其他水生高等植物极度贫乏，偶见有少量的篦齿眼子菜和一些大型轮藻等沉水植物。与湖水岸毗邻的沼泽草甸地带植物生长茂密，主要以矮生嵩草、小嵩草、珠芽蓼、针茅、高山唐松草等为优势种。沿河有一些低矮柳灌，附近的沟谷内有山生柳、金露梅、鬼箭锦鸡儿等。青海湖及环湖湿地区主要植物群落为短花针茅群落，主要分布于青海湖的东南岸以及青海湖南山的阳坡等地。

青海湖自然保护区内的湿地资源面积为 45.62 万公顷，湿地类 4 类：河流湿地、湖泊湿地、沼泽湿地和人工湿地；湿地型 6 型：永久性河流、洪泛平原、永久性淡水湖、永久性咸水湖、沼泽化草甸和输水河。河流湿地面积 0.17 万公顷，其中永久性河流面积 0.15 万公顷、洪泛平原面积 182.00 公顷；湖泊湿地面积 43.51 万公顷，其中永久性淡水湖 753.24 公顷、永久性咸水湖 43.43 万公顷；沼泽湿地面积 1.94 万公顷，全部为沼泽化草甸；人工湿地面积 92.52 公顷，均为输水河(图 7-21)。

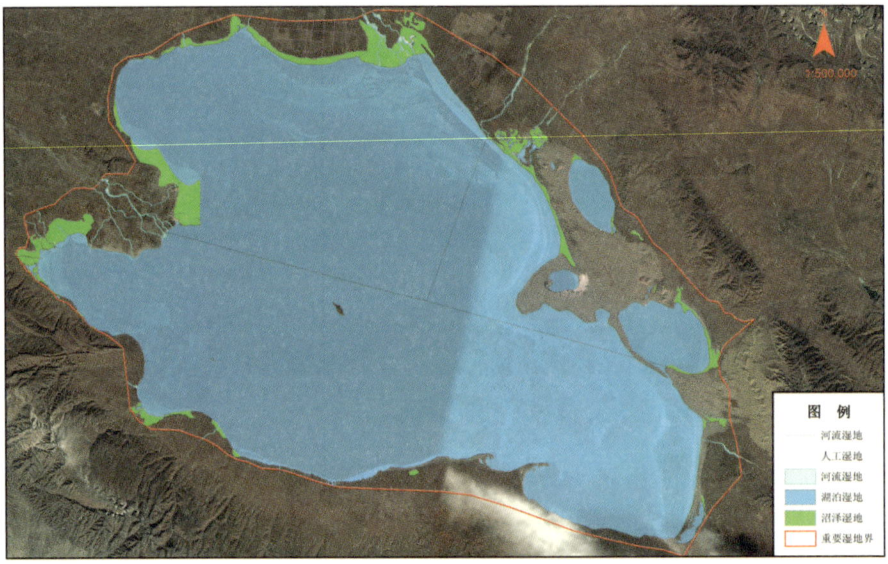

图 7-21 青海湖自然保护区各湿地类示意图

3 隆宝国家级自然保护区

隆宝国家级自然保护区位于青海省玉树州玉树县内的西北部，由高原盆地的河流、湖泊和沼泽湿地构成，面积 1 万公顷，核心区面积 0.76 万公顷，是一个以隆宝湖为中心的高山草甸沼泽区。行政区域涉及玉树县隆宝镇的湿地盆地区域，海拔 4100 ~ 4300 米，是长江源头一级支流结曲河的发源地，距玉树州府所在地玉树县 65 公里，距省会西宁市 890 公里。该保护区是我国在 20 世纪 80 年代建立的第一个以珍禽黑颈鹤及其栖息地为主要保护对象的国家级自然保护区，1984 年建立，1986 年晋升为国家级。

该区气候呈典型的高原大陆性气候，其特点为冷热两季交替，干湿两季分明，年温差小，日温差大，日照时间长，辐射强烈。冷季受青藏高原冷高压控制，长达 7 个月，热量低、降水少、风沙大；暖季受西南季风影响产生热气压，水汽丰富、降水量大。区内年平均温度为 -0.4℃，气候干燥寒冷，最冷月均温 -11.1℃(1 月)，极端最低气温 -26℃；最热月均温 9.3℃(7 月)，极端最高气温 27℃。年降水量为 500 ~ 700 毫米，70% 集中在 6 ~ 9 月，雨热同期，年平均蒸发量为

1110 毫米。

隆宝滩盆地内的湿地水域面积，东西长 7.7 公里，南北宽 0.3 ~2 公里，最大水深为 20 米，平均水深为 5 ~6 米。分布的鸟类有国家Ⅰ级保护物种黑颈鹤、黑鹳、玉带海雕，国家Ⅱ级保护鸟类有大天鹅、纵纹腹小鸮、秃鹫、猎隼，常见种有赤麻鸭、斑头雁、白眼潜鸭、绿头鸭、斑头秋沙鸭、红脚鹬、棕头鸥、鹊鸭等；分布的兽类有国家Ⅱ级保护动物水獭、藏原羚，常见种有香鼬和喜马拉雅旱獭。

保护区湿地资源面积为 0.34 万公顷，湿地类 3 类：河流湿地、湖泊湿地和沼泽湿地，湿地型 3 型：永久性河流、永久性淡水湖和沼泽化草甸。河流湿地面积 0.02 万公顷，为永久性河流；湖泊湿地面积 0.15 万公顷，均为永久性淡水湖；沼泽湿地面积 0.17 万公顷，全部为沼泽化草甸(图 7-22)。

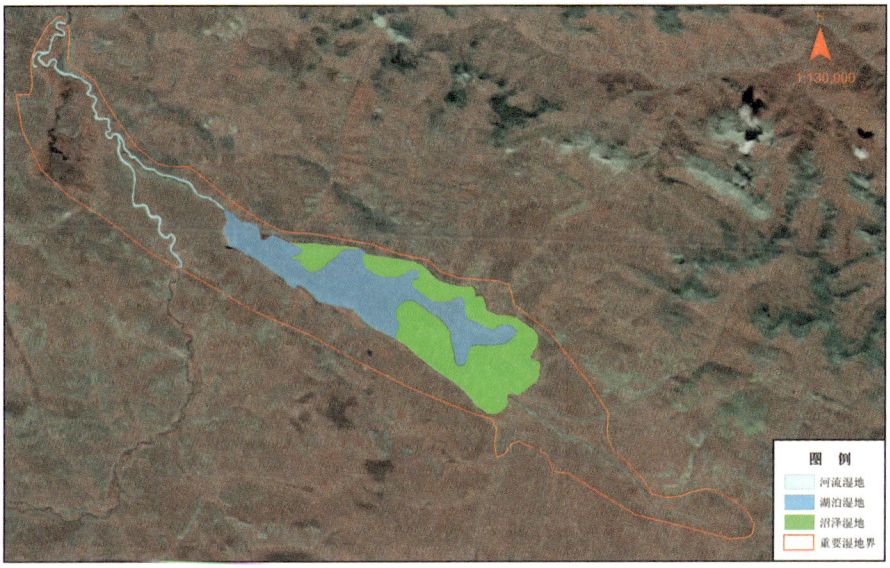

图 **7-22** 隆宝自然保护区各湿地类示意图

4 可可西里国家级自然保护区

可可西里国家级自然保护区(图 7-23)位于青藏高原腹地的可可西里地区，辖区范围为昆仑山以南，唐古拉山以北，东至青藏公路 109 线，西至西藏和青海省界，其面积 4.5 万平方公里。行政区域涉及玉树州治多县，海拔平均高度在 4500 米以上，距格尔木市较近，有 160 公里；距省会西宁市 940 公里；距玉树州府玉树县 1810 公里。该保护区始建于 1995 年，1997 年晋升为国家级，是一个以高原精灵——藏羚及栖息地为主要保护对象的保护区。

可可西里地区的湿地资源富集，国家重要湿地卓乃湖湿地、库赛湖湿地和多尔改措湿地等均位于保护区内。由于地处青藏高原核心部位——高原平台的东北部，地势高亢，海拔较高，最高峰为北缘的昆仑山布喀达坂峰，最高海拔 6860 米，最低海拔 4200 米，在昆仑山的红水河横穿博卡雷克塔格山的拐弯处。区内中部较低缓，具有西部高东部低的地势特点；基本地貌类型除南北边缘山地为大中起伏的高山和极高山外，大部分地区由小起伏的高山、高海拔丘陵、台地和平原组成。其辖区内山地起伏和缓，河谷盆地宽坦，是现今青藏高原面上保存最为完整的地区。

图 **7-23** 可可西里自然保护区

该区气候属青藏高原大陆性气候，其特点是温度低、降水少、大风多、区域差异大，因海拔高度的差异而不同，大部分地区温度较低。境内年平均气温由东南向西北逐渐降低，全年平均气温 -7℃，最低气温为 -46.4℃，最冷月为 1 月，最热月为 7 月。年降水量在 173.0 ~ 494.9 毫米之间，5 ~ 9 月降水量占全年的 90% 以上，由于复杂的下垫面对其上空气的加热作用，使空气层结不稳定，易导致热对流，引起阵性降水；同时，还由于海拔高、温度低，降水不仅以固态形式为主而且以阵性降水为主。另外，夜间降水较多，约占降水总量的 50% 以上。

可可西里地区的湿地资源丰富，分布着众多河流、湖泊、沼泽和冰川，境内大于 100 公顷的湖泊有 107 个，总面积达 38.25 万公顷。湖水面积在 200 平方公里以上的湖泊有 7 个，200 平方公里以下 100 平方公里以上的湖泊有 3 个，100 平方公里以下 10 平方公里以上的湖泊有 28 个，10 平方公里以下 1 平方公里以上的湖泊有 69 个。主要有乌兰乌拉湖、西金乌兰湖、可可西里湖、勒斜武担湖、太阳湖(保护区最大的淡水湖)。海拔最高的湖泊是雪莲湖，海拔 5274 米；海拔最低的湖泊是海丁诺尔湖以东的盐湖，海拔 4440 米；最深的湖泊是太阳湖，水深 43 米。

可可西里自然保护区是我国少有的高原无人区保护区，区域面积大，是青藏高原有蹄类动物的重点分布区域，分布的鸟类有 11 目 20 科 66 种，湿地鸟类有国家 Ⅰ 级保护动物黑颈鹤、金雕，国家 Ⅱ 级保护鸟类有灰鹤、大鵟、秃鹫、猎隼、燕隼等，常见种有赤麻鸭、凤头潜鸭、斑头雁、普通秋沙鸭、棕头鸥、长嘴百灵、小云雀、角百灵等；哺乳类有 6 目 10 科 29 种，国家 Ⅰ 级保护动物藏野驴、藏羚、野牦牛、白唇鹿，国家 Ⅱ 级保护动物藏原羚、猞猁、石貂，常见种有香鼬、喜马拉雅旱獭和高原兔等；鱼类有 1 目 2 科 6 种，有裸腹叶须鱼、小头裸裂尻鱼、细尾高原鳅、长鳍高原鳅、小眼高原鳅和唐古拉高原鳅。

区域内湿地资源面积 60.51 万公顷，湿地类 3 类：河流湿地、湖泊湿地和沼泽湿地；湿地型 6 型：永久性河流、季节性河流、洪泛平原、久性淡水湖、永久性咸水湖、沼泽化草甸。河流湿地面积 9.89 万公顷，其中永久性河流面积 5.65 万公顷、季节性河流面积 0.66 万公顷、洪泛平原面积 3.58 万公顷；湖泊湿地面积 30.40 万公顷，其中永久性淡水湖面积 4.13 万公顷、永久性咸水湖面积 26.27 万公顷；沼泽湿地面积 20.22 万公顷，均为沼泽化草甸(图 7-24)。

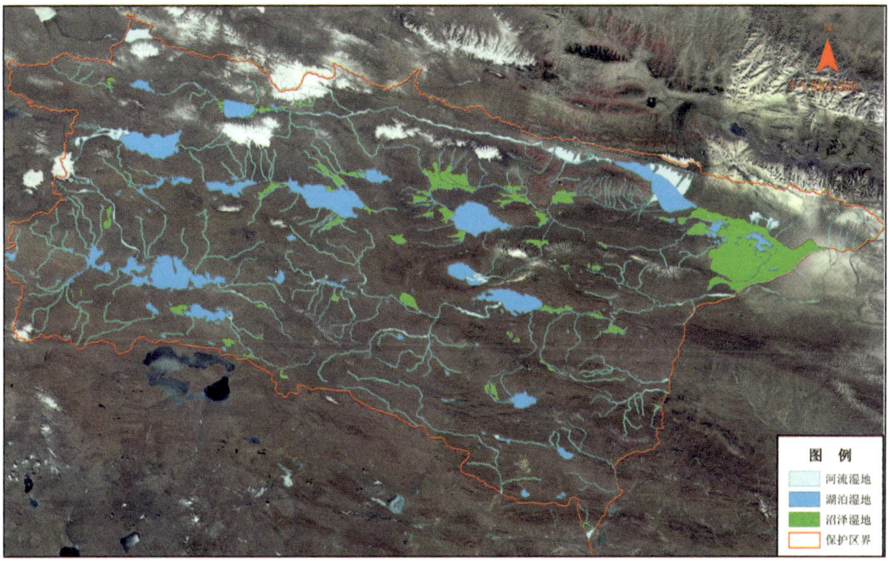

图 **7-24**　可可西里自然保护区各湿地类示意图

5　大通北川河源区国家级自然保护区

大通北川河源区国家级自然保护区位于西宁市大通县北部，其辖区范围：北接祁连与门源县，西和海晏县毗邻，东与互助县为邻，南与本县的青山、新庄、东峡等乡镇接壤，面积为 10.79 万公顷，核心区面积 3.87 万公顷，距省会西宁市 60 公里。始建于 2005 年，2013 年 12 月晋升为国家级。以森林草地生态系统、野生动物及栖息地和水源涵养功能为保护对象。

区内地势西高东低，地貌兼具青藏高原的高山类型和黄土高原的低山丘陵类型，具有地理交错的多样化特征。呈现有河谷阶地(川水)、高原丘陵地(浅山)、中山(脑山)和高山 4 个类型，海拔高度 2680～4600 米之间。其四面高山环绕，水系发达，分布有北川河、宝库河、黑林河、东峡河，均发源于达坂山，且由北向南流淌，具有高山峡谷河流形成的特点，水资源十分丰富。北川河：由宝库河、黑林河汇合而成，在桥头镇又有东峡河流入，为湟水一级支流，河流长 154 公里，流域面积 0.34 万公顷，年平均流量 21.7 立方米/秒，年平均径流量 0.68 亿立方米。宝库河：是北川河正源，发源于达坂山北的开甫托山峡，其全长 106.7 公里，流域面积 13.08 万公顷，年平均流量 11.75 立方米/秒，年平均径流量 3.71 亿立方米。黑林河：发源于青林乡与海晏县交界的铁迈达坂山东南侧，全长 58 公里，流域面积 2.79 万公顷，年平均流量 2.62 立方米/秒，年平均径流量 0.83 亿立方米。东峡河：为湟水二级支流，由达坂河、谷山滩河组成，沿途有瓜拉峡河等 12 条较小河流注入其中，向南流经桥头镇后注入北川河，该河全长 45 公里，流域面积 5.47 万公顷，年平均流量 3.96 立方米/秒，年平均径流量 1.25 亿立方米。

该区气候特征为：春季干旱多风，气温上升慢；夏季凉爽不热；秋季短暂；冬季漫长寒冷。全年平均气温在 -1.8～3.9℃，1 月气温 -15～-10℃，7 月气温 8.8～15.3℃。≥0℃ 的积温 2283.40℃；年平均年降水量为 609.1 毫米，年蒸发量为降雨量的 1.5 倍。

分布的鸟类中，国家Ⅰ级保护动物有白肩雕、金雕，国家Ⅱ级保护动物有疣鼻天鹅、秃鹫、大鵟，常见种有环颈雉、红脚鹬、白腰雨燕、家燕、白鹡鸰、黄头鹡鸰等；分布的哺乳类有国家Ⅱ级保护动物马鹿、岩羊等，常见种有黄鼬、喜马拉雅旱獭、阿拉善黄鼠、高原鼢鼠等；鱼类有骨唇黄河鱼、厚唇裸重唇鱼、黄河裸裂尻鱼、黄河高原鳅和拟鲶高原鳅等；两栖类有中国林蛙和花背蟾蜍等；爬行类有枕纹锦蛇。

区内湿地资源面积0.15万公顷，湿地类2类：河流湿地(图7-25)和沼泽湿地；湿地型3型：永久性河流、洪泛平原和沼泽化草甸。河流湿地面积0.14万公顷，其中永久性河流面积0.13万公顷、洪泛平原面积0.01万公顷；沼泽湿地面积0.01万公顷，全部为沼泽化草甸(图7-26)。

图**7-25** 北川河湿地

图**7-26** 大通北川河源区自然保护区各湿地类示意图

6　可鲁克湖－托素湖省级自然保护区

可鲁克湖－托素湖省级自然保护区(图7-27、图7-28)位于青海省柴达木盆地东北部，辖区范围：东界至一棵树，西界至托素湖西部，南界至托素湖南部，北界至315国道，其保护区面积11.50万公顷，核心区面积3.39万公顷。行政区域涉及德令哈市，平均海拔2850米，距德令哈市42公里，距省会西宁市530公里。始建于2000年5月，是柴达木盆地建立的第一个湿地类型的保护区，以湿地鸟类及栖息地和特有鱼类资源为保护对象。

图**7-27**　可鲁克湖湿地

图**7-28**　托素湖湿地

该区气候为典型高寒干燥大陆性气候。春季干旱多风，夏季短暂干热，秋季多雨而早霜，冬季寒冷漫长，具有干旱少雨、风沙大、日照长、积温高和昼夜温差大的特点。受地形地貌影响，地区气温分布有很大差异，年平均气温3℃，最暖月平均气温22.5℃，最冷月平均气温-14.7℃，年均≥0℃活动积温2117.3℃；年均降水量186.9毫米，6~9月降水量占全年的80%~86%，蒸发量高达2204.2毫米。

分布的鸟类有国家Ⅰ级保护动物玉带海雕、黑颈鹤、金雕，国家Ⅱ级保护动物灰鹤、大鵟、大天鹅、秃鹫、猎隼、红隼、燕隼、游隼等，常见种有鸿雁、黑颈鸊鷉、凤头鸊鷉、赤麻鸭、鱼鸥、棕头鸥、白顶溪鸲、绿头鸭、灰椋鸟、水鹨、平原鹨、白鹡鸰、凤头潜鸭等；分布的哺乳类有国家Ⅰ级保护动物藏野驴，国家Ⅱ级保护动物鹅喉羚、藏原羚、猞猁等；常见种有香鼬、根田鼠、高原兔等；鱼类主要分布有厚尾高原鳅、短尾高原鳅、黄河裸裂尻鱼、花斑裸鲤、鲤鱼、鲫鱼、青鱼、草鱼、白鲢、鳙鱼、团头鲂、鳊鱼等；两栖类分布有花背蟾蜍。

湿地植物群系有白刺群系、海韭菜群系、芦苇-冰草群系、芦苇-海韭菜群系、芦苇群系、盐角草-芦苇群系、盐角草群系、鸢尾群系等；湿地植物有芦苇、冰草、多裂委陵菜、甘肃棘豆、海韭菜、西藏嵩草、盐地风毛菊、盐角草、盐爪爪、鸢尾、猪毛菜、多花柽柳、黑果枸杞、海乳草、西伯利亚蓼、杉叶藻、角果碱蓬、柴达木猪毛菜、穗状狐尾藻等。

其地貌景观为戈壁荒漠、湖泊和沼泽湿地，该区域是柴达木盆地的最低点，是由托素湖、可鲁克湖和巴音河、巴勒更河组成。托素湖水域面积1.67万公顷，为咸水湖；可鲁克湖水域面积5860公顷，为盆地中最大的淡水湖。

湿地资源面积6.29万公顷，湿地类3类：河流湿地、湖泊湿地和沼泽湿地；湿地型7型：永久性河流、季节性河流、永久性淡水湖、永久性咸水湖、草本沼泽、内陆盐沼和沼泽化草甸。河流湿地面积697.01公顷，其中永久性河流面积667.74公顷、季节性河流面积29.27公顷；湖泊湿地面积1.99万公顷，其中永久性淡水湖面积0.56万公顷、永久性咸水湖面积1.43万公顷；沼泽湿地面积4.23万公顷，其中草本沼泽面积1.54万公顷、内陆盐沼面积2.66万公顷、沼泽化草甸面积209.09公顷(图7-29)。

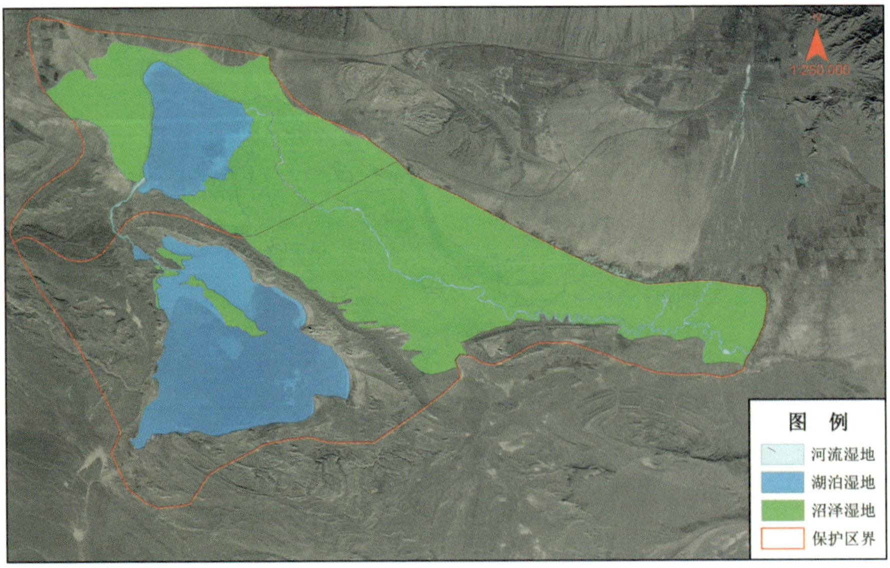

图7-29 可鲁克湖-托素湖自然保护区各湿地类示意图

7　祁连山省级自然保护区

祁连山省级自然保护区(图7-30)位于青海省的东北部、青藏高原边缘。辖区范围为祁连山脉的南麓，其东北部与甘肃省的酒泉、张掖、武威相邻，南部与海北州的海晏、刚察县为邻，东部和西宁市的大通县和海东市的互助县接壤。行政区域涉及海北州的门源县、祁连县，海西州的德令哈市和天峻县，距省会西宁市140公里。始建立于2005年12月，以区域内的黑河、大通河、疏勒河、托莱河、党河和石羊河的源头区冰川、湿地生态系统与森林、野生动植物及栖息地为保护对象，由8个保护分区组成，面积为79.44万公顷，核心区面积43.13万公顷。

图**7-30**　祁连山自然保护区

保护区地处雄伟壮观的祁连山，是由一些大致相互平行的西北—南东走向的山脉和山间谷地所组成。其地貌分为西、中、东三部分，山区最高峰为团结峰，海拔5827米；一般平均在3500~4000米间，峡谷的相对高差几百米。在托勒山与托勒南山之间，发育着一条自西向东，由托勒河谷地—大通河上游的木里、江仓盆地组成的北西西向构造盆地地形。托勒南山西与大雪山相接，有许多呈北西西向及北西向的深大断裂。现代冰川广泛发育，分布在西段和中段海拔4500米以上的高山区，常年白雪皑皑。祁连山自然保护区位于祁连山中、东部地段。

该区属高原大陆性气候，由于其地势高亢，区内气候寒冷，冬季漫长、夏季短暂。年平均气温的分布大体上保持由东南向西北气温逐渐降低的形势。温度最低的是石羊河保护分区，年平均气温为-10.8℃，其次是党河源保护分区，年平均气温为-10.5℃；团结峰保护分区、三河源保护分区年平均气温也在-10.0℃左右；仙米保护分区和黄藏寺芒扎保护分区，年平均气温为-4.8℃。保护区年降水量的分布基本上是由东南方向西北方呈逐渐递减的趋势，仙米区、石羊河源区年降水量在500毫米以上；黄藏寺—芒扎区至三河源区降水减至400毫米以上，黑河源头区降水减至300毫米，5~9月降水量占年降水量的83%(门源)~92%(托勒)。

保护区范围内的河流属河西走廊内陆河水系和黄河龙羊峡至兰州段水系，水源补给主要包括大气降水、地下水与地表径流。水质较好，为甘肃省河西走廊主要灌溉水源。黑河是祁连山内陆主要水系之一，是仅次于塔里木河的全国第二大内陆河，发源于祁连山支脉走廊南山雅腰掌、野牛沟乡洪水坝的八一冰川，内干流长233.7公里，集水面积50.89.4万公顷，年径流量23亿立方米，从莺落峡向北流入甘肃省。托莱河发源于祁连县托勒山南麓的纳尕尔当，境内河长110.8公里，集水面积27.79万公顷，年径流量3.73亿立方米，从托勒牧场段家土曲处流入甘肃省。疏勒河发源于疏勒南山东段纳嘎尔当，境内干流长222.6公里，集水面积141.29万公顷，从昌马峡流入甘肃省。黄河龙羊峡至兰州段水系仅有大通河1条，发源于天峻县境内托勒南山的日哇阿日南侧，境内河长454公里，集水面积129.43万公顷，水资源总量28.5亿立方米，在民和县的享堂注入湟水。

分布的鸟类有国家Ⅰ级保护动物黑颈鹤、金雕、玉带海雕，国家Ⅱ级保护动物纵纹腹小鸮、秃鹫、红隼等，常见种有赤麻鸭、白眼潜鸭、环颈雉、红脚鹬、雕鸮、戴胜、长嘴百灵、小云雀等；哺乳类有国家Ⅰ级保护动物雪豹，国家Ⅱ级保护动物藏原羚、岩羊、马鹿和猞猁等，常见种有喜马拉雅旱獭、高原鼢鼠、高原兔等；鱼类有厚唇裸重唇鱼、花斑裸鲤、黄河裸裂尻鱼等；两栖类分布有中国林蛙、花背蟾蜍等；爬行类分布有枕纹锦蛇。

区内分布的有维管束植物68科257属616种。其中蕨类植物8科9属11种，裸子植物3科3属6种，被子植物57科245属599种。其中禾本科最多，有27属69种，其次为菊科、毛茛科、蔷薇科和豆科。主要湿地植物有金露梅、中国沙棘、珠芽蓼、赖草、早熟禾、拂子茅、蓝白龙胆、杉叶藻、沿沟草、云生毛茛、灯心草等。

湿地资源面积13.37万公顷，湿地类3类：河流湿地、湖泊湿地和沼泽湿地；湿地型5型：永久性河流、季节性河流、洪泛平原、永久性淡水湖和沼泽化草甸。河流湿地面积1.80万公顷，其中永久性河流面积1.21万公顷、季节性河流面积0.47万公顷、洪泛平原面积0.12万公顷；湖泊湿地面积0.13万公顷，为永久性淡水湖；沼泽湿地面积11.44万公顷，均为沼泽化草甸（图7-31）。

图7-31 青海祁连山自然保护区各湿地类示意图

第四节
国家湿地公园

青海省已建立国家湿地公园3处，2007年经国家林业局批准建立了贵德黄河清湿地公园；2014年又批准建立了洮河源湿地公园和湟水湿地公园。这三处湿地公园在青海省极具代表性，尤其是贵德黄河清湿地公园建立在黄河干流的贵德县境内，其河水清澈，环境清新优美，让人们惊奇、向往，这就是青海高原湿地的魅力。

1 贵德黄河清国家湿地公园

贵德黄河清国家湿地公园位于贵德县境内，地处黄河上游龙羊峡水电站和李家峡水电站之间，其范围东起尕让乡阿什贡村，西至拉西瓦水电站，南到西久公路（循贵公路），北至宁果公路，公园面积有0.45公顷，距省会西宁市114公里。

贵德黄河清国家湿地公园，以清清黄河多姿多彩的湿地景观为主体，绿荫盈野、阡陌纵横的田园风光和磅礴大气、丹峰霞彩的地文景观为辅，两岸旖旎秀丽的湿地风光与青藏高原丹霞地貌的大气磅礴、不事雕琢的自然美融为一体，清新、独特、灵秀、多样，蕴含着动与静的妩媚神韵和雄伟气概，丰富的人文景观和自然景观交相辉映，令人留连忘返，素有青海"小江南"的美誉（图7-32）。

图7-32 贵德黄河清湿地公园

由于其地处青藏高原与黄土高原的过渡地带，地质构造属祁昆、秦新生代断陷盆地，黄河自西向东呈弓形穿越，入境处海拔2386米，出境处海拔2168米，首尾高差218米，河床平均比降2.8‰。区内的红柳滩至阿什贡段的河床宽度平均800米，最宽处达2600米，具中度游荡性，主流分散，多心滩、沙州；阿什贡以下河床渐窄。经湿地公园汇入黄河的支流主要有莫曲沟（西河)、高红崖河(东河)、龙春河三条支流。莫曲沟全长92.8公里，流域面积864.9平方公里，年平均流量3.94立方米/秒，由南向北经园区至河西镇汇入黄河；高红崖河全长约78公里，流域面积1109平方公里，年平均流量1.75立方米/秒，由南向北至河东乡下罗家村流入黄河；龙春河全长54.8公里，流域面积359.5平方公里，年平均流量0.6立方米/秒，由北向南至河西镇贺尔加村注入黄河。湿地公园内地表水和地下水资源十分丰富，水生生物富集。

黄河由县城西部龙羊峡入境，经拉西瓦峡、三河河谷盆地至松巴峡出境，在贵德县境内流程全长76.8公里，呈弓形自西向东贯穿整个湿地公园。湿地公园内水面最宽处达800米、最窄处60多米，最深处9.7米、最浅处1.5米，一般水深3~4米；全年平均流量753立方米/秒，最大流量7月3050立方米/秒、最小流量元月169立方米/秒；最高水温7~8月，为18.6℃；最低水温12月至元月，为0.0~0.9℃。

该湿地公园地势西高东低，属明显的高原大陆性气候，光照时间长，太阳辐射强，春季干旱多风，气温回升慢；夏秋湿润多雨，雨热同季；冬季寒冷干燥。年平均气温7.2℃，最热月(7月)平均气温18.3℃，最冷月(1月)平均气温-6.6℃，极端最高气温34℃，极端最低气温-23.8℃,≥10℃有效积温2335℃。年平均降雨量250毫米，主要集中在5~9月，占全年降雨量的70%以上，年蒸发量1862~2382毫米。

湿地公园分布的鸟类有国家Ⅱ级保护动物大天鹅、灰鹤、鸢，常见的种有赤麻鸭、凤头潜鸭、绿翅鸭、[普通]鸬鹚、大杜鹃、长嘴百灵、小云雀等；兽类有国家Ⅱ级保护动物水獭、猞猁，常见种有根田鼠、长尾仓鼠、高原兔等；鱼类主要分布有白鲢、草鱼、鲤鱼、鲫鱼、厚唇裸重唇鱼、黄河裸裂尻鱼、黄河高原鳅等；两栖类分布有中国林蛙和花背蟾蜍；爬行类分布有枕纹锦蛇。分布的湿地植物群系有柽柳群系、柽柳-水柏枝群系、大叶蒲群系、青杨群系等；湿地植物有中国沙棘、具鳞水柏枝、芦苇、赖草、多花柽柳、大叶蒲、青杨、乌柳、小叶杨、穗状狐尾藻、杉叶藻等。

该湿地公园湿地资源面积0.26万公顷，其中：河流湿地面积0.19万公顷，为永久性河流及洪泛平原；沼泽湿地面积595公顷；湖泊湿地面积160公顷。

2 河南洮河源国家湿地公园

河南洮河源国家湿地公园(图7-33)位于河南县境内，东邻甘肃省碌曲县，西接优干宁镇，南倚托叶玛乡、柯生乡，北靠甘肃省夏河县。该公园位于河南县中部，平均海拔在3700米左右，其地势呈东低西高，西南和正南由高山环抱；公园景观的格局是由河流及周边沼泽、草原及丘陵、山地组成，面积38393公顷。距省会西宁市346公里。

该湿地公园气候为高原大陆性气候，属高原亚寒带湿润气候区，由于海拔较高，地形复杂和季风影响，高原大陆性气候特点比较明显，春秋时日短，四季不分明，日照时间长，日光辐射强，全年日照时数为4430.1小时；夏季短暂，温湿多雨，且常伴有霜冻、冰雹；冬季漫长，干燥寒冷，且多大风、大雪天气，昼夜气温变化大，平均日较差15.2℃。年降水量597.1~615.5毫米，年均蒸发量为1349.70毫米。

该湿地公园是我国迁徙鸟类西线通道上的重要停息地和夏栖地，野生动植物较为丰富，鸟类有125种，隶属15目29科；兽类有17种，隶属4目8科；两栖类6种，隶属1目3科；鱼类43

图 **7-33** 河南洮河源湿地公园

种，隶属1目3科。分布的国家Ⅰ级保护动物有11种，有金雕，黑颈鹤等，国家Ⅱ级保护动物19种，有大天鹅、鸢、雀鹰等。有高等植物324种，隶属44科120属。洮河源湿地公园流域内林草植被总覆盖率达85.4%，草原花卉多，其面积为3.0万公顷，占流域陆地面积的65.4%。

该湿地公园湿地资源面积1.38万公顷，分为2类：河流湿地和沼泽湿地；5型：永久性河流、季节性河流、灌丛沼泽、草本沼泽、沼泽化草甸。河流湿地（水域）面积0.15万公顷，沼泽湿地面积1.23万公顷。

3 西宁湟水国家湿地公园

西宁湟水国家湿地公园（图7-34）位于西宁市区的湟水河流域，以西宁市人民公园"T"字形水系的河道为中心，北至北川河康家桥，南至北川河与湟水河交汇处，西至湟水河解放渠进水闸，东至湟水河小峡口闸亭，规划范围总面积508.70公顷。

湟水湿地公园所处的西宁市位于祁连山系的山涧盆地，四周为石质山地的山前丘陵区，城区处在湟水谷地及其支流南川河和北川河与两侧的河谷阶地，主要以南北两山之间湟水谷地及其支流南川河和北川河与两侧的河谷构成"十"字形开放式盆地。整个地势西北高、东南低，周边地势高亢，自然条件差异很大，垂直变化明显。流经湟水湿地公园的主要河流是湟水河及其一级支流北川河，其发源于大坂山南麓的宝库，全长154.2公里，流域面积3371平方公里，河道平均比降6‰；西宁境内流程10.8公里，境内流域面积42.8平方公里，多年平均径流量63853.1万立方米，历史最大洪峰流量565立方米/秒。北川河在湿地公园范围流程10.8公里。

气候属高原半干旱气候，年平均气温为5.7℃，极端最高气温为33.9℃，极端最低气温-26.6℃；年降水量360~400毫米，年蒸发量1729.1毫米，最大年蒸发量为2095.8毫米，最小年蒸发量1535.9毫米。

图 7-34 西宁湟水湿地公园

湿地公园分布的野生动物有44种，隶属于19科12目。其中：鱼类1目2科8种，两栖类1目2科4种，爬行类1目2科2种，鸟类6目7科19种，哺乳类3目6科11种。国家Ⅱ级保护动物有2种，兔狲、灰鹤；省级保护动物有：艾虎、斑头雁、灰雁、赤麻鸭等。公园内有植物33科82属103种，其中：蕨类植物1科1属2种，裸子植物1科1属1种，被子植物31科80属100种。草本植物有芦苇、香蒲、委陵菜等；人工种植的乔灌木有青海云杉、油松、祁连圆柏、白榆、青杨、新疆杨、河北杨、小叶锦鸡儿、柠条、中国沙棘、甘蒙柽柳等。

湿地公园湿地资源面积241.41公顷，主要是河流湿地。其中，永久性河流湿地面积176.59公顷，洪泛平原湿地面积64.82公顷。

第五节 人工库塘

青海省域内的人工库塘，主要是大中型水电站和水源地建设的水库。目前，已建设龙羊峡、拉西瓦、李家峡、康杨、公伯峡、积石峡、苏志、黑泉等8座水库，面积有4.68万公顷。

1 龙羊峡水库

龙羊峡水库位于黄河上游龙羊峡谷，行政区域涉及共和县、贵南县、兴海县，距省会西宁市147公里。海拔高度在2400～3200米之间，库区面积3.89万公顷，库容量246亿立方米；其功能是蓄水发电，发电量为23.6亿千瓦时。

龙羊峡为狭窄的“V”形谷，其上游是开阔的共和盆地，构成水库。该区地处内陆腹地，海拔高，大部分地区降水量小，蒸发量大，空气干燥，气温低，属典型的高原大陆性气候。年平均气温 5 ~8℃，温度变化范围 -23.8 ~34.1℃；年降水量 271 毫米，蒸发量 2030 毫米，是黄河上游的相对干旱区。龙羊峡水库水源补给主要包括地表径流、大气降水和地下水。库区丰水位 2605.25 米，枯水位 2530 米，其水质级别为Ⅱ类。

分布的鸟类有赤麻鸭、凤头潜鸭、绿翅鸭、白鹭、[普通]鸬鹚、大杜鹃、白腰雨燕、白顶溪鸲、黄眉柳莺、戴胜、金腰燕、红嘴山鸦、寒鸦、欧斑鸠、长嘴百灵、小云雀等；鱼类有池沼公鱼、厚唇裸重唇鱼、花斑裸鲤、黄河裸裂尻鱼、黄河高原鳅、白鲢、草鱼、鲤鱼、鲫鱼、兰州鲶、虹鳟鱼等。

库区湿地资源面积 3.89 万公顷，湿地类 1 类：人工湿地；湿地型 1 型：人工库塘(图 7-35)。

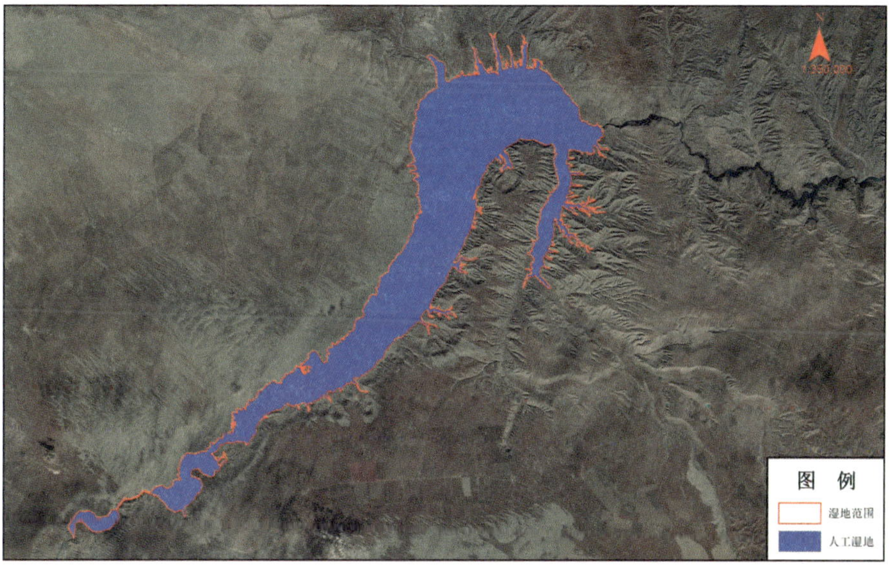

图 **7-35** 龙羊峡水库湿地示意图

2 拉西瓦水库

拉西瓦水库位于黄河上游的青铜峡峡谷，行政区域涉及贵德县、贵南县，距省会西宁市 134 公里。海拔高度在 2370 ~2460 米间，库容量 10.79 亿立方米；其功能是蓄水发电，发电量为 102.23 亿千瓦时。

库区地处大陆腹地的中纬度内陆高原，气候为半干旱大陆性气候。冬季长，夏秋季短，多年平均气温 7.2℃；水库上下游的地形起伏大，相对高差大，气温、降雨量随海拔及地形的不同而有很大差距，气候干燥，年降雨量 254.4 毫米，5 ~9 月降水占全年降雨量的 85%。水源补给主要是地表径流、大气降水和地下水。水库积水状况为永久性积水。丰水位 2605.25 米，枯水位 2530 米，水质级别为Ⅱ类。

分布的鸟类有赤麻鸭、凤头潜鸭、绿翅鸭、白鹭、[普通]鸬鹚、白腰雨燕、白顶溪鸲、戴胜、金腰燕、红嘴山鸦、寒鸦、欧斑鸠、长嘴百灵、小云雀等；鱼类有池沼公鱼、厚唇裸重唇鱼、花斑裸鲤、黄河裸裂尻鱼、黄河高原鳅、白鲢、草鱼、鲤鱼、鲫鱼、兰州鲶等。湿地植物群系为矮生嵩草 - 薹草群系，湿地植物有矮生嵩草、黑褐薹草、多裂委陵菜、穗状狐尾藻等。

库区湿地资源面积706.22公顷，湿地类1类：人工湿地；湿地型1型：人工库塘(图7-36)。

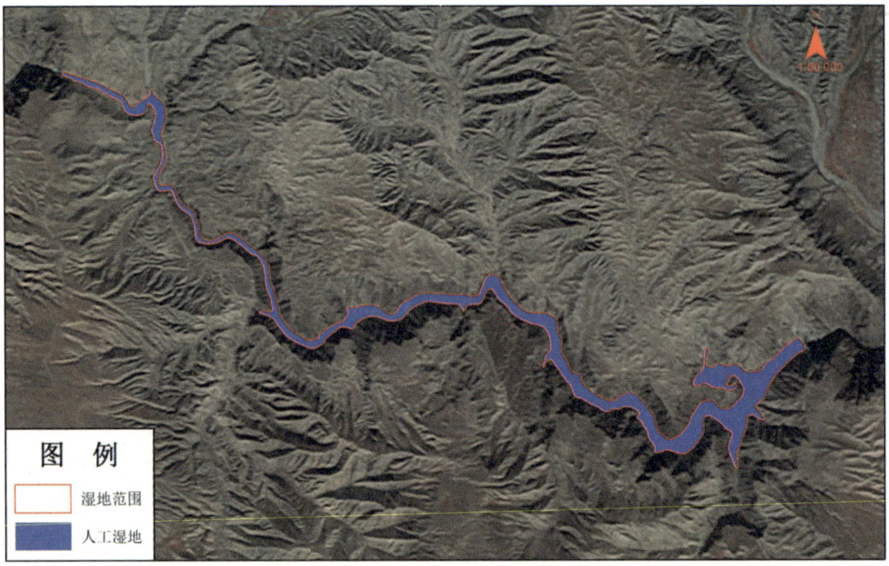

图 **7-36** 拉西瓦水库湿地示意图

3 李家峡水库

李家峡水库位于黄河干流李家峡河谷中段，距黄河源头1796公里。行政区域涉及尖扎县、化隆县，距省会西宁市105公里。海拔高度在2000~3800米间，库容量16.5亿立方米；其功能是蓄水发电，发电量59亿千瓦时。

库区地貌为山地峡谷、河谷盆地、侵蚀堆积阶地及剥蚀侵蚀山地，是青藏高原与黄土高原过渡带，具有由西向东呈阶梯状降低的地势特征，由西向东渐次升高，最低(积石峡)1780米，最高(龙羊峡)4969米。该区地处内陆腹地，海拔高，大部分地区降水量小，蒸发量大，空气干燥，气温低，属典型的高原大陆性气候。年气温5.8~9℃，温度变化范围在-23.8~34.1℃之间；年降水量194~357毫米，蒸发量1500~2131毫米，是黄河上游的相对干旱区。水源补给主要是地表径流、大气降水和地下水。丰水位2181.3米，枯水位2178米。

分布的鸟类常见种有赤麻鸭、凤头潜鸭、绿翅鸭、白鹭、[普通]鸬鹚、大杜鹃、白腰雨燕、白顶溪鸲、戴胜、金腰燕、红嘴山鸦、寒鸦、长嘴百灵、小云雀等；鱼类有池沼公鱼、厚唇裸重唇鱼、花斑裸鲤、黄河裸裂尻鱼、黄河高原鳅、白鲢、草鱼、鲤鱼、鲫鱼等。湿地植物群系为鹅绒委陵菜群系，湿地植物有鹅绒委陵菜、黑褐薹草等。

湿地资源面积0.29万公顷，湿地类1类：人工湿地；湿地型1型：人工库塘(图7-37)。

4 康杨水库

康杨水库位于尖扎县与化隆县交界的黄河干流段，距上游的李家峡17公里。行政区域涉及尖扎县、化隆县，距省会西宁市122公里。海拔高度在2000~3800米间；其功能是蓄水发电，发电量9.9亿千瓦时。

图 **7-37**　李家峡水库湿地示意图

库区地貌为山地峡谷、侵蚀堆积阶地及剥蚀侵蚀山地，属强烈切割的中高山区，具有由西向东呈阶梯状降低的地势特征，由西向东渐次升高。该区属典型的高原大陆性气候，气温低，年气温 5.8 ~9℃；年降水量 194 ~357 毫米，是黄河上游的相对干旱区。水源补给主要是地表径流、大气降水和地下水。丰水位 2605.25 米，枯水位 2530 米，水质为Ⅱ类。

分布的鸟类常见种有赤麻鸭、凤头潜鸭、绿翅鸭、白腰雨燕、白顶溪鸲、戴胜、红嘴山鸦、寒鸦、长嘴百灵、小云雀等；鱼类有池沼公鱼、厚唇裸重唇鱼、花斑裸鲤、黄河裸裂尻鱼、黄河高原鳅、白鲢、草鱼、鲤鱼等。湿地植物群系为鹅绒委陵菜群系，湿地植物有鹅绒委陵菜、薄荷、长苞香蒲、二裂委陵菜等。

湿地资源面积 636.27 公顷，湿地类 1 类：人工湿地；湿地型 1 型：人工库塘(图 7-38)。

图 **7-38**　康杨水库湿地示意图布图

5 公伯峡水库

公伯峡水库位于黄河干流的公伯峡峡谷出口段，距下游的积石峡水库 55 公里。行政区域涉及循化县与化隆县，距省会西宁市 153 公里。海拔高度在 2000 ~ 3800 米间，库容量 6.2 亿立方米；其功能是蓄水发电，发电量为 51.4 亿千瓦时。

库区地貌为山地峡谷、河谷盆地，具有由西向东呈阶梯状降低的地势特征。该区气候属典型的高原大陆性气候，年平均气温 8.5℃；年降水量 266.1 毫米，蒸发量 2189 毫米，是黄河上游的相对干旱区。水源补给主要是地表径流、大气降水和地下水，年平均流量 717 立方米/秒。丰水位 2005 米，枯水位 2002 米，水质为Ⅱ类。

分布的鸟类常见种有赤麻鸭、凤头潜鸭、绿翅鸭、白腰雨燕、白顶溪鸲、戴胜、红嘴山鸦、寒鸦、小云雀等；鱼类有池沼公鱼、厚唇裸重唇鱼、花斑裸鲤、黄河裸裂尻鱼、黄河高原鳅等。湿地植物植物群系为赖草群系，湿地植物为赖草、水柏枝、多裂委陵菜等。

库区湿地资源面积 0.23 万公顷，湿地类 1 类：人工湿地；湿地型 1 型：人工库塘(图 7-39)。

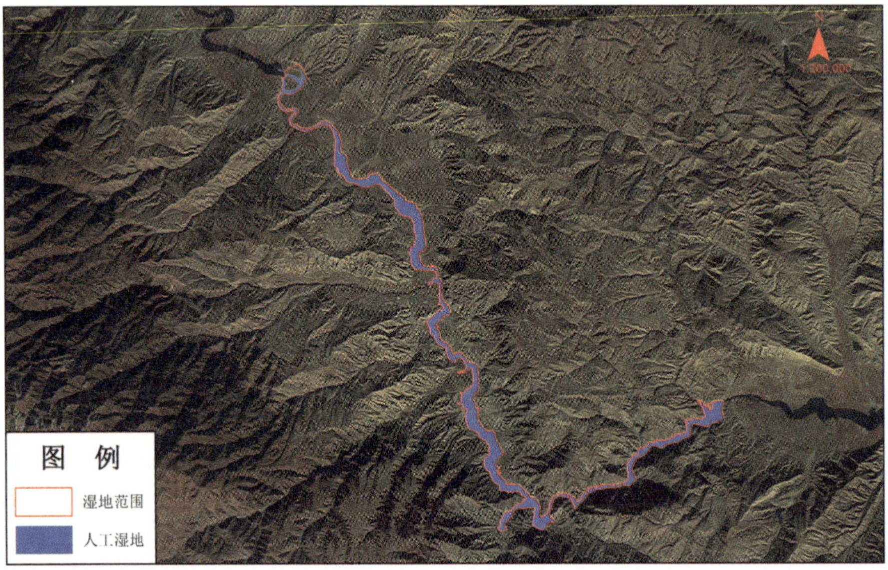

图 7-39 公伯峡水库湿地示意图

6 苏志水库

苏志水库位于化隆县与循化县境内的黄河干流段，距省会西宁市 150 公里。海拔高度在 2000 ~ 3800 米间，库容量 0.46 亿立方米；其功能是蓄水发电，发电量 8.79 亿千瓦时。

库区地貌类型为山地峡谷侵蚀堆积阶地及剥蚀侵蚀山地，具有由西向东呈阶梯状降低的地势特征，该区气候为典型的高原大陆性气候，年气温 5.8 ~ 9℃，年降水量 194 ~ 357 毫米，蒸发量 1500 ~ 2131 毫米，是黄河上游的相对干旱区。水源补给主要是地表径流、大气降水和地下水，丰水位 1854 米，枯水位 1852 米，水质为Ⅱ类。

分布的鸟类常见种有赤麻鸭、凤头潜鸭、绿翅鸭、白顶溪鸲、戴胜、红嘴山鸦、寒鸦、小云雀等；鱼类有池沼公鱼、厚唇裸重唇鱼、花斑裸鲤、黄河裸裂尻鱼、黄河高原鳅等。湿地植物群系为二裂委陵菜群系、节节草群系、赖草群系，湿地植物有二裂委陵菜、节节草、赖草、小灯心草、紫花针茅等。

库区湿地资源面积587.96公顷，湿地类1类：人工湿地；湿地型1型：人工库塘(图7-40)。

图7-40 苏志水库湿地示意图

7 积石峡水库

积石峡水库位于循化县、民和县境内积石峡出口处，距省会西宁市206公里。海拔高度1880～1920米间，库容量2.64亿立方米；其功能是蓄水发电，发电量在33.63亿千瓦时。距循化县城30公里。

库区地貌类型为山地峡谷侵蚀堆积阶地及剥蚀侵蚀山地，具有由西向东呈阶梯状降低的地势特征，该区气候为典型的高原大陆性气候，多年平均气温8.7℃，气温变化范围－19.9～38.2℃。年均降雨量266.2毫米，年蒸发量2131.4毫米。水源补给主要是地表径流、大气降水和地下水，河段平均流量7.3立方米/秒，丰水位2605.25米，枯水位2530米，水质为Ⅱ类。

分布鸟类常见种有赤麻鸭、凤头潜鸭、绿翅鸭、白顶溪鸲、戴胜、红嘴山鸦、小云雀等；鱼类有池沼公鱼、厚唇裸重唇鱼、花斑裸鲤、黄河裸裂尻鱼、黄河高原鳅等。湿地植物群系为二裂委陵菜群系、平车前群系、光稃香草群系，湿地植物有二裂委陵菜、平车前、黄花蒿、鹅绒委陵菜、早熟禾等。

库区湿地资源面积342.69公顷，湿地类2类：河流湿地和人工湿地；湿地型2型：洪泛平原和人工库塘。河流湿地面积13.01公顷，为洪泛平原；人工湿地面积329.68公顷，为人工库塘(图7-41)。

8 黑泉水库

黑泉水库位于西宁市大通县北部，宝库河上游。行政区域涉及大通县，距省会西宁市75公里。海拔高度2878米；库容量1.82亿立方米；其功能是蓄水，是西宁市的饮用水源地。

库区地貌类型为河谷阶地、中山和高山。气候呈现高原山地气候特征，年均气温2.8℃，≥

图 7-41 积石峡水库湿地示意图

0℃年均积温 3170℃；年均降水量 513.8 毫米。水源补给主要是大气降水与地表径流，以地表径流为主，丰水位为 2887.5 米，枯水位为 2840 米。

分布的鸟类常见种有赤麻鸭、凤头潜鸭、绿翅鸭、白腰雨燕、白顶溪鸲、戴胜、金腰燕、红嘴山鸦、小云雀等；鱼类有骨唇黄河鱼、厚唇裸重唇鱼、黄河裸裂尻鱼、黄河高原鳅、拟鲶高原鳅等；两栖类有中国林蛙和花背蟾蜍。湿地植物群系为云生毛茛群系，湿地植物有金露梅、珠芽蓼、节节草、浮毛茛、高原毛茛、杉叶藻等。

库区湿地资源面积 467.47 公顷，湿地类 1 类：人工湿地；湿地型 1 型：人工库塘(图 7-42)。

图 7-42 黑泉水库湿地示意图

第八章

湿地保护与管理

湿地是一个多功能多效益的特殊生态系统，按其固有的生态条件与外部干扰因素，利用各种手段进行调控，从而达到系统总体最佳效果，是湿地保护与管理的主要职能。保护和管理手段有行政、技术、法制、经济、教育等诸多方面，皆用于限制损害湿地原生态的活动，达到既能基本满足人类经济发展对湿地资源的需要，又能维护自然生态系统的平衡发展，使湿地生态系统和生物多样性得到有效保护和可持续发展，同时发挥最佳的生态功能和经济效益。

第一节 保护管理现状

青海省湿地保护管理事业，从20世纪70年代中期建立青海湖鸟岛自然保护区开始起步，经过20多年的发展，进入21世纪初得到了国家和各级政府的高度重视与社会的极大关注。青海湿地资源的保护和管理，经历了与省域经济社会同步发展的各个历史阶段，并呈现逐步发展的态势。回顾其30多年的发展，其经历了初期建设、强化管理和快速发展几个阶段，同国家湿地管理的发展相一致。目前，青海省湿地资源保护的态势呈现大建设、高起点、快速发展局面，截至2013年12月，全省已建国际重要湿地3处、国家湿地公园3处、含湿地资源的自然保护区7处，建立大型人工库塘8个；国家重要湿地有11处，国家湿地公园14处，建设面积将占全省国土面积的1/3。青海湿地资源保护建设情况布局如图8-1；各个发展阶段的研究情况和特点如下：

(1)湿地初期保护发展阶段(1975～1995年)。青海省第一个有关湿地资源保护的区域，是青海湖鸟岛自然保护区，建于20世纪的1975年8月。其以湿地夏候鸟栖息地和冬候鸟的越冬地，及其繁殖鸟、越冬鸟种群为主要保护对象；并开展了候鸟繁殖生物学研究、人为活动对鸟类生存影响研究(1982～1985年)，进行了青海湖及环湖地区陆生野生动物资源调查研究(1988～1989年)，加大了保护区基础设施建设。1986年7月，建立了以黑颈鹤及其栖息地为保护对象的隆宝湖国家级自然保护区，这是我国建立的第一个以珍禽物种为保护对象的国家级自然保护区。当时，黑颈鹤物种资源极少，全球只有数百只，且是世界鹤类中唯一在青藏高原繁殖的大型鸟类，也是中国的特有物种。1992年1月，青海湖鸟岛保护区经联合国教科文组织批准，加入《湿地公约》，成为中国第一批加入该公约组织的6个保护区之一，青海湖的知名度进一步提升，湿地资源保护的理念开始得以了解，并履行公约确定的国际义务。1995年10月，在可可西里地区建立

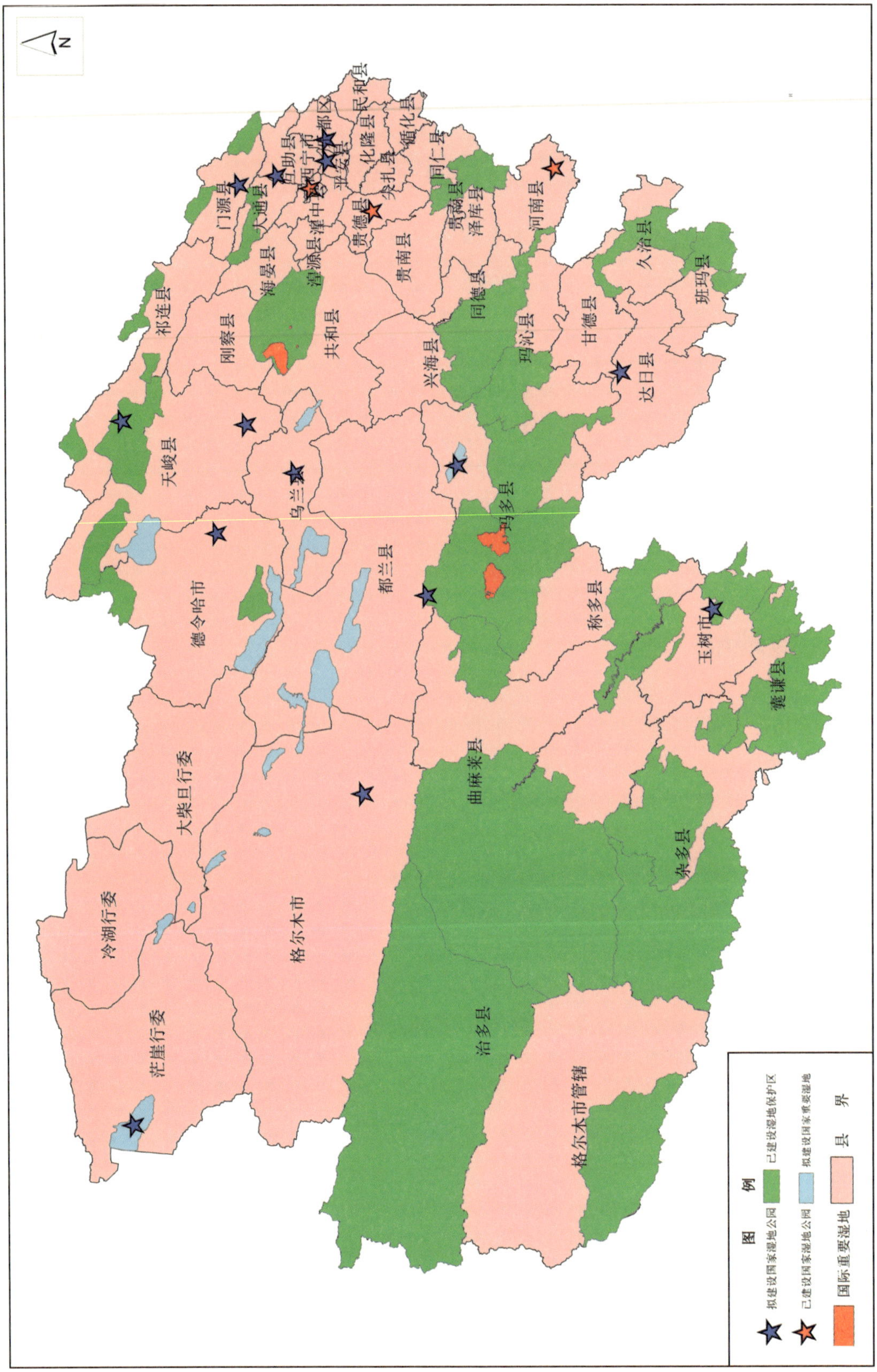

图 8-1 青海湿地资源保护建设情况布局图

了以有蹄类动物藏羚羊及其栖息地为保护对象的可可西里省级自然保护区，其面积4.5万平方公里，对珍稀动物藏羚羊、野牦牛、藏野驴和藏原羚等动物和大面积的高原内陆湖泊依法保护。可可西里地区的高原内陆湖泊分布丰富，主要有乌兰乌拉湖、卓乃湖、库赛湖、海丁诺尔湖、可可西里湖、饮马湖、西金乌兰湖、多尔改错、勒斜武旦湖、可考湖等30多个，面积达38.22万公顷。

湿地资源保护管理工作，在20世纪末人们对其认识还较为局限，仍停留在对珍稀物种的保护层面，而对湿地资源的整体认知缺乏系统考量和研究，保护工作多侧重于湿地物种保护的巡护、宣传和执法。在这20多年的发展中，湿地资源保护处于起步、认知与建设的过程，其同国家经济改革、社会发展与生态建设的要求仍有较大差距；与国家自然保护区建设的思路、理念和规划相同步，但湿地保护建设相对滞后；湿地保护得到了国家层面的重视，开始同国际社会联系，并注重国际事务的参与，加大了我国湿地资源管理。青海同全国一样，对湿地资源的管理通过鸟岛、隆宝等自然保护区的建设开展了相关的工作。

初期保护发展阶段的特点是：对湿地鸟类开始注重保护与研究，并随着社会的发展越来越重视；湿地资源保护的概念与认识，得到了解与熟悉，开展了一些相关工作；湿地保护事业发展、科学研究较为薄弱和滞后。

(2)湿地保护强化管理阶段(1996~2005年)。20世纪90年代中期，随着国家各项保护政策的制定与实施，青海省注重了自然保护区的建设，截至2005年12月，全省新建各类型自然保护区7处，其中：三江源、可鲁克湖-托素湖、大通北川河源区和祁连山等保护区涵盖了湿地资源保护。尤其是三江源自然保护区内湿地类保护分区有8个，分别是格拉丹东冰川湿地、阿尼玛卿山冰川湿地、星星海湖泊湿地、当曲河流湿地、约古宗列沼泽湿地、果宗木查沼泽湿地、扎陵湖-鄂陵湖湿地和年宝玉则湖泊湿地，其分区面积为723.12万公顷；祁连山保护区有湿地类型保护分区5个，分别是团结峰冰川湿地、党河源湿地、黑河湿地、三河源湿地和石羊河湿地，面积为67.84万公顷。2005年8月，青海省的扎陵湖、鄂陵湖经国际湿地公约组织批准加入了《湿地公约》，目前全省已有3块湿地列入国际重要湿地名录。

2005年5月，青海湖湿地还发生了野生鸟类高致病禽流感突发事件。以往人们对其是很陌生的，没有太多了解和认知，事件的发生让社会和人们开始关注，并积极应对。疫情产生的严重性和带来的后果，给人类社会的发展再一次敲响警钟，也为保护事业的建设提出了更高更严的要求。我们深感，野生鸟类给社会、生态带来的价值是不可替代的，如果人类不善待自然、不善待生灵，受损失的仍是人类自己。因此，湿地资源保护应是全面的、系统的和全方位的建设。应该讲，这一阶段的建设力度是空前的，所做的努力是巨大的，对湿地资源保护的重要性、紧迫性和时代性认识是到位的。

湿地资源保护，在青海这15年的发展中成效突出，主要体现在生态保护工程的实施。三江源国家级自然保护区生态保护和建设工程湿地恢复项目，投资1.1亿元，治理面积10.67万公顷，覆盖沼泽、湖泊、河流等湿地；实施的青海湖、可鲁克湖-托素湖、可可西里和隆宝湖等自然保护区建设工程，用于湿地资源保护建设的资金有3800多万元。多年来，注重宣传执法、科普教育和水禽鸟类的科学研究，为今后进一步实施全省范围内更大规模的湿地保护行动，奠定了一定基础，积累了经验，值得总结和骄傲。

保护强化管理阶段的特点是：青海湿地资源保护得到加强，并得到了全社会的认可；湿地保护事业迎来了发展机遇，生态工程实施促进了其建设，青海湿地资源的区位和战略地位得到各级政府高度重视；围绕湿地保护与发展的科学研究课题得以拓展，投入的资金大幅度增加，人们的认知度提高。

(3)湿地保护快速发展阶段(2006年以来)。进入21世纪，青海省湿地资源保护事业迎来了新的发展机遇与挑战，国家对湿地资源保护的政策与投资强化，实施的国家湿地公园建设在青海得到拓展。2007年11月贵德黄河清湿地公园经国家林业局批准建立，这是青海省境内黄河干流与周边河流湿地网构成的湿地公园，其面积4.5万公顷，有河流、湖泊、湿地沼泽及人工景观等，以清清黄河多姿多彩的湿地生态景观为主体，以磅礴大气、丹峰霞彩的地文景观为辅的自然美融为一体，极具高原特色；2013年12月，国家林业局又批准青海省建立河南洮河源湿地公园，面积3.83万公顷；西宁湟水湿地公园，面积508公顷。同时，区划了11处国家重点湿地，涉及长江、黄河、澜沧江和黑河流域，也包括可可西里地区、柴达木盆地和青海湖盆地的内陆河流和湖泊湿地，其面积达173.65万公顷。

2010年8月，青海省湿地资源保护立法工作启动，通过调研、考察、讨论、征求意见和学习、完善，履行人大立法程序等前期工作；2013年5月30日，青海省人大第十二届常务委员会第四次会议审议通过《青海省湿地保护条例》，自9月1日起实施。该《条例》的颁布施行，将青海省湿地保护事业推向法制化、规范化管理轨道。

2011年3月青海省第二次湿地资源调查启动，经过2年多的内外业调查与研究分析，全省湿地资源分布现状、资源量状况和利用情况及存在的问题等都有了清楚的了解和掌握。青海湿地资源丰富，资源面积具全国第一位，其生态功能极其重要。

保护快速发展阶段的特点是：青海湿地保护事业发展迎来了新的机遇与挑战，重点湿地和湿地公园建设成为主题；完成湿地立法，保护与建设步入依法管理时代；国家湿地建设政策调整，有力地促进着高原湿地事业发展，其投入逐年增加；全省第二次湿地资源调查完成，资源家底和现状摸清，为全面建设规划的制定和事业的发展奠定了基础与保障。

青海省湿地资源保护事业，经过三个阶段30多年的建设与发展，现已成为省域内生态保护建设的重要组成部分，发挥着应有的功能与作用。20世纪90年代初，开始注重湿地资源保护，尤其是1991年青海湖鸟岛加入国际重要湿地，青海湿地保护事业有了长足的发展。①采取建立省级、国家级自然保护区的形式，强化湿地自然资源保护。至今已建立涉及湿地型或湿地资源的保护区7处，湿地保护面积达340多万公顷，其中三江源、可可西里、青海湖和祁连山保护区受保护的湿地资源面积占80%以上；同时，2005年又有扎陵湖和鄂陵湖2处加入国际重要湿地。②2000年年底，全省湿地资源保护率为5%左右；2013年年底湿地保护率达11.2%，面积达814万公顷。目前，青海湿地资源将全部纳入保护体系建设，通过实施的生态保护与建设工程强化对自然资源的保育，并对湿地资源进行全面的综合性的保护。③青海湿地资源保护已立法，湿地保护事业将依法科学地建设和管理。当前，纳入湿地保护体系的有国际重要湿地、自然保护区、国家湿地公园和大面积的沼泽化湿地、盐沼和重要库塘。宏观层面已建立相应的管理机构，开展了中长期规划和工程建设；微观层面不断加大执法宣传，开展社区共管、科学研究和监测，实施湿地生态效益补偿试点，注重综合保护和治理。

青海湿地资源保护涉及的面较广、内容丰富。近年来，在国家林业局和有关部委的支持、指导下，在依法保护、体制建设、项目实施、科学研究、科普宣传和社会参与等方面开展了一些富有成效的工作，取得了实质性进展。

1　依法保护，实施有效管理

20世纪80年代以来，在各级政府和有关部门共同努力下，湿地保护事业得到了快速发展，取得了明显的进步，湿地保护工作逐步纳入依法管理轨道。1985年5月，青海省人民政府颁布《关于加强青海湖自然保护区鸟岛管护工作的布告》，这是青海省出台最早的有关湿地和湿地鸟类保护的法规性文件；1992年青海湖纳入国际重要湿地后，保护区管理部门制定实施了《青海湖(鸟岛)自然保护区管理办法》，强化了保护管理。1995年10月，建立以藏羚羊等有蹄类及其栖息地为主要保护对象的可可西里省级自然保护区；1997年12月晋升为国家级。1998年，省人民政府对保护区建设的管护队伍、执法巡护和基础设施建设各方面给予了极大的支持和关注，保护区管理局开展了富有成效的工作，每年都加大巡护、执法力度，破坏野生动物与湿地环境的违法行为得到有效制止。2000年10月，针对“上万民工涌入可可西里捕捞卤虫”的情况，省政府及时做出部署，依法采取措施，发布《关于加强可可西里国家级自然保护区自然资源和环境管理的通告》，开展“冬季整治”专项行动，清理非法捕捞人员，有效保护了湿地资源，这是青海省开展的较早依法保护湿地资源的专项行动。

进入21世纪，为加强青海湖及环湖地区的生态环境保护，2003年青海省人大颁布实施《青海湖流域生态环境保护条例》(2003年5月30日人大常务委员会公告第1号公布)。为进一步强化可可西里地区藏羚羊等资源的保护，2001年组建了保护区森林公安队伍，对多年存在的违法犯罪行为开展了多次专项打击行动。

2005年以来，青海省林业、农牧、水利、环保等部门依据国家颁布实施的相关法律法规和条例，先后制定了地方配套法规，开展与采取了一些有效措施。林业部门通过停止天然林采伐，实施封山育林、退耕还林、国家重点公益林生态效益补偿制度和自然保护区建设，加大国土绿化与生态建设；农牧部门开展退牧还草、黑土滩治理和科学养畜，减缓草地压力，构建新型的生态畜牧业；水利部门进行小流域治理、河道绿化与综合治理，确保流域的生态安全；环保部门注重水和环境污染的综合治理；各有关部门在生态保护与建设的进程中都取得了明显成效。2005年6月，青海省第十届人民代表大会常务委员会第十五次会议通过《青海省湟水流域水污染防治条例》；2005年7月，省政府办公厅发布《关于加强湿地保护管理的通知》(青政办111号)，要求各级政府认真贯彻《国务院办公厅关于加强湿地保护管理的通知》精神，建立湿地保护长效管理机制，加强对湿地保护管理工作的组织领导。对此，省林业主管部门组织技术力量，于2006年和2010年分别编制完成《青海省湿地保护工程规划(2005～2010年)》和《青海省湿地保护工程规划(2010～2015年)》，对青海湿地资源保护提出了“重点湿地保护、湿地恢复、可持续利用示范区、社区共建和能力建设”五大优先工程建设意见。2006年，青海省政府明确提出“生态立省”战略，把加强湿地保护，恢复湿地功能，改善生态状况，作为生态省建设的重要内容，予以高度重视；省政府成立了省湿地保护管理工作领导小组，全省的湿地资源保护管理有了专门的协调机构。2012年，青海省省委书记、省长在两会期间，对实施“生态立省”，保护三江清流作了明确要求；

尤其是对西宁地区的湟水河保护提出："力争用3年时间在湟水流域推进污染物'全测控、全收集、全处理'，从根本上改变水质，早日还青海人民一条清澈的母亲河。"这是省委、省政府对全省湿地资源保护做出的庄重承诺，并在政策上给予极大支持。

随着全省社会经济发展和改革的深入，湿地保护工作中存在着一些不容忽视的问题：一是高原自然生态环境脆弱，缺乏持续有效的保护措施，受人为活动等影响，湿地生态系统呈退化趋势；二是过度放牧、滥采乱挖和不合理利用水资源等现象依然严重，随意改变湿地用途，偷排生产生活污水，擅自占用湿地用于工程建设等行为屡禁不止，使得一些湿地的生态功能不断下降，面积萎缩；三是湿地保护面积大，工作任务重，资金投入短缺，远远不能满足湿地保护管理工作的实际需要；四是湿地保护涉及多个部门，没有形成有效的合力，林业行政主管部门的综合组织、协调、指导和监督的能力亟待加强。近年来，省人大部分代表、政协一些委员相继提出加快地方湿地保护立法的建议和议案，为依法加强湿地资源等保护管理，维护湿地生态功能和生物多样性，制定青海省湿地保护地方法规十分必要。

2008年开始，省林业部门一直将湿地立法工作列入重要议事日程，积极争取得到省政府的支持，并配合省人大农牧委员会和法制工作委员会开展了多次省内、省外调研学习，在广泛征求意见基础上不断修改完善，形成《青海省湿地保护条例(草案)》。

2012年初，《青海省湿地保护条例》列入省人民政府和省人大常委会立法工作计划，并由省政府法制委员会办公室负责。6月，省政府法制办在省林业厅等配合支持下，组成调研组专程前往国家林业局湿地保护管理中心和湿地保护立法工作做得较早的黑龙江、吉林、四川三省进行了实地考察学习；同时，对青海省湿地立法的目的、保护对象、要求和有关责任、处罚标准等开展调研，明确和完善了相关内容。

2013年5月30日，青海省第十二届人民代表大会常务委员会第四次会议审议通过《青海省湿地保护条例》，自2013年9月1日起施行。

该《条例》的制定、颁布实施，为青海湿地资源保护与管理提供了法律规定。对此，省林业厅牵头，联合省国土、环保、农牧、水利等部门向全省各市州林业局、国土资源局、农牧局、水利局、环保局下发了《关于认真实施〈青海省湿地保护条例〉的意见》。全省湿地资源保护工作步入依法管理轨道，各有关部门认真组织开展了《条例》的学习和宣传。

省林业厅通过及时召开座谈会，专家访谈和新闻媒体专题报道；编印《青海省湿地保护条例》汉、藏、蒙文单行本和《青海省湿地保护法律法规文件汇编》3000多册，分发到全省各市州林业局和各自然保护区管理局；同时，制作"加强湿地保护，拯救生态环境，拯救自我"和"保护湿地、涵养水源，刻不容缓"等公益宣传词，在青海广播电台开展为期1个月的整点播报宣传活动；同期，在《青海日报》刊登《保护高原湿地，呵护中华水塔》专题文章进行系统的宣传。保护湿地已成为全省实施生态立省战略、建设生态文明的总体战略布局的一项重要工作，也是全社会的责任。

2 体制建设，保障规范运行

2000年以前，青海省湿地资源保护主要依靠自然保护区建设来实施管理；2000年以来，不断强化湿地保护，体现在三江源国家级自然保护区的建设中。2000年5月，省政府批准建立的三江源省级自然保护区，区划管辖的区域内就涵盖了湿地资源类型保护分区，其湿地类型面积有723

万公顷，约占总面积的47%。2003年1月，国务院批准青海三江源自然保护区晋升为国家级(国办发〔2003〕5号)；2005年1月，国务院又批准实施《青海三江源自然保护区生态保护和建设总体规划》，总投资75.07亿元，其建设项目分3大类22项子项目。从此，青海省湿地资源保护工作得到了重视与支持。

为加强该自然保护区管理，同年5月将三江源管理机构由县级调整为副厅级，增加行政编制20名。根据建设规划，该保护区实行管理局——管理分局——管理站(点)三级管理体系，截至2013年12月已建设省级管理局1个、管理分局4个和管护站22个；并在保护宣传、依法管理、科学监测和社区共管等方面，开展了一些富有成效的工作。

青海湖、可可西里、可鲁克湖-托素湖、大通北川河源区、祁连山和隆宝湖等湿地类型保护区，其体制机构建设也相继得到加强。各自然保护区根据其管理的区域、保护的对象、需开展的工作以及发展的需要，确定了机构管理级别、编制和内设处室的构架；并加强了社区共管与社会力量的参与。目前，全省从事自然保护区管理和保护的在编人员有231人，还有聘用制或志愿保护人员近百人；在三江源自然保护区所辖的索加-曲玛河保护分区开展的协议保护，参与群众有百余人。总之，以自然保护区开展的湿地资源保护体制建设基本完善和可行，虽然仍存在一些不足，但是开展的各项工作还是富有成效的。

近年来，青海省湿地资源保护工作借助林业生态工程实施和自然保护区工程建设，逐步步入正规化管理。按照省政府机构设置的三定方案，省林业机构作为全省湿地资源管理的主管牵头部门，负责湿地保护管理的组织、协调、指导和监督，采取有效措施，不断强化管理。全省6州1地1市林业部门积极履行管理职责，负责辖区内湿地资源保护；7个湿地类型的自然保护区时刻注重湿地资源的管理，依法履行责任；对于已建立的3处国家湿地公园和3处国际重要湿地，各有关市州认真负责，努力强化保护与管理。

为加强全省湿地资源保护管理工作，依据《青海省湿地保护条例》之规定，2013年4月12日青海省机构编制委员会办公室发通知，批准成立青海省湿地保护管理中心(青编办事发〔2013〕18号)，隶属省林业厅管理。青海省湿地保护管理中心的成立，标志着青海湿地资源保护进入了一个新的发展阶段；省林业厅及时配备了管理人员，归口实施管理。

3　项目实施，促进湿地发展

20世纪90年代以来，青海相继实施了可可西里、隆宝湖、青海湖和三江源等自然保护区基础设施一、二期建设工程；可鲁克湖-托素湖与大通宝库河流域的湿地保护与恢复项目。在湿地生态效益补偿试点方面，实施了青海湖、扎陵湖、鄂陵湖三块国际重要湿地生态保护补偿试点，同时在可可西里和可鲁克湖-托素湖自然保护区开展了湿地保护补助项目建设。据统计，截至2013年12月用于自然保护区和湿地保护建设的投入达80661万元，其中国家投入64356万元。

3.1　自然保护区湿地建设工程

随着国家对湿地类型自然保护区建设的资金投入，全省各湿地类型的自然保护区管护基础设施得到逐步改善。

(1)1997年，青海湖自然保护区晋升为国家级保护区后，国家林业局投资1199万元实施了保护区一期工程建设项目，在强化保护站点和科研宣传设施建设，改善保护区道路、办公基地、围栏等设施设备的同时，在保护区的核心区蛋岛建立了野生鸟类种群监测中心，配备了较为先进的鸟类监测视频设备，对每年集中繁殖的候鸟进行科学监测。

(2)1998 年，在可可西里国家级自然保护区投资 1120 万元，实施了一期工程建设项目，完善了保护区管理局、各保护站点管护用房建设。

(3)2006 年，隆宝湖国家级自然保护区总体规划和二期建设可行性研究报告经国家批准实施，国家投资 1450 万元。

(4)2007～2008 年，省林业厅根据国家林业局启动实施的《全国湿地保护工程实施规划(2005～2010 年)》，相应编制完成《青海湖国家级自然保护区湿地保护建设工程可行性研究报告》《可鲁克湖－托素湖自然保护区湿地保护建设工程可行性研究报告》，通过审查报批，争取投资 2652 万元。主要建设内容包括：救护中心与科研监测站、生态和水文监测站，管护站点和湿地植被恢复等项目。

3.2 湿地资源保护与恢复工程

青海湖国家级自然保护区湿地保护建设工程、可鲁克湖－托素湖自然保护区湿地保护建设工程和大通宝库河流域湿地保护建设工程，总投资 3269.99 万元。

(1)青海湖国家级自然保护区湿地保护与恢复建设工程。2006 年，为了加强青海湖自然保护区湿地资源监测、宣教培训、科学研究、管理体系等方面的能力建设，进一步完善保护区管护基础设施，保护和恢复湿地生态系统，使青海湖的湿地保护和合理利用步入良性循环，最大限度地发挥其湿地生态系统的各种功能，提高湿地生态环境质量，为区域生态安全和经济社会可持续发展发挥积极作用，通过国家发改委立项，实施了青海湖自然保护区湿地保护建设工程，项目总投资 2000 万元(中央预算内专项资金 1600 万元，地方配套 400 万元)，分两年投资实施完成。

该项目的实施，促使青海湖湿地保护与管理基础设施建设得到加强，新修建管护点、建设野生动物救护中心和科研监测中心，开展湿地生态保护工程。完成建设水上漂浮围栏 6000 米，拉设地面网围栏 2100 米；建设漂浮码头 1 座，防风固沙林带 100 公顷，人工育草 1000 公顷，植被恢复 1000 公顷。

(2)可鲁克湖－托素湖湿地保护建设工程。2007～2009 年，争取国家对该湿地保护建设投资 664 万元。其中，国家投资 507 万元，地方配套 157 万元。

通过项目实施，该保护区的湿地恢复、湿地保护和能力建设得到了完善，为高原地区乃至于全省的湿地保护与恢复提供经验和示范。一是开展沙化土地治理、栖息地生境改善恢复建设，有效地增加湿地珍稀濒危动植物种群数量，恢复可鲁克湖－托素湖湿地生态系统的功能和物种多样性，营造一个良好的生态环境。二是积极开展科学研究和科学试验，合理利用自然资源和景观资源。三是进行污染源治理，杜绝污水、污物直接进入湖中，改善区内外居民的生活条件，调动当地群众保护环境和湿地的积极性。四是努力造就一支素质好、水平高、能力强的管护队伍和科研技术队伍。修建可鲁克湖、托素湖、戈壁 3 个保护管理站，配备巡护摩托车、对讲机、GPS、短波电台等；强化巡护设施建设，购置望远镜、巡护车、巡逻快艇；建设湿地保护管理局综合大楼，购置车辆和必要的办公设备。开展湿地恢复，治理沙化土地 2000 公顷；栖息地生境改善 1800

公顷。实施能力建设，建设湿地保护生态监测站1处，购置气象观测设备、科研实验设备和科研监测档案管理系统。完善宣教设施，购置陈列设施1套、多媒体宣传系统1套，建设宣传牌10块。该工程项目的实施，使湿地生态系统面临的各种人为干扰活动明显得到遏制，湖区湿地面积得到一定扩展；野生动植物栖息地质量得到改善，并起到了良好的示范作用。

(3)大通宝库河流域湿地保护工程建设。大通宝库河是省会西宁市的主要水源地，实施湿地保护工程建设项目，有利于改善和恢复流域湿地生态系统的完整性和基本功能，为西宁乃至湟水流域社会经济可持续发展奠定良好的基础。该湿地保护工程，是对黑泉水库周边的支流流域湿地进行保护性治理，以减少库区泥沙的流入量，并对区域内物种多样性保护。

该项目投资590万元，其中国家投资236万元，地方配套354万元。其建设内容：在宝库河南侧实施生物治理，建设封育林草地2000公顷、抚育林草地1000公顷；开展湿地生态系统监测，建设水文、水质监测点，设立固定样地和固定样线对水文水质进行监测；建立湿地动物救护点等。该项目的实施，对改善宝库河流域湿地及其周围地区的生态条件，保证黑泉水库蓄水量稳定，为西宁地区正常供水起到积极保障作用。

3.3 湿地保护补助投资项目

2009年以来，按照《全国湿地保护工程实施规划》优先工程项目建设要求，青海相继争取和启动实施了青海湖、扎陵湖、鄂陵湖、可可西里和可鲁克湖5个湿地保护补助资金项目，截至2013年年底累计用于湿地保护的补助资金3650万元。这是国家对国际重要湿地和国家重点湿地保护采取的一项有效的工作，通过对湿地周边牧草地的封育、禁牧轮牧和协议保护，一方面加强生态环境与生态系统的保护，社区群众参与；另一方面给参与试点保护的牧民一定补偿，解决保护湿地造成的损失，达到双赢的目的。因此，为确保项目工程的开展和取得实效，省林业厅积极行动，通过开展调研、制订工作方案，指导各地按方案规则认真开展湿地保护项目。

(1)青海湖湿地保护补助项目。2010年，青海省财政厅下达国家林业局2010年湿地保护补助资金550万元，开展实施沼泽湿地封育恢复0.8万公顷、沼泽湿地治理建设666.7公顷，给牧民群众补助和开展湿地效益监测；2011年，省财政厅又下达国家2011年湿地保护补助资金300万元，用于沼泽湿地封育0.8万公顷、沼泽湿地治理建设800公顷，聘用管护人员；2012年，省财政厅下达2012年国家湿地保护补助资金300万元，实施沼泽湿地封育恢复0.8万公顷，购置湿地生态监测站野外监控设备，聘用管护人员；2013年，省财政厅下达2013年国家湿地补助资金200万元，用于沼泽湿地封育6666.67公顷，野外视频监控设备更新、湿地管理监测修复技术等方面的培训、聘用管护人员。国家连续4年下达湿地保护补助资金1350万元，就是通过对国际重要湿地生态保护的投入，探索有效的保护模式。该项目涉及共和、天峻、刚察、海晏4县的5个乡镇11个村委会，123户农牧民。

青海省人民政府高度重视，为了贯彻落实中央和国家林业局、财政部关于做好湿地保护补助资金使用的要求，切实管好用好湿地保护补助资金，批准了2010年由省林业厅制定的《青海湖湿地保护补助资金示范项目实施办法》；要求各级主管部门认真对待，编制湿地保护补助资金示范项目实施细则。同时，召开专题会议对涉及湿地保护补助项目实施的县乡等有关部门做具体安排部署，在充分尊重牧民意愿的前提下，合理采取禁牧和轮牧，以牧民为主体，家庭为单位的湿地保护补助方式，开展该项目的实施；实施地点涉及海晏、刚察、天峻和共和4县的湿地草场。

青海湖湿地保护补助项目，在整个项目实施的4年中，始终注重其建设的有效性、整体性和连续性。首先，对于项目实施有效的监督、检查和验收。各项目实施工作小组，按照《青海湖湿地保护补助资金示范项目实施细则》规定，对项目实施的情况进行分季节核查，开展湿地监测，及时指导和督促。其次，对项目的资金运行，严格报账管理。按照《中央财政湿地保护补助资金管理暂行办法》要求，明确补助资金的使用范围，实行专款专用，绝不允许挤占挪用、截留拖欠或改变资金投向；同时，对各县实施区的项目开展情况及时进行指导、核查。再次，加强项目档案管理，做到对项目的合同清单、单价、工程量、工程进展、合同信息及物资材料等信息的全方位管理。第四，充分尊重牧民意愿，合理采取休牧、轮牧和禁牧。实行以牧民为主体，家庭为单位的湿地保护补助方式，补助资金标准为：禁牧每亩25元/年、休牧每亩10元/年、轮牧每亩6元/年。分三种方式开展保护补助：①县林业部门负责实施。由县林业部门按照实施细则落实补助地块，与牧户签订封育合同，开展封育的各项工作。②乡人民政府具体实施。由乡人民政府按照实施细则落实补助地块，与牧户签订封育合同，开展封育的各项工作。③保护区管理局实施。通过村委召开牧民大会，了解牧民意愿，对退化较重的草场，聘用牧户为管护员，签订管护合同，进行草场休牧、轮牧或禁牧；对开展封育的地块，签订草地封育合同进行封育。保护区管理局按户支付补助资金。项目补助资金发放由负责实施单位分两次以"一卡通"形式拨付给牧户。

项目实施四年成效：一是湿地面积有所增加。据2010~2012年间的湿地监测数据比较分析，项目区的湿地面积呈增长、扩大趋势，其中：2011年较2010年湿地面积增加了56.58公顷，2012年较2011年湿地面积增长84.53公顷，2010~2013年间湿地面积累计增加141.10公顷。青海湖面积由2004年的4190公顷增加到2013的4402.55公顷。二是湿地物种日渐丰富。青海湖地区的鸟类种类由1984年统计的164种增加到2013年的221种，4种主要夏候鸟斑头雁、棕头鸥、[普通]鸬鹚、鱼鸥种群数量虽有波动，但变化不大。三是项目实施区的牧户收入增加，每户三年累计增加收入8.9万元，生活水平有所改善。四是完善了监测设施。建立了野外视频监控系统，监测手段更加科学，其监测能力不断提高。五是注重湿地保护宣传。通过项目实施宣传，牧民的湿地保护意识得到提高，生产生活出现了有利于湿地保护的转变，其补助政策受到广泛欢迎，现已具备长期开展湿地保护的社会基础和可行的实施方式。

(2)扎陵湖、鄂陵湖湿地保护补助项目。

扎陵湖湿地保护补助项目，2010~2012年4年间，国家下达国际重要湿地保护补助资金1050万元。其中：2010年下达保护补助资金550万元，用于沼泽湿地封育补偿1.96万公顷(实施轮牧1.02万公顷，休牧0.94万公顷)；湿地人工修复133.3公顷，拉设网围栏2500米；购置监测设备、设置生物多样性监测点，开展监测工作。2011年下达保护补助资金300万元，开展沼泽湿地封育1.97万公顷(轮牧1.02万公顷、休牧0.95万公顷)；完善监测及巡护设备，聘请管护人员。2012年下达保护补助资金200万元，实施沼泽湿地封育补偿177万元(包括轮牧、休牧)；巡护监测费17.09万元；其他费用5.91万元。

鄂陵湖湿地保护补助项目，2010~2011年国家下达保护补助资金850万元。2010年下达资金550万元，实施湿地保护面积1.73万公顷，其中沼泽湿地封育1.69万公顷(轮牧0.93万公顷，休牧0.76万公顷)；湿地人工修复400公顷，拉设网围栏进行封护；购置监测设备、设置样地开展生物多样性监测。2011 年下达资金 300 万元，开展沼泽湿地封育 1.69 万公顷(轮牧 0.93 万公顷，休牧 0.76 万公顷)；开展湿地监测，购置巡护设备和人员装备；聘请管护人员开展湿地管护。

该湿地保护补助资金示范项目试点，由玛多县人民政府组织实施。各实施单位，依据制定的《玛多县扎陵湖、鄂陵湖湿地保护补助资金示范项目实施办法》和《玛多县扎陵湖、鄂陵湖湿地保护补助资金示范项目实施细则》开展工作，落实封育地块和牧户名单；实行休牧每亩 10 元/年、轮牧每亩 6 元/年。为了保证项目的公平、公开、公正，对涉及的牧户进行公示，与各沼泽湿地封育恢复地块的牧户签订封育管护合同，实行"一卡通"及时兑现补助资金。

项目实施成效：①初步探索出了一条高原湿地补偿模式。对湿地补助的范围、内容、方式、标准、受益对象、监管等进行有效的探索，创造性地推行禁牧、休牧、轮牧和协议保护为主的高原湿地补偿方式，为开展高原湿地保护补偿提供依据。②湿地退化趋势初步缓解。据扎陵湖、鄂陵湖湿地调查结果分析：项目通过轮牧、休牧方式，使项目实施户的 85.38 万公顷草场中新增可利用草场 15.68 万公顷，湿地草地得到有效治理，天然草地的植被盖度平均达到 80% 以上。③牧民得到实惠。涉及的扎陵湖乡和玛查理镇 9 个牧委会 103 户牧户，3 年每户收益达 18.4 万元。④湿地面积增加。扎陵湖、鄂陵湖项目区湿地面积 3 年间增加 455 公顷。

(3)可可西里湿地保护补助项目。2013 年国家下达可可西里国家级自然保护区湿地保护补助试点资金 200 万元，建设内容：一是提高湿地生态监测能力，购置了监测车辆、便携式水位自动检测仪、便携式多参数水质分析仪、自动水样采集器等；二是对卓乃湖水位开展监测，对水源补给类型、水源流出状况、水位、水深、蓄水量流量等进行监测，收集有关数据；三是开展卓乃湖和库赛湖湿地重点监测；四是聘用管护人员对湿地进行管护；五是维修湿地监测道路。

可可西里国家级自然保护区管理局负责项目实施，成立项目建设领导小组，制订实施方案，开展工程招投标等事宜；通过精心的组织和认真组织实施，2013 年年底全面完成项目建设内容。该项目的实施，使保护区管理局进一步掌握区域内的湿地现状、区域生态系统变动状况，同时完善了湿地监测设备，提高了湿地监测能力。

(4)可鲁克湖湿地保护补助项目。2013 年国家下达可鲁克湖湿地保护补助项目资金 200 万元。建设内容：①湿地保护，对 0.07 万公顷湿地进行轮牧；②开展湿地生态监测，设置监测点进行湿地植被、湿地动物等方面的监测；购置高倍望远镜、森林罗盘仪、照相机、GPS、水质监测等设备；③退化湿地生态补水，对连通河道退化湿地区采取工程措施进行生态补水，生态补水面积 129.6 公顷；④湿地监测设施维护、监测道路维护、保护站点维修等；⑤聘用管护人员，对湿地加大管护；⑥开展宣传，设立大型钢架透视结构宣传牌，进行湿地保护宣传。

可鲁克湖保护区管理局，依据编制的实施方案，认真组织项目实施，2013 年年底全面完成项目建设内容。通过项目建设，可鲁克湖西南部的 0.07 万公顷湿地生态得到保护，区域内的社区群众了解了湿地、认识了湿地，感受到湿地强大的生态功能；同时，增强了自觉保护湿地的意识，现已成为公众科普宣传教育基地。

4　科学研究，提升建设水准

青海省湿地资源保护的科学研究，早期是与湿地保护类型或有湿地保护性质的自然保护区内开展的。2005 年以来，随着国家的重视和社会的关注，湿地资源保护研究得到了加强，如三江源湿地保护与恢复项目的实施中，开展的生态因子监测、项目实施成效监测和物种恢复与动态变化监测等研究，从宏观到微观对整个区域内的生态与环境状况进行了多个方面的研究，并逐步建立了综合性的监测体系，包括初步构建源区生态监测系统；建立源区生态监测技术保障体系；搭建源区生态监测综合数据平台；建立源区生态环境状况分析和生态系统综合评价体系，从而探索和建立高原生态和环境监测的模式与体系。这项科学监测研究，通过 8 年的实践已取得实质性进展，达到了预期目标。

再如可可西里地区的科学研究，国内有关科研单位和大学先后多年在区域内开展了高海拔地区野生动物生存机理与人类发展等关系、气候变化对区域经济社会发展和物种保育等影响与制约因素、保护管理的手段与模式应有哪些变革和调整、地质物探等研究。这些研究对可可西里保护区的建设与发展意义重大，对青藏高原的大气、湿地和物种多样性的保育研究作用重大，值得进一步深入研究。

2011 年，在国家林业局的统一部署下，青海省作为全国第三批开展湿地资源调查的省区，在行政辖区内开展了第二次全省湿地资源调查。

2010 ~ 2012 年，国家实施的湿地保护补助资金试点项目，有效地促进了青海高原 3 块国际重要湿地资源的保护，对湿地生态效益补偿机制的建立和保护模式进行的探索研究，为全国高原湿地资源保护探索出一条补偿的新路子。青海湖、扎陵湖、鄂陵湖 3 处国际重要湿地保护项目的建设，创造性地推出禁牧、休牧、轮牧和协议保护补偿方式，为今后在高原实施湿地生态效益补偿机制的建立开创了新的途径。

同时，在青海湖保护区开展了深入的科学研究，由中科院计算机网络信息中心、动物研究所、病毒研究所、遥感所、湖泊所和西北高原生物研究所等 10 个所室合作，开展了青海湖科研基础数据平台、夏候鸟生态习性与监测评价、湖区植被样地调查、主要候鸟迁徙跟踪调查、鸟类高致病禽流感病毒研究等重大科研项目，现已取得丰硕成果。青海湖保护区网络平台已建立，鸟类集中栖息繁殖地可实时远程视频监控，一些基础科研数据得以应用。

为了配合国家林业局湿地保护管理中心做好全国湿地保护管理工作，借助“湿地中国”网络宣传平台，展示青海湿地保护情况，通过学习、交流和借鉴发达省区的湿地保护管理经验与技术，2008 年组建了省、州市和部分县的湿地信息员队伍（现有 23 名），青海湿地综合信息发布数量和质量稳步上升，并建立了全省湿地保护管理信息平台，有效地对外宣传了高原湿地资源保护工作。

5 宣传培训，强化责任意识

多年来，全省各级林业部门围绕湿地资源保护与管理，开展了多种形式的普法教育和科普知识宣传，从不同侧面和角度大力宣传湿地的保护意义及价值。林业行业作为湿地资源保护的牵头主管部门，为营造全民参与保护的社会氛围，充分利用“世界湿地日”“爱鸟周”和“野生动物保护宣传月”等活动载体，积极组织社会各界持续开展多样的宣传教育和科普活动，传播湿地生态文明。在宣传中，注重强调湿地自身的生态功能与价值；注重高原湿地资源对社会的作用和贡献；注重提高公众对湿地资源保护的认知。当前，青海高原湿地特殊的生态功能、作用和价值被越来越多的社会公众所认识与关注。

近年来，青海省人大、政协代表和委员相继提出“关于切实加强青海省湿地保护的建议”“关于开展湿地生态补偿的建议”“关于大力推广人工湿地技术，处理农村生活污水的议案”和“关于湟水流域水污染治理”议案、提案，要求各级人民政府和社会给予重视。青海湖湿地保护、湟水河流域治理与全省湿地资源保护，在代表、委员的积极关注和呼吁下不断得到省委、省政府的高度重视，相继出台了有关地方法规和规章，如《青海湖流域生态环境保护条例》《青海省湟水流域水污染防治条例》《青海省湿地保护条例》和有关治理规划，有力地推动了青海省区域内的湿地资源保护与管理。

青海省林业主管部门每年都组织不同专业的业务知识、有关法律法规培训，如野生动物疫源疫病防控、湿地资源生态保护、湿地公园建设、自然保护区管理，森林资源保育、有害生物防治等，目的是更新知识、适应林业事业发展的需要，从而不断提高管理人员的业务能力和管理水平，增强其应有的责任意识、法律意识与服务意识。同时，借助林业发展的一些社会公益性活动，开展集中宣传，强化对社会公众的宣传，提升民众的生态保护意识、参与共管意识和监督担当意识，促进共同营造建设大美青海、惠及全社会发展。

6 社会参与，营造良好氛围

2010 年以来，青海湖、鄂陵湖和扎陵湖 3 块国际重要湿地列入国家湿地保护补助资金示范项目实施范围，其涉及海北州、海南州、海西州、果洛州 4 个自治州的刚察县、海晏县、共和县、天峻县和玛多县 5 个县，7 个乡镇的 19 个村委会(社)，226 户牧民。项目区的牧民群众积极参与，依照实施方案和操作细则，开展了沼泽湿地封育、管护和监测，社区共管机制在项目区初步建立，牧民的湿地保护意识有了较大提高，其生产生活方式逐步调整与改变，营造了良好的社会氛围。

目前，高原湿地已成为世界湿地保护组织关注的焦点。2007 年以来，世界自然基金会(WWF)在青海实施了生物多样性保护、高原湿地保护与管理的项目，主要集中在玉树隆宝滩国家级自然保护区和三江源区域的保护分区。2010 年 7 月，该组织在西宁设立了办公室，具体负责项目的实施、监督、评估等活动，并协调建立与当地合作的机制和其他组织的合作关系。省林业厅积极联系与配合，与其先后开展了有关湿地资源保护的培训、考察与交流活动。如长江源头实施的湿地保护和恢复项目研究，包括高原湿地与气候变化间的关系研究、湿地威胁调查、社区生计替代、国际重要湿地申报、生态补偿政策建议、雪豹和黑颈鹤等关键物种的公众宣传等。

2012 年 8 月 29 日，青海省民政厅以青民发〔2012〕206 号《关于青海省湿地保护协会成立登记的批复》，同意青海省林业厅成立全省湿地保护协会。2013 年 8 月 9 日，青海省湿地保护协会成立大会暨第一届会员代表大会在西宁召开。会议选举产生了第一届理事会及协会领导成员，审议通过了《青海省湿地保护协会章程》《青海省湿地保护协会会费收取标准及管理办法》。该协会第一届理事会由 41 位常务理事组成，会员有 246 人。青海省湿地保护协会的成立，标志着青海省湿地保护工作即将面向社会，又增加了有生力量，高原湿地保护将得到全社会的关注与支持。

2008 年，我国长江湿地保护网络成立，其在国家林业局的大力支持下，在应对湿地萎缩、气候变化、物种保护等方面做了大量富有成效的工作。作为长江源头区的青海省，一方面积极参与，并通过该网络开展有关保护工作；另一方面向中下游的省区学习，借鉴湿地网络平台宣传高原湿地，呼吁流域内的省区在传播自然理念、关注源头区湿地资源保护工作方面多给予支持，下一步推进建立整个流域的保护机制，上下努力，使更多的政府部门、公益组织、企事业单位和有识之士参与到湿地保护工作中来，打造全社会关心与支持的良好氛围。

7 国际湿地，履行职责义务

《湿地公约》，其全名是《关于特别是作为水禽栖息地的国际重要湿地公约》。1971 年 2 月，由 18 个国家代表、5 个观察员国家和几个政府间、非政府组织相聚在伊朗小城拉姆萨尔(Ramsar)，通过《湿地公约》文本。1982 年 12 月，在法国巴黎联合国教科文组织总部召开缔约方特别大会，通过对公约文本修订(1986 年生效)；各缔约国承认，人类同其环境的相互依存关系；考虑湿地调节水分循环和维持湿地特有的植物特别是水禽栖息地的基本生态功能；相信湿地为具有巨大的经济、文化、科学及娱乐价值的资源，其损失将不可弥补；期望现在及将来阻止湿地被逐步侵蚀及丧失；承认季节性迁徙中的水禽可能超越国界，因此应被视为国际性资源；确信远见卓识的国内政策与协调一致的国际行动相结合能够确保对湿地及其动植物保护。

《湿地公约》是一个政府间的协定，该协定为湿地资源保护和利用的国家措施及国际合作构建了框架。《湿地公约》缔约国已召开 11 届大会，2000～2002 年工作计划设立了区域小组，划分为非洲区，亚洲区，中、南美洲及加勒比地区，欧洲区，北美洲区和大洋洲区；确定区域代表的产生和职责。

1992 年 1 月，中国第一批有 7 块重要湿地加入《湿地公约》，即黑龙江扎龙、吉林向海、海南东寨港、湖南东洞庭湖、江西鄱阳湖、青海鸟岛和香港米埔。2005 年 2 月，青海省的扎陵湖、鄂陵湖湿地又被批准加入《湿地公约》，进入国际重要湿地名录。青海省湿地保护，在国际上的影响力逐年拓展。

近年来，青藏高原独特的高海拔湿地成为世界湿地保护组织关注的焦点。2008 年，为履行《湿地公约》职责，省湿地资源管理部门自筹资金与青海湖国家级自然保护区管理局、玛多县农牧林业局签订协议，定期开展对青海湖、扎陵湖、鄂陵湖 3 个国际重要湿地保护的监测工作，经过多年监测，基本掌握了 3 块湿地资源动态变化情况。

近期，中国科学院遥感与数字地球研究所对国际重要湿地进行的湿地生态系统评价表明，这 3 处重要湿地的生态系统综合功能等级良好。青海湖鸟岛国际重要湿地生态系统综合健康指数为 5.87，健康等级为中；综合功能指数为 7.80，功能等级为好。青海扎陵湖湿地生态系统综合健康指数为 4.63，健康等级为中；综合功能指数为 7.22，功能等级为好。鄂陵湖湿地生态系统综合健康指数为 5.73，健康等级为中；综合功能指数为 7.33，功能等级为好。综合评价报告认为：青海鸟岛国际重要湿地，其生态系统健康、功能状况较好，价值较高；保护区水环境状况良好，土地利用强度较小，调节功能发挥了很大作用，同时产生很高的价值。扎陵湖国际重要湿地，野生动物栖息地适宜程度适中，湿地面积变大。鄂陵湖国际重要湿地，水环境良好，水质健康，土壤指标较好，湿地的供给功能较稳定，对大气、水资源和洪水的调节功能突出。

青海省各级人民政府和有关部门主动作为，采取多种措施有效地保护了 3 块重要湿地的生态环境。如开展实施核心区湖泊湿地禁渔工程、湿地区域沙漠化防治工程、湿地植被恢复工程和社区共管模式探索等，其湿地生态与环境得到明显改善。

第二节 存在的制约性问题

青海省湿地保护事业的建设与发展，虽然经过多年努力有了一定进展。但是，仍然存在着一些不可忽视的问题，尤其是制约性的“瓶颈”问题应引起社会的高度重视。如全省湿地保护的体制机制问题、管护队伍的建设问题、科学规划的管理问题，以及对青海湿地在经济社会发展中的认识问题，等等。这些问题的存在与产生有其主观因素，也有客观因素，归根结底是各级政府领导和行政管理者的思想认识缺失问题，特别是青海湿地资源的独特性，在经济社会可持续发展中的重要作用和其应有的生态功能与作用不协调。因此，问题的呈现是有多种因素，主要有以下五个方面。

1 思想认识缺失

长期以来，湿地与人类的生存与生活密切相关。然而，湿地这一概念是近 20 年才引入的。虽然，国家对湿地的宣传报道逐渐增多，但公众对湿地概念、价值和功能，以及在区域经济社会可持续发展中的重要性仍缺乏足够的认识；客观上由于人口持续增长的压力和土地资源缺乏，湿地往往作为一种后备土地资源被不合理开垦或转为它用，甚至基于经济利益的驱动，其作为一种独特生态系统的价值和功能被忽视或弱化，由此产生了不利于其建设与发展的现象。

(1)湿地保护观念没有形成社会的自觉意识。青海省湿地资源主要分布在广袤的三江源、青海湖、柴达木盆地和祁连山地区，大部分区域为牧业区，经济发展落后，民众的文化水平不高，人们普遍对湿地的保护、湿地的价值和重要性认识不足，注重眼前利益。湿地资源保护与管理涉及林业、农牧、水利、国土资源、环保等多个部门，各部门受其职责与管理目标的不同，往往从行业利益和地方经济利益出发制定政策、采取行动，很大程度上影响着湿地科学管理和湿地资源的合理利用；个别行业和部门的湿地保护意识淡薄，不能正确处理眼前利益与长远利益、局部利益与整体利益之间的关系，湿地利用与保护矛盾加剧；一些部门和行业为了各自的利益而忽视了湿地保护，时常会出现危害湿地资源的事件或行为。

多年来，省湿地主管部门受宣传经费少限制，开展的宣传活动较局限，主要依托“湿地日”“爱鸟周”和举办的湿地保护培训等活动开展宣传，且多限于行业。目前，全省还没有适宜的机制和能力使湿地保护的宣传深入普及到各行各业、社会各个阶层；其宣传的内容和案例没有很好的总结与提炼，形成有说服力的理论教育资料，运用到社会公众特别是对各级领导和行业、企业、单位的普及宣传。

(2)湿地保护与区域经济发展矛盾日益突出。随着经济社会发展的深入改革，湿地资源保护与区域发展间的矛盾日益凸显，主要表现为：①水能资源、矿产资源和公路交通建设与开发同湿地保护和自然保护区建设之间的矛盾；②区域经济发展同依赖畜牧业、采矿业等资源开发型产业，以及湿地生物多样性保护之间的矛盾；③法制与政策管护体系不健全，湿地保护的随意性和人为性加大了所产生的矛盾；④湿地生态系统监测、动态分析、科学研究和技术支撑体系建设滞后，同有效开展湿地生态环境保护工作之间的矛盾加大；⑤个别行业和部门的湿地保护意识淡薄，未能正确处理眼前利益与长远利益、局部利益与整体利益之间的关系，使之矛盾不断加剧。

这些突出的矛盾，如不及时得以研究与解决，将不利于高原湿地的保护，将会影响青海作为湿地资源大省、水资源基地应有的功能和作用的发挥。思想认识上的缺失造成的危害极大，在高原生态系统较为脆弱、立地自然条件较为严酷、社会经济发展相对较为滞后的青海尤为关键，对其科学的认识、客观的研判、正确的处置关系着资源保护与利用的可持续发展，也关系着生态文明建设的深化。

2 保护体制不顺

国务院确定的部门职能中，我国湿地保护与管理由国家林业局牵头，相关部委分别依照划定的职责负责行业管理。2000 年制定的《中国湿地保护行动计划》中，涉及 16 个部委局共同参与管理；在青海涉及的部门主要有 14 个，除林业、农牧、水利、国土资源和环保等部门，还有省发改委、财政、教育、科技、建设、交通、卫生和公安等部门。各业务主管部门依据相关的法律法规开展工作，但尚未形成统一协调的管理机制，湿地资源的保护与利用分部门多头管理，呈现职能交叉、职责不清、协调难度大的状况，给湿地保护工作增加了许多障碍。

从林业行业保护湿地资源的现状与发展分析，当前全省各市州、县尚没有设立湿地管理机构，其体制机制建设缺失。受其保护与管理体制建设不到位的影响，存在一些管理与建设工作难以有效开展的状况。作为湿地资源面积最大的青海省，其保护与管理的责任与作为极其重要，它不仅关系着青海实施“生态立省”战略举措能否推进与实现，而且更关系着国家经济社会发展大局的稳定。其湿地生态区位和发展的战略地位，已决定高原青海发展的战略布局，要注重生态环境的保护与管理，一切发展都离不开其具有的生态功能和对社会发展的巨大作用。

因此，管理体制不顺、机构建设不到位，直接影响着一些工作的开展甚至难以开展。如湿地资源调查成果，不能有效地转化为区域发展的可利用资源；湿地生态系统强大的功能，难以让社会公众了解与关注；湿地公园规划与建设，不能科学得以谋划和促进；不合理的湿地资源利用，难以得到有效的制止或调整等。这些问题的症结，最主要的是其体制机制建设缺失，产生的管理不到位、宣传不到位和执法难到位状况所致。

目前，在区域经济社会发展中存在的重利用、轻保养现象，已造成过度放牧、盲目开垦、大兴水电站建设、占用湿地开发等活动超越了高原湿地自我调节能力，部分地区的湿地生态系统失调、原始生态环境恶化，沼泽及沼泽草甸出现干涸，湖水水面萎缩，一些重要的湿地面临多种威胁。问题的存在，很大程度上是受高层重视不到位制约，如省级管理机构建设较弱，极不适应现今全省湿地保护事业发展的需求，同 814.36 万公顷湿地资源保护工作开展不成比例。我们知道，任何一项事业的发展，都必须有相适应的体制机制，在青海其显得更为重要；否则，将难以推进。青海省三江源生态保护与建设工程的有效实施，就是一个成功的范例，值得我们思考与借鉴。

3 管护队伍滞后

近 10 多年来，青海湿地保护事业在各级政府的支持与关注下，虽得到了促进与发展。但是，受客观因素的制约，湿地资源管护队伍建设仍比其他保护事业的发展滞后，目前从事湿地保护的机构在大部分市州、县没有设置，无机构、无编制、无专业人员的现状普遍存在。客观上讲，机构建设受多种因素限制，但对高原湿地保护事业应认真考量，它不是一个简单的设置问题，而是事业发展的战略问题，从当前国家湿地保护事业发展的前景分析，湿地保护与建设将是下一阶段社会发展的重点，如全国第二次湿地资源调查已结束，其成果将用于湿地生态效益补偿制度建设；国家林业局对此已在几个省区进行了保护补助试点工作，为有关政策的制定和实施探索有效的方式和模式，青海省开展了高原湿地资源保护补偿试点。

再如从每年开始或在“十三五”期间，湿地资源保护将开展奖励补助和鸟类对农作物的蚕食补助，这是新的理念与生态补偿方式的探索。

对湿地资源分布大省——青海省而言，既是机遇也是挑战。目前，全省湿地管护队伍建设的缺失问题，将会成为今后事业发展的制约性“瓶颈”。2013 年 5 月，《青海省湿地保护条例》已颁布，许多工作需要开展，各市州、县的管理现状(兼职或代管)不利于其建设与发展。究其原因，湿地保护是近几年得以重视与发展的事业，起步较晚，各级政府对其认识不到位；在国家的指导与支持下，虽有所开拓与建设，但与其发展的需求仍有很大的差距；青海的湿地保护工作，与森林保育管理、自然保护区建设等难以并论等。如湿地保护工程实施中呈现任务地块落实难、作业设计编制不到位，对国家的实施政策与要求理解有偏差。在宏观层面受队伍建设的影响，缺乏应有的指导，阶段性目标、要求和建设性发展的理念、思路与设计不能有效地考量；微观层面对各地区的保护管理没有具体、针对性的工作开展，各州的湿地资源特色如何体现、湿地工程项目策划与争取怎样落实，宣传执法与监测研究的理念和要求如何拓展、今后湿地保护生态效益补偿项目的前期工作谁来运作，等等。这些具体的工作，是需要适宜的管理队伍来开展和完成的。

4　科学管理缺位

多年来，青海省湿地保护事业的发展是与湿地类型或具有湿地保护性质的自然保护区建设相结合的。“十五”期间，由于受国家投资政策和建设重点不同的影响，全省保护事业发展规划中所涉及的湿地建设内容有限，投资也较少；2003 年，国务院批准实施《全国湿地保护工程规划(2002～2030 年)》。作为全国湿地保护的长期规划，青海省在“十一五”和“十二五”期间争取实施了一批湿地保护工程，省域湿地保护体系建设开始起步；同时，先后建立了 3 块国际重要湿地，国家级湿地公园 3 处，高原湿地生态效益补偿试点在 3 块国际重要湿地开展。

根据国家林业局编制的《全国湿地保护工程“十二五”实施规划》，青海省林业厅编制了相应的建设规划。由于全省湿地资源基础资料不全，专业技术人员缺乏，其规划编制的仍有缺失，特别是省级、州级管理体制机制和能力建设方面，没有很好地与地方社会经济发展或行业建设规划相衔接，发展的理念、思路和措施不到位，与现今全国发展的要求和趋势有较大差距。

当前，随着党的十八届三中全会确定的深化改革的目标与要求，认真地反思分析，深深地感到青海湿地保护事业要突出特色、体现高原水资源基地的生态区位，规划科学管理是一切工作开展的基础。然而，从青海省已开展的湿地建设工作看，规划科学管理不仅滞后，而且难以有效地实施。如全省第二次湿地资源调查成果，各市州至今没有将成果总结、分解或策划，并运用到事业发展的规划中；同时，科学管理的理念与要求也没有能很好地策划和落实。

对此，青海省湿地保护的规划科学管理是其建设的根本，也是重要的建设性发展蓝图。编制全省湿地保护规划，将湿地资源保护与合理利用纳入国民经济建设发展规划，同土地利用、生态治理、生态恢复等有关规划相衔接。坚持“全面保护、生态优先、突出重点、合理利用、持续发展”的方针，调整和完善发展思路，采取工程措施等综合治理方法，最大限度地维护好高原湿地生态安全；强化科学规范管理，在体制机制和队伍建设上有所开拓、有所创新。

5 责任协调不力

湿地保护管理是一项多部门、多学科和综合性较强的工作，在青海开展管理的难度大，建设的内容与要求高。青海地域辽阔，湿地资源富集，海拔高、分布广，生态区位和战略地位极其重要。纵观近年来的建设与发展状况分析：①青海国际重要湿地建设，所要履行的职责、义务等责任，与公约要求仍有很大的差距，生态监测、科学研究和社区共管工作开展仍较滞后；②湿地资源保护的作为，仍存在被动、盲从与不尽力的现象，尤其是其生态工程项目的实施，管理与督导不到位、主动性不够；③湿地多部门的管理协调不够，缺失统一的协调机制，部门间的建设情况不能得以有效地汇总、借鉴和展示；④各部门、各利益方的责任、义务不能很好地履行，各级领导的认识与重视存在偏移，强调发展、忽视保护，该尽的义务不履行，对问题处理偏轻。问题的存在，是有多方面的因素，但其解决主要靠依法履职、相互协调和配合。

《青海省湿地保护条例》已有明确规定，林业是全省湿地资源的牵头管理部门，履行组织、协调、指导和监督职责；农牧、水利、国土资源和环境保护等部门履行行业管理责任。应该讲，各个部门分别履行管理湿地生态系统的一个或几个资源，如农牧部门涉及草地草原保护管理，水利部门涉及河流、湖泊湿地的水资源调配和防洪防涝管理，国土资源部门涉及各种土地的划分与使用管理，环境保护部门涉及水资源环境的污染防治；而林业部门负责湿地资源的整体保护建设与管理，且履行相关的职责。目前，以行业管理要素、部门分割式管理的体制与湿地生态系统本身的特征不相适应，与国家提出的生态系统保护的发展要求不相适应，造成湿地资源保护与围垦、水利开发、旅游开发、城市化进程、水资源调配等诸多矛盾；林业部门的职责难于落实，很难协调各个相关部门基于部门利益对湿地资源的各种需求，制约了湿地保护工作的有效开展。

第三节 资源保护管理对策

湿地是由土地、水域、植物、动物以及微生物等要素资源有机结合的生态系统，也是人类发展重要的环境资本之一。它不仅关系着经济社会的建设与发展，而且保障着国家的生态安全，其管理应适应湿地生态资源整体保护的要求。依据国家实施的《中国湿地保护行动计划》，创新发展思路，认真对待存在的制约性问题、思考如何拓展高原湿地保护事业、体现青海湿地资源保护的区位与价值。目前，随着国家对湿地资源保护的日益重视，湿地资源管理将由传统的为畜牧业生产、水利建设和盐化工业发展服务为主逐步向以高原生态环境保护与治理为主转变，由被动保护逐步向主动拓展保护与建设转变，由单一的宣传保护向生态工程建设和生态补偿转变，这是保护理念顺应时代发展和生态文明建设的要求。

湿地资源管理涉及各个层面和多个部门，在青海实施有效的管理仍有很大的难度。特别是面对其建设中的制约性问题，如何处理是需要认真的研究，并与青海湿地资源现状、省情和时代发展要求相结合。因此，当前和今后一个时期要在以下方面有所开拓、有所进取。

1 提高认识，正确处理资源与发展关系

湿地是重要的自然资源，不仅具有强大的经济功能，而且具有涵养水源、净化水质、蓄洪防旱、调节气候和维护生物多样性的重要生态功能，在生态安全和经济社会可持续发展中发挥着不可替代的作用。保护湿地，对于维护生态平衡，改善青海省乃至黄河、长江、澜沧江中下游地区的生态状况、实现人与自然和谐、促进青海省经济社会可持续发展和全面建成小康社会都具有十分重要的意义。

注重湿地发展，解决问题与矛盾。青海湿地保护应从全省经济社会发展大局和湿地生态系统整体功能的发挥出发，正视存在的制约性问题，采取有力的措施，降低不合理的人为活动对湿地资源保护的影响。①将湿地资源保护与合理利用，纳入全省社会经济发展规划，同土地利用、生态治理、生态恢复等同等对待；②加大退牧还草、荒漠化治理、天然林和公益林保护等工程建设，增强高原湿地生态功能；③开展科学防治鼠虫害，避免因防治不当对草地、湿地等生态系统带来新的威胁与破坏；④建立湿地资源信息管理系统和监测体系，掌握其动态变化规律；⑤研究湿地资源退化的成因与利用的对策，为高原湿地资源保护和利用提供科学依据。

注重区域发展与湿地保护间的矛盾。行政区域是社会管理的地理区域划分的一种形式，而生态系统内在或之间的物质能量流动和信息交流是没有区域限制的。湿地生态系统，是通过水系生态廊道或生物间交流而彼此相互影响，在青海省域内的长江、黄河、澜沧江、青海湖和柴达木盆地等跨区域的湿地生态系统尤其突出；湿地资源保护，要突破行政区划的限制，加强区域间的合作和交流，建立协调沟通机制，统筹规划其资源保护。

注重湿地资源的保护管理和利用。加强对高原湿地利用的统一规划管理，实施环境影响评价制度，严格湿地开发利用审批程序，严禁盲目开发和破坏湿地的行为发生，调整与改变湿地资源粗放型开发模式，注重扭转只重视湿地生产功能而忽视其生态功能的倾向；同时，要充分发挥媒体和公众的监督作用，保证全省湿地建设健康有序地发展，实现湿地资源的永续利用。

2 强化职能，注重建立保护和协调机制

国务院在1998年的机构改革中，将全国的湿地资源管理赋予国家林业局负责组织、协调和国际公约有关的履约工作。2000年，国家林业局会同17个部(委、局)制定了《中国湿地保护行动计划》，明确提出地方各级人民政府具有管理本行政区域内湿地保护与合理利用的职责，在中央各主管部门的业务指导下负责本地区的湿地保护与管理。2003年8月，国家林业局负责编制了《全国湿地保护工程规划(2004~2010年)》；2004年6月，国务院发出《关于加强湿地保护管理的通知(国发办〔2004〕50号)》，对湿地管理提出了具体要求。国务院于2005年9月批准实施《全国湿地保护工程规划(2005~2030年)》建设文本，投资1300多亿元人民币；2006年，国家发改委和国家林业局将湿地保护列入“十一五”期间的建设重点，并启动了湿地保护工程建设。2008年9

月，国家林业局颁布《国家湿地公园建设规范》和《国家湿地公园评估标准》；2013 年 5 月，国家林业局实施《湿地保护管理规定》。全国湿地保护事业迎来了大发展时代，国家林业局提出了具体发展意见，青海省积极行动，加快湿地立法、建立管理机构，开展了富有成效的建设和管理。

要进一步明确湿地资源管理的主体部门。根据国家机构设置和职责分工要求，地方政府对湿地保护负总责，林业部门负责具体工作，相关部门依法履职，乡镇政府积极配合。由此，湿地资源管理的林业行业作为牵头单位要具体负责，涉及的各相关部门如水利、农牧、国土、环保和城建等开展行业管理。地方湿地管理机构建设极其重要，它是保障和基础。因此，市州级地方人民政府，要建立湿地资源保护机构，完善其管理的机制与体制，对缺失的地方管理机构大胆建言，不断完善；同时，充分发挥社会力量参与，形成有利于保护的新机制。同时，对湿地类型或湿地保护为主的自然保护区、保护分区和湿地公园要建立专门的管理机构，要强化科学规范的管理，并加强专业化队伍建设。

3 依法管理，完善地方性湿地法制体系

完善的法制体系，是有效保护湿地资源、实现其可持续利用的关键和保障。经多年的开拓性努力，青海省湿地保护立法取得了明显的成效，2013 年颁布实施了《青海省湿地保护条例》，为青海湿地资源保护管理提供了有力的法律依据。该《条例》对各级地方政府和各有关部门的职责已作出明确要求，需履行的责任均已确定，违法必究的法律责任也已制定，为青海湿地保护事业发展奠定了法律基础，标志着全省湿地保护管理工作走向规范化、法制化的道路。对此，①各市州要制定贯彻《青海省湿地保护条例》的实施细则，探索建立重要湿地保护名录，科学划定湿地资源保护红线，进一步提升林业在湿地保护中的作用；②发布《青海省重要湿地监测技术规程》《青海省重要湿地标示规范》等管理规定，制定《青海省重要湿地名录》，强化保护，营造科学规范的管理体系和社会氛围；③制定出台高原湿地保护与利用的政策措施，尽早建立湿地生态效益补偿机制，改善农牧民生存环境和生活水平；④制定天然湿地开发的经济限制政策，提高利用天然湿地的成本；同时，建立鼓励社会各团体、个人参与保护利用湿地激励机制，将青海高原湿地资源利用提高到一个较高层面。

4 科学管理，强化资源综合保护和治理

要充分利用全省湿地资源调查研究成果，谋划发展规划，从宏观层面上确定青海湿地资源保护的目标与任务，编制工作实施方案，做好与相关规划的统筹、衔接工作；建立湿地确认、划定和评价指标体系，科学合理地列出具有国际、国家和地方重要意义的湿地名录；对全省湿地自然保护区、国家湿地公园和国际重要湿地的保护建设统筹考虑。①依据《全国湿地保护工程规划(2005～2030 年)》框架要求，进一步完善《青海省湿地保护与发展规划》，将确定的建设目标、任务落实到各地、各有关部门，落实到具体湿地区域。②坚持“全面保护、生态优先、突出重点、合理配置、持续发展、永续利用”的方针，将青海天然湿地资源保护好、治理和恢复好；加大湿地恢复工程建设力度，增加湿地监测、科研、宣传、培训投入，确保各项工作开展到位、有成效。③注重抢救性保护，做好新建湿地自然保护区的科考、规划等基础工作，使全省湿地自然保护区总数达到 8 处；对拟建的祁连黑河源、都兰阿拉克湖、达日黄河、玉树巴塘河等 14 处国家级

湿地公园和申报的可鲁克湖、年保玉则2处国际重要湿地的建设，要做好指导与争取。④加强湿地资源监测，建立科学规范和完善的监测体系，实现对湿地资源系统、全面、动态的监测；监测重点为湿地野生动植物种群及栖息地，人为活动影响等；有针对性地采取措施，对受到严重破坏的湿地动植物资源，通过人工保育的方式促进其恢复。

5 科学发展，注重湿地保护国际化建设

青海湿地保护事业建设，要时刻注重科学发展的统一性，这是高原湿地建设的根本，也是其发展的要求所在。湿地与森林、海洋并称为地球三大生态系统，其功能强于其他系统，是人类生存的重要资源。青海的湿地资源关系着我国众多地区的经济社会发展，实施科学管理与科技支撑，有利于其建设发展，更有利于全省生态保护事业的健康发展。①遵循《湿地公约》之规定，将青海湖、扎陵湖和鄂陵湖3块国际重要湿地的保护工作做好。同时，开展广泛的国际间合作与研究工作，对已经列入潜在国际重要湿地的地块，要积极争取早日加入《湿地公约》；根据湿地生态系统的特性和功能，考虑其原始性、独有性和物种丰富性特点，对需要保护的湿地资源要采取相应的保护拯救措施，依法进行管理。②青海是水资源基地，高原物种基因库，全球气候变化的指示区，其湿地功能原始强大，在全国强化湿地生态系统建设的总体布局中，青海要有大局意识、高原意识和特色意识，将高原湿地建设融入世界的发展之中，从现在起要注重发展理念与建设要求的调整，尤其是管理者认识上的提升，将高原湿地独有的特点、条件和资源利用好、建设好。③利用科研、教学单位的优势，制定可行的研究方案，加大科研投入，集中力量，重点攻关，开展全省湿地地理与地质环境、类型特征和功能价值、合理利用模式与示范区建设，以及动态变化和恢复修复技术等研究，为湿地的保护管理提供科学依据。④利用长江、黄河全国湿地保护网络建设，下大力气推荐和宣传青海高原湿地资源，以新的理念和要求强化社会宣传教育，使人们深入了解湿地的功能和作用；同时积极发挥社会团体组织的作用，营造重视湿地保护、参与湿地保护的社会良好局面。⑤将湿地保护经费列入各级政府财政预算，逐年增加其保护建设经费投入，积极争取中央财政湿地保护补助资金的投入；运用市场机制，开辟社会集资渠道，鼓励和吸引社会各方投资与捐赠，争取国际组织、国外民间团体对青海高原湿地保护的资助，确保全省湿地保护工作在“十三五”期间取得大的发展和新的建设成效。

青海高原湿地保护任重而道远，其不仅是政府职能部门的责任，也是一项群众参与性很强的工作。各级人民政府和行业管理部门要认真对待，提高认识、采取措施，履行时代发展赋予我们的职责，将青海高原湿地保护事业建设得有特色、有开拓和有创新。

附录1　青海湿地调查区域植物名录

序号	科	属	种		分布区域	分布海拔（米）
			中文名	拉丁名		
（一）蕨类植物						
1	木贼科	问荆属	问荆	*Equisetum arvense*	玉树、囊谦、称多、班玛、久治及海西、海南、西宁、海东和海北等地	2230～4100
2		木贼属	木贼	*Equisetum hyemale*	民和	2300
3			节节草	*Equisetum ramosissimum*	玉树、尖扎、同仁、共和、贵南、西宁、大通、互助和民和	1900～3400
（二）被子植物						
1	杨柳科	杨属	青杨	*Populus cathayana*	玉树、囊谦及黄南、海西、海南、西宁、海东和海北等地	2200～3900
2			青甘杨	*Populus przewalskii*	同仁、都兰、西宁、湟源、循化、民和、互助、祁连、门源等地	1560～2900
3			新疆杨	*Populus bolleana*	西宁、大通、海西部分地区等	
4			小叶杨	*Populus simonii*	同仁、泽库、都兰、共和、同德、贵德、贵南、西宁、大通、湟源、湟中、民和、乐都、互助、祁连、门源及柴达木等地	1900～3350
5			山杨	*Populus davidiana*	尖扎、泽库、西宁、大通、湟中、循化、乐都、民和、祁连、门源	2000～3000
6		柳属	洮河柳	*Salix taoensis*	玉树、囊谦、班玛、久治及海西、海南、西宁、海东和海北等地	2200～4100
7			乌柳	*Salix cheilophila*	玉树、曲麻莱、班玛、同仁及海西、海南、西宁、海东和海北等地	1550～4500
8			旱柳	*Salix matsudana*	班玛、尖扎、同仁、西宁、循化、湟中、柴达木盆地	1650～3600
9			沙柳	*Salix psammophila*	班玛、尖扎、同仁、西宁、循化、湟中、柴达木盆地	
10			川滇柳	*Salix rehderiana*	玉树、班玛、玛沁及黄南、海西、海南、西宁、海东和海北等地	2300～3750
11			高山柳	*Salix cupularis*	玉树、班玛、玛沁及黄南、海西、海南、西宁、海东和海北等地	2540～4000
12			山生柳	*Salix oritrepha*	除海西州沙漠地区和可可西里地区以外的全省各地	2100～4700
13	蓼科	酸模属	水生酸模	*Rumex aquaticus*	玛沁、同仁、泽库、河南、兴海、同德、刚察、海晏、西宁、大通、湟中、乐都、互助	2100～3800

（续）

序号	科	属	种		分布区域	分布海拔（米）
			中文名	拉丁名		
14	蓼科	酸模属	巴天酸模	*Rumex patientia*	囊谦、玉树、玛沁、同仁、泽库、都兰、兴海、同德、西宁、大通、循化、民和等地区	2200～3600
15			皱叶酸模	*Rumex crispus*	尖扎、泽库、同仁、泽库、都兰、门源、西宁以及海东各县	2000～3000
16			酸模	*Rumex acetosa*	囊谦、玉树、班玛、久治、同仁、泽库、河南、同德、大通等地区	2800～4200
17		蓼属	两栖蓼	*Polygonum amphibium*	河南、西宁和湟源	2300～3400
18			硬毛蓼	*Polygonum hookeri*	玉树、果洛、黄南州及兴海县	3400～4600
19			柔毛蓼	*Polygonum pilosum*	治多、囊谦、玉树、班玛、久治、玛沁、同仁、泽库、河南、大通、民和、互助等县	
20			西伯利亚蓼	*Polygonum sibiricum*	青海各州县	1800～4600
21			细叶西伯利亚蓼	*Polygonum sibiricum* var. *thomsonii*	曲麻莱、玛多、久治、格尔木、乌兰、兴海、共和、刚察、海晏和门源	2700～4500
22			珠芽蓼	*Polygonum viviparum*	青海各州县	2400～4200
23			细叶蓼	*Polygonum taquetii*	治多、曲麻莱、玉树、玛多、泽库、同仁、大柴旦、湟中和互助	2800～4700
24			萹蓄	*Polygonum aviculare*	杂多、囊谦、玉树、称多、久治、玛沁、尖扎、同仁、泽库、河南以及海南、海北、西宁、大通和海东地区各县	1700～3600
25			圆穗蓼	*Polygonum macrophyllum*	玉树、果洛、黄南、海南、海北州及海东市各县	3000～4800
26	藜科	猪毛菜属	柴达木猪毛菜	*Salsola zaidamica*	格尔木、德令哈、都兰	2800～3000
27			猪毛菜	*Salsola collina*	青海各州县	1700～4000
28		盐爪爪属	盐爪爪	*Kalidium foliatum*	格尔木、德令哈、都兰、大柴旦、乌兰	2700～3200
29		盐角草属	盐角草	*Salicornia europaea*	格尔木、德令哈、都兰、大柴旦、乌兰	2600～3000
30		碱蓬属	盐地碱蓬	*Suaeda salsa*	玛沁、共和(青海湖东边)、茫崖	2900～3800
31			平卧碱蓬	*Suaeda prostrata*	德令哈、大柴旦、都兰、乌兰、共和	2700～3220
32		藜属	藜	*Chenopodium album*	青海各州县	1700～4200
33			灰绿藜	*Chenopodium glaucum*	玉树、同仁、同德、泽库、共和、德令哈、都兰、乌兰、西宁及海东地区	
34		驼绒藜属	驼绒藜	*Ceratoides latens*	玉树、玛多、玛沁、同仁、泽库、河南、海西各县，共和、兴海、同德、门源、西宁、大通、循化、乐都、互助	2500～4500
35			垫状驼绒藜	*Ceratoides compacta*	曲麻莱、可可西里地区、玛多、格尔木、德令哈、大柴旦、祁连	4100～5000
36	石竹科	繁缕属	沼生繁缕	*Stellaria palustris*	民和	2300～2400
37		蝇子草属	麦瓶草	*Silene conoidea*	囊谦、玉树、西宁、大通、湟源、民和、互助	1900～3600
38	毛茛科	银莲花属	草玉梅	*Anemone rivularis*	玉树、治多、久治、大武、玛多、尖扎、同仁、泽库、河南、兴海、西宁	2300～3650
39			条裂银莲花	*Anemone trullifolia*	囊谦、玉树、班玛、玛沁、同仁、河南、大通、循化	2700～4400

（续）

序号	科	属	种		分布区域	分布海拔（米）
			中文名	拉丁名		
40	毛茛科	水毛茛属	水毛茛	*Batrachium bungei*	杂多、治多、玉树、玛多、久治、同仁、泽库、河南、大通、祁连	3000～4700
41			硬叶水毛茛	*Batrachium foeniculaceum*	大通	3000
42		驴蹄草属	花葶驴蹄草	*Caltha scaposa*	杂多、治多、玉树、称多、玛多、久治、同仁、湟中、互助	3400～4600
43		碱毛茛属	水葫芦苗	*Halerpestes cymbalaris*	德令哈、都兰、西宁、大通	2230～2900
44			长叶碱毛茛	*Halerpestes ruthenica*	青海各州县	
45			三裂碱毛茛	*Halerpestes tricuspis*	治多、玉树、久治、同仁、兴海、共和、西宁、大通、互助、门源	2230～4200
46		鸦跖花属	鸦跖花	*Oxygraphis glacialis*	曲麻莱、玉树、称多、玛多、久治、玛沁、同仁、泽库、兴海、大通、循化、互助、祁连、门源	2300～4850
47		毛茛属	茴茴蒜	*Ranunculus chinensis*	久治、尖扎、同仁、西宁、大通、循化、互助	2200～3800
48			叉裂毛茛	*Ranunculus furcatifidus*	贵德、门源	2500～2700
49			圆叶毛茛	*Ranunculus indivisus*	杂多、久治、尖扎、同仁	2800～4500
50			浮毛茛	*Ranunculus natans*	共和、大通	2460～3200
51			云生毛茛	*Ranunculus nephelogenes*	玉树、囊谦、玛多、久治、同仁、泽库、河南、西宁、大通、循化、互助	2210～4400
52			美丽毛茛	*Ranunculus pulchellus*	杂多、曲麻莱、囊谦、玉树、玛多、久治、玛沁、尖扎、泽库、河南、共和、兴海、西宁、循化、海晏、祁连	2700～4600
53			苞毛茛	*Ranunculus similis*	曲麻莱、囊谦、玉树、称多、治多(可可西里)、玛多	4200～5100
54			长茎毛茛	*Ranunculus longicaulis*	玉树、尖扎、泽库、河南、兴海、共和、西宁、大通、祁连	2400～3760
55			高原毛茛	*Ranunculus tanguticus*	曲麻莱、玉树、玛多、班玛、久治、玛沁、黄南州、天峻、兴海、西宁、海东、海晏、门源	2280～4400
56		唐松草属	箭头唐松草	*Thalictrum simplex*	西宁	2200
57			高山唐松草	*Thalictrum alpinum*	杂多、治多、曲麻莱、玉树、玛多、玛沁、共和、兴海、海晏、门源	2500～4700
58		金莲花属	矮金莲花	*Trollius chinensis*	治多、囊谦、玉树、玛多、玛沁、同仁、河南、乌兰、兴海、贵南、大通、湟源、乐都、互助、门源	2900～5200
59			小金莲花	*Trollius pumilus*	玉树、同仁、泽库、河南、循化、门源	2500～4200
60			青藏金莲花	*Trollius pumilus* var. *tanguticus*	杂多、囊谦、玉树、玛多、久治、尖扎、同仁、泽库、兴海、大通、循化、门源	2700～5200
61			德格金莲花	*Trollius pumilus* var. *tehkehensis*	囊谦	5200
62			金莲花	*Trollius taguticus*	西宁	
63			毛茛状金莲花	*Trollius ranunculoides*	玉树、同仁、大通、乐都、民和、互助	2500～3900

（续）

序号	科	属	种 中文名	种 拉丁名	分布区域	分布海拔（米）
64	毛茛科	铁线莲属	甘青铁线莲	*Clematis tangutica*	杂多、治多、曲麻莱、囊谦、玉树、玛多、班玛、玛沁、久治、黄南州、大柴旦、都兰、兴海、共和、贵南、西宁、海东市、海北州	2300～4280
65			短尾铁线莲	*Clematis brevicaudata*	尖扎、泽库、大通、湟中、循化	1850～3000
66		翠雀属	蓝翠雀花	*Delphinium caeruleum*	杂多、囊谦、玉树、久治、玛多、同仁、泽库、天峻、兴海、贵南、大通、湟源、湟源、湟中、循化	2700～4300
67	小檗科	小檗属	鲜黄小檗	*Berberis diaphana*	杂多、玉树、久治、玛沁、尖扎、同仁、泽库、河南、同德、贵德、大通、湟源、湟中、循化、乐都、民和、互助、门源	2395～3850
68			直穗小檗	*Berberis dasystachya*	玉树、尖扎、大通、湟源、湟中、平安、循化、乐都、民和、互助、同仁、泽库、门源	2500～3800
69	罂粟科	紫堇属	斑花黄堇	*Corydalis conspersa*	杂多、治多、囊谦、玉树、久治	3820～5300
70	十字花科	肉叶荠属	青海肉叶荠	*Braya kokonorica*		
71			红花肉叶荠	*Braya rosea*		
72		双脊荠属	双脊荠	*Dilophia fontana*	杂多、治多、曲麻莱、玉树、称多、玛沁、同仁、河南、贵德、门源、祁连、化隆、互助	3200～4800
73			盐泽双脊荠	*Dilophia salsa*	杂多、治多、曲麻莱、称多、玛多、玛沁、格尔木、天峻、兴海、祁连等	3300～4700
74		葶历属	蒙古葶苈	*Draba mongolica*	天峻、兴海、循化、互助、大通等县	2900～4100
75			毛果蒙古葶苈	*Draba mongolica* var. *trchocarpa*	兴海（河卡山）	3800
76			沼泽葶苈	*Draba rockii*	玉树、治多（可可西里）、及格尔木（昆仑山北坡西大滩）	4500～5100
77		独行菜属	心叶独行菜	*Lepidium cordatum*	柴达木盆地西北部（阿拉尔）	2950
78		焯菜属	沼生焯菜	*Rorippa islandica*	西宁、大通、乐都、民和等县	1800～2600
79		播娘蒿属	播娘蒿	*Descurainia sophia*	青海各州县	2100～4600
80	景天科	红景天属	四裂红景天	*Rhodiola quadrifida*	治多、曲麻莱、囊谦、玉树、称多、玛多、久治、玛沁、尖扎、泽库、河南、海西州、共和、贵南、湟中、乐都、互助、祁连、门源	2800～4800
81	虎耳草科	茶藨子属	美丽茶藨子	*Ribes alpester*	循化	2600
82		虎耳草属	黑虎耳草	*Saxifraga atrata*	玛多、同仁、乌兰、天峻、共和、大通、湟源、乐都、互助、祁连、门源	3000～3810
83			唐古特虎耳草	*Saxifraga tangutica*	玉树州、果洛州、尖扎、同仁、河南、乌兰、天峻、共和、兴海、大通、海东市、刚察、祁连、门源	2900～4600

（续）

序号	科	属	种 中文名	种 拉丁名	分布区域	分布海拔（米）
84	蔷薇科	绣线菊属	高山绣线菊	*Spiraea alpina*	囊谦、玉树、玛多、班玛、久治、玛沁、尖扎、同仁、泽库、河南、兴海、共和、同德、大通、湟中、海东市、海晏、祁连、门源	2900～4600
85			蒙古绣线菊	*Spiraea mongolica*	治多、曲麻莱、囊谦、玉树、称多、班玛、久治、尖扎、同仁、泽库、西宁、大通、湟源、湟中、平安、循化、乐都、民和、互助、门源	2100～4100
86		无尾果属	无尾果	*Coluria longifolia*	治多、曲麻莱、玉树、称多、玛多、久治、玛沁、泽库、河南、兴海、共和、大通、湟中、循化、互助、祁连、门源	2600～4850
87		委陵菜属	矮生多裂委陵菜	*Potentilla multifida.* var. *nubigena*	治多、曲麻莱、玉树、河南、格尔木、德令哈、都兰、乌兰、天峻、兴海、共和	3200～4200
88			窄裂委陵菜	*Potentilla angustiloba*	玛沁、兴海、都兰、大通、刚察、祁连	3000～3800
89			矮生二裂委陵菜	*Potentilla bifurca* var. *humilior*	治多、曲麻莱、囊谦、玉树、久治、玛沁、泽库、河南、格尔木、天峻、共和、西宁、刚察、门源	3200～4950
90			多头委陵菜	*Potentilla multiceps*	格尔木（西金乌兰）、冷湖（当金山）、乌兰	4000～4600
91			羽毛委陵菜	*Potentilla plumosa*	杂多、囊谦、玉树、久治、玛沁、同仁、泽库、兴海、同德、贵南、刚察、门源	3200～4050
92			鹅绒委陵菜	*Potentilla anserina*	青海各州县	1700～4400
93			钉柱委陵菜	*Potentilla saundersiana*	杂多、囊谦、玉树、玛多、久治、玛沁、尖扎、同仁、泽库、河南、德令哈、乌兰、天峻、兴海、共和、同德、贵德、西宁、大通、湟源、湟中、乐都、海晏、祁连、门源	2500～5400
94			二裂委陵菜	*Potentilla bifurca*	青海各州县	2080～4300
95			多裂委陵菜	*Potentilla multifida*	玉树、称多、尖扎、同仁、共和、贵德、西宁、大通、湟中、互助、乐都、祁连、门源	3200～4200
96			金露梅	*Potentilla fruticosa*	青海各州县	2500～4200
97			小叶金露梅	*Potentilla parvifolia*	青海各州县	2230～5000
98		沼委陵菜属	西北沼委陵菜	*Comarum salesovianum*	泽库、德令哈、大柴旦、乌兰、兴海、贵德、湟源、循化、民和、祁连、门源	1900～3700
99		草莓属	东方草莓	*Fragaria orientalis*	囊谦、玉树、班玛、玛沁、尖扎、同仁、泽库、河南、兴海、同德、西宁、大通、乐都、互助、祁连	2300～4100
100		鲜卑花属	窄叶鲜卑花	*Sibiraea angustata*	杂多、曲麻莱、囊谦、玉树、称多、班玛、久治、玛沁、同仁、泽库、河南、乌兰、共和、同德、大通、湟源、湟中、平安、乐都、互助、刚察、海晏、门源	2500～4300

（续）

序号	科	属	种 中文名	种 拉丁名	分布区域	分布海拔（米）
101	豆科	黄华属	胀果黄华	*Thermopsis inflata*	玉树、果洛、海南、海北	3200～4500
102			披针叶黄华	*Thermopsis lanceolata*	西宁、大通、海东市、海北、海西、海南、黄南、果洛、玉树	2200～3500
103		黄耆属	斜茎黄耆	*Astragalus adsurgens*	西宁、大通及海北、海东、海西、海南、黄南、果洛	1900～3600
104			多枝黄耆	*Astragalus polycladus*	青海各州县	1900～4550
105			长爪黄耆	*Astragalus hendersonii*	治多、玉树、玛沁、格尔木、共和、海晏	3200～5000
106			密花黄耆	*Astragalus densiflorus*	大通及海南、果洛、玉树	2900～4750
107		棘豆属	甘肃棘豆	*Oxytropis kansuensis*	青海各州县	2300～4600
108			宽苞棘豆	*Oxytropis latibracteata*	大通及海北、海东、黄南、海南、海西和玛沁、玛多、玉树、治多	2500～4500
109			镰形棘豆	*Oxytropis falcata*	杂多、曲麻莱、囊谦、玉树、称多、班玛、久治、玛沁、同仁、泽库、河南、乌兰、共和、同德、大通、湟源、湟中、平安、乐都、互助、刚察、海晏、门源	2700～4900
110			冰川棘豆	*Oxytropis glacialis*	玉树、玛多、格尔木、可可西里	4500～5200
111			黄花棘豆	*Oxytropis ochrocephala*	西宁、大通及海北、海东、海南、黄南、果洛、玉树和德令哈	2000～4300
112		甘草属	甘草	*Glycyrrhiza uralensis*	西宁、尖扎及海东、海南、海西	2100～2950
113		锦鸡儿属	短叶锦鸡儿	*Caragana brevifolia*	西宁、大通及海东市、黄南、海北、海南、果洛、玉树	2100～3800
114			鬼箭锦鸡儿	*Caragana jubata*	大通及海北、海东、黄南、海南、果洛、玉树	3000～4700
115		岩黄耆属	红花岩黄耆	*Hedysarum multijugum*	青海各州县	1800～3800
116	蒺藜科	白刺属	小果白刺	*Nitraria sibirica*	尖扎、格尔木、德令哈、冷湖、大柴旦、都兰、乌兰、共和、兴海、贵德、西宁、化隆、循化、乐都、民和	1850～3700
117			唐古特白刺	*Nitraria lygophyllaceae*	同仁、格尔木、德令哈、大柴旦、都兰、乌兰、共和、兴海、贵德、西宁、民和	1900～3500
118			大白刺	*Nitraria roborowskii*	格尔木、德令哈、茫崖、大柴旦、都兰、乌兰、贵德、贵南、西宁	2300～3300
119		骆驼蓬属	骆驼蓬	*Peganum harmala*	尖扎、同仁、乌兰、共和、贵德、西宁、循化、乐都、民和	1700～3900
120	水马齿科	水马齿属	沼生水马齿	*Callitriche palustris*	达日	4200～4600
121	大戟科	大戟属	大戟	*Euphorbia pekinensis*	杂多、曲麻莱、囊谦、玉树、称多、玛多、玛沁、尖扎、泽库、河南、格尔木、德令哈、兴海、共和、同德、贵南、刚察、祁连、门源	3200～4350

（续）

序号	科	属	种		分布区域	分布海拔（米）
			中文名	拉丁名		
122	大戟科	大戟属	青藏大戟	*Euphorbia altotibetica*	杂多、曲麻莱、囊谦、玉树、称多、玛多、玛沁、尖扎、泽库、河南、格尔木、德令哈、兴海、共和、同德、贵南、刚察、祁连、门源	3200～4350
123			泽漆	*Euphorbia helioscopia*	班玛、玛沁、尖扎、同仁、泽库、共和、西宁、大通、湟源、湟中、平安、循化、乐都、互助、刚察、祁连、海晏、门源	2200～3800
124	柽柳科	水柏枝属	匍匐水柏枝	*Myricaria prostrata*	玉树、玛多、门源、唐古拉南山及祁连山哈拉湖地区	3600～5000
125			具鳞水柏枝	*Myricaria squamosa*	玉树、果洛、黄南、海西、西宁、海北、海东	2200～4000
126			水柏枝	*Myricaria germanica*	玉树、果洛、黄南、海西、西宁、海北、海东	2200～4000
127		柽柳属	甘蒙柽柳	*Tamarix austromongolica*	海西、海南	
128			长穗柽柳	*Tamarix elongata*	格尔木、都兰	2700～2900
129			多枝柽柳	*Tamarix ramosissima*	格尔木、大柴旦、都兰	2700～2950
130			多花柽柳	*Tamarix hohenackeri*	格尔木、德令哈、都兰	2700～2900
131	堇菜科	堇菜属	鳞茎堇菜	*Vola bulbosa*	杂多、囊谦、久治、玛沁、同仁、泽库、河南、兴海、大通、乐都、民和、互助、刚察、门源	2560～4150
132	胡颓子科	沙棘属	西藏沙棘	*Hippophae thibetana*	玉树、黄南、海北、海东及大通	2800～5200
133			中国沙棘	*Hippophae rhamnoides*	青海各州县	1800～3800
134			肋果沙棘	*Hippophae neurocrpa*	囊谦、久治、河南、兴海、祁连	2940～4000
135	柳叶菜科	柳叶菜属	沼生柳叶菜	*Epilobium palustre*	治多、囊谦、玉树、称多、玛多、玛沁、河南、乌兰、共和、贵德、西宁、大通、湟中、平安、乐都、民和、互助、门源	
136	小二仙草科	狐尾藻属	穗状狐尾藻	*Myriophyllum spicatum*	玛多、久治、玛沁、河南、乌兰	2814～4600
137	杉叶藻科	杉叶藻属	杉叶藻	*Hippuris vulgaris*	囊谦、玉树、玛多、班玛、久治、玛沁、同仁、泽库、德令哈、乌兰、天峻、西宁、大通、互助、祁连、门源	2080～4600
138	伞形科	迷果芹属	迷果芹	*Sphallerocarpus gracili*	班玛、玛沁、尖扎、同仁、泽库、共和、都兰、乌兰、共和、贵德、贵南、西宁、大通、湟源、湟中、平安、循化、乐都、互助、刚察、祁连、海晏、门源	2200～3800
139	报春花科	海乳草属	海乳草	*Glaux maritima*	杂多、治多、囊谦、玉树、玛多、久治、尖扎、同仁、泽库、河南、格尔木、大柴旦、乌兰、共和、西宁、大通、民和、刚察、门源	2800～4500
140		报春花属	天山报春	*Primula nutans*	玉树、玛多、班玛、久治、玛沁、尖扎、同仁、泽库、格尔木、德令哈、天峻、兴海、共和、乐都、刚察、祁连、门源	2700～4500

（续）

序号	科	属	种		分布区域	分布海拔（米）
			中文名	拉丁名		
141	报春花科	报春花属	钟花报春	*Primula sikkimensis*	玉树、曲麻莱、囊谦、治多	3500～4200
142		点地梅属	唐古拉点地梅	*Androsace tanggulashanensis*	曲麻莱、格尔木（唐古拉山）、可可西里	5100～5500
143			西藏点地梅	*Androsace integra*	杂多、囊谦、称多、玛多、久治、玛沁、久治、同仁、泽库、都兰、乌兰、兴海、共和、同德、贵德、西宁、大通、湟源、循化、乐都、民和、互助、门源	2030～4500
144			垫状点地梅	*Androsace tapete*	杂多、玉树、治多、曲麻莱、玛多、玛沁、格尔木（唐古拉山）	3800～5200
145	龙胆科	喉毛花属	镰萼喉毛花	*Comastoma falcatum*	杂多、治多、曲麻莱、玉树、囊谦、称多、玛多、玛沁、班玛、泽库、都兰、乌兰、德令哈、兴海、共和、化隆、乐都、互助	3200～4850
146			长梗喉毛花	*Comastoma Pedunculatum*	曲麻莱、称多、泽库、河南、德令哈、可可西里、兴海、天峻、互助、祁连	
147		龙胆属	刺芒龙胆	*Gentiana aristata*	玉树、称多、杂多、玛沁、久治、同仁、泽库、河南、兴海、大通、湟源、化隆、循化、乐都、互助、祁连、门源	2900～4600
148			蓝灰龙胆	*Gentiana caerulo*	玉树、玛多、泽库	3400～4250
149			圆齿褶龙胆	*Gentiana crenulato*	称多、杂多、治多、玛多、玛沁、德令哈、可可西里、祁连	4000～5100
150			南山龙胆	*Gentiana grumii*	玉树、杂多、兴海、共和、刚察、门源	3200～4400
151			针叶龙胆	*Gentiana heleonastes*	玛沁、久治、河南	3800～4200
152			蓝白龙胆	*Gentiana leucomelaena*	玉树州及玛多、玛沁、同仁、泽库、河南、德令哈、茫崖、可可西里、兴海、共和、门源	2500～4600
153			假水生龙胆	*Gentiana pseudo～aquatica*	玉树、囊谦、称多、治多、杂多、曲麻莱、尖扎、同仁、泽库、化隆、兴海、共和、互助	2300～4600
154			岷县龙胆	*Gentiana purdomii*	玉树州及玛多、玛沁、班玛、久治、格尔木、循化	3500～5000
155			青藏龙胆	*Gentiana futtereri*	玛沁、兴海、泽库、河南	3200～4000
156			蓝玉簪龙胆	*Gentiana veitchiorum*	同仁、泽库、格尔木、兴海、共和、贵南、西宁、化隆、循化、乐都、互助、刚察、祁连	2200～4900
157			鳞叶龙胆	*Gentiana squarrosa*	同仁、泽库、格尔木、兴海、共和、贵南、西宁、化隆、循化、乐都、互助、刚察、祁连	2230～3600
158			达乌里秦艽	*Gentiana lhasica*	玛多、玛沁、同仁、泽库、德令哈、乌兰、共和、兴海、贵南、湟源、湟中、化隆、循化、乐都、互助、刚察、祁连、门源	2500～4300
159			麻花秦艽	*Gentiana straminea*	玉树州、玛多、玛沁、久治、同仁、泽库、河南、德令哈、都兰、兴海、共和、贵南、贵德、化隆、循化、湟源、大通、乐都、互助、门源、祁连	2600～4500

（续）

序号	科	属	种		分布区域	分布海拔（米）
			中文名	拉丁名		
160	龙胆科	扁蕾属	扁蕾	*Gentianopsis barbata*	玉树、囊谦、同仁、泽库、德令哈、都兰、乌兰、天峻、兴海、共和、贵德、大通、湟源、湟中、化隆、乐都、民和、门源	2700～4000
161			细萼扁蕾	*Gentianopsis barbata* var. *stenocalyx*	杂多、曲麻莱、玉树、囊谦、称多、玛多、玛沁、都兰、兴海、刚察、祁连	3700～4300
162			黄白扁蕾	*Gentianopsis barbata* var. *albo-flavida*	杂多、玉树、泽库、兴海、门源	3050～4200
163			湿生扁蕾	*Gentianopsis paludosa*	杂多、治多、曲麻莱、玉树、囊谦、称多、玛多、玛沁、班玛、久治、同仁、泽库、河南、乌兰、天峻、兴海、共和、贵德、大通、湟源、湟中、化隆、循化、乐都、民和、互助、刚察、海晏、祁连、门源	2400～4500
164		獐牙菜属	祁连獐牙菜	*Swertia pezewalskii*	祁连、门源	3200～4300
165	夹竹桃科	白麻属	大叶白麻	*Poacynum hendersonii*	乌兰、格尔木	2700～3100
166		罗布麻属	罗布麻	*Apocynum venetum*	格尔木、冷湖、大柴旦、茫崖	
167	紫草科	鹤虱属	蓝刺鹤虱	*Lappula consanguinea*	共和、都兰、香日德、德令哈、乐都、西宁	2600～3600
168	唇形科	独一味属	独一味	*Lamiophlomis rotata*	杂多、玉树、囊谦、称多、达日、玛沁、久治、河南、民和	3430～4300
169		薄荷属	薄荷	*Mentha haplocalyx*	同仁、西宁、湟源、乐都、循化、民和	1900～2600
170		香薷属	高原香薷	*Elsholtzia feddei*	治多、曲麻莱、囊谦、玉树、称多、同仁、泽库、同德、西宁、循化、民和、互助	2000～4100
171			密花香薷	*Elsholtzia densa*	青海各州县	1800～4100
172		青兰属	异叶青兰	*Dracocephalum heterophyllum*	青海各州县	2000～4700
173	茄科	枸杞属	黑果枸杞	*Lycium ruthenicum*	格尔木、德令哈、乌兰、都兰	2780～2960
174			宁夏枸杞	*Lycium barbarum*	玉树、尖扎、兴海、共和、贵南、西宁、循化、乐都、民和	1900～3450
175	玄参科	兔耳草属	圆穗兔耳草	*Lagotis ramalana*	囊谦、玉树、玛多、久治、玛沁、河南、同德	4100～5300
176			短穗兔耳草	*Lagotis brachystachya*	杂多、治多、曲麻莱、囊谦、玉树、称多、玛多、久治、玛沁、尖扎、同仁、泽库、河南、可可西里、天峻、兴海、共和、同德、贵南、西宁、湟源、刚察、祁连	2600～4400
177			全缘兔耳草	*Lagotis integra*	杂多、囊谦、玉树	4600～5600
178		水茫草属	水茫草	*Limosella aquatica*	大通	3000
179		马先蒿属	狭叶马先蒿	*Pedicularis heydei*	杂多、治多、囊谦、玉树、称多、久治、玛沁、天峻、兴海、同德、祁连	3350～4700

（续）

序号	科	属	种		分布区域	分布海拔（米）
			中文名	拉丁名		
180	玄参科	马先蒿属	毛颏马先蒿	*Pedicularis lasipohrys*	杂多、囊谦、玉树、玛多、久治、玛沁、同仁、泽库、天峻、兴海、共和、大通、湟中、乐都、祁连、门源	2500 ~ 4800
181			长花马先蒿	*Pedicularis longiflora*	天峻、兴海、共和、大通、循化、刚察、门源	2700 ~ 4100
182			斑唇马先蒿	*Pedicularis longiflora* var. *tubiformis*	杂多、治多、曲麻莱、囊谦、玉树、称多、玛多、达日、久治、玛沁、同仁、泽库、河南、德令哈、兴海、共和、同德、贵德、大通、乐都、互助、海晏、祁连、门源	2100 ~ 4800
183			华马先蒿	*Pedicularis oederi*	杂多、治多、曲麻莱、囊谦、玉树、称多、玛多、久治、玛沁、尖扎、同仁、泽库、可可西里、格尔木、德令哈、都兰、乌兰、天峻、兴海、共和、同德、贵德、大通、循化、乐都、互助、刚察、海晏、祁连、门源	2800 ~ 5085
184			大唇马先蒿	*Pedicularis rhinanthoides*	杂多、治多、曲麻莱、囊谦、玉树、称多、玛多、久治、玛沁、同仁、泽库、河南、格尔木、乌兰、天峻、兴海、大通、循化、互助、祁连、门源	2700 ~ 4800
185			青藏马先蒿	*Pedicularis przewalskii*	杂多、治多、曲麻莱、囊谦、玉树、称多、玛多、达日、玛沁、大通、兴海、乐都、互助	3400 ~ 4950
186			西藏马先蒿	*Pedicularis tibetica*	玉树、称多、玛多、河南、互助	3400 ~ 4500
187			红纹马先蒿	*Pedicularis striata*	循化、民和	1900 ~ 2500
188			甘肃马先蒿	*Pedicularis kansuensis*	青海各州县	2200 ~ 4600
189		细穗玄参属	细穗玄参	*Scrofella chinensis*	班玛、久治、玛沁、同仁、河南、平安、同德	3100 ~ 3900
190		婆婆纳属	北水苦荬	*Veronica anagallis*	玉树、称多、同仁、西宁、大通、湟源、湟中、民和、互助	2200 ~ 3900
191			长果婆婆纳	*Veronica ciliata*	德令哈	
192			丝梗婆婆纳	*Veronica filipes*	称多、泽库、河南、兴海、贵德、乌兰	3700 ~ 4350
193		肉果草属	兰石草	*Lancea tibetica*	青海各州县	2240 ~ 4400
194	狸藻科	狸藻属	狸藻	*Utricularia vulgaris*	共和（青海湖）、德令哈（可鲁克湖）、门源（苦海子）	2800 ~ 3400
195	车前科	车前属	大车前	*Plantago major*	同仁、共和、兴海、西宁、乐都、民和、贵南	1790 ~ 3200
196			平车前	*Plantago depressa*	杂多、囊谦、玉树、治多、曲麻莱、玛多、久治、玛沁、尖扎、同仁、河南、德令哈、都兰、共和、兴海、贵南、西宁、大通、湟中、循化、乐都、民和、互助、刚察、门源	2300 ~ 4100

（续）

序号	科	属	种		分布区域	分布海拔（米）
			中文名	拉丁名		
197	忍冬科	忍冬属	红脉忍冬	*Lonicera nervosa*	尖扎、同仁、泽库、湟源、大通、循化、乐都、民和、互助、门源、祁连	2200～3100
198			唐古特忍冬	*Lonicera tangutica*	玉树、班玛、尖扎、同仁、泽库、西宁、大通、循化、乐都、民和、互助、祁连、门源	2450～3750
199			刚毛忍冬	*Lonicera hispida*	杂多、治多、曲麻莱、囊谦、玉树、称多、班玛、玛沁、久治、尖扎、同仁、泽库、乌兰、兴海、共和、大通、湟源、平安、循化、乐都、民和、互助、祁连、门源	2400～2800
200	菊科	香青属	乳白香青	*Anaphalis lactea*	班玛、玛沁、尖扎、同仁、泽库、共和、都兰、乌兰、共和、贵德、贵南、西宁、大通、湟源、湟中、平安、循化、乐都、互助、刚察、祁连、海晏、门源	2600～4700
201		垂头菊属	褐毛垂头菊	*Cremanthodium brunneo-piloesum*	玉树、治多、曲麻莱、玛多、玛沁、达日、久治、同仁、泽库、河南	3300～4400
202			车前状垂头菊	*Cremanthodium ellisii*	青海各州县	3500～4900
203			矮垂头菊	*Cremanthodium humile*	青海各州县	3500～4900
204			条叶垂头菊	*Cremanthodium lineare*	玛多、玛沁、达日、久治、泽库、河南、兴海、共和、门源	3100～4500
205			狭舌垂头菊	*Cremanthodium stenoglossum*	称多	3700～4700
206		橐吾属	缘毛橐吾	*Ligularia liatroides*	玉树、囊谦、杂多、称多、久治	3700～4450
207			褐毛橐吾	*Ligularia purdomii*	久治、班玛	3600～3900
208			黄帚橐吾	*Ligularia virgaurea*	玉树、果洛、黄南、海南、海北等州	2700～4400
209			箭叶橐吾	*Ligularia sagitta*	囊谦、玛沁、德令哈、共和、兴海、同德、西宁、大通、循化、互助、门源、祁连	1950～3600
210		风毛菊属	达乌里风毛菊	*Saussurea davurica*	格尔木、大柴旦、都兰、乌兰、兴海、共和	2670～3600
211			红柄雪莲	*Saussurea erubescens*	玉树、称多、杂多、治多、玛沁、达日、泽库、兴海、共和	3150～4800
212			球苞雪莲	*Saussurea globosa*	玉树、囊谦、称多、玛多、玛沁、泽库、河南、兴海、共和、湟源、互助、祁连、门源	3160～4800
213			褐花雪莲	*Saussurea phaeantha*	称多、治多、玛多、玛沁、久治、泽库、河南、德令哈、乌兰、兴海、共和、湟中、化隆、循化、乐都、互助、祁连、门源	3300～4900
214			小风毛菊	*Saussurea pumila*	玉树、称多、治多、曲麻莱、玛多、玛沁、泽库、兴海	3600～4700
215			草甸雪兔子	*Saussurea thoroldii*	治多、玛多、德令哈、兴海、共和、祁连、刚察	3150～4750
216			星状雪兔子	*Saussurea stella*	玉树、囊谦、称多、杂多、曲麻莱、玛多、玛沁、久治、泽库、河南、共和、互助、刚察、祁连、门源	2450～4500

（续）

序号	科	属	种		分布区域	分布海拔（米）
			中文名	拉丁名		
217	菊科	风毛菊属	草甸雪兔子	*Saussurea thoroldii*	治多、玛多、德令哈、兴海、共和、祁连、刚察	3150～4750
218			河源风毛菊	*Saussurea tibetica*	称多、杂多、治多、曲麻莱、玛多、玛沁、河南、兴海	3400～4700
219			碱地风毛菊	*Saussurea runcinata*	德令哈	2800
220			盐地风毛菊	*Saussurea salsa*	德令哈	2800
221			鼠曲风毛菊	*Saussurea gnaphalodes*	治多、玛多、德令哈、兴海、共和、祁连、刚察	3150～4750
222			披针叶风毛菊	*Saussurea souliei*	治多、玛多、久治、泽库、兴海、循化、乐都、互助、祁连	3500～4900
223			针叶风毛菊	*Saussurea subulata*	治多、曲麻莱、玛多、玛沁、可可西里、德令哈、乌兰	3600
224			草地风毛菊	*Saussurea amara*	西宁、湟中	2230～2500
225			卵叶风毛菊	*Saussurea ovata*	囊谦、杂多、治多、曲麻莱	4300～4600
226			美丽风毛菊	*Saussurea superba*	玉树、囊谦、称多、治多、杂多、曲麻莱、玛多、玛沁、班玛、久治、泽库、河南、德令哈、天峻、兴海、共和、乐都、互助、刚察、祁连、门源	2850～4600
227			中亚风毛菊	*Saussurea spseudosalsa*	格尔木、诺木洪	2700～2800
228		黄鹌菜属	无茎黄鹌菜	*Youngia simulatrix*	玉树、囊谦、杂多、治多、曲麻莱、称多、玛多、同仁、泽库、河南、天峻、都兰、共和、贵南、乐都、门源、祁连、刚察	3100～4400
229		火绒草属	矮火绒草	*Leontopodium nanum*	玉树、囊谦、称多、杂多、治多、曲麻莱、玛多、达日、玛沁、久治、尖扎、同仁、泽库、可可西里、乌兰、天峻、共和、贵南、互助、刚察、门源	3200～5000
230			火绒草	*Leontopodium leontopodioides*	同仁、泽库、德令哈、香日德、乌兰、兴海、共和、西宁、循化、乐都、民和、互助、门源	1700～3600
231			弱小火绒草	*Leontopodium pusilum*	玉树、囊谦、称多、杂多、治多、玛沁、格尔木、可可西里、德令哈、乌兰、兴海、祁连	3600～5000
232		千里光属	天山千里光	*Senecio tianschanicus*	玉树、玛沁、班玛、久治、泽库、河南、兴海、共和、大通、乐都、互助	
233			北千里光	*Senecio dubitabilis*	尖扎、同仁、格尔木、德令哈、乌兰、大通、互助、祁连	2450～2900
234		蒿属	黄花蒿	*Artemisia annua*	同仁、同德、西宁、乐都	2230～3100
235			牛尾蒿	*Artemisia subdigitata*	班玛、同仁、泽库、河南、兴海、共和、同德、大通、循化、乐都、互助	2200～3800
236			臭蒿	*Artemisia hedinii*	青海各州县	2700～4700
237		亚菊属	细叶亚菊	*Ajania tenuifolia*	玉树、囊谦、称多、玛多、玛沁、班玛、久治、尖扎、同仁、泽库、河南、都兰、天峻、兴海、共和、贵南、湟源、大通、循化、乐都、互助、祁连、门源	3000～4500

（续）

序号	科	属	种		分布区域	分布海拔（米）
			中文名	拉丁名		
238	菊科	小苦荬属	窄叶小苦荬	*Lxeridium gramineum*	玉树、称多、囊谦、玛沁、尖扎、同仁、泽库、兴海、共和、贵德、贵南、同德、西宁、湟源、大通、湟中、循化、乐都、民和、互助	1850～3900
239		蓟属	藏蓟	*Cirsium lanatum*	同仁、泽库、德令哈、格尔木、都兰、乌兰、兴海、共和、循化、民和、刚察	1800～3290
240		蒲公英属	蒲公英	*Taraxacum mongolicum*	青海各州县	2080～4000
241			川藏蒲公英	*Taraxacum maurocarpum*	玉树、杂多、久治、同仁、泽库、河南、天峻、共和、兴海、互助、门源、刚察	2500～4100
242			亚洲蒲公英	*Taraxacum leucanthum*	青海各州县	2600～4800
243		苦苣菜属	苦苣菜	*Sonchus oleraceus*	玉树、玛沁、久治、同仁、兴海、贵南、都兰、西宁、乐都、大通	2230～3450
244			苣荬菜	*Sonchus arvensis*	青海各州县	2000～4000
245		牛蒡属	牛蒡	*Arctium lappa*	同仁、尖扎、西宁、乐都、民和、循化	1800～2500
246		狗娃花属	阿尔泰狗娃花	*Heteropappus altaicus*	青海各州县	1800～4150
247			青藏狗娃花	*Heteropappus bowerii*	治多、玛多、可可西里、祁连	3600～4700
248		苍耳属	苍耳	*Xanthium sibiricum*	青海各州县	1800～3700
249	香蒲科	香蒲属	长苞香蒲	*Typha angustata*		
250			香蒲	*Typha orientalis*		
251			达香蒲	*Typha davidiana*		
252			无苞香蒲	*Typha laxmannii*	尖扎、德令哈、都兰、共和、湟中、循化、乐都、互助	2200～2800
253			宽叶香蒲	*Typha latifolia*		
254			小香蒲	*Typha minima*		
255			水烛	*Typha angustifolia*		
256	眼子菜科	眼子菜属	浮叶眼子菜	*Potamogeton natans*	西宁	2300
257			穿叶眼子菜	*Potamogeton perfoliatus*	玛多、德令哈、乌兰	2700～4500
258			篦齿眼子菜	*Potamogeton pectinatus*	青海各州县	2800～3300
259		川蔓藻属	川蔓藻	*Ruppia maritima*	青海湖	3300
260		角果藻属	角果藻	*Zannichellia pedunculata*	乌兰、青海湖、湟中、民和	2200～3300
261	水麦冬科	水麦冬属	海韭菜	*Triglochin maritimum*	青海各州县	2200～4300
262			水麦冬	*Triglochin palustre*	青海各州县	2200～4300
263	泽泻科	泽泻属	草泽泻	*Alisma gramineum*	德令哈（可鲁克湖）	2800
264			泽泻	*Alisma plantago-aquatica*	玛沁、青海湖、互助	2200～4500
265		慈姑属	野慈姑	*Saqittaria trifolia*	西宁、大通、平安	2300
266	禾本科	看麦娘属	苇状看麦娘	*Alopecurus arundinaceus*	西宁、门源	2250～2800
267		芮草属	芮草	*Beckmannia syzigachne*	玉树、班玛、河南、德令哈、天峻、兴海、共和、西宁、大通、乐都、民和、互助、刚察、门源	2225～3600

（续）

序号	科	属	种		分布区域	分布海拔（米）
			中文名	拉丁名		
268	禾本科	拂子茅属	拂子茅	*Calamagrostis epigeios*	共和、西宁	2300～3200
269			短芒拂子茅	*Calamagrostis hedinii*	玉树、乌兰、西宁	2230～4200
270			假苇拂子茅	*Calamagrostis pseudophragmites*	囊谦、玉树、尖扎、泽库、河南、格尔木、德令哈、都兰、乌兰、兴海、同德、贵德、西宁、大通、湟源、民和、互助、乐都、祁连、门源	1650～3900
271		沿沟草属	沿沟草	*Catabrosa aquatica*	玉树、称多、玛多、久治、乌兰、共和、西宁、大通、祁连、门源	2230～4000
272		稗属	稗	*Echinochloa crusgall*	共和、西宁	2225～2520
273			无芒稗	*Echinochloa Crusgall* var. *mitis*	西宁、共和、乐都	2200～2600
274		芦苇属	芦苇	*Phragmites australis*	班玛、同仁、泽库、共和、兴海、贵德、贵南、西宁、大通、循化、格尔木、德令哈、都兰、乌兰、天峻	2000～3200
275		棒头草属	长芒棒头草	*Polypogon monspeliensis*	格尔木、德令哈、都兰、乌兰、兴海、贵德、贵南、西宁、循化、乐都、民和、互助	1800～3050
276		碱茅属	星星草	*Puccienllia tenuiflora*	都兰、共和、兴海、同德、贵南、西宁、民和、刚察、海晏	1850～4000
277		冰草属	冰草	*Agropyron cristatum*	玛多、格尔木、德令哈、都兰、乌兰、兴海、共和、贵南、西宁、刚察、祁连、门源	2800～4500
278		早熟禾属	波伐早熟禾	*Poa poophagorum*	杂多、治多、久治、玛沁、同仁、泽库、格尔木、德令哈、都兰、乌兰、天峻、兴海、共和、刚察、祁连、门源	2800～4810
279			高原早熟禾	*Poa alpigena*	治多、囊谦、玉树、玛多、尖扎、同仁、天峻、兴海、西宁、乐都、民和、互助、刚察、海晏、门源	2230～4350
280			冷地早熟禾	*Poa crymophila*	青海各州县	2300～4300
281			胎生早熟禾	*Poa vivipara*	杂多、治多、曲麻莱、囊谦、玉树、称多、玛多、久治、玛沁、同仁、泽库、河南、兴海、乐都、祁连、门源	2650～5100
282			早熟禾	*Poa annua*	治多、囊谦、称多、久治、同仁、泽库、河南、兴海、湟中、乐都、互助	2800～4350
283			草地早熟禾	*Poa pratensis*	杂多、囊谦、玉树、玛多、尖扎、同仁、泽库、格尔木、都兰、兴海、西宁、大通、循化、乐都、民和、互助、刚察、祁连、门源	2080～4300
284		扇穗茅属	扇穗茅	*Littledalea racemosa*	曲麻莱、玉树、称多、玛多、玛沁、格尔木、都兰、贵德、湟源、祁连、门源	2700～4900
285		针茅属	紫花针茅	*Stipa purpurea*	玉树、囊谦、称多、杂多、治多、曲麻莱、玛多、玛沁、天峻、都兰、乌兰、同仁、泽库、兴海、共和、贵南、刚察、门源、祁连、乐都	2700～4700

（续）

序号	科	属	种		分布区域	分布海拔（米）
			中文名	拉丁名		
286	禾本科	狗尾草属	狗尾草	*Setaria viridis*	玉树、称多、玛沁、尖扎、同仁、兴海、共和、贵德、贵南、西宁、化隆、循化、乐都、民和	1800 ~ 3600
287		芨芨草属	芨芨草	*Achnatherum splendens*	囊谦、玉树、称多、玛多、玛沁、尖扎、同仁、泽库、格尔木、大柴旦、都兰、乌兰、天峻、兴海、共和、同德、贵南、西宁、乐都、民和、刚察、海晏、祁连、门源、循化	1900 ~ 4100
288		赖草属	羊草	*Leymus chinensis*	兴海	2700
289			赖草	*Leymus secalinus*	青海各州县	1900 ~ 4300
290			宽穗赖草	*Leymus ovatus*	都兰、共和、同德、刚察、祁连	2800 ~ 3650
291		披碱草属	披碱草	*Elymus dahuricus*	青海各州县	1800 ~ 4100
292			垂穗披碱草	*Elymus nutans*	青海各州县	2600 ~ 4900
293			直穗披碱草	*Elymus geminatus*	青海各州县	
294		落草属	落草	*Koeleria cristata*	青海各州县	2320 ~ 4000
295		茅香属	光稃香草	*Hierochloe glabra*	囊谦、玉树、玛沁、尖扎、泽库、共和、西宁、大通、刚察	2200 ~ 3800
296	莎草科	扁穗草属	内蒙古扁穗草	*Blysmus rnfus*	柴达木、共和(青海湖)、刚察	2900 ~ 3000
297			华扁穗草	*Blysmus sinocompressus*	青海各州县	1900 ~ 4200
298		薹草属	北疆薹草	*Carex arcatica*	共和、互助	2680 ~ 3250
299			绿穗薹草	*Carex chlorostachys*	互助、民和、同仁、门源	1900 ~ 3100
300			无脉薹草	*Carex enervis*	杂多、囊谦、玉树、玛多、兴海、互助	2500 ~ 4500
301			箭叶薹草	*Carex ensifolia*	玉树、称多、大柴旦、大通	2680 ~ 3250
302			小钩毛薹草	*Carex microglochin*	玉树、大柴旦(巴嘎柴达木湖)	3160 ~ 4200
303			青藏薹草	*Carex moorcroftii*	青海各州县	3600 ~ 4400
304			木里薹草	*Carex muliensis*	玉树、久治	3950 ~ 4200
305			圆囊薹草	*Carex orbicularis*	治多、共和、西宁、互助	2800 ~ 4100
306			小薹草	*Carex parva*	玉树	4200
307			红棕薹草	*Carex przewalskii*	杂多、治多、玉树、玛多、德令哈、天峻、尖扎、同仁、泽库、河南、兴海、共和、同德、贵德、贵南、刚察、海晏、祁连、门源	2500 ~ 4500
308			无味薹草	*Carex pseudofoetida*	治多(可可西里)、囊谦、玉树、同德、互助、刚察(青海湖)	3200 ~ 5000
309			甘肃薹草	*Carex kansuensis*	青海各州县	2700 ~ 4500
310			黑褐薹草	*Carex atrofusca*	青海各州县	2600 ~ 5000
311			粗喙薹草	*Carex scabrirostris*	杂多、治多、曲麻莱、玉树、玛多、玛沁、尖扎、同仁、泽库、兴海、大通、湟源、乐都、民和、祁连、门源	2600 ~ 4500
312			异穗薹草	*Carex heterostachya*		

（续）

序号	科	属	种		分布区域	分布海拔（米）
			中文名	拉丁名		
313	莎草科	薹草属	团穗薹草	*Carex agglomerata*	互助、大通、门源、民和、乐都	1900～3000
314			细叶薹草	*Carex duriusata* subsb. *stenophylloides*		
315		荸荠属	阔基荸荠	*Eleocharis ahnorma*		
316			硬秆荸荠	*Eleocharis callosa*		
317			耳海荸荠	*Eleocharis erhaiensis*	共和（青海湖）	3300
318			扁基荸荠	*Eleocharis fennica*	德令哈（可鲁克湖）	3100
319			似扁基荸荠	*Eleocharis fennica* var. *sareptana*	共和（青海湖）	3300
320			无刚毛荸荠	*Eleocharis glabella*	共和（青海湖）	3300
321			中间型荸荠	*Eleocharis intersita*	都兰、乌兰、天峻、格尔木、德令哈、兴海、共和（青海湖）	2800～3800
322			郭氏荸荠	*Eleocharis kuoi*		
323			怪基荸荠	*Eleocharis paradoxa*		
324			本兆荸荠	*Eleocharis penchaoi*	共和（青海湖）	3300
325			青海荸荠	*Eleocharis qinghaiensis*	共和（青海湖）	3300
326			卵穗荸荠	*Eleocharis soloniensis*	玉树	2500～3600
327			单鳞苞荸荠	*Eleocharis uniglumis*	民和	1900
328			具刚毛荸荠	*Eleocharis valleculosa*	都兰、乌兰、天峻、格尔木、德令哈	2800
329		嵩草属	甘肃嵩草	*Kobresia kansuensis*	玉树、囊谦、称多、杂多、治多、曲麻莱、久治、玛沁、同仁、泽库、河南、同德	3500～4800
330			喜马拉雅嵩草	*Kobresia royleana*	青海各州县	2800～4650
331			西藏嵩草	*Kobresia tibetica*	杂多、治多（可可西里）、曲麻莱、囊谦、玛多、玛沁、泽库、柴达木、乌兰、兴海、共和、互助、刚察、祁连、门源	2550～4950
332			矮生嵩草	*Kobresia humilis*	杂多、玉树、玛多、玛沁、泽库、德令哈、都兰、天峻、兴海、共和、贵南、乐都、互助、刚察、门源	2500～4700
333			高山嵩草	*Kobresia pygmaea*	青海各州县	3200～4800
334			禾叶嵩草	*Kobresia graminifolia*	玛沁、河南、乐都	3600～4600
335			大花嵩草	*Kobresia macrantha*	玉树、治多（可可西里）、共和、贵南、互助、刚察、门源	2500～4800
336			线叶嵩草	*Kobresia capillifolia*	青海各州县	2490～4700
337			藏北嵩草	*Kobresia littledalei*	杂多、曲麻莱、囊谦、玉树、玛多、治多（可可西里）	3150～5500
338		藨草属	双柱头藨草	*Scirpus distigmaticus*	玉树、囊谦、称多、杂多、治多、曲麻莱、久治、玛沁、尖扎、同仁、泽库、兴海、大通、民和、共和（青海湖）、祁连、门源	2550～4600

（续）

序号	科	属	种 中文名	种 拉丁名	分布区域	分布海拔（米）
339	莎草科	藨草属	细秆藨草	*Scirpus setaceus*	玉树、称多、贵德、西宁、民和、循化、共和(青海湖)、门源	1900～3900
340			球穗藨草	*Scirpus strobilinus*	格尔木、德令哈、托素湖、乌兰	2670～2900
341			水葱	*Scirpus validus*	格尔木、共和(青海湖)、贵德	2740～3200
342	天南星科	菖蒲属	菖蒲	*Acorus calamus*	循化、民和	2200～2500
343	浮萍科	浮萍属	浮萍	*Lemna minor*	化隆、循化、民和	2200～2800
344			品萍	*Lemna trisulca*	德令哈(尕海)、循化、乐都、民和	2200～2800
345		紫萍属	紫萍	*Spirodela polyrrhiza*	化隆、循化、民和	2200～2800
346	灯心草科	灯心草属	葱状灯心草	*Juncus allioides*	囊谦、班玛、同仁、大通、平安、互助、祁连	2800～3800
347			小灯心草	*Juncus bufonius*	青海各州县	2200～4400
348			小花灯心草	*Juncus articulatus*	西宁	2300
349			栗花灯心草	*Juncus castaneus*	玛沁、同仁、泽库、天峻、兴海、共和、贵南、西宁、大通、湟源、湟中、平安、化隆、循化、乐都、民和、互助、刚察、海晏、祁连、门源	3500～4500
350			雅灯心草	*Juncus concinnus*		
351			灯心草	*Juncus effuses*	循化、乐都、民和、互助	2100～2300
352			细灯心草	*Juncus gracillimus*	德令哈、西宁	2300～2800
353			喜马拉雅灯心草	*Juncus himalensis*		
354			川甘灯心草	*Juncus leucanthus*	玉树、河南、泽库、互助	3500～4800
355			长苞灯心草	*Juncus leucomelas*	囊谦、称多、班玛、久治	3200～4200
356			多花灯心草	*Juncus modicus*	互助	2800
357			长柱灯心草	*Juncus przewalskii*	囊谦、玛沁、同仁、同德、互助、门源	3200～4200
358			假栗花灯心草	*Juncus pseudocastaneus*	杂多、玉树、久治、玛沁、同仁、天峻、兴海、共和、互助、祁连	3200～4300
359			枯灯心草	*Juncus sphacelatus*	玛沁	4300
360			展苞灯心草	*Juncus thomsonii*	杂多、治多、曲麻莱、囊谦、玉树、称多、玛多、达日、班玛、贵德、久治、玛沁、尖扎、同仁、泽库、河南、天峻、兴海、共和、同德、贵德、贵南、西宁、大通、湟源、湟中、平安、化隆、循化、乐都、民和、互助、刚察、海晏、祁连、门源	3200～4200
361			贴苞灯心草	*Juncus triglumis*	大通、平安、互助、祁连	3200～3800
362	百合科	天门冬属	西北天门冬	*Asparagus persicus*	乌兰、德令哈、大柴旦、冷湖	2800～3500
363		葱属	蒙古韭	*Allium mongolicum*	德令哈、都兰	2820～2900
364			碱韭	*Allium polyrhizum*	德令哈、都兰、乌兰、共和、贵德、湟源、互助、刚察、海晏	2700～3800

（续）

序号	科	属	种		分布区域	分布海拔（米）
			中文名	拉丁名		
365	鸢尾科	鸢尾属	马蔺	*Iris lactea* var. *chinensis*	青海各州县	2200～4900
366			鸢尾	*Iris tectorum*	西宁、大通、湟中、化隆、循化、民和、乐都、格尔木	
367	兰科	角盘兰属	裂瓣角盘兰	*Herminium alaschanicum*	囊谦、玉树、玛沁、同仁、河南、兴海、共和、同德、贵南、大通、湟中、乐都、互助、刚察、海晏、祁连、门源	2600～4300
368			角盘兰	*Herminium monorchi*	囊谦、玉树、玛沁、同仁、泽库、河南、兴海、同德、贵德、大通、湟源、湟中、民和、互助、祁连、门源	2300～4500
369		绶草属	绶草	*Spiranthes sinensis*	西宁、大通、湟源、湟中、循化、乐都、民和、互助、门源	1900～2260

附录2　青海湿地调查区域动物名录

序号	目	科	种	
			中文名	拉丁名
(一)鱼类				
1	鲤形目	鲤科	青鱼	*Mylopharyngodon piceus*
2			草鱼	*Ctenopharyngodon idellus*
3			黄河雅罗鱼	*Leuciscus chuanchicus*
4			大刺鲄	*Acanthogobio guentheri*
5			黄河鲄	*Gobio huanghensis*
6			麦穗鱼	*Pseudorasbora parva*
7			䱗鲦	*Hemiculter leucisculus*
8			团头鲂	*Megalobrama amblycephala*
9			鳙鱼	*Aristichthys nobilis*
10			鲢	*Hypophthalmichthy molitrix*
11			鲤鱼	*Cyprinus carpio*
12			鲫鱼	*Carassius auratus*
13			长丝弓鱼	*Racoma dolichonema*
14			齐口弓鱼	*Racoma prenanti*
15			硬刺弓鱼	*Racoma scleracantha*
16			光唇弓鱼	*Racoma lissolabiatus*
17			澜沧弓鱼	*Racoma lantsangensis*
18			裸腹叶须鱼	*Ptychobarbus kaznakovi*
19			厚唇裸重唇鱼	*Gymnodiptychus pachycheilus*
20			花斑裸鲤	*Gymnocypris eckloni eckloni*
21			青海湖裸鲤	*Gymnocypris przewalskii przewalskii*
22			斜口裸鲤	*Gymnocypris eckloni scoliostomus*
23			黄河裸裂尻鱼	*Schizopygopsis pylzovi*
24			前腹裸裂尻鱼	*Schizopygopsis anteroventris*
25			软刺裸裂尻鱼	*Schizopygopsis malacanthus malacanthus*
26			大渡裸裂尻鱼	*Malacanthus malacanthus chengi*
27			热裸裂尻鱼	*Schizopygopsis thermalis*
28			小头裸裂尻鱼	*Schizopygopsis microcephalus*
29			骨唇黄河鱼	*Chuanchia labiosa*
30			柴达木裸裂尻鱼	*Schizopygopsis kessleri*
31			极边扁咽齿鱼	*Platypharodon extremus*
32		鳅科	长蛇高原鳅	*Triplophysa longianguis*
33			麻尔柯河高原鳅	*Triplophysa markehenensis*

（续）

序号	目	科	种	
			中文名	拉丁名
34	鲤形目	鳅科	拟硬鳍高原鳅	*Triplophysa pseudoscleroptera*
35			硬刺高原鳅	*Triplophysa scleroptera*
36			巩乃斯高原鳅	*Triplophysa kungessana*
37			长鳍高原鳅	*Triplophysa longianguis*
38			细尾高原鳅	*Triplophysa stenura*
39			黄河高原鳅	*Triplophysa pappenheimi*
40			拟鲶高原鳅	*Triplophysa siluroides*
41			甘肃高原鳅	*Triplophysa robusta*
42			短尾高原鳅	*Triplophysa brevviuda*
43			厚尾高原鳅	*Tripiophysa crassicauda*
44			细体高原鳅	*Tripiophysa leptosoma*
45			小眼高原鳅	*Tripiophysa microps*
46			圆腹高原鳅	*Triplophysa rotundiventris*
47			唐古拉高原鳅	*Triplophysa tanggulaensis*
48			背斑高原鳅	*Triplophysa dorsonotata*
49			隆头高原鳅	*Triplophysa alticeps*
50			软口高原鳅	*Triplophysa chondrostoma*
51			北方花鳅	*Cobitis granoci*
52	鲇形目	鲶科	兰州鲶	*Silurs lanzhouensis*
53		鮡科	黄石爬鮡	*Euchiloglanis kishinouyei*
54			中华鮡	*Pareuchiloglanis sinensi*
55			细尾鮡	*Pareuchiloglanis gracilicaudata*
56	鲑形目	鲑科	川陕哲罗鲑	*Hucho bleekeri*
57			虹鳟	*Oncorhynchus mykiss*
58			金鳟	*Oncorhynchus mykiss*
59		胡瓜鱼科	池沼公鱼	*Hypomesus oridus*
（二）两栖类				
1	有尾目	小鲵科	西藏山溪鲵	*Batrachuperus tibetanus*
2		隐鳃鲵科	大鲵	*Andrias davidianus*
3	无尾目	锄足蟾科	西藏齿突蟾	*Scutiger boulengeri*
4			刺胸齿突蟾	*Scutiger mammatus*
5		蟾蜍科	中华蟾蜍岷山亚种	*Bufo gargarizans minshanicus*
6			西藏蟾蜍	*Bufo tibetanus*
7			花背蟾蜍	*Bufo raddei*
8		蛙科	中国林蛙	*Rana chensinensis*
9			倭蛙	*Nanorana pleskei*
10			高原林蛙	*Rana kukunoris*

（续）

序号	目	科	种	
			中文名	拉丁名
(三)鸟类				
1	䴙䴘目	䴙䴘科	小䴙䴘	*Tachybaptus ruficollis*
2			黑颈䴙䴘	*Podiceps nigricollis*
3			凤头䴙䴘	*Podiceps cristatus*
4			角䴙䴘	*Podiceps auritus*
5	鹈形目	鹈鹕科	白鹈鹕	*Pelecanus onocrotalus*
6		鸬鹚科	[普通]鸬鹚	*Phalacrocorax carbo*
7	鹳形目	鹭科	苍鹭	*Ardea cinerea*
8			大白鹭	*Egretta alba*
9			中白鹭	*Egretta intermedia*
10			小白鹭	*Egretta garzetta*
11			夜鹭	*Nycticorax nycticorax*
12			牛背鹭	*Bubulcus ibis*
13			池鹭	*Ardeola bacchus*
14		鹳科	黑鹳	*Ciconia nigra*
15		红鹳科	大红鹳	*Phoenicopterus roseus*
16	雁形目	鸭科	鸿雁	*Anser cygnoides*
17			豆雁	*Anser fabalis*
18			灰雁	*Anser anser*
19			白额雁	*Anser albifrons*
20			斑头雁	*Anser indicus*
21			大天鹅	*Cygnus cygnus*
22			疣鼻天鹅	*Cygnus olor*
23			赤麻鸭	*Tadorna ferruginea*
24			翘鼻麻鸭	*Tadorna tadorna*
25			斑嘴鸭	*Anas poecilorhyncha*
26			赤膀鸭	*Anas strepera*
27			绿翅鸭	*Anas crecca*
28			绿头鸭	*Anas platyrhynchos*
29			赤颈鸭	*Anas penelope*
30			针尾鸭	*Anas acuta*
31			白眉鸭	*Anas querquedula*
32			琵嘴鸭	*Anas clypeata*
33			赤嘴潜鸭	*Netta rufina*
34			红头潜鸭	*Aythya ferina*
35			白眼潜鸭	*Aythya nyroca*

（续）

序号	目	科	种	
			中文名	拉丁名
36	雁形目	鸭科	凤头潜鸭	*Aythya fuligula*
37			斑背潜鸭	*Aythya marila*
38			鹊鸭	*Bucephala clangula*
39			白秋沙鸭	*Mergellus albellus*
40			红胸秋沙鸭	*Mergellus serrator*
41			斑头秋沙鸭	*Mergellus albellus*
42			普通秋沙鸭	*Mergu merganse*
43			罗纹鸭	*Ansa falcata*
44	隼形目	鹰科	鸢	*Milvus Korschun*
45			大鵟	*Buteo hemilasius*
46			金雕	*Aquila chrysaetos*
47			白肩雕	*Aquila heliaco*
48			草原雕	*Aquila rapax*
49			玉带海雕	*Haliaeetus leucoryphus*
50		隼科	红隼	*Falco tinnunculus*
51	鹤形目	秧鸡科	黑水鸡	*Gallinula chloropus*
52			白骨顶	*Fulica atra*
53		鹤科	黑颈鹤	*Grus nigricollis*
54			蓑羽鹤	*Anthropoides virg*
55			灰鹤	*Grus grus*
56	鸻形目	鸻科	凤头麦鸡	*Vanellus vanellus*
57			长嘴剑鸻	*Charadrius placidus*
58			金眶鸻	*Charadrius dubius*
59			环颈鸻	*Charadrius alexandrinus*
60			蒙古沙鸻	*Charadrius mongolus*
61			铁嘴沙鸻	*Charadrius leschenaul*
62			金[斑]鸻	*Pluvialis fulva*
63			剑鸻	*Charadrius hiaticdus*
64		鹬科	翘嘴鹬	*Xenus cinereus*
65			孤沙锥	*Gallinago solitaria*
66			林鹬	*Tringa glareola*
67			白腰草鹬	*Tringa ochropus*
68			红腰杓鹬	*Numenius madagascariensis*
69			黑尾塍鹬	*Limosa limosa*
70			白腰杓鹬	*Numenius arquata*
71			青脚鹬	*Tringa nebularia*

（续）

序号	目	科	种	
			中文名	拉丁名
72	鸻形目	鹬科	半蹼鹬	*Limnodromus semipalmatus*
73			扇尾沙锥	*Gallinago gallinago*
74			长趾滨鹬	*Calidris subminuta*
75			红腹滨鹬	*Calidris canutus*
76			翻石鹬	*Arenaria interpres*
77			矶鹬	*Actitis hypoleucos*
78			红脚鹬	*Tringa totanus*
79			鹤鹬	*Tringa erythropus*
80			泽鹬	*Tringa stagnatilis*
81			小青脚鹬	*Tringa guttifer*
82			灰尾漂鹬	*Heterosecelus brevipes*
83			青脚滨鹬	*Calidris temminckii*
84			尖尾滨鹬	*Calidris acuminata*
85			黑腹滨鹬	*Calidris alpina*
86			阔嘴鹬	*Limicola falcinellus*
87			流苏鹬	*Philomachus pugnax*
88		瓣蹼鹬科	红颈瓣蹼鹬	*Phalaropus lobatus*
89			灰瓣蹼鹬	*Phalaropus fulicarius*
90		燕鸻科	普通燕鸻	*Glareola maldivarum*
91		反嘴鹬科	反嘴鹬	*Recurvirostra avoetta*
92	鸥形目	鸥科	黄脚银鸥	*Larus cachinnans*
93			鱼鸥	*Larus ichthyaetus*
94			棕头鸥	*Larus brunnicephalus*
95			楔尾鸥	*Rhodostethia rosea*
96		燕鸥科	普通燕鸥	*Sterna hirundo*
97			白翅浮鸥	*Chlidonias leucoptera*
98	雀形目	百灵科	长嘴百灵	*Melanocorypha maxima*
99			角百灵	*Eremophila alpestris*
100			凤头百灵	*Galerida cristata*
101			小云雀	*Alauda gulgula*
102		鹡鸰科	黄鹡鸰	*Motacilla flava*
103			黄头鹡鸰	*Motacilla citreola*
104			灰鹡鸰	*Motacilla citreola*
105			白鹡鸰	*Motacilla alba*
106			田鹨	*Anthus novaeseelandiae*
107			灰鹨	*Anthus melindae*

（续）

序号	目	科	种	
			中文名	拉丁名
108	雀形目	鹡鸰科	水鹨	*Anthus spinoletta*
109			平原鹨	*Anthus campestris*
110			布莱氏鹨	*Anthus godlewskill*
111			理氏鹨	*Anthus richardi*
112		河乌科	河乌	*Cinclus cinclus*
113			褐河乌	*Cinclus pallasii*
114		鹟科	白顶溪鸲	*Chaimarrornis leucocephalus*
115			红尾水鸲	*Rhyacornis fuliyinosus*
116			灰头鸫	*Turdus rubrocanus*
117			红喉姬鹟	*Ficedula palva*
118		雀科	大朱雀	*Carpodacus rubicilla*
119	佛法僧目	翠鸟科	普通翠鸟	*Alcedo atthis*
（四）哺乳类				
1	食虫目	鼩鼱科	斯氏水麝鼩	*Chimarrogale styani*
2			蹼麝鼩	*Nectogale elegans*
3	食肉目	鼬科	水獭	*Lutra lutra*
4	奇蹄目	马科	藏野驴	*Equus kiang*
5	偶蹄目	鹿科	水鹿	*Cervus unicolor*
6		牛科	藏原羚	*Procapara picticaudata*
7			藏羚	*Pantholops hodgsonii*
8			野牦牛	*Bos mutus*
9	啮齿目	松鼠科	喜玛拉雅旱獭	*Marmota himalayana*
10		仓鼠科	藏仓鼠	*Cricetulus kamensis*
11		田鼠科	青海田鼠	*Microtus fuscus*
12			根田鼠	*Microtus oeconomus*
13			麝鼠	*Ondara zibethicus*
14	兔形目	兔科	高原兔	*Lepus oiostolus*

附录3　青海重点调查湿地概况

青海省重点调查湿地包括已建立的国际重要湿地，拟建设的国家重要湿地和涉及湿地的自然保护区，以及建立的湿地公园。重点湿地是青海湿地资源分布的精华，具有重要的生态价值、科学研究价值和促进社会发展的经济价值。目前，青海高原湿地资源得到越来越多的社会公众关注，得到国家重视。

1. 青海湖鸟岛国际重要湿地

青海湖鸟岛国际重要湿地范围面积5.36万公顷，湿地面积为4.05万公顷，主要湿地类型为湖泊湿地和沼泽湿地(湖泊为咸水)。地理坐标为东经99°35～99°57′，北纬36°52′～37°08′；位于共和县和刚察县内。

湿地高等植物2门11科14属25种。

湿地植被划分为1个植被型组，3个植被型，11个群系。

湿地脊椎动物4纲15目31科129种。其中，鱼类1目2科8种，两栖类1目2科2种，鸟类10目24科112种，哺乳类3目3科7种。

国家重点保护野生动物32种。其中，国家Ⅰ级保护野生动物3种，国家Ⅱ级保护野生动物29种。在国家重点保护野生动物中，湿地鸟类11种，其中国家Ⅰ级保护鸟类1种，国家Ⅱ级保护鸟类9种。

于1975年建立省级自然保护区，1997年晋升为国家级自然保护区，受青海省人民政府管理，成立了青海湖国家级自然保护区管理局。

主要受到人为活动的威胁。

2. 扎陵湖国际重要湿地

扎陵湖国际重要湿地范围面积5.26万公顷，湿地面积为5.26万公顷，主要湿地类型为湖泊湿地(湖泊为淡水)。地理坐标为东经97°02′～97°27′，北纬34°48′～35°01′；位于玛多县和曲麻莱县内。

湿地高等植物1门3科4属4种。

湿地植被划分为1个植被型组，2个植被型，2个群系。

湿地脊椎动物3纲8目10科14种。其中，鱼类1目1科4种，鸟类3目5科6种，哺乳类4目4科4种。

国家重点保护野生动物2种。其中，国家Ⅰ级保护野生动物2种，在国家重点保护野生动物中，湿地鸟类1种，其中国家Ⅰ级保护鸟类1种。

于2000年建立省级自然保护区，2003年晋升为国家级自然保护区，受青海省野生动植物保护与自然保护区管理局管理。

主要受到人为活动和自然灾害的威胁。

3. 鄂陵湖国际重要湿地

鄂陵湖国际重要湿地范围面积6.11万公顷，湿地面积为6.11万公顷，主要湿地类型为湖泊湿地(湖泊为淡水)。地理坐标为东经97°31′~97°54′，北纬34°46′~35°04′；位于玛多县内。

湿地高等植物1门3科4属4种。

湿地植被划分为1个植被型组，2个植被型，2个群系。

湿地脊椎动物3纲8目10科14种。其中，鱼类1目1科4种，鸟类3目5科6种，哺乳类4目4科4种。

国家重点保护野生动物2种。其中，国家Ⅰ级保护野生动物2种，在国家重点保护野生动物中，湿地鸟类1种，其中国家Ⅰ级保护鸟类1种。

于2000年建立省级自然保护区，2003年晋升为国家级自然保护区，受青海省野生动植物保护与自然保护区管理局管理。

主要受到人为活动和自然灾害的威胁。

4. 玛多湖国家重要湿地

玛多湖国家重要湿地范围面积7.97万公顷，湿地面积为2.11万公顷，主要湿地类型为沼泽湿地和湖泊湿地(湖泊为淡水)。地理坐标为东经97°57′~98°22′，北纬34°38′~34°57′；位于玛多县内。

湿地高等植物1门9科10属15种。

湿地植被划分为3个植被型组，3个植被型，5个群系。

湿地脊椎动物3纲11目16科27种。其中，鸟类6目7科17种，哺乳类4目5科5种，鱼类1目2科5种。

国家重点保护野生动物10种。其中，国家Ⅰ级保护野生动物4种，国家Ⅱ级保护野生动物6种。在国家重点保护野生动物中，湿地鸟类8种，其中，国家Ⅰ级保护鸟类3种，国家Ⅱ级保护鸟类5种。

于2000年建立省级自然保护区，2003年晋升为国家级自然保护区，受青海省三江源国家级自然保护区管理局管理。

主要受到过度放牧、沙化、人为活动等威胁。

5. 冬给措纳湖国家重要湿地

冬给措纳湖国家重要湿地范围面积3.86万公顷，湿地面积为3.05万公顷，主要湿地类型为湖泊湿地(湖泊为淡水)。地理坐标为东经98°21′~98°48′，北纬35°10′~35°23′；位于玛多县内。

湿地高等植物1门8科11属19种。

湿地植被划分为1个植被型组，2个植被型，2个群系。

湿地脊椎动物3纲9目12科21种。其中，鱼类1目1科2种，鸟类4目6科14种，哺乳类4目5科5种。

国家重点保护野生动物5种。其中，国家Ⅰ级保护野生动物3种，国家Ⅱ级保护野生动物2种。在国家重点保护野生动物中，湿地鸟类3种，国家Ⅰ级保护鸟类2种，国家Ⅱ级保护鸟类1种。

受玛多县人民政府管理。

主要受到过度放牧、人为活动等威胁。

6. 黄河源区岗纳格玛错国家重要湿地

黄河源区岗纳格玛错国家重要湿地范围面积2.54万公顷，湿地面积为1.50万公顷，主要湿地类型为沼泽湿地和湖泊湿地(湖泊为淡水)。地理坐标为东经98°28′~98°48′，北纬34°17′~34°29′；位于玛多县内。

湿地高等植物1门9科10属15种。

湿地植被划分为3个植被型组，3个植被型，5个群系。

湿地脊椎动物3纲11目16科27种。其中，鸟类6目7科17种，哺乳类4目5科5种，鱼类1目2科5种。

国家重点保护野生动物10种。其中，国家Ⅰ级保护野生动物4种，国家Ⅱ级保护野生动物6种。在国家重点保护野生动物中，湿地鸟类8种，国家Ⅰ级保护鸟类3种，国家Ⅱ级保护鸟类5种。

于2000年建立省级自然保护区，2003年晋升为国家级自然保护区，受青海省三江源国家级自然保护区管理局管理。

主要受到过度放牧、沙化等威胁。

7. 依然错国家重要湿地

依然错国家重要湿地范围面积49.30万公顷，湿地面积为8.67万公顷，主要湿地类型为河流湿地和沼泽湿地。地理坐标为东经93°26′~94°38′，北纬32°40′~33°46′；位于杂多县内。

湿地高等植物1门8科9属15种。

湿地植被划分为1个植被型组，1个植被型，1个群系。

湿地脊椎动物3纲11目17科30种。其中，鱼类1目1科4种，鸟类6目8科17种，哺乳类4目8科9种。

国家重点保护野生动物13种。其中，国家Ⅰ级保护野生动物5种，国家Ⅱ级保护野生动物8种。在国家重点保护野生动物中，湿地鸟类7种，其中国家Ⅰ级保护鸟类3种，国家Ⅱ级保护鸟类4种。

于2000年建立省级自然保护区，2003年晋升为国家级自然保护区，受青海省三江源国家级自然保护区管理局管理。

主要受到过度放牧、矿产资源开采等威胁。

8. 多尔改错国家重要湿地

多尔改错国家重要湿地范围面积7.84万公顷，湿地面积为2.82万公顷，主要湿地类型为湖泊湿地(湖泊为咸水)。地理坐标为东经91°49′~92°28′，北纬35°07′~35°19′；位于治多县内。

湿地高等植物1门2科4属6种。

湿地植被划分为1个植被型组，1个植被型，1个群系。

湿地脊椎动物3纲14目26科77种。其中，鱼类1目2科6种，鸟类9目20科66种，哺乳类4目4科5种。

国家重点保护野生动物10种。其中，国家Ⅰ级保护野生动物2种，国家Ⅱ级保护野生动物8种。在国家重点保护野生动物中，湿地鸟类7种，其中国家Ⅰ级保护鸟类2种，国家Ⅱ级保护鸟类5种。

于1995年建立省级自然保护区，1997年晋升为国家级自然保护区，受青海省三江源国家级自然保护区管理局管理。

主要受到盐碱化、沙化等威胁。

9. 库赛湖国家重要湿地

库赛湖国家重要湿地范围面积12.50万公顷，湿地面积为4.67万公顷，主要湿地类型为湖泊湿地(湖泊为淡水)。地理坐标为东经92°30′~93°09′，北纬35°33′~35°52′；位于治多县内。

湿地高等植物1门2科4属4种。

湿地植被划分为1个植被型组，1个植被型，1个群系。

湿地脊椎动物3纲14目26科77种。其中，鱼类1目2科6种，鸟类9目20科66种，哺乳类4目4科5种。

国家重点保护野生动物12种。其中，国家Ⅰ级保护野生动物4种，国家Ⅱ级保护野生动物8种。在国家重点保护野生动物中，湿地鸟类7种，其中国家Ⅰ级保护鸟类2种，国家Ⅱ级保护鸟类5种。

于1995年建立省级自然保护区，1997年晋升为国家级自然保护区，受玉树州人民政府管理。

主要受到盐碱化、沙化等威胁。

10. 卓乃湖国家重要湿地

卓乃湖国家重要湿地范围面积11.7万公顷，湿地面积为3.74万公顷，主要湿地类型为湖泊湿地(湖泊为咸水)。地理坐标为东经91°30′~92°09′，北纬35°24′~35°40′；位于治多县内。

湿地高等植物1门3科5属7种。

湿地植被划分为1个植被型组，1个植被型，1个群系。

湿地脊椎动物3纲14目26科77种。其中，鱼类1目2科6种，鸟类9目20科66种，哺乳类4目4科5种。

国家重点保护野生动物12种。其中，国家Ⅰ级保护野生动物4种，国家Ⅱ级保护野生动物8种。在国家重点保护野生动物中，湿地鸟类7种，其中国家Ⅰ级保护鸟类2种，国家Ⅱ级保护鸟类5种。

于1995年建立省级自然保护区，1997年晋升为国家级自然保护区，受青海省林业厅管理。

主要受到盐碱化、沙化等威胁。

11. 哈拉湖国家重要湿地

哈拉湖国家重要湿地范围面积12.53万公顷，湿地面积为6.70万公顷，主要湿地类型为湖泊湿地(湖泊为咸水)。地理坐标为东经97°22′~97°57′，北纬38°07′~38°32′；位于天峻县和德令哈市内。

湿地高等植物1门6科7属8种。

湿地植被划分为1个植被型组，1个植被型，2个群系。

湿地脊椎动物3纲8目10科13种。其中，鱼类1目1科1种，鸟类3目4科7种，哺乳类4目5科5种。

国家重点保护野生动物2种。其中，国家Ⅰ级保护野生动物1种，国家Ⅱ级保护野生动物1种。

受德令哈市林业局管理。

主要受到气候干旱的威胁。

12. 柴达木盆地中的湿地

柴达木盆地中的湿地范围面积14.11万公顷，湿地面积为14.11万公顷，主要湿地类型为湖泊湿地(湖泊为咸水)。地理坐标为东经92°56′~96°01′，北纬36°40′~38°03′；位于格尔木市、都兰县内。

湖泊湿地均为盐湖，湖泊内无高等植物分布。

湿地脊椎动物2纲8目8科13种。其中，鸟类6目6科10种，哺乳类2目2科3种。

国家重点保护野生动物4种。其中，国家Ⅱ级保护野生动物4种。在国家重点保护野生动物中，湿地鸟类4种，国家Ⅱ级保护鸟类4种。

受格尔木市人民政府和都兰县人民政府管理。

主要受到工业污染、盐湖资源开发、人为活动等威胁。

13. 尕斯库勒湖国家重要湿地

尕斯库勒湖国家重要湿地范围面积13.73万公顷，湿地面积为10.92万公顷，主要湿地类型为沼泽湿地和湖泊湿地(湖泊为咸水)。地理坐标为东经90°30′~91°11′，北纬37°56′~38°19′；位于茫崖行委。

湿地高等植物1门7科9属12种。

湿地植被划分为2个植被型组，2个植被型，4个群系。

湿地脊椎动物2纲6目6科7种。其中，鸟类4目4科5种，哺乳类2目2科2种。

国家重点保护野生动物1种。其中，国家Ⅱ级保护野生动物1种。在国家重点保护野生动物中，湿地鸟类1种，国家Ⅱ级保护鸟类1种。

受茫崖行委国土资源环境保护和林业局管理。

主要受到污染、人为活动、盐湖资源和石油资源开发等威胁。

14. 茶卡盐湖国家重要湿地

茶卡盐湖国家重要湿地范围面积3.11万公顷，湿地面积为2.19万公顷，主要湿地类型为湖泊湿地(湖泊为咸水)。地理坐标为东经98°55′~99°17′，北纬36°33′~36°50′；位于乌兰县和共和县内。

湿地高等植物1门7科14属15种。

湿地植被划分为1个植被型组，3个植被型，4个群系。

湿地脊椎动物4纲9目9科10种。其中，鱼类1目1科1种，爬行类1目1科1种，鸟类3目3科4种，哺乳类4目4科4种。

国家重点保护野生动物1种。其中，国家Ⅰ级保护野生动物1种。在国家重点保护野生动物中，湿地鸟类1种，国家Ⅱ级保护鸟类1种。

受乌兰县环保林业局管理。

主要受到过度放牧、工业污染、盐湖开采和人为活动等威胁。

15. 三江源国家级自然保护区

三江源国家级自然保护区范围面积1523.00万公顷，湿地面积为216.67万公顷，主要湿地类型为沼泽湿地。地理坐标为东经89°45′~102°23′，北纬31°39′~36°12′；位于玉树、果洛、海南、黄南四个藏族自治州的16个县和格尔木市的唐古拉乡。

保护区内高等植物1门87科474属2238种，湿地高等植物1门43科105属286种。

湿地植被划分为3个植被型组，5个植被型，30个群系。

湿地脊椎动物4纲19目36科167种。其中，鸟类10目21科98种，哺乳类6目9科14种，鱼类3目6科55种。

国家重点保护野生动物69种。其中，国家Ⅰ级保护野生动物16种，国家Ⅱ级保护野生动物53种；另外，还有省级保护野生动物32种。在国家重点保护野生动物中，湿地鸟类40种，国家Ⅰ级保护鸟类2种，国家Ⅱ级保护鸟类38种。

于2000年建立省级自然保护区，2003年晋升为国家级自然保护区，受青海省人民政府管理，成立青海三江源国家级自然保护区管理局。

主要受到沙化、过度放牧、资源开采、过度捕捞等威胁。

16 青海湖国家级自然保护区

青海湖国家级自然保护区湿地范围面积57.51万公顷，湿地面积为45.62万公顷，主要湿地类型为湖泊湿地(湖泊为咸水)。地理坐标为东经99°35′~100°50′，北纬36°31′~37°15′；位于海晏县、共和县和刚察县内。

湿地高等植物2门12科15属26种。

湿地植被划分为2个植被型组，4个植被型，12个群系。

湿地脊椎动物4纲15目31科129种。其中，鱼类1目2科8种，两栖类1目2科2种，鸟类10目24科112种，哺乳类3目3科7种。

国家重点保护野生动物32种。其中，国家Ⅰ级保护野生动物3种，国家Ⅱ级保护野生动物29种。在国家重点保护野生动物中，湿地鸟类11种，其中国家Ⅰ级保护鸟类1种，国家Ⅱ级保护鸟类9种。

于1975年建立省级自然保护区，1997年晋升为国家级自然保护区，受青海省人民政府管理。成立青海湖国家级自然保护区管理局。

主要受到污染、过度捕捞、沙化、人为活动等威胁。

17. 青海隆宝国家级自然保护区

隆宝国家级自然保护区湿地范围面积1万公顷，湿地面积为0.34万公顷，主要湿地类型为湖泊湿地和沼泽湿地(湖泊为淡水)。地理坐标为东经96°25′~96°37′，北纬33°08′~33°14′；位于玉树县内。

湿地高等植物1门8科9属11种。

湿地植被划分为1个植被型组，2个植被型，3个群系。

湿地脊椎动物2纲10目12科21种。其中，鸟类6目7科14种，哺乳类4目5科7种。

国家重点保护野生动物9种。其中，国家Ⅰ级保护野生动物3种，国家Ⅱ级保护野生动物6种。在国家重点保护野生动物中，湿地鸟类7种，其中国家Ⅰ级保护鸟类3种，国家Ⅱ级保护鸟类4种。

于1984年建立省级自然保护区，1986年晋升为国家级自然保护区，受玉树州林业局管理，成立青海隆宝国家级自然保护区管理站。

主要受到过度放牧的威胁。

18. 青海可可西里国家级自然保护区

青海可可西里国家级自然保护区范围面积450.00万公顷，湿地面积为60.51万公顷，主要湿地类型为沼泽湿地和湖泊湿地(湖泊主要为咸水，部分湖泊为淡水)。地理坐标为东经89°25′~94°05′，北纬34°19′~36°16′；位于治多县内。

保护区内高等植物1门30科102属214种，湿地高等植物1门6科8种。

湿地植被划分为1个植被型组，1个植被型，1个群系。

湿地脊椎动物3纲18目30科94种。其中，鸟类11目20科66种，哺乳类5目8科12种，鱼类1目2科6种。

国家重点保护野生动物12种。其中，国家Ⅰ级保护野生动物4种，国家Ⅱ级保护野生动物8种。在国家重点保护野生动物中，湿地鸟类7种，国家Ⅰ级保护鸟类2种，国家Ⅱ级保护鸟类5种。

于1995年建立省级自然保护区，1997年晋升为国家级自然保护区，受玉树州人民政府管理，成立青海可可西里国家级自然保护区管理局。

主要受到非法狩猎、沙化、盐碱化等威胁。

19. 青海大通北川河源区国家级自然保护区

青海大通北川河源区国家级自然保护区范围面积10.79万公顷，湿地面积为0.15万公顷，主要湿地类型为河流湿地。地理坐标为东经100°51′~101°56′，北纬36°51′~37°23′；位于西宁市大通县。

湿地高等植物1门13科13属15种。

湿地植被划分为3个植被型组，3个植被型，4个群系。

湿地脊椎动物4纲17目36科111种。其中，鱼类1目2科10种，鸟类9目22科87种，哺乳类4目7科8种，两栖类3目5科6种。

国家重点保护野生动物5种。其中，国家Ⅰ级保护野生动物2种，国家Ⅱ级保护野生动物3种。在国家重点保护野生动物中，湿地鸟类5种，其中国家Ⅰ级保护鸟类2种，国家Ⅱ级保护鸟类3种。

于2005年建立省级自然保护区，2013年晋升为国家级，受大通县林业局管理，成立青海大通北川河源区管理局。

主要受气候干旱的威胁。

20. 青海可鲁克湖－托素湖省级自然保护区

青海可鲁克湖－托素湖省级自然保护区范围面积11.50万公顷，湿地面积为6.29万公顷，主要湿地类型为湖泊湿地(可鲁克湖为淡水、托素湖为咸水)。地理坐标为东经96°44′~97°25′，北纬37°01′~37°21′；位于德令哈市内。

湿地高等植物1门9科12属12种。

湿地植被划分为2个植被型组，3个植被型，8个群系。

湿地脊椎动物4纲15目31科116种。其中，鱼类1目4科12种，鸟类9目20科94种，哺乳类4目6科9种，两栖类1目1科1种。

国家重点保护野生动物19种。其中，国家Ⅰ级保护野生动物4种，国家Ⅱ级保护野生动物15种。在国家重点保护野生动物中，湿地鸟类13种，其中国家Ⅰ级保护鸟类3种，国家Ⅱ级保护鸟类10种。

于2000年建立省级自然保护区，受德令哈市林业局管理，成立青海可鲁克湖－托素湖自然保护区管理局。

主要受到沙化、盐碱化、过度放牧、人为活动等威胁。

21. 祁连山省级自然保护区

祁连山省级自然保护区范围面积79.44万公顷，湿地面积为13.37万公顷，主要湿地类型为沼泽湿地。地理坐标为东经96°46′~102°41′，北纬37°03′~39°12′；位于门源县、祁连县、天峻县、德令哈市。

保护区内高等植物3门68科257属616种，湿地高等植物1门13科19属24种。

湿地植被划分为3个植被型组，5个植被型，15个群系。

湿地脊椎动物4纲17目30科87种。其中，鱼类1目2科7种，鸟类8目17科65种，哺乳类5目8科12种，两栖类3目3科3种。

国家重点保护野生动物10种。其中，国家Ⅰ级保护野生动物4种，国家Ⅱ级保护野生动物6种。在国家重点保护野生动物中，湿地鸟类6种，其中国家Ⅰ级保护鸟类3种，国家Ⅱ级保护鸟类3种。

于2005年建立省级自然保护区，受青海省林业厅管理。

主要受过度放牧的威胁。

22. 贵德黄河清国家级湿地公园

贵德黄河清国家级湿地公园范围面积0.45万公顷，湿地面积为0.26万公顷，主要湿地类型为河流湿地和沼泽湿地。地理坐标为东经101°16′~101°35′，北纬36°01′~36°08′；位于贵德县内。

湿地高等植物1门10科13属14种。

湿地植被划分为3个植被型组，3个植被型，5个群系。

湿地脊椎动物4纲14目19科28种。其中，鱼类1目5科8种，鸟类9目10科13种，哺乳类3目3科5种，两栖类1目1科2种。

国家重点保护野生动物5种。其中，国家Ⅰ级保护野生动物3种，国家Ⅱ级保护野生动物2种。在国家重点保护野生动物中，湿地鸟类3种，其中国家Ⅱ级保护鸟类3种。

于2007年建立国家级湿地公园，受贵德县林业局管理，成立青海贵德黄河清湿地公园管理处。

主要受污染、人为活动等威胁。

23. 河南洮河源国家级湿地公园

洮河源国家级湿地公园范围面积3.84万公顷，湿地面积为1.38万公顷，主要湿地类型为沼泽湿地。地理坐标为东经101°57′~102°06′，北纬34°12′~34°32′；位于河南县内。

园区内高等植物1门44科120属324种，湿地高等植被1门18科34属43种。

湿地脊椎动物4纲13目20科36种。其中，鱼类1目3科5种，鸟类7目10科22种，哺乳类4目4科5种，两栖类1目3科4种。

国家重点保护野生动物30种。其中，国家Ⅰ级保护野生动物11种，国家Ⅱ级保护野生动物19种。省级重点保护野生动物25种。在国家重点保护野生动物中，湿地鸟类5种，其中国家Ⅰ级保护鸟类2种，国家Ⅱ级保护鸟类3种。

于2014年建立国家级湿地公园，受河南县环保林业局管理，成立洮河源国家湿地公园管理局。

主要受污染、人为活动等威胁。

24. 西宁湟水国家级湿地公园

西宁湟水国家级湿地公园范围面积508.70公顷，湿地面积为241.41公顷，主要湿地类型为河流湿地。地理坐标为东经101°37′~101°54′，北纬36°33′~36°44′；位于西宁市内。

园区内高等植物3门33科82属103种，湿地高等植被1门10科18属31种。

湿地脊椎动物3纲7目11科31种。其中，鱼类1目2科8种，鸟类6目7科19种，两栖类1目2科4种。

国家重点保护野生动物19种。其中，国家Ⅰ级保护野生动物3种，国家Ⅱ级保护野生动物16种。省级重点保护野生动物4种。在国家重点保护野生动物中，湿地鸟类4种，其中国家Ⅰ级保护鸟类3种，国家Ⅱ级保护鸟类1种。

于2014年建立国家级湿地公园，受西宁市林业局管理。

主要受污染、人为活动等威胁。

25. 龙羊峡水库湿地

龙羊峡水库湿地范围面积3.89万公顷，湿地面积为3.89万公顷，主要湿地类型为人工库塘。地理坐标为东经100°17′~100°55′，北纬35°45′~36°12′；位于共和县、贵南县、兴海县。

湿地高等植物1门4科4属4种。

湿地植被划分为1个植被型组，1个植被型，1个群系。

湿地脊椎动物4纲15目39科46种。其中，鱼类3目5科11种，鸟类7目16科22种，哺乳类3目6科8种，两栖类2目4科5种。

国家重点保护野生动物8种。其中，国家Ⅱ级保护野生动物8种。在国家重点保护野生动物中，湿地鸟类5种，其中国家Ⅱ级保护鸟类5种。

记录到外来动物物种1门1纲1目1科1种。其中，脊椎动物1纲1目1科1种，鱼类1目1科1种。

水域受海南州人民政府管理，电站受黄河上游水电开发有限责任公司管理。

主要受农业发展、人为活动等威胁。

26. 拉西瓦水库湿地

拉西瓦水库湿地范围面积706.22公顷，湿地面积为706.22公顷，主要湿地类型为人工库塘。地理坐标为东经100°59′~101°10′，北纬36°02′~36°07′；位于贵德县和贵南县。

湿地高等植物1门4科4属4种。

湿地植被划分为1个植被型组，1个植被型，1个群系。

湿地脊椎动物4纲15目38科44种。其中，鱼类3目5科11种，鸟类7目16科22种，哺乳类3目5科7种，两栖类2目4科4种。

国家重点保护野生动物8种。其中，国家Ⅱ级保护野生动物8种。在国家重点保护野生动物中，湿地鸟类5种，其中国家Ⅱ级保护鸟类5种。

水域受海南州人民政府管理，电站受黄河上游水电开发有限责任公司管理。

主要受农业发展、人为活动等威胁。

27. 李家峡水库湿地

李家峡水库湿地范围面积0.29万公顷，湿地面积为0.29万公顷，主要湿地类型为人工库塘。

地理坐标为东经101°41′~101°48′，北纬36°06′~36°10′；位于化隆县和尖扎县。

湿地高等植物1门3科3属3种。

湿地植被划分为1个植被型组，1个植被型，1个群系。

湿地脊椎动物4纲15目38科44种。其中，鱼类3目5科11种，鸟类7目16科22种，哺乳类3目5科7种，两栖类2目4科4种。

国家重点保护野生动物8种。其中，国家Ⅱ级保护野生动物8种。在国家重点保护野生动物中，湿地鸟类5种，其中国家Ⅱ级保护鸟类5种。

水域受海南州和黄南州人民政府管理，电站受黄河上游水电开发有限责任公司管理。

主要受农业发展、人为活动等威胁。

28. 康杨水库湿地

康杨峡水库湿地范围面积636.27公顷，湿地面积为636.27公顷，主要湿地类型为人工库塘。地理坐标为东经101°48′~101°56′，北纬36°03′~36°07′；位于化隆县和尖扎县。

湿地高等植物1门3科3属3种。

湿地植被划分为1个植被型组，1个植被型，1个群系。

湿地脊椎动物4纲15目38科44种。其中，鱼类3目5科11种，鸟类7目16科22种，哺乳类3目5科7种，两栖类2目4科4种。

国家重点保护野生动物8种。其中，国家Ⅱ级保护野生动物8种。在国家重点保护野生动物中，湿地鸟类5种，其中国家Ⅱ级保护鸟类5种。

水域受海南州和黄南州人民政府管理，电站受黄河上游水电开发有限责任公司管理。

主要受农业发展、人为活动等威胁。

29. 公伯峡水库湿地

公伯峡水库湿地范围面积0.23万公顷，湿地面积为0.23万公顷，主要湿地类型为人工库塘。地理坐标为东经101°57′~102°13′，北纬35°48′~36°03′；位于化隆县、尖扎县和循化县。

湿地高等植物1门3科3属4种。

湿地植被划分为1个植被型组，1个植被型，1个群系。

湿地脊椎动物4纲15目39科53种。其中，鱼类3目5科17种，鸟类7目16科22种，哺乳类3目6科8种，两栖类2目4科6种。

国家重点保护野生动物8种。其中，国家Ⅱ级保护野生动物8种。在国家重点保护野生动物中，湿地鸟类5种，其中国家Ⅱ级保护鸟类5种。

水域受海南州、黄南州、海东市人民政府管理，电站受黄河上游水电开发有限责任公司管理。

主要受农业发展、人为活动等威胁。

30. 苏志水库湿地

苏志水库湿地范围面积587.96公顷，湿地面积为587.96公顷，主要湿地类型为人工库塘。

地理坐标为东经 102°13′~102°20′，北纬 35°51′~35°52′；位于化隆县和循化县。

湿地高等植物2门4科5属5种。

湿地植被划分为1个植被型组，2个植被型，3个群系。

湿地脊椎动物4纲15目39科46种。其中，鱼类3目5科11种，鸟类7目16科22种，哺乳类3目6科8种，两栖类2目4科5种。

国家重点保护野生动物8种。其中，国家Ⅱ级保护野生动物8种。在国家重点保护野生动物中，湿地鸟类5种，其中国家Ⅱ级保护鸟类5种。

记录到外来动物物种1门1纲1目1科1种。其中，鱼类1目1科1种。

水域受海东市人民政府管理，电站受黄河上游水电开发有限责任公司管理。

主要受农业发展、人为活动等威胁。

31. 积石峡水库湿地

积石峡水库湿地范围面积342.69公顷，湿地面积为342.69公顷，主要湿地类型为人工库塘。地理坐标为东经 102°29′~102°42′，北纬 35°49′~35°51′；位于民和县和循化县。

湿地高等植物1门6科6属7种。

湿地植被划分为1个植被型组，1个植被型，3个群系。

湿地脊椎动物4纲15目39科53种。其中，鱼类3目5科17种，鸟类7目16科22种，哺乳类3目6科8种，两栖类2目4科6种。

国家重点保护野生动物8种。其中，国家Ⅱ级保护野生动物8种。在国家重点保护野生动物中，湿地鸟类5种，其中国家Ⅱ级保护鸟类5种。

水域受海东市人民政府管理，电站受黄河上游水电开发有限责任公司管理。

主要受人为活动的威胁。

32. 黑泉水库湿地

黑泉水库湿地范围面积467.47公顷，湿地面积为467.47公顷，主要湿地类型为人工库塘。地理坐标为东经 100°52′~101°39′，北纬 36°55′~37°32′；位于大通县内。

湿地高等植物2门7科7属9种。

湿地植被划分为1个植被型组，1个植被型，1个群系。

湿地脊椎动物4纲13目15科23种。其中，鱼类1目2科5种，鸟类6目6科10种，哺乳类5目5科6种，两栖类1目2科2种。

国家重点保护野生动物4种。其中，国家Ⅱ级保护野生动物4种。在国家重点保护野生动物中，湿地鸟类2种，其中国家Ⅱ级保护鸟类2种。

受青海省水利厅管理，成立黑泉水库管理处。

主要受工业污染的威胁。

参考文献

[1]安树青．湿地生态工程——湿地资源利用与保护的优化模式[M]．北京：化学工业出版社，2003.

[2]白军红，王庆改．中国湿地生态威胁及其对策[J]．水土保持研究，2003，10(4)：247~249.

[3]白军红．中国高原湿地(神奇多彩的中国湿地)[M]．北京：中国林业出版社，2008.

[4]白磊．基于小流域的青藏高原湿地变迁及其机理研究[D]．长春：吉林大学，2010.

[5]包云，马广仁．中国湿地报告[M]．北京：中国林业出版社，2012.

[6]鲍达明，谢屹．构建中国湿地生态效益补偿制度的思考[J]．湿地科学，2007，5(2)：128~131.

[7]曹泊，王杰．遥感技术在现代冰川变化研究中的应用[J]．遥感技术与应用，2011，26(1)：52~59.

[8]曹生奎，谭红兵，王小梅，等．青藏高原湿地保护与开发利用模式初探[J]．干旱区资源与环境，2005，19(4)：109~113.

[9]陈锋，康世昌，张拥军，等．纳木错流域冰川和湖泊变化对气候变化的响应[J]．山地学报，2009，27(6)：641~647.

[10]陈桂琛，黄志伟，卢学峰，等．青海高原湿地特征及其保护[J]．冰川冻土，2002，24(3)：254~259.

[11]陈桂琛．三江源自然保护区生态保护与建设[M]．西宁：青海人民出版社，2007.

[12]陈克林．湿地保护与合理利用指南[M]．北京：中国林业出版社，1994.

[13]陈宜瑜．中国湿地研究[M]．长春：吉林科学技术出版社，1995.

[14]陈展，尚鹤，姚斌．美国湿地健康评价方法[J]．生态学报，2009，29(9)：5015~502.

[15]崔保山，杨志峰．湿地生态系统健康评价指标体系理论[J]．生态学报，2002，22(7)：1006~1011.

[16]崔瀚文．中国西部冰川变化与湿地响应研究[D]．长春：吉林大学，2013.

[17]崔丽娟，王义飞．中国的国际重要湿地(神奇多彩的中国湿地)[M]．北京：中国林业出版社，2008.

[18]崔向慧．陆地生态系统服务功能及其价值评估[D]．北京：中国林业科学研究院，2006.

[19]但新球，但维宇．湿地生态文化[M]．北京：中国林业出版社，2014.

[20]丁宏伟，张举．河西走廊水资源特征及其循环转化规律[J]．干旱区研究，2006，23(2)：241~248.

[21]丁文超．青海河流[M]．青海：青海人民出版社，1995.

[22]董得红．论青海省综合生态系统的治理[J]．中南林业调查规划，2005，24(3)：17~20.

[23]都金康．SPOT 卫星影像的水体提取方法及分类研究[J]．遥感学报，2001，5(3)：214~219.

[24]国家林业局规划院，青海林业局．青海省湿地保护工程实施规划(2011~2015 年) [R]. 2010.

[25]国家林业局．国家湿地公园评估标准[S]．北京：中国标准出版社，2008.

[26]国家林业局．森林生态系统服务功能评估规范[S]．北京：中国标准出版社，2008.

[27]国家林业局《湿地公约》履约办公室．湿地公约指南[M]．北京：中国林业出版社，2001.

[28]国家质量监督检验检疫总局，国家标准委员会．湿地分类[S]．北京：中国标准出版社，2009.

[29]黄桂林．青海三江源区湿地状况及保护对策[J]．林业资源管理，2005(4)：35~39.

[30]江苏省林业局．江苏湿地[M]．北京：中国林业出版社，2012.

[31]姜宏瑶．中国湿地补偿机制研究[D]．北京：中国林业科学研究院，2010.

[32]姜珊．基于遥感的东昆仑山冰川和气候变化研究[D]．兰州：兰州大学，2012.

[33]鞠美庭，王艳霞，孟伟庆，等. 湿地生态系统的保护与评估[M]. 北京：化学工业出版社，2009.
[34]郎惠卿. 中国湿地植被[M]. 北京：科学出版社，1999.
[35]雷昆，张明祥. 中国的湿地资源及其保护建议[J]. 湿地科学，2005，3(2)：81~86.
[36]李迪强，李建文. 三江源生物多样性[M]. 北京：中国科学技术出版社，2002.
[37]李凤霞，伏洋，肖建设，等. 长江源头湿地消长对气候变化的响应[J]. 地理科学进展，2011，30(1)：49~56.
[38]李凤霞，肖建设. 环青海湖地区湿地变化初步研究[J]. 中国沙漠，2007，27(6)：1018~1021.
[39]李晖. 近30年三江源地区湖泊变化图谱与面积变化[J]. 湖泊科学，2010，22(6)：862~873.
[40]李恺. 层次分析法在生态环境综合评价中的应用[J]. 环境科学与技术，2009，32(2)：183~185.
[41]李林，李凤霞，朱西德，等. 黄河源区湿地萎缩驱动力的定量辨识[J]. 自然资源学报，2009，24(7)：1246~1255.
[42]李森，董玉祥，董光荣，等. 青藏高原土地沙漠化区划[J]. 中国沙漠，2001，21(4)：418~425.
[43]李颖，田竹君. 嫩江下游沼泽湿地变化的驱动力分析[J]. 地理科学，2003，23(6)：686~691.
[44]梁士楚，等. 广西湿地与湿地生物多样性[M]. 北京：科学出版社，2014.
[45]刘春兰，谢高地，肖玉. 气候变化对白洋淀湿地的影响[J]. 长江流域资源与环境，2007，16(2)：245~250.
[46]刘建军. 三江源生物多样性保护与可持续发展[J]. 中南林业调查规划，2003，23(4)：34~36.
[47]刘建军，赵鹏祥. 青海省湿地资源现状调查及评价研究[J]. 西北林学院学报，2006(21)：77~80.
[48]刘剑秋，曾从盛. 福建湿地及其生物多样性[M]. 北京：科学出版社，2010.
[49]刘敏超. 三江源区湿地生态系统功能分析及保育[J]. 生态科学，2006，25(1)：64~68.
[50]刘尚武. 青海植物志(1~4卷)[M]. 西宁：青海人民出版社，1996，1997，1998，1999.
[51]刘时银. 中国西部冰川对近期气候变暖的响应[J]. 第四纪研究，2006，26(5)：762~771.
[52]刘务林，朱雪林. 中国西藏高原湿地[M]. 北京：中国林业出版社，2013.
[53]刘小鹏. 西北典型湖泊湿地生态系统与综合评价[M]. 北京：中国环境科学出版社，2010.
[54]刘晓辉. 湿地生态系统服务功能变化驱动力分析[J]. 干旱区资源与环境，2009，23(1)：24~28.
[55]刘子刚，马学慧. 中国湿地概况(神奇多彩的中国湿地)[M]. 北京：中国林业出版社，2008.
[56]刘德浩. 青海经济动物志[M]. 西宁：青海人民出版社，1989.
[57]陆健健，何文珊，童春富，等. 湿地生态学[M]. 北京：高等教育出版社，2006.
[58]陆健健. 中国湿地[M]. 上海：华东师范大学出版社，1990.
[59]吕宪国，陈克林. 中国水禽及其栖息地的保护与管理[J]. 野生动物，1997，18(3)：10~13.
[60]罗磊. 青藏高原湿地退化的气候背景分析[J]. 湿地科学，2005，3(3)：190~199.
[61]马荣华，杨桂山. 中国湖泊的数量、面积与空间分布[J]. 中国科学2011，41(3)：394~401.
[62]孟庆伟. 青藏高原特大型湖泊遥感分析及其环境意义[D]. 北京：中国地质科学院，2008.
[63]牛振国，宫鹏，程晓，等. 中国湿地初步遥感制图及相关地理特征分析[J]. 中国科学D辑，2009，39(2)：188~203.
[64]牛志明，Ian R. Swingland，雷光春. 综合湿地管理——综合湿地管理国际研讨会论文集[C]. 北京：海洋出版社，2012.
[65]青海省地质矿产局. 青海省区域地质志[M]. 北京：地质出版社，1991.
[66]青海省环保厅. 湖泊基础信息表[R]. 2009.
[67]青海省林业调查规划院. 青海湖流域湿地保护工程专题报告[Z]. 2006.
[68]青海省林业工程咨询中心. 青海祁连山自然保护区总体规划[R]. 2011.

[69]青海省林业局. 青海省湿地资源调查报告[R]. 2001.
[70]青海省林业厅. 青海省第二次湿地资源调查报告[R]. 2014.
[71]青海省农业资源区划办公室. 青海省农业资源动态分析[M]. 西宁：青海人民出版社，1998.
[72]青海省农业资源区划办. 青海省农业自然资源数据集[C]. 西宁：青海省新闻出版局，1998.
[73]青海省水利志办公室. 青海河流[M]. 西宁：青海人民出版社，1995.
[74]青海省统计局，青海统计调查总队. 2010 青海统计年鉴[M]. 北京：中国统计出版社，2011.
[75]宋国利. 基于模糊综合评价法的乐清湾湿地生态安全评价[J]. 自然灾害学报，2011，20(5)：24~31.
[76]孙广友，邓伟，邵庆春. 长江河源区冰缘环境沼泽的研究[J]. 地理科学，1990，10(1)：86~94.
[77]孙鸿烈. 长江上游地区生态与环境问题[M]. 北京：中国环境科学出版社，2008.
[78]孙永军. 黄河流域湿地遥感动态监测研究[D]. 北京：清华大学，2008.
[79]孙永侠. 我国湿地生态补偿机制的构建[D]. 浙江：浙江农林大学，2013.
[80]唐小平，黄桂林. 中国湿地分类系统的研究[J]. 林业科学研究，2003(16)：531~539.
[81]唐志尧. 生物多样性分布格局的地史成因假说[J]. 生物多样性，2009，17 (6)：635~643.
[82]田自强. 中国湿地及其植物与植被[M]. 北京：中国环境科学出版社，2011.
[83]万本太，徐海根. 生物多样性综合评价方法研究[J]. 生物多样性，2007，15(1)：97~106.
[84]汪有奎，贾文雄，刘潮海，等. 祁连山北坡的生态环境变化[J]. 林业科学，2012，48(4)：21~26.
[85]王翠红. 中国陆地生物多样性分布格局研究[D]. 太原：山西大学，2004.
[86]王东. 青藏高原水生植物地理研究[D]. 武汉：武汉大学，2003.
[87]王富田. 湿地保护与恢复工程评估研究[D]. 北京：中国林业科学研究院，2012.
[88]王根绪. 近 40 年来青藏高原典型高寒湿地系统动态变化[J]. 地理学报，2007，62(5)：481~491.
[89]王丽学. 湿地保护的意义及我国湿地退化的原因与对策[J]. 水土保持学报，2003，17(7)：8~9.
[90]王鸣远. 水文过程及其尺度响应[M]. 北京：中国水利水电出版社，2010.
[91]王顺忠，陈桂琛，孙菁，等. 青海湖鸟岛盐碱地植被演替的初步研究[J]. 西北植物学报，2003，23(4)：550~553.
[92]王苏民，窦鸿身. 中国湖泊志[M]. 北京：科学出版社，1998.
[93]王瑶. 山东湿地生态系统生态功能评估及其生态补偿研究[D]. 济南：山东大学，2008.
[94]王振吉，郑泽. 青海可鲁克湖河蟹生态养殖初报[J]. 水利渔业，2007，27(6)：30~31.
[95]温兆飞，张树清，陈春，等. 三江源区湖泊和沼泽遥感影像分类研究[J]. 湿地科学，2010，8(2)：132~138.
[96]吴玲. 湿地植物与景观[M]. 北京：中国林业出版社，2010.
[97]谢高地，鲁春霞. 青藏高原生态资产的价值评估[J]. 自然资源学报，2003，18(2)：189~196.
[99]徐洪. 城市湿地资源评价和生态系统服务价值研究[D]. 北京：中国地质大学，2013.
[99]许林书，姜明. 扎龙保护区湿地扰动因子及其影响研究[J]. 地理科学，2003，23(6)：692~698.
[100]许学工，林辉平，付在毅，等. 黄河三角洲湿地区域生态风险评价[J]. 北京大学学报(自然科学版)，2001，37(1)：111~120.
[101]杨博辉，郎侠. 青藏高原生物多样性[J]. 家畜生态学报，2005，26(6)：1~5.
[102]杨建平. 长江黄河源区生态环境脆弱性评价初探[J]. 中国沙漠，2007，27(6)：1012~1017.
[103]杨岚，李恒. 云南湿地[M]. 北京：中国林业出版社，2010.
[104]杨晓阳. 基于生态足迹分析的青海湟水河流域可持续发展能力[D]. 西安：西北大学，2008.
[105]杨志峰，崔保山，孙涛，等. 湿地生态需水机理、模型和配置[M]. 北京：科学出版社，2012.
[106]姚檀栋. 青藏高原及其毗邻区冰川湖泊图[M]. 西安：西安地图出版社，2008.

[107]曾涛. 兴凯湖湿地生态旅游资源评价、监测与开发研究[D]. 哈尔滨：东北林业大学，2010.
[108]翟媛. 河流健康指数公式及其对黄河下游健康诊断[D]. 北京：清华大学，2007.
[109]张华兵. 自然和人为影响下海滨湿地景观演变与机制研究[D]. 南京：南京师范大学，2013.
[110]张怀清，鞠洪波. 湿地资源监测技术[M]. 北京：中国林业出版社，2012.
[111]张继平，张镱锂，刘峰贵，等. 长江源区当曲流域高寒湿地类型划分及分布研究[J]. 湿地科学，2011，9(3)：218~226.
[112]张肃斌. 河西走廊生态系统退化特征与恢复策略研究[D]. 杨凌：西北农林科技大学，2007.
[113]张小波. 西安浐灞生态区湿地资源调查及其评价[D]. 杨凌：西北农林科技大学，2008.
[114]张忠孝. 青海地理(第二版)[M]. 北京：科学出版社，2009.
[115]赵串串. 气候变化对湿地植被生物量影响分析[J]. 干旱区资源与环境，2008，22(9)：88~91.
[116]赵魁义. 青藏高原沼泽合理利用与生态环境保育[J]. 湿地科学，2003，1(2)：92~97.
[117]赵魁义. 中国沼泽志[M]. 北京：科学出版社，1999.
[118]郑杰. 青海野生动物资源与管理[M]. 西宁：青海人民出版社，2003.
[119]郑杰. 青海自然保护区研究[M]. 西宁：青海人民出版社，2011.
[120]中国湿地百科全书编辑委员会. 中国湿地百科全书[M]. 北京：北京科学技术出版社，2009.
[121]周华荣. 干旱区湿地多功能景观研究的意义与前景分析[J]. 干旱区地理，2005，28(2)：17~22.
[122]周筠珺，周立华. 青海湖流域沼泽化草甸形成发育主要气候因子[J]. 地理科学，1997，17(3)：271~277.
[123]周兴民，王质彬，杜庆. 青海植被[M]. 西宁：青海人民出版社，1987.
[124]周园，李丽娟. 青海盐湖资源开发及综合利用[J]. 化学进展，2013，25(10)：1614~1623.
[125]朱建国，王曦. 中国湿地保护立法研究[M]. 北京：法律出版社，2004.

附　件

青海省湿地资源调查主要参加人员

项目主管单位：

青海省野生动植物和自然保护区管理局

局　长：董得红

项目承担单位：

青海省林业调查规划院

院　长：董　旭

副院长：赵丰钰

青海省湿地资源调查主要参加单位人员：

青海省林业调查规划院：

董　旭　赵丰钰　刘建军　孟延山　张富强　林建才　谈正业　张瑞安　汪海蓉
赵银心　张海凤　陈静娟　陆　缤　孙康军　吕忠国

青海省林业工程咨询中心：

姚乃鑫　赵持云　刘生德　三元柱　李明娟　沈亦辰　赵洪钱　孔东升　冶有德
夏　青　杨　亮　运建明　何生辉　郭爱军　李树宏　史权牢　运晓磊　刘银龙
李开元　赵延成　常　刚　李富昇　严作庆　解成彪　伊登云　姜　毅　雷有庭
郑卫国

州、县主要参加人员：

祁顺学　吕　嘉　刘香慧　才　旦　王保山　阿　宝　伊平南加　王永青　李广社
杜进新　杜　军　李长明　董浩然　罗松尼扎　朵华本　罗日盖　赵福年　才旦加
罗延邦　侯英才　官却尼玛　田宝生　薛　峰　段荣贵　史永胜　季学寿　陈建国
王振海　王　志　费东红　李华业　张国栋　达　勇　李　欣　金永忠　陈晓军
梁增宏　杨海港　惠秀建　李斌寿　曹元兴　木切尖措　李　翔　俞晓飞　丁全兴
杜敬轩　张素芳　魏乐斯　布仁巴图　艾日得尼　白力格图　王　威　张玉英　徐基宁
才让加　李文英　王海芳　万玛措　任金花　李元海　赵汉章　李占庆　吴国清
刘　鹏　张海财　赵　强　石大来　张军山　汪占彪　何显业　马少忠　杨多林
魏胜强　田义国　才让太　晁玉龙　多　杰　郝生清　孔祥宁　张生良　李庆业
韩　明　马俊德　夏吾才让　马立仁　杨文海　绽　雄　韩玉明　韩奇虎　彭　瑜
马丽娅　王文德　张克文　马成伟　王兴梁　祁　伟　余顺奎　张国庆　田种贤

扬发栋　吴有邦　赵　昀　金彩霞　张志法　严多发　赵忠学　蔡丽霞　张学银
星隆华　金桂梅　曹长银　王增贵　王万明　刘　凯　马贤仓　莫丁山　师成军
白占勇　马永杰　安子明　罗沛全　朵忠俊　李益忠　祁文龙　李积龙　马有国
李小泉　孙全义　赵　宏　德清措　李德成　陈国军　黄向东　朵华本　曹元林
李贺加　三木加　赵拉杰　黎　杰　关确坚参　扎西加　王军峰　权海明　国　吉
索元林　王玉柱　久迈尖措　毛小明　白海玉　才　哇　马立和　徐发清　李英智
普布才仁　凯　周　秋　培　土旦罗松　赵青卫　才　扎　东　周　梁宗振　马英清
祝显红　李常福　罗松扎巴　尕本加　蒋国颜　马　军　万　玛　格拉海　蒋中文
张　保　王国才　谭明生　李炳菊

后 记

进入21世纪，随着我国经济、社会和科学技术的快速发展，青海高原的生态战略地位和生态区位得到了全社会的关注与认知，国家不仅加快了区域生态与环境的保护治理，而且实施了一系列生态保护和建设工程。对此，我们已清醒地看到，青海高原的生态环境、物种多样性和湿地资源是维系国家经济社会发展的基石，尤其是长江、黄河、澜沧江和黑河对中下游社会经济的可持续发展至关重要。因此，《中国湿地资源·青海卷》的编撰是在第二次全国湿地资源调查的基础上全面系统地研究分析和总结而成，其具有严谨的科学性、使用的基础性和管理的指导性。

青海省湿地资源富集，不仅分布广泛、面积大，而且类型多样、极具高原特点。为充分体现其湿地资源位居全国第一的现状，尤其是河流湿地和盐沼湿地的特性，在研究中注重了对湿地资源地理分布、不同类型面积的确定，高原湿地资源利用和湿地资源管理等方面的深入分析。全省湿地资源地理分布，采用了全国水流域区划原则和湿地行政区域分布管理的实际进行分析，对河流湿地、湖泊湿地、沼泽湿地和人工湿地资源分别总结论述，同时对境内分布的重要湿地资源作了重点系统描述；湿地资源的利用，通过分析以往湿地资源的利用历史与现状，采取历史利用方式和现代科技运用方式来研究其利用的发展过程，所涉及的湿地资源开发均作了较系统的总结；湿地资源保护与管理，在结合全省湿地资源保护事业发展的基础上，第一次系统地划分了其发展阶段(初期建设、强化管理和快速发展)，对存在的制约性问题作了宏观层面的分析，并提出了今后保护管理的对策。目前，青海省湿地资源保护的态势呈现大建设、高起点、快速发展的新局面，得到了全社会的关注和支持。

《中国湿地资源·青海卷》在编撰过程中，注重了湿地生物资源的特征分析、湿地资源可持续利用前景分析；注重分析了湿地资源的生态状况和服务功能评价，以及湿地资源变化及原因。同时，对省域内分布的24块重要湿地资源作了系统简要的描述。该书是对青海湿地资源全面科学系统的一次调查成果研究，也是第一次系统的分析总结，对今后全省湿地资源事业的发展与促进具有重要的现实意义，特别是对实施高原湿地生态效益补偿机制的建立、推动林业事业快速发展具有深远的历史意义。书稿的形成，除认真研究分析了两次湿地资源调查报告，还参阅了大量的文献资料；国家林业局调查规划设计院副院长唐小平对书稿进行了认真审阅，提出了宝贵意见，使该书的科学性、系统性进一步提高。

《中国湿地资源·青海卷》中的第一章，由郑杰、刘建军、赵持云编写；第二章，由刘建军、姚乃鑫、赵持云编写；第三章，由董得红、姚乃鑫、赵持云编写；第四章，由郑杰、董旭、姚乃鑫编写；第五章，由董旭、郑杰、董得红、赵持云编写；第六章，由董旭、刘建军、赵持云编写；第七章，由郑杰、刘建军、赵持云编写；第八章，由董得红、郑杰编写；全书由郑杰统稿。照片由马建海、董旭、刘建军、孟延山、赵持云、张虎等提供；马成龙等参与了本书的编辑工作。在此，对书稿编写中提供文献资料、照片和编辑工作的同志们，表示衷心感谢。

由于编写过程中研究分析的资料有限，尚不够深入，在此真诚希望专家学者和有识之士参与探讨，对存在的不足和问题敬请指正。

《中国湿地资源·青海卷》编写组

2014 年 11 月 30 日